電機機械

邱天基、陳國堂　編著

全華圖書股份有限公司

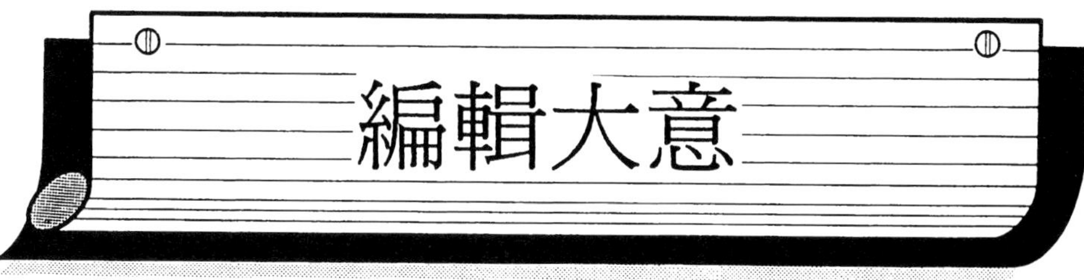

編輯大意

一、本書根據民國七十五年教育部最新課程標準編輯而成。

二、本書分爲變壓器、直流機、交流機(同步機、感應機)，每單元各自獨立。任課教師可自行變更教學順序。

三、本書可供日間部安排兩學期的電機機械課程或夜間部安排一學期的電機機械課程，任課教師可任意選擇較有意義的課程上課。

四、編者深切體認電機機械是門艱澀的課程，故課程內容說明，皆以深入淺出且較不易混淆的方式寫作，俾使讀者能徹底了解。

五、本書雖細心校訂，恐有疏漏之處，敬祈諸先進，不吝指正是幸。

感謝本校楊受陞老師的支援及校稿，使得本書得以順利出版。

邱天基、陳國堂　謹識

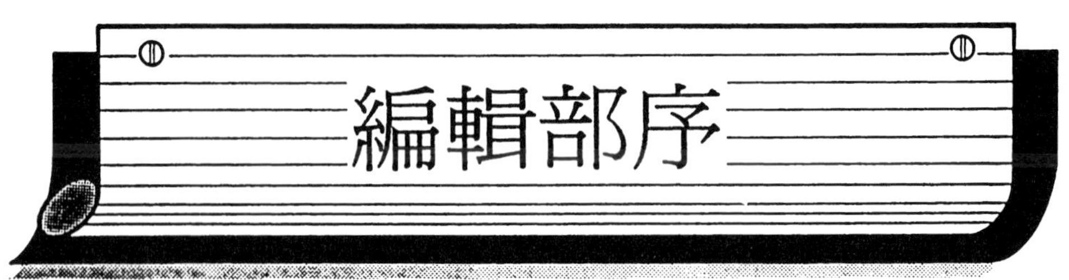

編輯部序

「系統編輯」是我們的編輯方針，我們所提供給您的，絕不只是一本書，而是關於這門學問的所有知識，它們由淺入深，循序漸進。

本書涵蓋了變壓器、直流機、感應機及同步機的各種特性及基本原理，深淺適中、內容充實，每一章都附有習題，可供學後評量之用，也有教師手冊方便老師教學，是一本大專電機科系「電機機械」課程的最佳用書。

同時，爲了使您能有系統且循序漸進研習相關方面的叢書，我們以流程圖方式，列出各有關圖書的閱讀順序，以減少您研習此門學問的摸索時間，並能對這門學問有完整的知識。若您在這方面有任何問題，歡迎來函連繫，我們將竭誠爲您服務。

相關叢書介紹

書號：03126
書名：電力電子學(附範例光碟片)
英譯：江炫樟

書號：05924
書名：PLC 原理與應用實務
(附範例光碟)
編著：宓哲民.王文義.陳文耀.陳文軒

書號：05778
書名：電機機械
編著：胡阿火

書號：03013
書名：自動控制
編著：劉柄麟.蔡春益

書號：03238
書名：控制系統設計與模擬－使用
MATLAB/SIMULINK
(附範例光碟)
編著：李宜達

書號：03754
書名：自動控制(附部分內容光碟)
編著：蔡瑞昌.陳 維.林忠火

流程圖

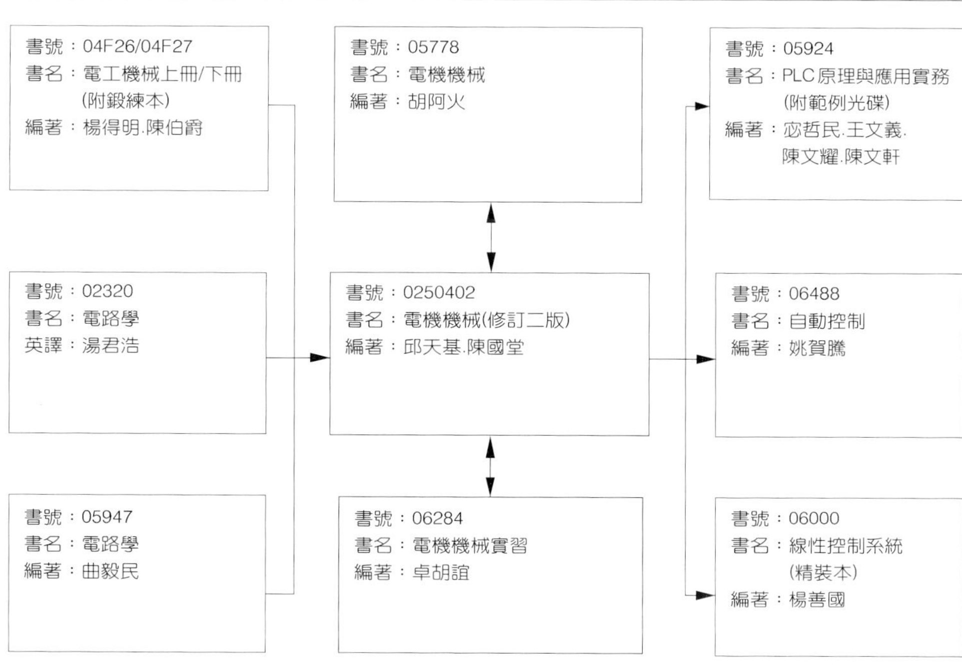

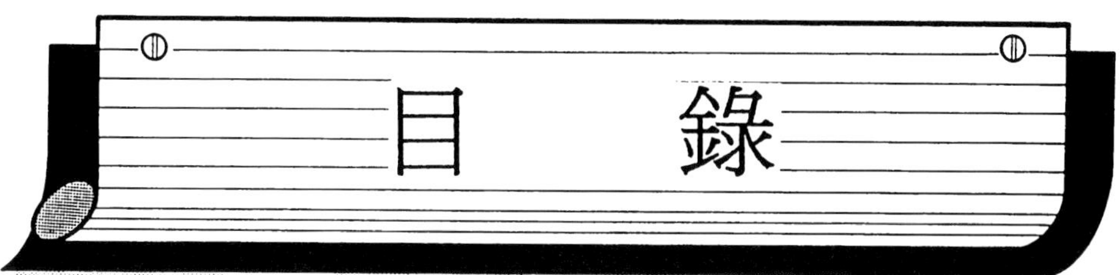

目　錄

第十章 三相感應電動機 399

第一章

電機機械基本概念

電機機械所述的原理與電學、磁學及力學有極密切的關係，為便於讀者對電機機械各類型電機的了解，本章提出磁學、交流電路中正弦波電壓的產生方法、單相功率與功率因數之計算，最後說明功率、角速度與轉矩的關係，使對以往所學習過的基本電學能溫故知新，以利於爾後電機機械的學習。

1-1 電磁場

如圖1-1(a)所示，當導體通以電流時，其周圍將產生磁場，此磁場稱為電磁場，且位於導體互相垂直的平面內。導體周圍的磁場強度與導體所通的電流成正比。

1-1-1 通電導體周圍的磁場方向

可應用安培右手定則決定磁場方向，即以拇指所指的方向為電流的方向，其餘彎曲四指所指的方向就是磁力線的方向。安培右手定則可由圖1-1(b)來說明。

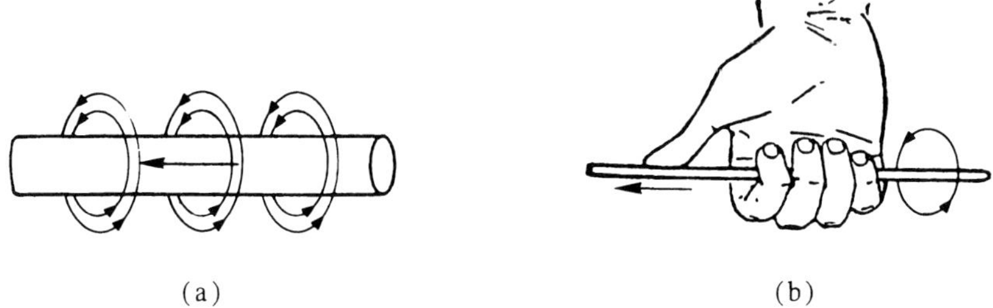

圖1-1 載有電流之導體的磁場

圖1-2 所示為載有電流的導體，其截面周圍的磁場形式。小圓內畫有⊕符號者，用以表示電流垂直流入紙面，畫有⊙符號者，用以表示電流垂直流出紙面。

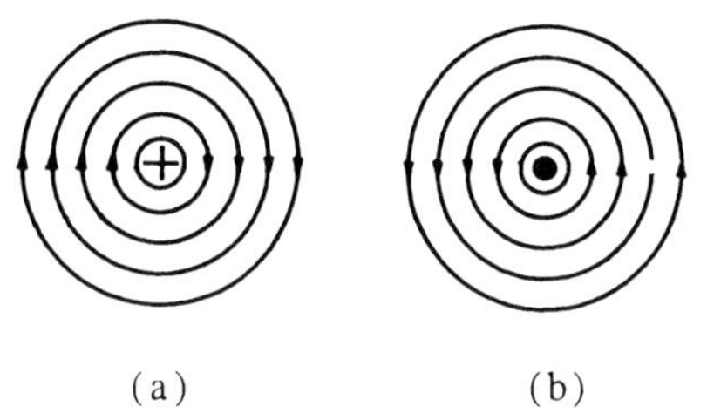

圖1-2　載有電流之長直導線周圍的磁場

1-1-2載有電流線圈的磁場方向

通有電流線圈的磁場方向可由右手螺旋定則決定之，即以右手握住線圈，以彎曲四指所指方向爲線圈電流方向，則拇指所指的方向爲磁場N極的方向。右手螺旋定則可由圖1-3來說明。

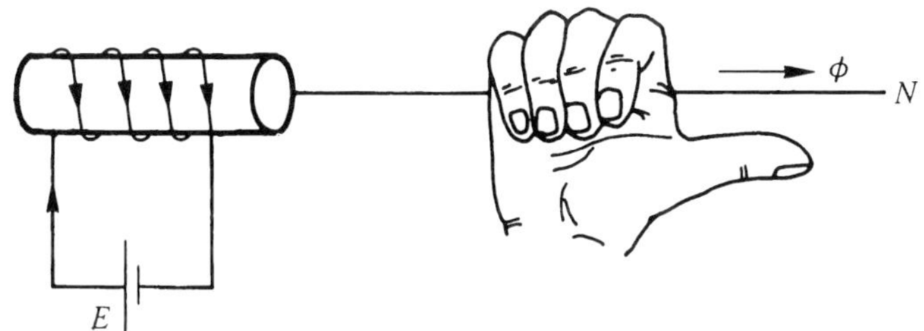

圖1-3　載有電流之線圈所產生的磁場

1-2　磁通勢、磁通、磁阻與磁化力

磁通勢、磁通與磁阻可比擬爲電路中之電壓、電流與電阻，其意義可分述如下：

(一)磁通勢：

磁路內穿過或建立磁通所需的外力稱爲磁通勢，以F表示，其單位爲安匝。

$$F = NI \quad (安匝) \tag{1-1}$$

(二)磁通：

穿過磁路之磁力線總數，稱爲磁通量或磁通，以 ϕ 表示。

單位：C.G.S.制：線或馬克士威

M.K.S.制：韋伯(1韋伯＝10^8馬＝10^8線)

(三)磁阻：

阻止磁通穿過磁路的阻力稱爲磁阻，其單位爲安匝／韋伯。磁路的磁阻$\mathscr{R}$與磁路的長度l(公尺)成正比，與磁路的截面積A(平方公尺)及物質的導磁係數μ成反比，即

$$\mathscr{R}=\frac{l}{\mu A} \tag{1-2}$$

(四)磁路的歐姆定律：

磁通、磁通勢及磁阻三者之關係，由羅蘭定律(Rowland's law)可得下述公式：

$$\phi\,(\text{磁通})=\frac{F(\text{磁通勢})}{\mathscr{R}(\text{磁阻})} \tag{1-3}$$

(五)磁化力或稱磁場強度：

磁路中每單位長度的磁通勢稱爲磁化力，以H表示

$$H=\frac{NI}{l}\quad(\text{安匝／米}) \tag{1-4}$$

(六)磁路的安培定律：

在一封閉的磁路內，磁位降的總和應等於該磁路的淨磁通勢，稱爲磁路的安培定律。即

$$\sum NI=\sum Hl \tag{1-5}$$

如圖1-4 所示的磁路由鐵、鋼二種物質組成，由磁路安培定律可

得

$$N_1 I_1 + N_2 I_2 = H_1 l_1 + H_2 l_2$$

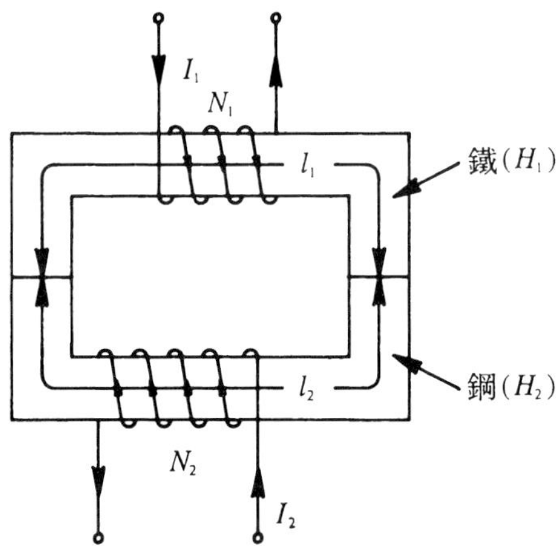

圖1-4　由鐵與鋼二種物質組成的磁路

【例 1】 求圖1-5磁路中的磁通量

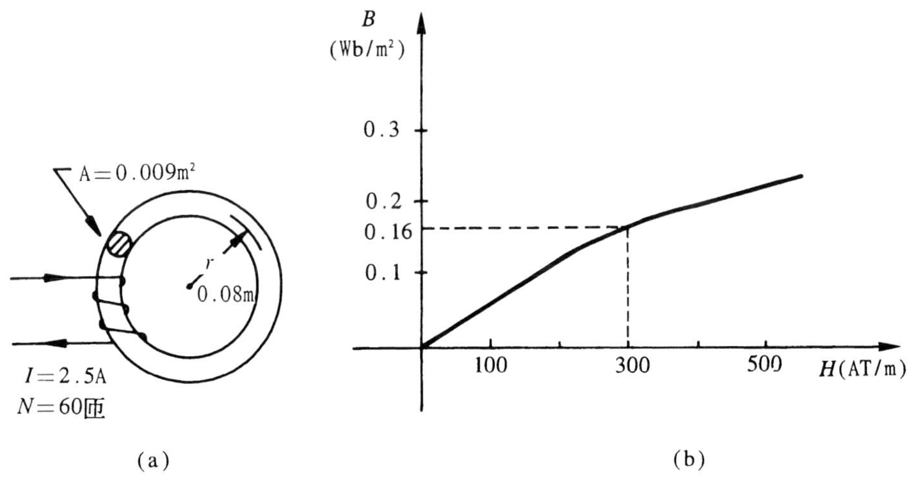

圖1-5

【解】　$H = \dfrac{NI}{2\pi r} = \dfrac{60 \times 2.5}{2\pi \times 0.08} = 298.4$　(安匝／米)

由圖(b)可查出$B=0.16$韋伯／米^2

$\therefore \phi=B\times A=0.16\times 0.009=0.00144$韋伯

1-3 磁通密度與導磁係數

本節說明磁通密度之意義及與磁場强度之相互關係。

(一)磁通密度：

單位面積中垂直通過的磁力線總數稱爲磁通密度，以B表示。

即
$$B=\frac{\phi}{A} \tag{1-6}$$

單位：C.G.S.制：線／平方公分或高斯

M.K.S.制：韋伯／平方公尺或特斯拉

(二)導磁係數：

用以表示磁力線通過物質容易與否的程度或磁場中某點的B與該點H的比值，以μ表示。

$$\mu=\frac{B}{H}=\mu_0\mu_r \tag{1-7}$$

式中μ_0：眞空或空氣中的導磁係數，C.G.S.制中爲1，M.K.S.制中爲$4\pi\times 10^{-7}$，μ_r爲相對導磁係數。

(三)相對導磁係數(Relative permeability)

材料的導磁係數μ與眞空的導磁係數μ_0的比值稱爲相對導磁係數，以μ_r表示。

$$\mu_r=\frac{\mu}{\mu_0} \tag{1-8}$$

物質依導磁的性質可區分爲：

⑴非磁性物質其$\mu_r=1$。

⑵逆磁性物質其μ_r略小於1，如金、銀、銅、鉛、銻。

⑶順磁性物質其μ_r略大於1，如白金、鎢、鋁、空氣。

⑷鐵磁性物質其μ_r值遠大於1，如鐵、鎳、鈷與高導磁合金等鐵磁性材料。

【例 2】設有磁力線4×10^{-2}韋伯，垂直通過40cm×40cm之截面，試求其磁通密度為若干？

【解】　⑴採用M.K.S制

$\phi=4\times10^{-2}$韋伯

$A=40\text{cm}\times40\text{cm}=1600\text{cm}^2=0.16\text{m}^2$

$$B=\frac{\phi}{A}=\frac{4\times10^{-2}}{0.16}=0.25\quad \text{韋伯／平方公尺(特斯拉)}$$

⑵採用C.G.S制

$\phi=4\times10^{-2}\times10^{8}=4\times10^{6}$線

$$B=\frac{\phi}{A}=\frac{4\times10^{6}}{40\times40}=2500\quad \text{線／平方公分(高斯)}$$

【例 3】一長螺線管，置入一鐵心，其磁通為 20000 線，若抽去鐵心則於空氣中的磁通為10線，試求鐵心之相對導磁係數為若干？

【解】　設鐵心中之磁通為ϕ，則鐵心的導磁係數μ為

$$\mu=\frac{\phi}{AH}$$

設空氣中之磁通為ϕ_0，則空氣中的導磁係數μ_0為

$$\mu_0=\frac{\phi_0}{AH}$$

∴鐵心之相對導磁係數μ_r為

$$\mu_r=\frac{\mu}{\mu_0}=\frac{\phi}{\phi_0}=\frac{20000}{10}=2000$$

【例 4】一環形螺管其截面積為2平方公分，平均周長60公分，將600匝之線圈繞於其上，當線圈通以0.5 安培電流時，測得磁通

量為4×10^{-6} 韋伯，試求該磁路之：⑴磁通勢⑵鐵心之磁阻⑶環中之磁通密度⑷導磁係數⑸相對導磁係數。

【解】 ⑴磁通勢F

$$F=600\times0.5=300(\text{安匝})$$

⑵磁阻$\mathscr{R}$

$$\mathscr{R}=\frac{F}{\phi}=\frac{300}{4\times10^{-6}}=7.5\times10^{7}\quad(\text{安匝／韋伯})$$

⑶磁通密度B

$$B=\frac{\phi}{A}=\frac{4\times10^{-6}}{2\times10^{-4}}=2\times10^{-2}\quad(\text{韋伯／米}^2)$$

⑷磁化力H

$$H=\frac{NI}{l}=\frac{300}{60\times10^{-2}}=500\quad(\text{安匝／公尺})$$

導磁係數μ

$$\mu=\frac{B}{H}=\frac{2\times10^{-2}}{500}=4\times10^{-5}\quad(\text{韋伯／安匝-公尺})$$

⑸相對導磁係數μ_r

$$\mu_r=\frac{\mu}{\mu_0}=\frac{4\times10^{-5}}{4\pi\times10^{-7}}=31.83$$

1-4 電磁感應

線圈在變動的磁場中或導體在磁場中運動皆可產生應電勢的情形稱為電磁感應。關於各種情況所發生的電磁感應現象可分述如下：

1-4-1 線圈在變動磁場下產生之電動勢

當穿過或交鏈於線圈的磁通量發生變動時，則該線圈將會產生一感應電勢稱為電磁感應。感應電勢的大小可由法拉第定律(Faraday's law)決定之，感應電勢之極性則可由楞次定律(Lenz's law)決定之。

(一)法拉第感應定律：

若一線圈內的磁場發生變動時，則該線圈將感應一電勢。線圈感應電勢之大小與線圈的匝數及磁通之變動率成正比。

⑴M.K.S.制：$e=N\dfrac{d\phi\,(\text{韋伯})}{dt\,(\text{秒})}$　(伏)　(1-9)

⑵C.G.S.制：$e=N\dfrac{d\phi\,(\text{線})}{dt\,(\text{秒})}\times 10^{-8}$　(伏)　(1-10)

(二)楞次定律：

因磁通變化而產生之感應電勢或感應電流的極性有反抗原磁通變化的趨向，稱之爲楞次定律。

將法拉第定律與楞次定律應用於一交變磁場中的線圈，則此線圈的感應電勢e可寫爲：

$$e=-N\frac{d\phi}{dt} \tag{1-11}$$

上式中負號表示線圈感應電勢之極性爲反抗磁通之變化。

1-4-2　導線對磁場相對運動產生電動勢(發電機原理)

當導體割切磁力線，則導線的兩端會有電位差存在或電動勢在該導線內產生。即

$$\bar{e}=l\,\bar{v}\times\bar{B} \tag{1-12}$$

式中　e：導體之感應電勢(伏特)

l：導體割切磁場的有效長度(米)

v：導體運動的速度(米／秒)

B：磁通密度(韋伯／米^2)

感應電勢e的大小為

$$e = B\,l\,v\sin\theta \quad (\theta\ 為B與v之夾角) \tag{1-13}$$

感應電勢的極性除可依$\bar{v}\times\bar{B}$的方向決定，也可以由佛萊明右手定則(發電機定則)決定。將右手之拇指、食指與中指互相垂直，並以拇指所指的方向為導線運動的方向，食指所指的方向為磁場N至S的方向，則中指所指的方向為感應電動勢或電流的方向。上述之情形如圖1-6所示。

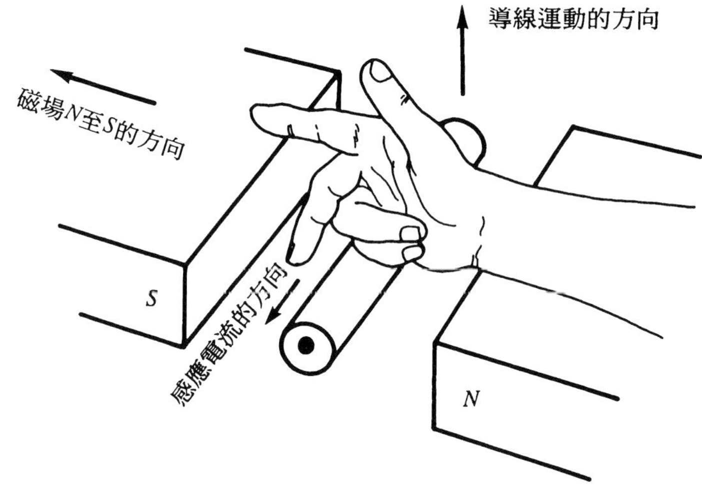

圖1-6　佛萊明右手定則

感應電流的方向由紙面流出(⊙)的一端定義為正極，同理另一端的感應電流方向則由紙面流入(⊕)定義為負極。

1-4-3　磁通對載有電流導體的作用力(電動機原理)

一載有電流之導體置於磁場中則導體將受力，其所受之力f可寫

為

$$\boxed{\bar{f}=l\bar{I}\times\bar{B}} \qquad (1\text{-}14)$$

式中　l：導體於磁場中的有效長度(米)

I：導體所載之電流(安培)

B：磁通密度(韋伯／米^2)

f：導體的受力(牛頓)

導體受力的大小為

$$f=IBl\sin\theta \quad (\theta\text{ 為導體與磁場的夾角}) \qquad (1\text{-}15)$$

導體受力的方向可由$\bar{I}\times\bar{B}$的方向決定，也可以由佛萊明左手定則(電動機定則)決定。將左手之拇指、食指與中指伸直，並使彼此相互垂直，以中指表示電流方向，食指表示磁場N至S的方向，則拇指所指的方向即為導線受力的方向，上述的情形如圖1-7所示。

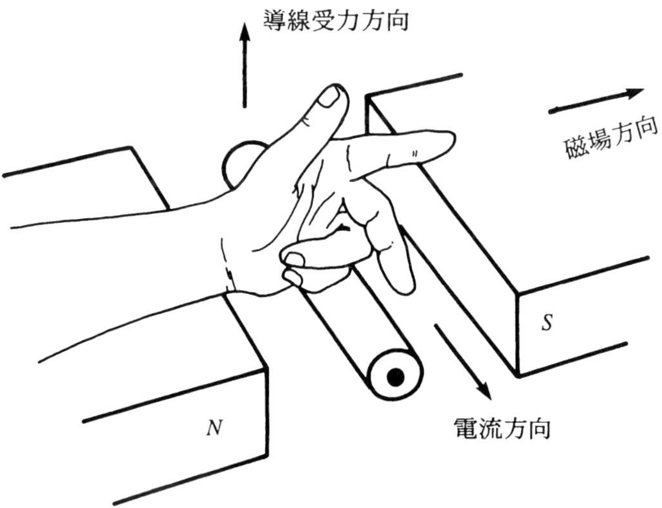

圖1-7　佛萊明左手定則

【例 5】如圖1-8所示，在一u型導線上，將長2公分之導線AB置於其上移動，有一均勻磁場爲4.0韋伯／米^{2}垂直於該u形導線的平面，磁場方向爲進入紙面方向，試求⑴若導線AB以300公分／秒之速率運動，則導線AB兩端所生之感應電動勢爲若干？⑵若感應電流爲3安培，則導線AB欲以300公分／秒之速率運動，所需加力爲多少牛頓？

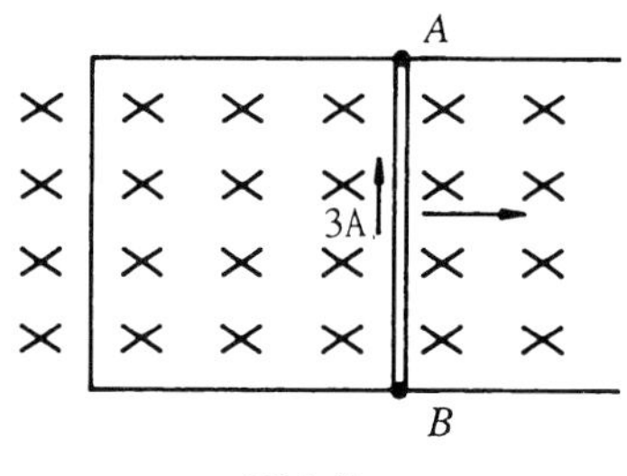

圖1-8

【解】 ⑴$e = B\,l\,v = 4 \times 2 \times 10^{-2} \times 300 \times 10^{-2} = 0.24$(伏)

⑵$f = B\,l\,I = 4 \times 2 \times 10^{-2} \times 3 = 0.24$(牛頓)

【例 6】如圖1-9所示，在磁通密度爲2韋伯／米^{2}的磁場中，放置長1 m的導線與磁場方向成60°的夾角，若此導體產生$8\sqrt{3}$牛頓的作用力，則此導體流通的電流爲多少？

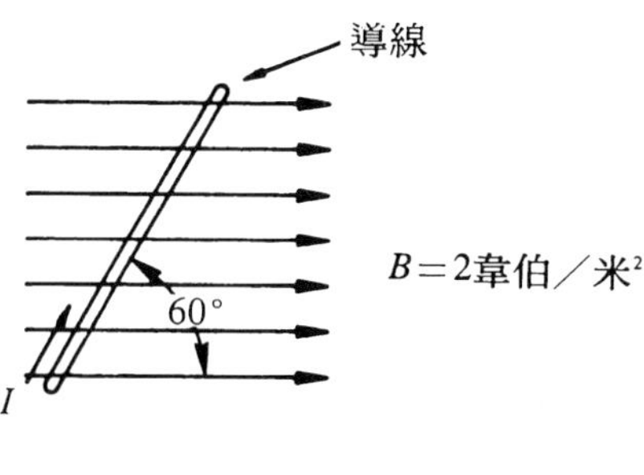

圖1-9

【解】 $f = I\,B\,l\sin\theta$

$8\sqrt{3} = I \times 2 \times 1 \times \sin 60°$

$I=8\text{A}$

【例 7】圖1-10中，當開關S投入瞬間，線圈AB因而感應電動勢，則AB兩端的電位關係為何？

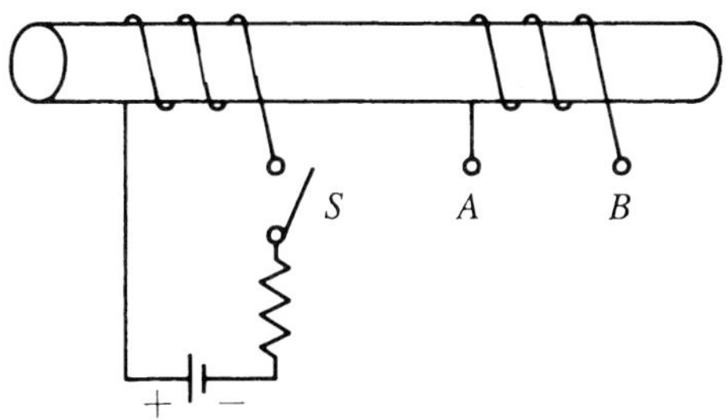

圖1-10

【解】　開關S投入瞬間，依楞次定律則線圈AB將感應出反抗磁通變化的感應電勢或電流，再依螺旋定則判定感應電流的方向如下圖所示。

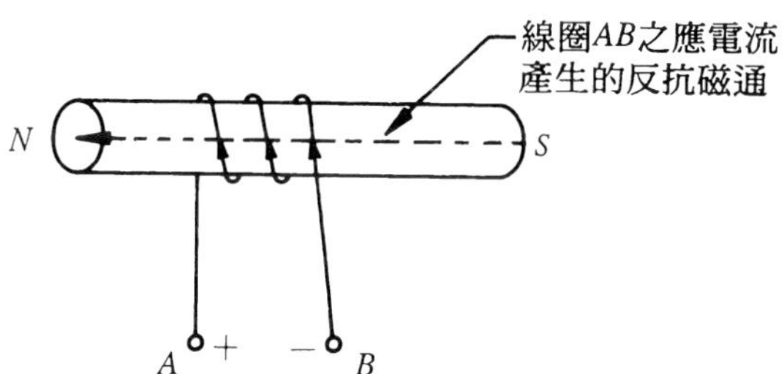

所以A端電位高於B端。

1-5　自感與互感

一線圈的自感或兩相鄰線圈的互感，可分別定義如下：

1-5-1　自感

當電流通過線圈時，該線圈即產生磁場如圖1-11所示。線圈之匝數N與磁通量ϕ之乘積稱為磁鏈λ：

$$\lambda = N\phi \quad (韋\text{-}匝) \tag{1-16}$$

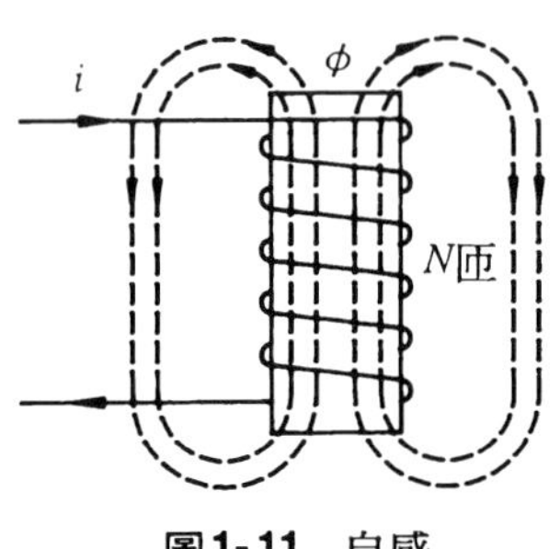

圖1-11 自感

若通過線圈的電流 i 增加時，其磁鏈 λ 亦隨之加大，線圈立即感應一電勢以反抗磁鏈的增加，此電流變化所生的電勢稱爲自感應電勢，其大小可寫爲

$$e = \frac{d\lambda}{dt} = \frac{d\lambda}{di}\frac{di}{dt} = L\frac{di}{dt} \tag{1-17}$$

上式中 $L = \frac{d\lambda}{di}$ 爲單位電流所產生的磁鏈稱爲自感，其單位爲亨利(Henry)，即1安培的電流若產生1韋-匝的磁鏈，則線圈的電感爲1亨利。

1-5-2 互 感

當通過一線圈中電流發生變化時，使他線圈的磁鏈亦發生變動而產生感應電勢的現象稱爲互感應。

圖1-12(a)示兩互相耦合的線圈繞在共同的鐵心上，線圈 N_1 通過 i_1 電流時產生 $\phi_1 = \phi_{11} + \phi_{12}$ 的磁通。其中 ϕ_{11} 僅與線圈 N_1 相交鏈，稱爲一次漏磁通，ϕ_{12} 則與線圈 N_2 交鏈稱爲互磁通。當 i_1 電流變化時，穿過線圈 N_2 的磁通 ϕ_{12} 亦發生變化，所以線圈 N_2 必能感應一電勢，此電勢稱爲互感電勢。在線圈 N_2 所產生的互感電勢 e_{21} 爲

$$e_{21}=N_2\frac{d\Phi_{12}}{dt}=N_2\frac{d\Phi_{12}}{di_1}\frac{di_1}{dt}=M_{21}\frac{di_1}{dt}\ (\text{伏特}) \tag{1-18}$$

式中　　$M_{21}=N_2\dfrac{d\Phi_{12}}{di_1}$ (亨利)

M_{21}稱為線圈N_1對線圈N_2的互感，其單位為亨利。

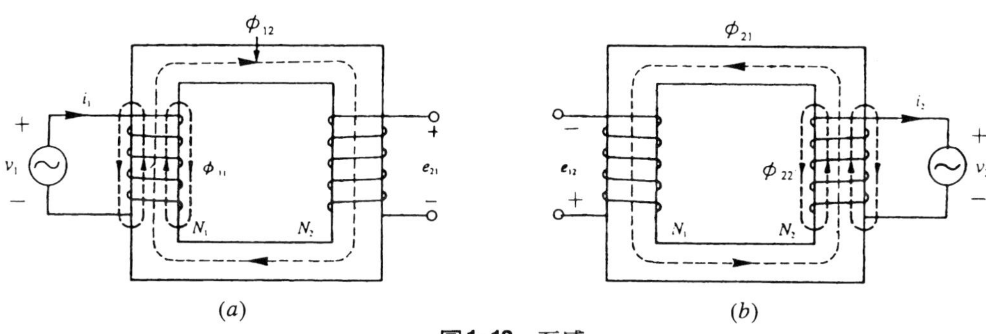

圖1-12　互感

圖1-12(b)若線圈N_2有i_2通過時，產生$\phi_2=\phi_{22}+\phi_{21}$的磁通。其中$\phi_{22}$僅與線圈$N_2$相交鏈，稱為二次漏磁通，$\phi_{21}$則與線圈$N_1$相交鏈。當$i_2$電流變化時在線圈$N_1$必感應互感電勢$e_{12}$。

$$e_{12}=N_1\frac{d\Phi_{21}}{dt}=N_1\frac{d\Phi_{21}}{di_2}\frac{di_2}{dt}=M_{12}\frac{di_2}{dt}\ (\text{伏特}) \tag{1-19}$$

式中　　$M_{12}=N_1\dfrac{d\Phi_{21}}{di_2}$ (亨利)

M_{12}稱為線圈N_2對線圈N_1的互感。

1-5-3　自感與互感的關係

參照圖1-12線圈N_1與線圈N_2的自感分別為

$$L_1=\frac{(\phi_{11}+\phi_{12})N_1}{i_1}$$

$$L_2=\frac{(\phi_{22}+\phi_{21})N_2}{i_2}$$

由於磁路的結構對於線圈N_1與N_2皆相同，所以$M_{12}=M_{21}=M$，互感M對於自感L_1與L_2的關係爲

$$\boxed{M=k\sqrt{L_1L_2}}$$

式中k稱爲耦合係數(Coefficient of coupling)，且$0\le k\le 1$。

耦合係數k可用來度量線圈耦合的緊密程度，若k值趨近於零，則表示線圈很少耦合；若$k=1$，則線圈間爲完全耦合。

【例 8】 設$N_1=50$匝，$N_2=500$匝的兩線圈相鄰置放，若N_1線圈通過3安培電流時產生6000線的磁通，其中有5500線與N_2交鏈，而N_2通過3安培電流時產生60000線磁通，其中有55000線與N_1交鏈，試求(1)N_1線圈的自感(2)N_2線圈的自感(3)兩線圈間之互感(4)兩線間之耦合係數。

【解】 (1)N_1線圈的自感L_1

$$L_1=\frac{N_1\phi_1}{i_1}=\frac{50\times 6000\times 10^{-8}}{3}=0.001(亨利)$$

(2)N_2線圈的自感L_2

$$L_2=\frac{N_2\phi_2}{i_2}=\frac{500\times 60000\times 10^{-8}}{3}=0.1(亨利)$$

(3)兩線圈的互感M

$$M=\frac{N_2\phi_{12}}{i_1}=\frac{500\times 5500\times 10^{-8}}{3}=0.00917(亨利)$$

(4)兩線圈之耦合係數k

$$k=\frac{M}{\sqrt{L_1L_2}}=\frac{0.00917}{\sqrt{0.001\times 0.1}}=0.92$$

【例 9】N_1與N_2兩線圈相鄰置放，N_1匝數為1000匝，N_2為600匝，當N_1線圈在0.2 秒電流變化6A時，使鄰近N_2線圈的磁通由0.2韋伯增至0.4韋伯，試求(1)兩線圈之互感(2)N_2線圈感應之互感應電勢？

【解】 (1)兩線圈之互感M

$$M=N_2\frac{\Delta\phi_{12}}{\Delta i_1}=\frac{600\times(0.4-0.2)}{6}=20(\text{亨利})$$

(2)N_2線圈之互感應電勢e_2

$$e_2=M\frac{\Delta i_1}{\Delta t}=20\times\frac{6}{0.2}=600(\text{伏特})$$

1-6　磁滯(Hysteresis)

磁性物質中，用以表示B與H的曲線，稱為磁化曲線，鐵磁性材料的B–H曲線不是線性的，典型上近似於圖1-13中的曲線。

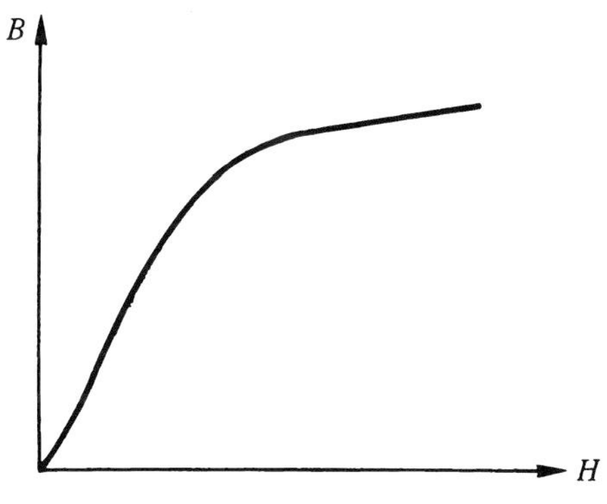

圖1-13　典型的B–H曲線

當磁化力H開始增加時磁通密度B初期增大較快，但到達某定點時B–H曲線變成水平或已達到飽和，此時H的增加對B的影響相當小。

將磁性材料繞上線圈並使用交流電流激磁，磁性材料磁化時，磁化循環一次所得到的磁化曲線稱為磁滯迴線，即圖1-14所示的曲線$abcdefa$。

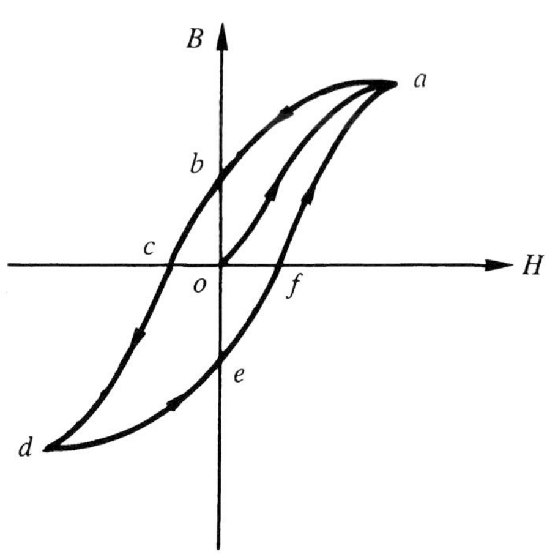

圖1-14 磁滯曲線

從圖1-14所示之磁滯曲線知磁化力減少時，$B-H$曲線不會循著$a-o$曲線變化，而是循著$a-b$曲線變化，B之變化恆較H的變化緩慢或落後，稱爲磁滯。當磁化力消失後，磁性材料仍具有部分的磁性，稱爲剩磁，如圖之ob或oe段。欲使剩磁完全消失，需加反向的磁化力，稱爲矯頑磁力，如圖之oc或of段。

磁滯迴線所包含的面積爲鐵心每單位體積每週循環所消耗的能量，稱爲磁滯損失。依史坦麥茲所述之經驗公式磁滯損P_h可描述爲

$$P_h = k_h f B_m^n \text{ (瓦特／米}^3\text{)} \tag{1-20}$$

式中 k_h：材料的磁滯常數

f：頻率(Hz)

B_m：磁通密度的最大值(韋伯／米^2)

n：史坦麥茲指數

剩磁(ob)與矯頑磁力(oc)的乘積可評定永磁材料的特性，對於永久磁鐵須有較高的剩磁和矯頑磁力，即磁滯迴線面積愈大愈好。至於一般

電機機械的鐵心，須具有高導磁係數，其矯頑磁力與剩磁要小，使磁滯損失減少，以提高電機的效率。

1-7 渦流(Eddy current)

如圖1-15所示若線圈中的電流在變動時，其鐵心中的磁場亦隨著變動，在鐵心中能產生感應電勢。由於鐵心爲良導體，所以鐵心內部有漩渦狀的電流產生，此種電流稱爲渦流。依照楞次定律此渦流產生的磁場與原來的磁場相反，所以有減少鐵心磁通的缺點。同時此渦流經由鐵心的電阻而引起功率損失稱爲渦流損失。鐵心的渦流損失(P_e)可以表示爲

$$P_e = k_e f^2 B_m^2 t^2 \text{（瓦特／米}^3\text{）} \tag{1-21}$$

式中 k_e：鐵心材質的渦流常數

t：鐵心材質的厚度

渦流損失與鐵心厚度t 的平方成正比，鐵心愈薄，則渦流損失愈小，所以電機的鐵心爲減少損失，提高效率，須採用疊片鐵心。唯鐵心愈薄則施工愈困難，其費用亦愈大。

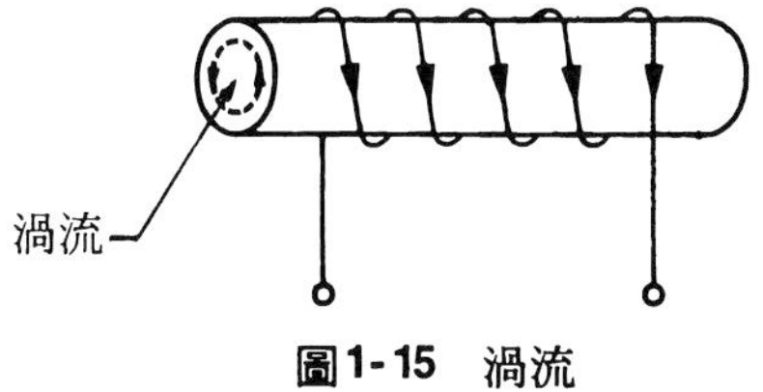

圖1-15 渦流

1-8 正弦波的產生、頻率與週期

本節說明交流正弦波電壓的產生方法及頻率與週期的意義。

1-8-1 正弦波的產生

圖1-16(a)示一單匝的矩形線圈在磁極N與S的均勻磁場中，以均勻的速率作反時鐘旋轉，此線圈將割切磁力線產生應電勢。若e_{ba}表示由線圈b端至a端的電壓升，則線圈在每一位置的應電勢可由$e_{ba}=2Blv\sin\omega t$來決定，其所產生的交流正弦波電壓如圖1-16(b)所示

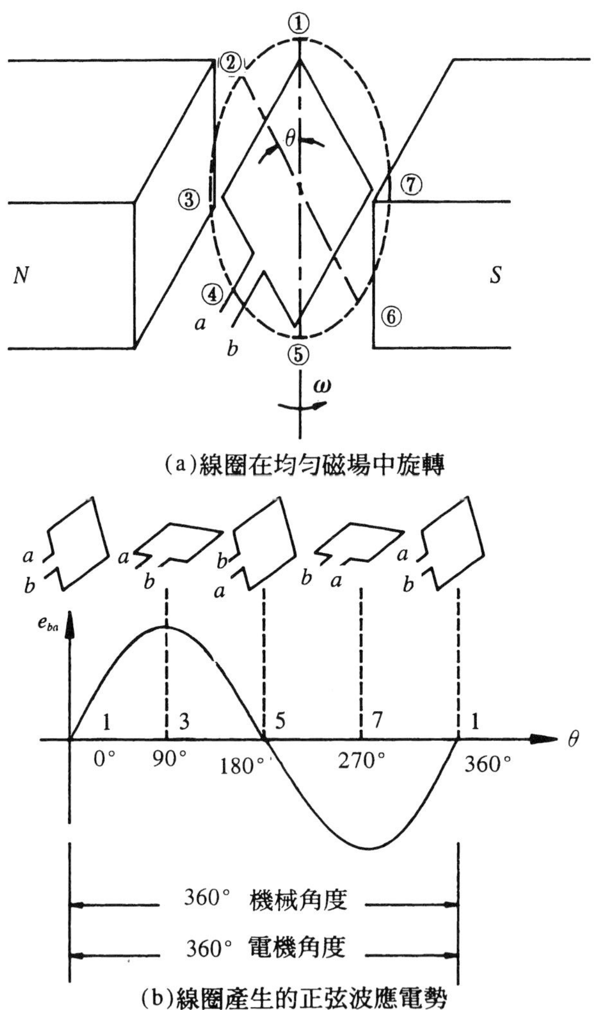

圖1-16 線圈與應電勢

1-8-2　頻率與週期

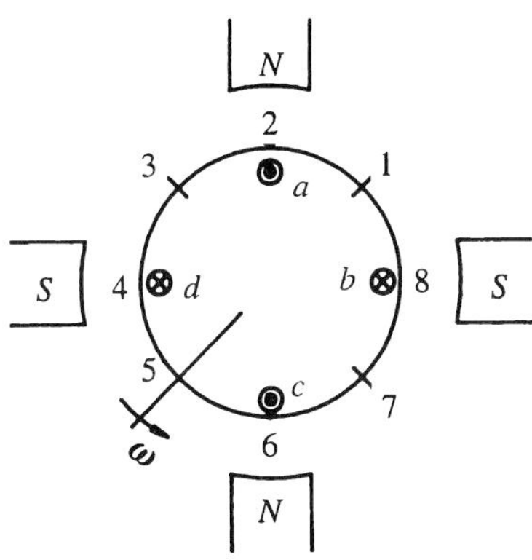

(a)二矩形線圈ab與cd在一均勻的四極磁場中旋轉

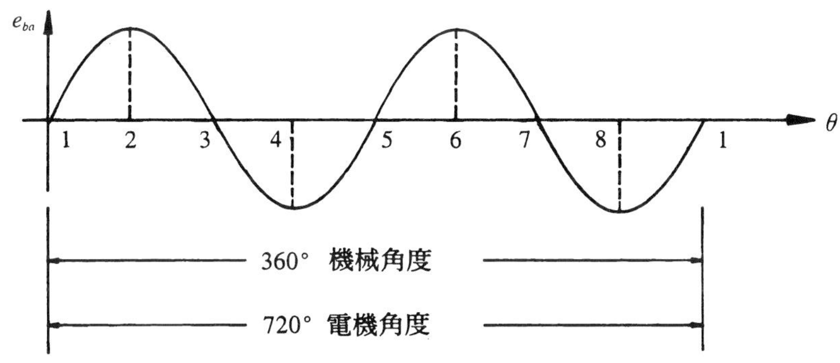

(b)一矩形線圈ab旋轉一週時所生的應電勢

圖1-17　矩形線圈與應電勢

(一)電機角與機械角的關係：

如圖1-16所示一矩形線圈於二極的均勻磁場中旋轉一週(360°機械角)，可產生一個完整的正弦應電勢(360°電機角)，在圖1-17所示一矩形線圈在四極的均勻磁場中旋轉一週(360°機械角)可產生二個完整的正弦波應電勢(720°電機角)，相同的方法可推至更多的極數。由上述可得電機角與機械角的關係為

$$\theta_e=\frac{P}{2}\theta_m \tag{1-22}$$

式中　θ_e：電機角度，θ_m：機械角度

(二)頻率：

週期性電壓或電流在一秒內重複出現完整正弦波的次數稱為頻率，以f表示，其單位為赫芝(Hz)。

(三)週期：

完成交流正弦波一週所需的時間稱為週期。以T表示，其單位為秒。週期T與頻率f的關係為

$$T=\frac{1}{f} \tag{1-23}$$

(四)電機轉速與頻率及極數之關係：

對於一P極電機，矩形線圈旋轉一週可完成$\frac{P}{2}$個完整的正弦波電壓，若一矩形線圈每分鐘以N轉的均匀速率驅動，則產生的應電勢頻率f為

$$f=\frac{P}{2}\times\frac{N}{60} \tag{1-24}$$

$$\therefore N=\frac{120f}{P}\ \text{(rpm)} \tag{1-25}$$

式中　P：電機的極數；N：電機每分鐘之轉速，以rpm示之。

【例10】 一部六極交流電機，每分鐘轉速1200rpm，則此電機之(1)頻率(2)週期(3)每一機械角度可產生若干電機角度？

【解】 (1)$N=\frac{120f}{P}$

$$f=\frac{PN}{120}=\frac{6\times1200}{120}=60\text{Hz}$$

(2) $T=\frac{1}{f}=\frac{1}{60}$ (秒)

(3) $\theta_e=\frac{P}{2}\theta_m=\frac{6}{2}\times1^\circ=3^\circ$

即每一機械角可產生3°的電機角。

1-9　交流電路概念

本節說明交流電源瞬時值、有效值及平均值之意義與單相交流功率及功率因數之計算方法。

1-9-1　交流瞬時值、有效值與平均值

(一)瞬時值：

家用的電源大多爲單相電源，其電壓波形隨時間改變的瞬時值爲

$$v=V_m\sin\omega t \tag{1-26}$$

式中V_m爲電壓的最大值，ω稱爲角頻率，角頻率ω可以寫爲

$$\omega=2\pi f=\frac{2\pi}{T}\ (\text{徑度／秒}) \tag{1-27}$$

隨正弦函數而變化的電壓波形如圖1-18所示。

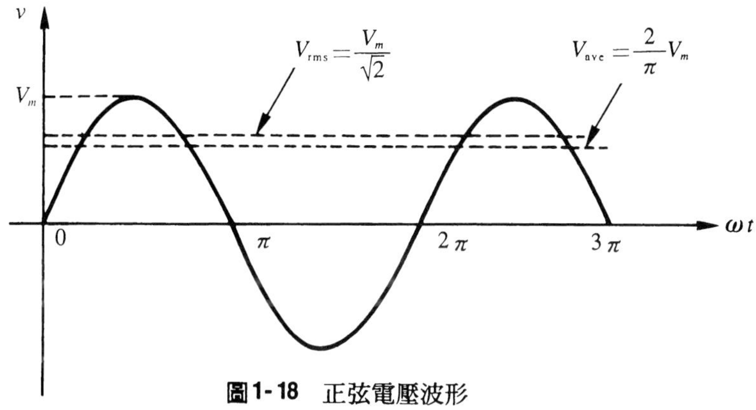

圖1-18　正弦電壓波形

(二)有效值：

電壓波形的有效值或均方根值(Root mean square value)可定義如下：

$$V=V_{rms}=\sqrt{\frac{1}{T}\int_0^T v^2 d\,t} \tag{1-28}$$

對一個理想的正弦電壓在電阻器產生的熱效應，若與一個直流電壓加於同一個電阻器產生的熱效應相等時，則該直流電壓即爲上述交流正弦電壓的有效值。

(三)平均值：

電壓波形的平均值可定義如下：

$$V_{ave}=\frac{1}{T}\int_0^T v\,d\,t \tag{1-29}$$

對於一純交流波形若取其週期T，以計算其平均值，則由於正半週的面積等於負半週的面積，如圖1-18所示，所以其平均值應爲零。

但實際上對一負載而言，正半週與負半週所供給之功率完全相同，所以在計算純交流波形的平均值時，通常指波形的半週而言。

1-9-2 單相電源的功率

一般的負載特性屬於$R-L$電路，其情形如圖1-19所示，由電源側所視的阻抗$\bar{Z}$爲

$$\bar{Z}=R+j\omega L=\sqrt{R^2+\omega^2L^2}\angle\theta=\tan^{-1}\frac{\omega L}{R}=Z\angle\theta \tag{1-30}$$

電源電流i爲

$$i=\frac{V_m}{Z}\sin(\omega t-\theta)=I_m\sin(\omega t-\theta) \tag{1-31}$$

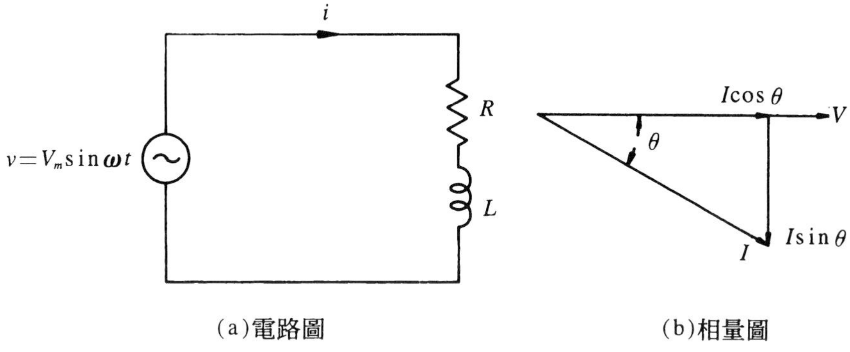

(a)電路圖 (b)相量圖

圖1-19 *R–L*電路

將瞬間電壓與瞬間電流相乘可得瞬間功率$p(t)$

$$P(t)=vi=V_m I_m \sin\omega t\sin(\omega t-\theta)$$

$$=\frac{V_m I_m}{2}[\cos\theta-\cos(2\omega t-\theta)]$$

$$=VI[\cos\theta-\cos(2\omega t-\theta)] \qquad (1\text{-}32)$$

由上式可知負載所吸收的功率中，包含一恆定的分量$VI\cos\theta$與頻率為電源頻率二倍的脈動分量$VI\cos(2\omega t-\theta)$。

關於視在功率S、實功率P與虛功率Q可分別定義如下：

$$S=VI \text{ (伏安)} \qquad (1\text{-}33)$$

$$P=S\cos\theta=VI\cos\theta \text{ (瓦特)} \qquad (1\text{-}34)$$

$$Q=S\sin\theta=VI\sin\theta \text{ (乏)} \qquad (1\text{-}35)$$

若設電感性虛功率為正，則電容器虛功率為負。對圖1-19的$R–L$電路之P、Q與S所組成的功率三角圖如圖1-20(a)所示。至於電容性的$R–C$電路其功率三角圖如圖1-20(b)所示。

電源系統的功率因數P.F.定義為電源電壓與電流之間的相角差取其餘弦，即

$$\text{P.F.}=\cos\theta=\frac{R}{Z}=\frac{P}{S} \qquad (1\text{-}36)$$

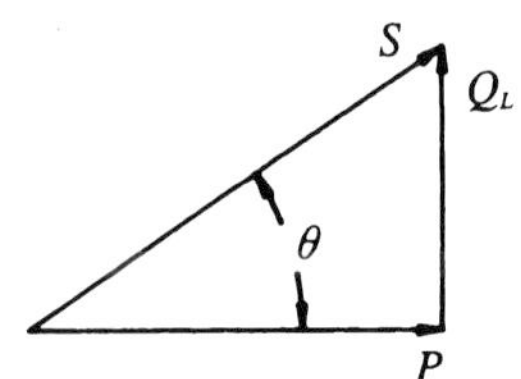

(a)R－L電路的功率三角圖

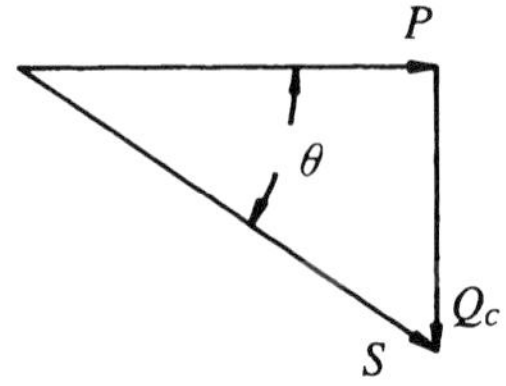

(b)R－C電路的功率三角圖

圖1-20　功率三角圖

【**例11**】求圖1-21所示波形的有效值和平均值。

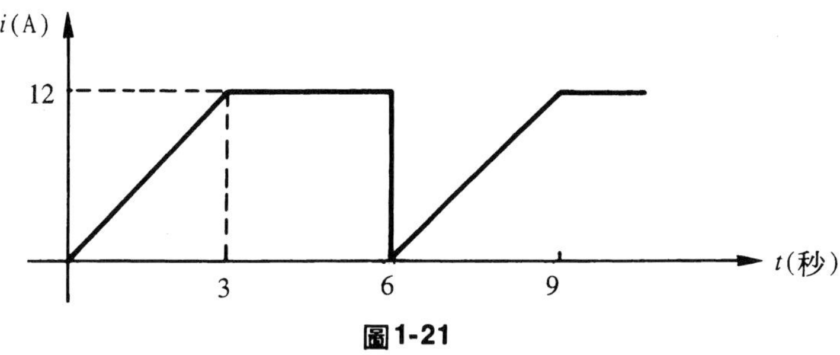

圖1-21

【**解**】　週期$T=6$秒

電流i的波形為

$$\begin{cases} i=4t\text{安} & 0\leq t\leq 3\text{秒} \\ i=12\text{安} & 3\leq t\leq 6\text{秒} \end{cases}$$

(1) $I_{rms}^2=\frac{1}{6}\int_0^6 i^2(t)\,dt=\frac{1}{6}\left[\int_0^3 16t^2\,dt+\int_3^6 144\,dt\right]=96$

$\therefore I_{rms}=9.80\text{A}$

(2) $I_{ave}=\frac{1}{6}\left[\int_0^6 i(t)\,dt\right]=\frac{1}{6}\left[\int_0^3 4t\,dt+\int_3^6 12\,dt\right]=9\text{A}$

【**例12**】若一正弦波電流為$10\sin\omega tA$，試求其平均值及有效值電流。

【**解**】　(1) $I_{ave}=\frac{1}{\pi}\int_0^\pi 10\sin\omega t\,d\omega t$

$=\frac{10}{\pi}[-\cos\omega t\,|_0^\pi]=\frac{20}{\pi}=6.37\text{A}$

$$(2)I_{rms}=\sqrt{\frac{1}{2\pi}\int_0^{2\pi}(10\sin\omega t)^2\,d\omega t}$$

$$=\sqrt{\frac{1}{2\pi}\int_0^{2\pi}50(1-\cos2\omega t)\,d\omega t}$$

$$=\sqrt{\frac{1}{2\pi}(50\omega t\mid_0^{2\pi}-25\sin2\omega t\mid_0^{2\pi})}$$

$$=\sqrt{50}=7.07\text{ A}$$

【例13】已知某線路的功率因數爲0.6滯後，線路負載爲1000kVA，今若於負載側並聯600kVAR的電容器，則線路負載爲多少kVA？電源側的功率因數爲多少？

【解】 ⑴設負載的實功爲P_L，電感性的虛功爲Q_L則

$$P_L=S_L\times\cos\theta=1000\times0.6=600\text{ kW}$$

$$Q_L=S_L\times\sin\theta=1000\times\sqrt{1-0.6^2}=800\text{ kVAR}$$

加入電容器後由電源側視入之負載功率P_{LS}與Q_{LS}分別爲

$$P_{LS}=P_L=600\text{kW}$$

$$Q_{LS}=Q_L-Q_C=800-600=200\text{ kVAR}$$

設線路負載爲S_L，則

$$S_L=\sqrt{P_{LS}^2+Q_{LS}^2}=\sqrt{600^2+200^2}=632.5\text{ kVA}$$

⑵設電源側之功因爲P.F. ，則

$$\text{P.F.}_s=\frac{P_{LS}}{S_L}=\frac{600}{632.5}=0.9487(\text{電感性})$$

1-10　矩形線圈的轉矩

圖1-22(a)示一矩形線圈，置於磁通密度爲B(韋伯／米^2)的均勻磁場中，線圈邊AB與CD的有效長度爲l(米)，磁場的方向與線圈軸OO'互相垂直，若線圈通以電流I時，則線圈邊AB或CD的受力f爲

$$f = BIl \quad (\text{牛頓})$$

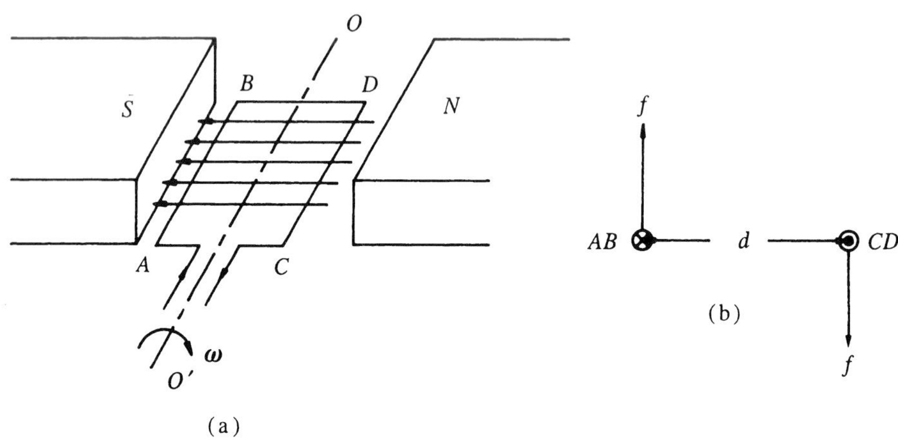

圖1-22 一載有電流的矩形線圈在磁場中所受之作用力

若線圈的匝數為N時，則其作用力$f_{線圈邊}$為

$$f_{線圈邊} = NBIl \quad (\text{牛頓}) \tag{1-37}$$

參照圖1-22(b)知線圈邊AB受力方向朝上，線圈邊CD受力方向朝下，因此線圈將被推動旋轉，其旋轉方向為順時鐘。轉矩的作用是以線圈軸$O'O$為支點形成的。其大小為

$$T = NIBld = NIBA \quad (\text{牛頓-米}) \tag{1-38}$$

式中　$A = ld$為矩形線圈的面積

對圖1-23線圈的轉矩為

$$T = NIBA\cos\theta \quad (\text{牛頓-米}) \tag{1-39}$$

式中　θ為線圈平面與磁場方向所夾的角度

當線圈平面與磁場方向垂直時$\theta = 90°$，轉矩為零。若線圈平面與磁場平行時$\theta = 0°$，轉矩為最大。

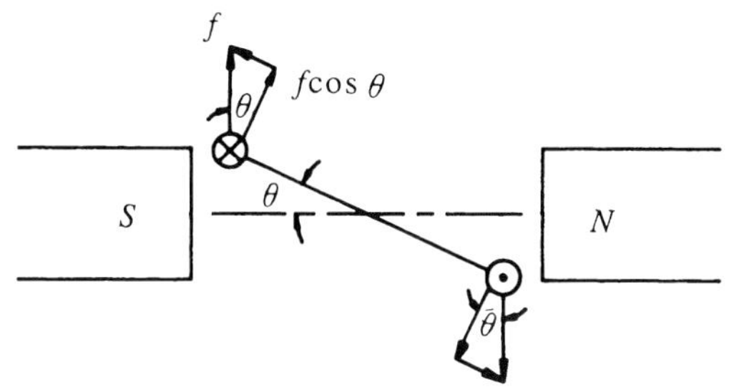

圖1-23　線圈邊所產生的轉矩

【**例14**】有一邊長4公分的正方形線圈，計10匝，置於磁通密度為0.2韋伯／公尺^{2}的磁場中，若流過線圈的電流為10安培，試求⑴當線圈面與磁場垂直時，其轉矩為若干？⑵若平行時其轉矩為若干？⑶線圈面與磁場成30°時，轉矩為多少？

【**解**】　⑴ $\because \theta = 90°$

$\therefore T = NIBA\cos 90° = 0$　(牛頓-公尺)

⑵ $\because \theta = 0°$

$\therefore T = NIBA\cos 0° = 10\times 10\times 0.2\times (0.04)^2$

$= 0.032$　(牛頓-米)

⑶ $\because \theta = 30°$

$\therefore T = NIBA\cos 30° = 10\times 10\times 0.2\times (0.04)^2\times \frac{\sqrt{3}}{2}$

$= 0.0277$　(牛頓-米)

1-11　旋轉運動與功率的關係

上節中討論一矩形線圈在一均勻磁場中產生轉矩的簡單系統，本節擬研討旋轉電機的轉矩與其功率的關係。

1-11-1 角位置與角速度

(一)角位置(θ)

物體的角位置(θ)係由一參考軸所測量的角度，若由參考軸依反時鐘所測量的角度定為正角，則由參考軸依順時鐘方向所測量的角度定為負角。其單位以徑度或角度表示。

(二)角速度(ω)

角速度為角位置對時間的變化率，定義為

$$\omega = \frac{d\theta}{dt} \tag{1-40}$$

角位置的單位為徑度，則角速度的單位為徑度／秒。

1-11-2 轉矩與功率的關係

轉矩的大小由作用力的大小與旋轉軸到作用力延伸線的距離所決定，對圖1-24所示物體所受的轉矩可描述為：

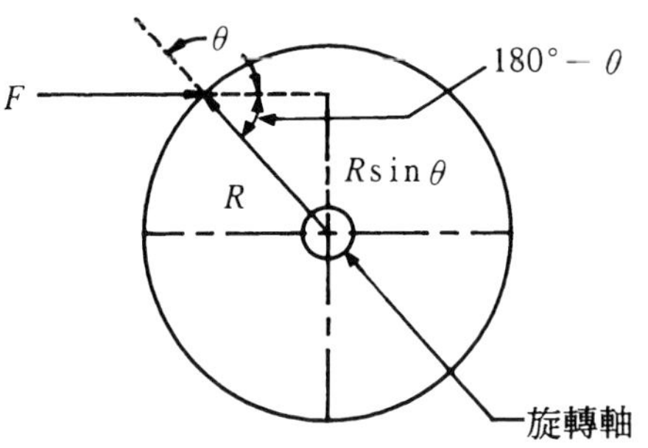

圖1-24 物體所受轉矩

τ ＝作用力×垂直距離＝$FR\sin\theta$

旋轉運動中，功被定義為

$$W=\int \tau \, d\theta \tag{1-41}$$

若轉矩為常數，則上式可簡化為

$$W = T\theta \tag{1-42}$$

功率被定義為單位時間內所作的功，即功率(P)為

$$P = \frac{dW}{dt} = \frac{dT\theta}{dt} = T\frac{d\theta}{dt} = T\omega \tag{1-43}$$

上式可用以描述馬達或發電機轉軸的功率。若功率以瓦特為單位，轉矩以牛頓-米為單位，角速度以徑度／秒為單位，則上式已正確的描述功率、轉矩與角速度的關係。

【例15】 有一三相220伏、5HP、1764轉／分、60Hz及滿載電流為15A的感應馬達，試求滿載時轉軸的輸出轉矩為多少？

【解】 $P_0 = 5 \times 746 = 3730$(瓦)

$$\omega_m = \frac{1764}{60} \times 2\pi = 184.73(\text{徑／秒})$$

$$T_0 = \frac{P_o}{\omega_m} = \frac{3730}{184.73} = 20.19(\text{牛頓-米})$$

摘　要

1. 磁場方向的決定：

⑴導體周圍的磁場方向：(安培右手定則)

右手拇指所指的方向－電流方向

其餘彎曲四指所指的方向－磁場方向

⑵線圈的磁場方向：(右螺旋定則)

右手拇指所指的方向－磁場 N 極的方向

四指所指的方向－電流方向

2. 磁通勢、磁化力、磁阻、磁通、磁通密度與導磁係數間的關係，由圖1-25可得：

磁通勢	$F=NI$
磁路長度	$l_c=2\pi r$
磁阻	$\mathscr{R}=\dfrac{l_c}{\mu A}$
磁通	$\phi=\dfrac{F}{\mathscr{R}}$
磁通密度	$B=\dfrac{\phi}{A}$
磁化力	$H=\dfrac{F}{l_c}$
導磁係數	$\mu=\dfrac{B}{H}$

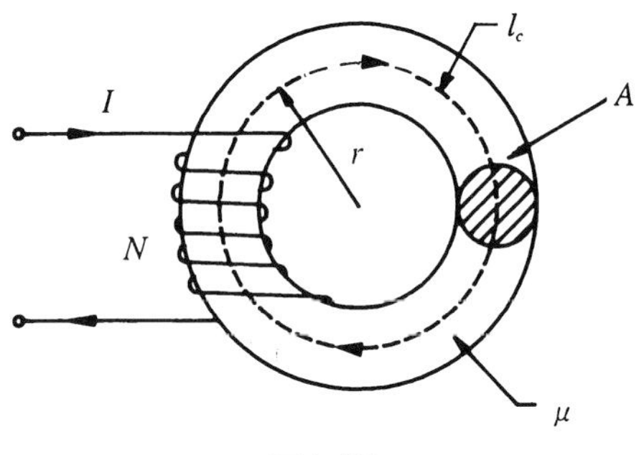

圖1-25

3. 磁路的安培定律：沿一封閉的磁路，磁位降的總和應等於該磁路的淨磁通勢。

4. 電磁感應

(1)一線圈置於一變動的磁場中，線圈所感應的應電勢e為

$$e=-N\frac{d\phi}{dt}=-\frac{d\lambda}{dt}$$

式中負號的意義為線圈的感應電勢或電流的方向係用來阻止穿過線圈的磁通產生變化。

⑵一導體長度爲l(公尺)，在磁通密度爲B(韋伯／公尺^2) 的磁場中運動，若其運動速度爲v(公尺／秒)，則其產生電動勢e的大小與方向爲：

$$\bar{e}=l\,\bar{v}\times\bar{B}\ (伏)$$

電動勢e 的方向亦可由佛萊明右手定則決定。將右手之拇指、食指與中指互相垂直，則拇指－運動方向，食指－磁場方向，中指－感應電勢或電流的方向。

⑶一載有電流I(安培)的導體，置於磁通密度爲B(韋伯／公尺^2)的磁場中，若其在磁場中的有效長度爲l(公尺)，則受力f的大小與方向爲：

$$\bar{f}=l\,\bar{I}\times\bar{B}\ (牛頓)$$

導體的運動方向亦可由佛萊明左手定則決定。將左手之拇指、食指與中指互相垂直，則食指－磁場方向，中指－電流方向，拇指－運動方向。

5. 自感與互感：

⑴磁鏈：一線圈的磁鏈λ 定義爲線圈的匝數N與穿過該線圈磁通ϕ的乘積，即

$$\lambda\,(韋－匝)=N(匝)\times\phi\,(韋伯)$$

⑵自感：一線圈的自感L定義爲單位電流所產生的磁鏈，即

$$L(亨利)=\frac{d\lambda\ (韋\text{-}匝)}{d\,i\ \ (安培)}$$

⑶互感：兩線圈間的互感M可定義爲

$$M=M_{21}=M_{12}=N_2\frac{d\phi_{12}}{d\,i_1}=N_1\frac{d\phi_{21}}{d\,i_2}$$

⑷耦合係數：兩線圈的耦合係數k定義爲

$$k=\frac{M}{\sqrt{L_1L_2}}$$

6. 磁滯與磁滯損失：

磁化循環一次所得之磁化曲線稱爲磁滯迴線。磁通密度B之變化恆較磁化力H的變化緩慢或落後，稱爲磁滯。磁滯損失P_h爲

$$P_h=K_h f B_m^n \text{（瓦特／米}^3\text{）}$$

7. 渦流與渦流損失：

鐵心置於一交變的磁場中，在鐵心的內部有旋渦狀的電流產生，此種電流稱爲渦流。

渦流經由鐵心的電阻而造成功率損失，此損失稱爲渦流損P_e，其大小爲：

$$P_e=K_e f^2 B_m^2 t^2 \text{（瓦特／米}^3\text{）}$$

8. 交流正弦波的頻率與週期：

⑴頻率：週期性電壓或電流在一秒鐘內重複出現完整正弦波的次數稱爲頻率，以f表示，其單位爲赫(Hz)。

⑵週期：頻率的倒數，以T表示，即

$$T=\frac{1}{f} \text{（秒）}$$

9. 交流電壓或電流的瞬時值、有效值與平均值：

⑴瞬時值：電壓或電流的波形隨時間而改變，以$v(t)$表示，如：

$$v(t)=V_m\sin\omega t \text{（伏）}(\omega=2\pi f)$$

⑵有效值：V_{rms}或V可定義爲：

$$V=V_{\text{rms}}=\sqrt{\frac{1}{T}\int_0^T v^2(t)dt}\ \text{(伏)}$$

⑶平均值：V_{ave}可定義爲：

$$V_{\text{ave}}=\frac{1}{T}\int_0^T v(t)dt\ \text{(伏)}$$

10. 單相電源的功率與功率因數：

視在功率　$S=VI$

實功率　$P=VI\cos\theta$

虛功率　$Q=VI\sin\theta$

功率因數　$\text{P.F.}=\cos\theta$

11. 矩形線圈在二極磁場中運轉時之受力與轉矩：
設一矩形線圈的匝數爲N，並載有I(安培)的電流，在磁通密度爲B(韋伯／公尺^2)的磁場中運轉其有效長度爲l(公尺)，則其作用力$f_{線圈邊}$爲：

$$f_{線圈邊}=NBIl\text{(牛頓)}$$

倘線圈平面與磁場方向所成的角度爲θ，則線圈的轉矩$T_{線圈}$爲：

$$T_{線圈}=NBIA\cos\ \text{(牛頓-米)}\qquad (A\text{爲線圈的面積})$$

12. 轉矩、功率P與角速度ω的關係：

$$\tau\ \text{(牛頓-米)}=\frac{P\text{(瓦特)}}{\omega\text{(徑度／秒)}}$$

習題一

1. 試簡述磁通、磁通密度與磁場強度之意義。
2. 試說明相對導磁係數的意義。

3. 試述佛萊明左手及右手定則的含義，及各定則使用於何種場合？
4. 試簡述交流正弦波電壓或電流有效值與平均值之意義。
5. 試繪出功率三角形，說明視在功率S、實功率P、虛功率Q與功因角θ間之關係為何？
6. 試說明法拉第定律與楞次定律在電磁感應的運用情形。
7. 試以二線圈為例說明自感與互感的意義，耦合係數又如何定義？
8. 一磁路中有一氣隙，長2公分，截面積為$\frac{1}{\pi}\times10^{-2}\text{m}^2$，求該氣隙的磁阻為多少？若磁通為0.2韋伯，則氣隙的磁位降為多少？
9. 下圖所示為一環形鐵心，其半徑$r=0.05$公尺，截面積為$A=1\times10^{-2}\text{m}^2$，導磁係數$\mu$比眞空大1100倍，眞空之$\mu_o=4\pi\times10^{-7}$ 韋伯／安-公尺，鐵心的磁通密度 $B=0.2$韋伯／公尺^2。試求鐵心之⑴磁通量⑵磁阻⑶產生磁通的磁動勢。

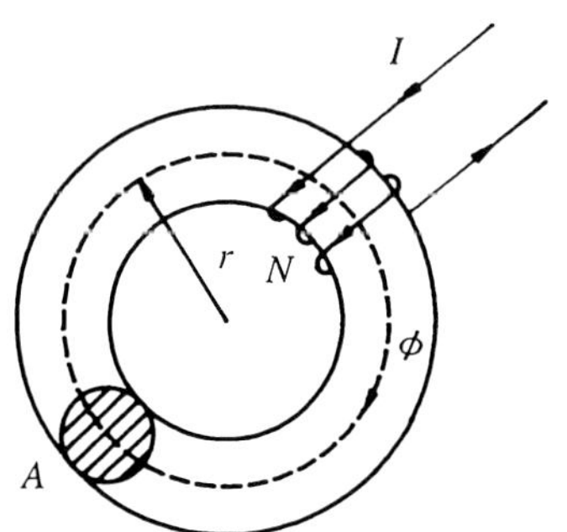

10. 如圖所示，試求載流導體所受的力各為多少？

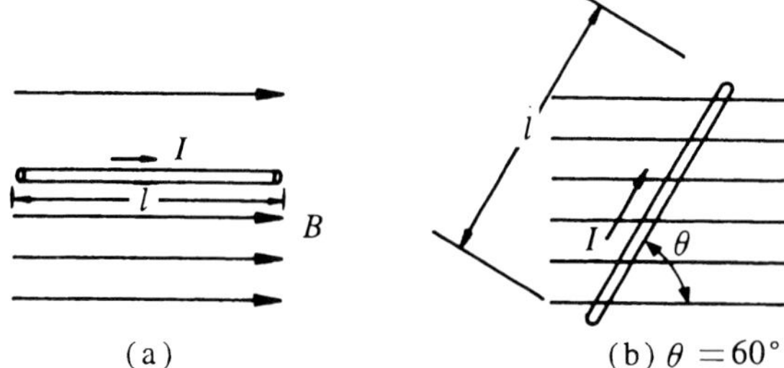

(a)　(b) $\theta=60°$

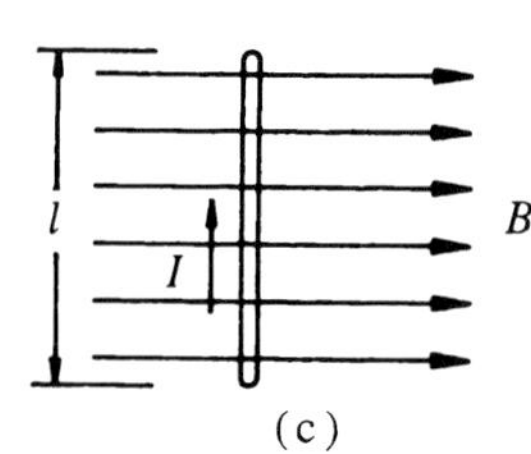

(c)

$l=1$公尺，$I=20$安培

$B=0.2$韋伯／公尺^2

11. 有一線圈的匝數爲150匝，在0.75秒內線圈的磁通由2×10^6線增加爲5×10^6線，試求此線圈的平均電勢爲多少？

12. 有一隨時間變動的磁通　$\phi=0.001-0.002t$，ϕ的單位爲韋伯，t的單位爲秒，與匝數爲400 匝的線圈相交鏈，試求線圈的平均電勢多少？

13. 如圖所示，一導體於磁場中作等速度的圓周運動，試求其電勢爲多少？

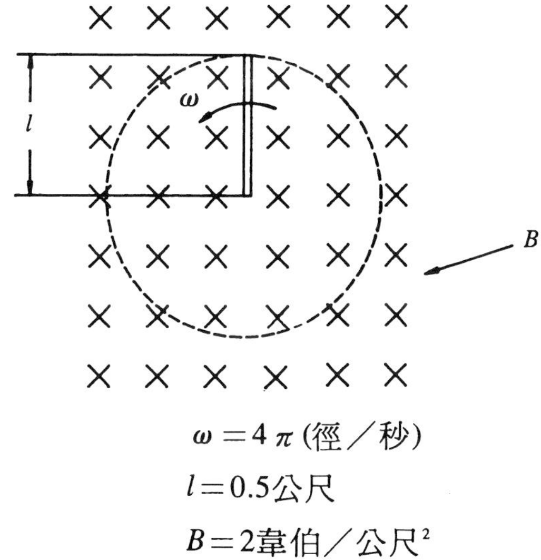

$\omega=4\pi$ (徑／秒)

$l=0.5$公尺

$B=2$韋伯／公尺^2

14. 如圖所示，試求(1)導體受力的大小與方向(2)導體受力後，若以每秒30公尺的速度向右移動，試求感應電勢的大小及方向(3)導體的功率爲何？

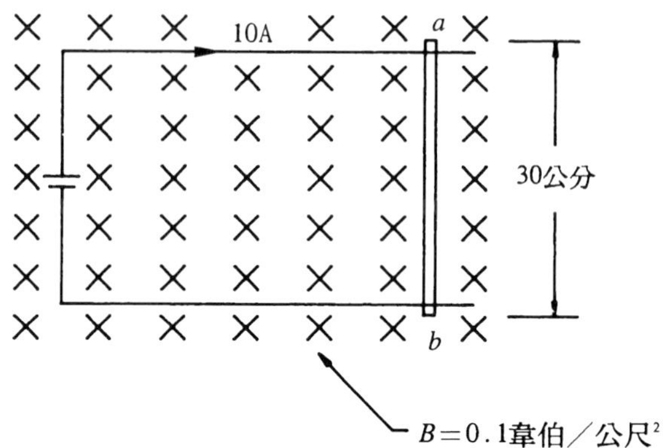

15. 一線圈有500匝，通以5A的電流時，產生5×10^{-4}韋伯的磁通量，試求此線圈的電感爲多少？

16. ⑴一線圈的匝數爲45匝，通過線圈的磁通爲0.5 韋伯，若在0.15秒內，此磁通做180° 的換向，試求該線圈的平均感應電勢爲多少？

⑵若線圈內的電流以30安／秒比率變換時，感應電勢爲15伏，則此線圈的自感爲多少？

17. ⑴某螺線管的匝數爲50匝，通以3安培電流時，產生的磁通爲1.5×10^{6}線，則此螺線管的電感量爲多少？

⑵如⑴之螺線管，若其匝數增加至100匝，則電感量爲多少？

18. 設$N_1=60$匝，$N_2=600$匝的兩線圈相鄰置放，若N_1線圈通以5安培電流時產生12000線的磁通，其中有10800線與N_2相交鏈，而N_2線圈通以5安培電流時產生120000線的磁通，其中有108000 線與N_1相交鏈，試求⑴N_1線圈的自感，⑵N_2線圈的自感，⑶兩線圈的互感，⑷兩線圈的耦合係數。

19. 如圖所示，試求⑴線圈N_1的自感L_1，⑵兩線圈的互感M，⑶磁路的磁阻。

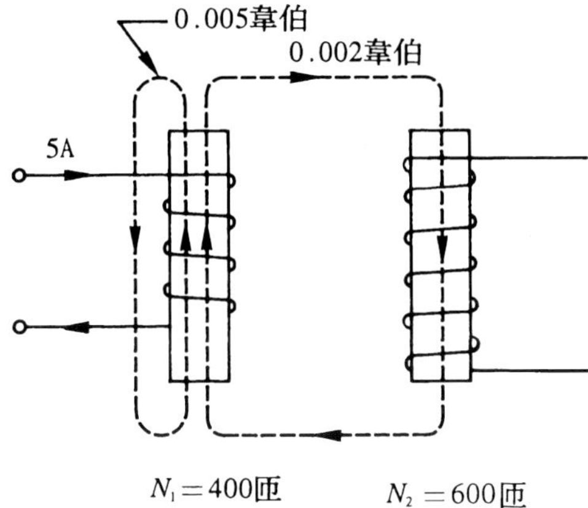

20. ⑴如圖(a)，當通有電流 i 的線圈向圓形線圈移動時，觀查者所見圓形線圈中感應電流的方向爲何？

⑵如圖(b) 所示，將一條形磁鐵依箭頭方向急速插入中空線圈中，則在電阻器R中的電流方向爲何？

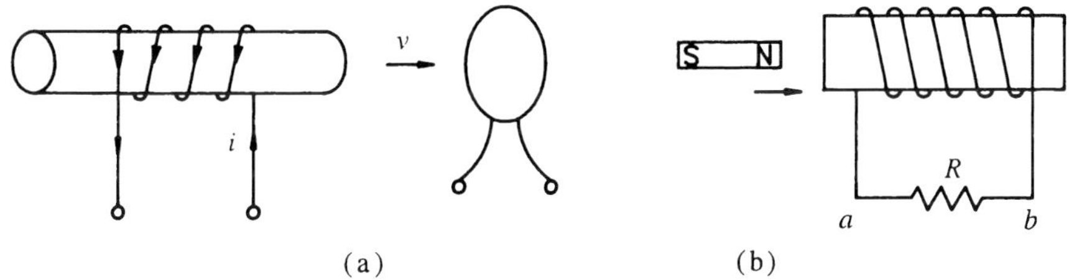

(a)　　(b)

21. ⑴有一正弦波電壓，其有效值爲110伏，其峰對峰值爲若干？

⑵如圖所示電壓加於0.1Ω的電阻上，其電流的平均值爲何？

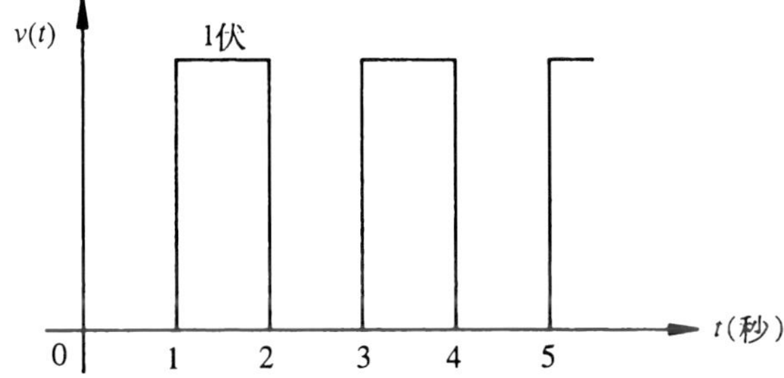

22. 求圖中各電壓或電流的平均值與有效值。

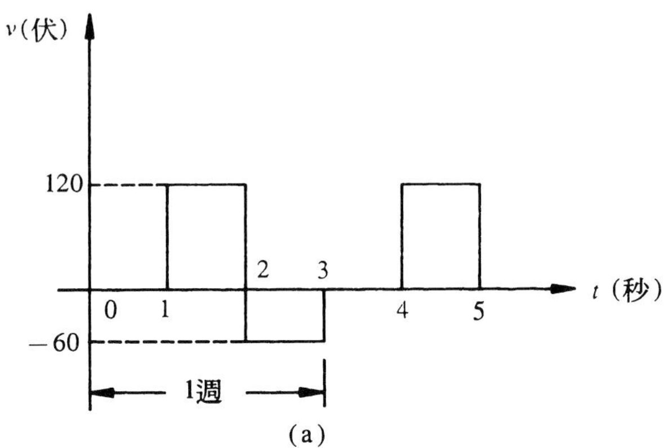

(a)

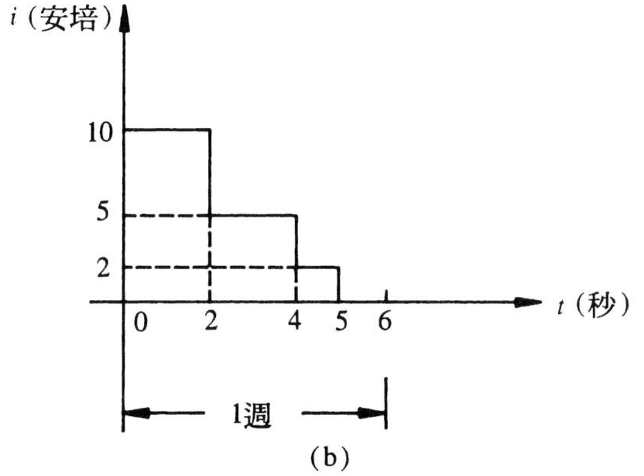

(b)

23. 一電路的阻抗為$\bar{Z}=9+j12\,\Omega$，外加電壓$V=300\angle 60^\circ$伏，則由電源所送出之實功與虛功各為多少？

24. 一$R-L-C$串聯電路，接於60Hz、200伏的電源、$R=16\,\Omega$、$X_L=20\,\Omega$、$X_C=8\,\Omega$，試求 (1)阻抗(2)電流(3)功率因數(4)最大瞬時功率(5)最小瞬時功率(6)平均功率(7)電阻消耗的最大功率。

25. 有一邊長10 公分的正方形線圈，計50匝，置於磁通密度為0.4韋伯／公尺^{2}的磁場中，若通過線圈的電流為20A，若線圈產生2牛頓-米的轉矩，則線圈面與磁場所夾的角度為幾度？

26. 求圖中，N_2線圈兩端的電壓v_{ab}隨時間變化的情形為何？

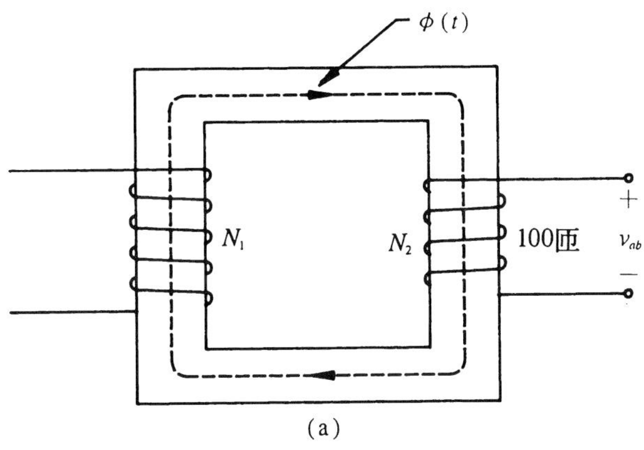

(a)

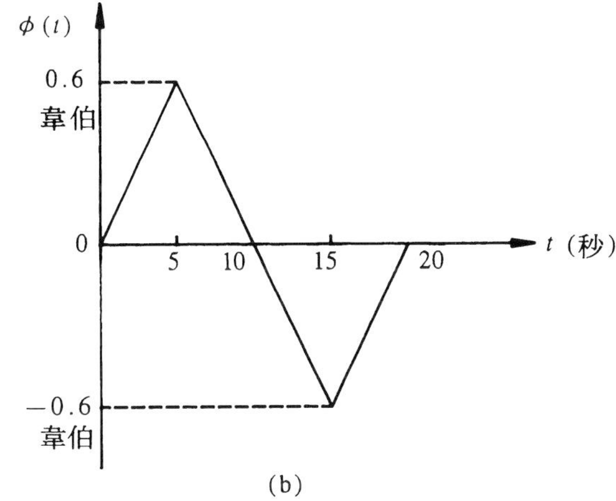

(b)

27. 有一部三相、四極、380伏、50HP的感應馬達，其滿載電流為76安培，滿載轉速1746rpm，試求其滿載輸出轉矩為多少？

28. 有一部直流電動機，其滿載輸出轉矩為267.14牛頓-米，若滿載轉速為2000rpm，試求其額定馬力數為多少？又此電機的額定電壓為2300伏，滿載效率為0.88，則其滿載電流為多少？

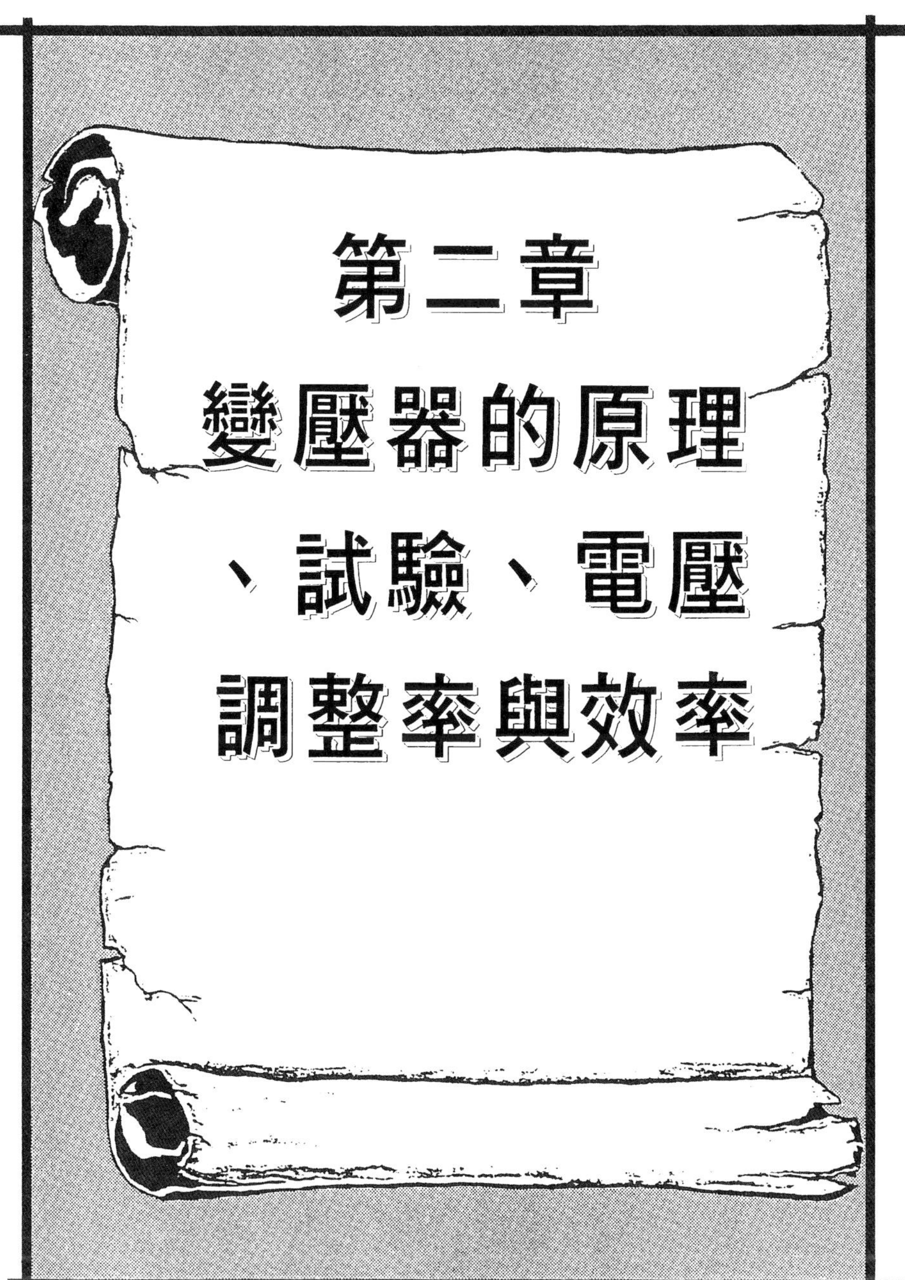
第二章
變壓器的原理
、試驗、電壓
調整率與效率

交流輸電與配電線路中廣泛的使用變壓器以改變電壓。變壓器是以磁場為媒介而將一電壓準位轉換成另一電壓準位的靜止機器。本章的內容以單相變壓器為主體說明其原理、構造、等效電路、試驗及損失與效率。

2-1 變壓器的原理

變壓器係利用電磁感應的作用，將一線圈由電源所吸收的能量轉換為另一線圈的電源，或者將一交流電壓與電流轉換為相同頻率的另一電壓與電流。

圖2-1所示為一具二繞組變壓器，P線圈接於電源，稱為原線圈或一次線圈，S線圈接於負載稱為二次線圈或副線圈。當一交流電源接於P線圈時，則在鐵心中產生交變的磁通ϕ與P線圈及S線圈相交鏈，在S線圈會感應出與電源頻率相同的交變電壓，同時提供電能至負載。

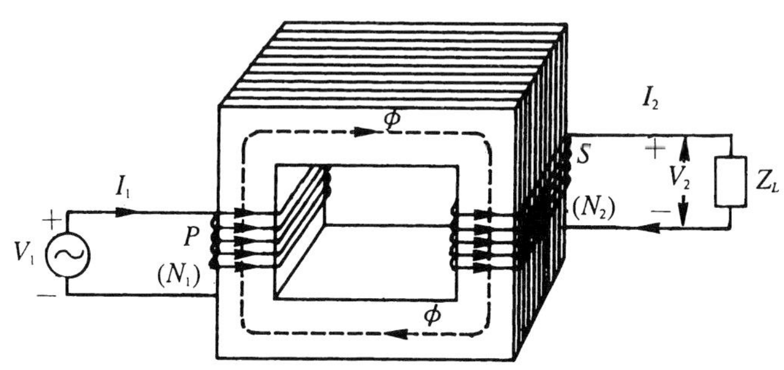

圖2-1 二繞組變壓器

若原線圈的電壓高於副線圈的電壓稱為降壓變壓器；反之若副線圈的電壓高於原線圈的電壓則稱為升壓變壓器。變壓器除可作電壓的改變外尚可作電流的升降、阻抗匹配、相位變換與電路隔離等功能。

2-2 內鐵式與外鐵式變壓器

依變壓器鐵心的構造可分為內鐵式與外鐵式變壓器。

2-2-1 內鐵式變壓器

內鐵式變壓器如圖2-2 所示，鐵心在內側，而繞組則包圍著鐵心，鐵心呈口字形，為減少變壓器的漏電抗，在鐵心的兩腿上均套有高壓與低壓繞組的一半繞組。基於絕緣的考慮，一般低壓繞組套於內側而高壓繞組則套於外側。

內鐵式變壓器的絕緣容易處理，且較為經濟，但能承受的機械應力較小，所以適用於高電壓、低電流的場合。

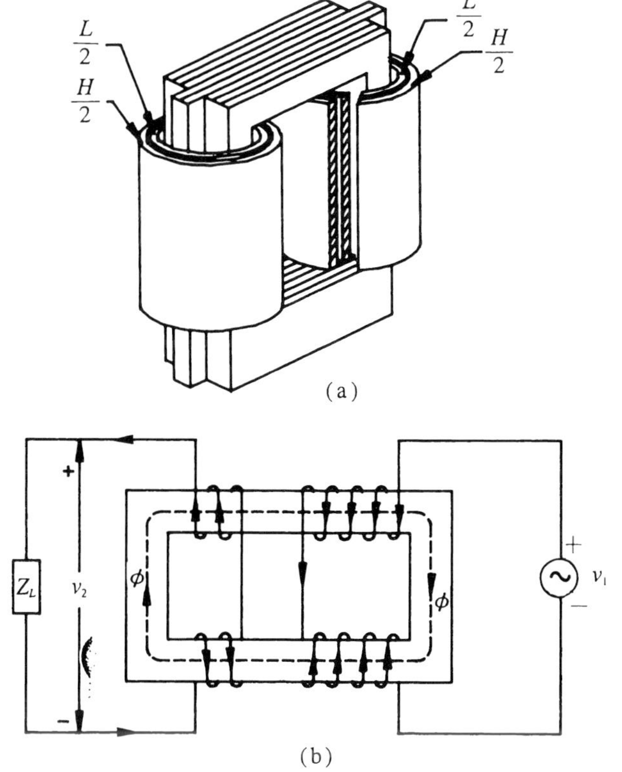

圖2-2 內鐵式變壓器

2-2-2 外鐵式變壓器

圖2-3 所示為外鐵式變壓器，鐵心呈日字形，繞組位於中柱上，即繞組被鐵心所包圍。高壓與低壓線圈佔有兩窗口的全部空間，且其形狀呈扁平狀；為減少變壓器的漏磁通，高壓線圈與低壓線圈相鄰放置。由於絕緣面積受到限制，所以絕緣處理較為困難，散熱不易，在換修時須將鐵心全部拆開，才可將繞組取出，能承受的機械應力大，所以適用於低電壓、大電流的變壓器。

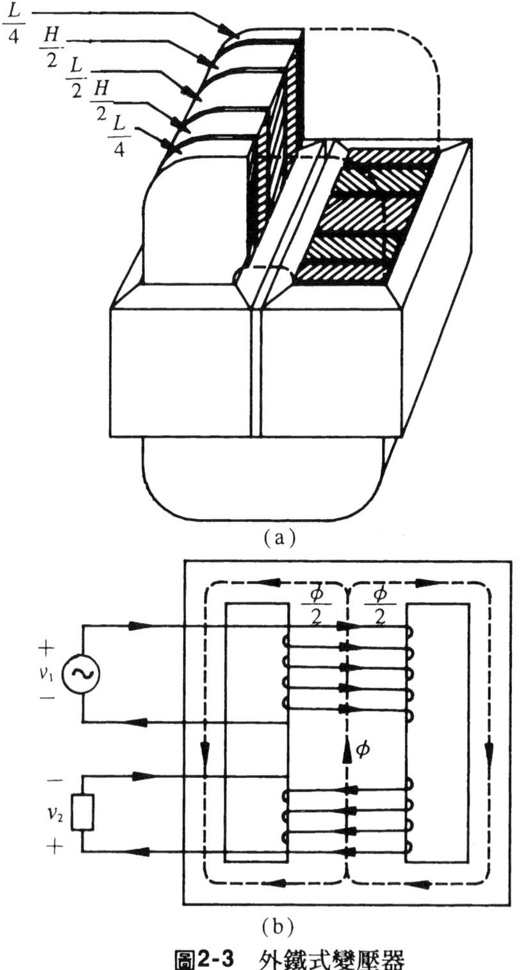

圖2-3 外鐵式變壓器

2-3　理想變壓器(Ideal transformer)

若要分析變壓器的特性，則須建立其數學模型。在此首先要建立的模型爲理想變壓器，其須合於下述的條件：

(1)繞組的電阻爲零，即銅損爲零。

(2)鐵心中無渦流損及磁滯損，即鐵損爲零。

(3)繞組間的耦合係數k等於1，無漏磁通或漏電抗即$X_l=0$。

(4)鐵心的導磁係數μ爲無限大或磁阻$\mathscr{R}=0$，所以激磁電流爲零。

(5)效率爲100％且電壓調整率爲零。

2-3-1　理想變壓器的相量圖：

圖2-4 所示爲雙繞組的理想變壓器，依據楞次定律可以定出一次與二次繞組的感應電勢極性，如圖2-4所示。

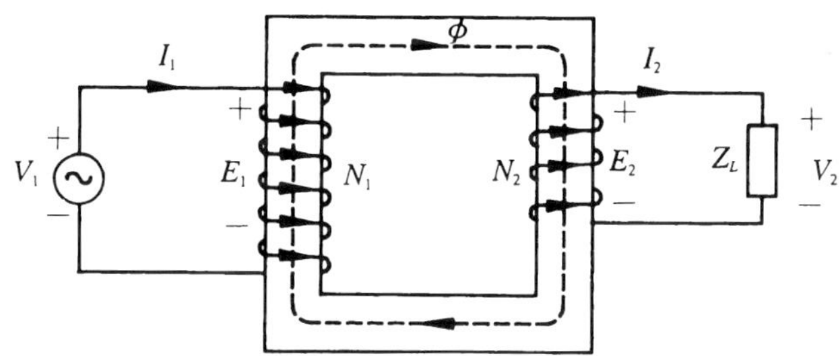

圖2-4　雙繞組的理想變壓器

一次繞組加入一正弦波電壓，於鐵心中產生磁通ϕ，則ϕ爲

$$\phi=\phi_m\sin\omega t \tag{2-1}$$

由法拉第定律可得一次與二次繞組的感應電勢e_1與e_2，其值爲

$$e_1=N_1\frac{d\phi}{dt}=\omega\phi_m N_1\cos\omega t=2\pi f\phi_m N_1\cos\omega t \tag{2-2}$$

$$e_2 = N_2\frac{d\phi}{dt} = \omega \phi_m N_2 \cos \omega t = 2\pi f \phi_m N_2 \cos \omega t \tag{2-3}$$

式中　ϕ_m為鐵心中的最大磁通量，其單位為韋伯。

N_1與N_2分別為一次繞組與二次繞組的匝數。

f為電源頻率。

由e_1與e_2的波形可得感應電勢較磁通ϕ領前90°，且其有效值E_1、E_2分別為：

$$E_1 = \frac{E_{1(max)}}{\sqrt{2}} = \frac{2\pi}{\sqrt{2}} f N_1 \phi_m = 4.44 f N_1 \phi_m \tag{2-4}$$

$$E_2 = 4.44 f N_2 \phi_m \tag{2-5}$$

設匝數比a為N_1與N_2的比值，即

$$a = \frac{N_1}{N_2} \tag{2-6}$$

且　$$\frac{E_1}{E_2} = \frac{N_1}{N_2} = a \tag{2-7}$$

由理想變壓器的前三個條件可得

$$\frac{V_1}{V_2} = \frac{E_1}{E_2} = \frac{N_1}{N_2} = a \tag{2-8}$$

在任一瞬間，作用於鐵心的淨磁動勢為

$$\bar{F} = N_1\bar{I}_1 - N_2\bar{I}_2 \tag{2-9}$$

依理想變壓器的第四個條件可得淨磁動勢爲零，即

$$N_1I_1 - N_2I_2 = 0$$

$$\frac{I_1}{I_2} = \frac{N_2}{N_1} = \frac{1}{a} \tag{2-10}$$

由(2-8)式及(2-10)式可得

$$\boxed{a = \frac{N_1}{N_2} = \frac{V_1}{V_2} = \frac{E_1}{E_2} = \frac{I_2}{I_1}} \tag{2-11}$$

由上式得

$$V_1I_1 = V_2I_2 \tag{2-12}$$

亦即，輸入功率＝輸出功率。

由上述的討論可繪出理想變壓器的相量圖，在圖2-5(a)所示爲其無載相量圖；有載相量圖則如圖2-5(b)所示。

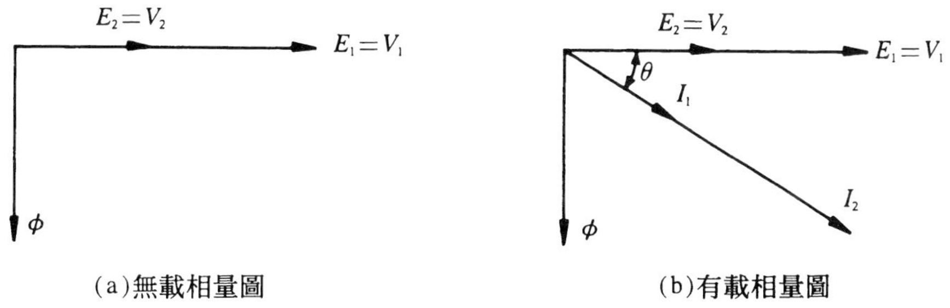

圖2-5　理想變壓器的相量圖

2-3-2　阻抗的轉換

圖2-6(a)所示爲一理想變壓器，其二次側接一Z_L的負載。若擬將二次側之負載轉換至一次側，如圖2-6(c)所示，則

$$\bar{Z}_L=\frac{\bar{V}_2}{\bar{I}_2}=\frac{\bar{V}_1\times\dfrac{N_2}{N_1}}{\bar{I}_1\times\dfrac{N_1}{N_2}}=\frac{\bar{V}_1}{\bar{I}_1}\times\left(\frac{N_2}{N_1}\right)^2$$

$$\bar{Z}_L'=\frac{\bar{V}_1}{\bar{I}_1}=\left(\frac{N_1}{N_2}\right)^2\bar{Z}_L=a^2\,\bar{Z}_L \qquad (2\text{-}13)$$

上式之$\bar{Z}_L'$稱爲二次側負載$\bar{Z}_L$轉換至一次側的負載阻抗，可由$\bar{Z}_L$乘以匝數比平方得到。

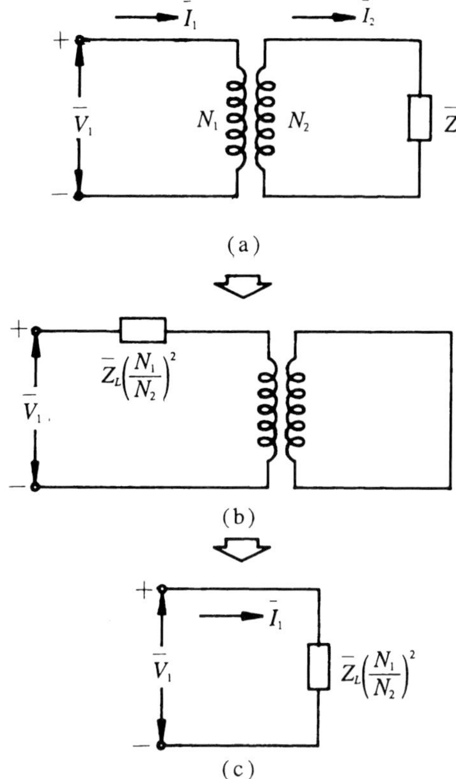

圖2-6 理想變壓器二次側負載轉換至一次側

【例 1】由配電線路到負載間，使用60Hz、50kVA、6.6kV/220V的降壓變壓器來降壓，其情形如圖2-7 所示。若變壓器為理想變壓器，試求

(1)接於低壓側繞組之負載阻抗為多少時，會使變壓器達滿載？

(2)此負載換算至高壓側的值為多少？

(3)高壓繞組中的電流為多少？

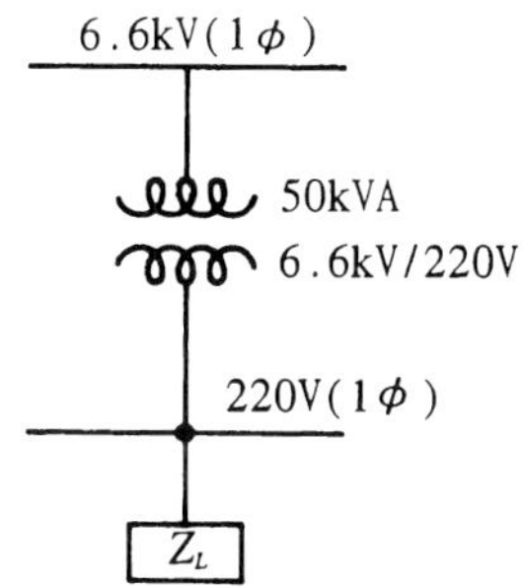

圖2-7

【解】 (1) $I_2=\dfrac{S}{V_2}=\dfrac{50\times10^3}{220}=227.27(\text{A})$

$$Z_L=\frac{220}{227.27}=0.968(\Omega)$$

此阻抗可以是電阻性、電抗性或兩者兼具。

(2) $a=\dfrac{N_1}{N_2}=\dfrac{6.6\times10^3}{220}=30$

負載換算至高壓側的阻抗Z_L'為

$$Z_L'=a^2Z_L=30^2\times0.968=871.2(\Omega)$$

(3)高壓繞組之電流I_1為

$$I_1=\frac{V_1}{Z_L'}=\frac{6.6\times10^3}{871.2}=7.576(\text{A})$$

2-4 實際變壓器

理想變壓器的模型並不夠精確，若能作下述的考慮，將能正確的預測變壓器的行爲：

(1)一次與二次繞組的電阻R_1與R_2。

(2)一次與二次繞組的漏磁通ϕ_{l1}與ϕ_{l2}。

(3)產生互磁通ϕ所需之磁化電流I_m與供應鐵損的電流I_c。

2-4-1 實際變壓器等效電路之推演

對於實際變壓器的等效電路可由下述步驟推導得之：

(1)設繞組的電阻可由繞組的一端以集總參數(Lumped parameters)來表示，則由假設(1)與(2)所得之結果如圖2-8所示。中間部分的磁性系統爲去除一次與二次繞組電阻後的變壓器，ϕ_{l1}與ϕ_{l2}分別表示一次與二次繞組的漏磁通，互磁通ϕ由一次與二次的合成磁勢所產生，設鐵心的磁阻爲R_m，則

$$\phi=\frac{N_1 i_1-N_2 i_2}{\mathscr{R}_m}\ (\text{韋伯}) \tag{2-14}$$

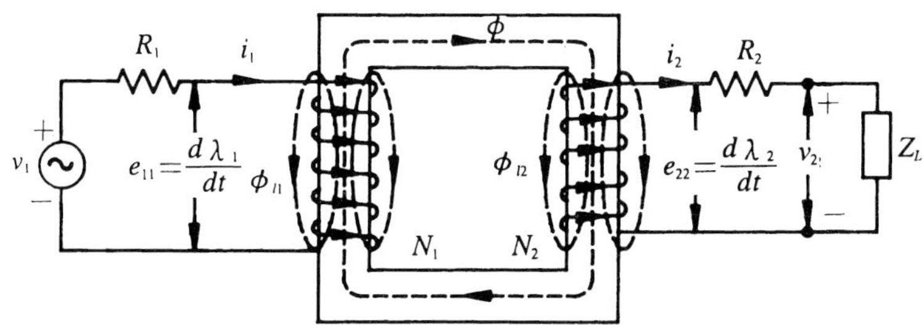

圖2-8 將繞組電阻予以分離之變壓器

⑵如圖2-8 所示，若兩繞組均有電流時，則與一次繞組N_1相交鏈的磁通ϕ_1爲

$$\phi_1 = \phi_{l1} + \phi \tag{2-15}$$

與二次繞組N_2相交鏈的磁通ϕ_2爲

$$\phi_2 = \phi - \phi_{l2} \tag{2-16}$$

亦即一次繞組N_1與二次繞組N_2的磁通鏈λ_1與λ_2分別爲

$$\begin{aligned} \lambda_1 &= N_1 \phi_1 \\ \lambda_2 &= N_2 \phi_2 \end{aligned} \tag{2-17}$$

由圖2-8可得一次繞組側與二次繞組側的電壓方程式爲

$$v_1 = R_1 i_1 + e_{11} \tag{2-18}$$

$$v_2 = e_{22} - R_2 i_2 \tag{2-19}$$

兩繞組所感應之電勢e_{11}與e_{22}分別爲

$$\begin{aligned} e_{11} &= \frac{d\lambda_1}{dt} = \frac{dN_1(\phi_{l1} + \phi)}{dt} = \frac{d(N_1\phi_{l1})}{dt} + \frac{d(N_1\phi)}{dt} \\ &= \frac{d(N_1\phi_{l1})}{di_1}\frac{di_1}{dt} + e_1 \end{aligned} \tag{2-20}$$

$$\begin{aligned} e_{22} &= \frac{d\lambda_2}{dt} = \frac{dN_2(-\phi_{l2} + \phi)}{dt} = -\frac{d(N_2\phi_{l2})}{dt} + \frac{d(N_2\phi)}{dt} \\ &= -\frac{d(N_2\phi_{l2})}{di_2}\frac{di_2}{dt} + e_2 \end{aligned} \tag{2-21}$$

由(2-20)及(2-21)式，可定義兩繞組的漏電感L_{l1}、L_{l2}及感應電勢e_1與e_2分別爲

$$L_{l1} = N_1 \frac{d\phi_{l1}}{di_1} \tag{2-22}$$

$$L_{l2}=N_2\frac{d\phi_{l2}}{d\,i_2} \tag{2-23}$$

$$e_1=N_1\frac{d\phi}{d\,t} \tag{2-24}$$

$$e_2=N_2\frac{d\phi}{d\,t} \tag{2-25}$$

對於(2-18)及(2-19)式，可重新寫為

$$v_1=R_1i_1+L_{l1}\frac{di_1}{dt}+e_1 \tag{2-26}$$

$$v_2=e_2-L_{l2}\frac{di_2}{dt}-i_2R_2 \tag{2-27}$$

將變壓器繞組的電阻與漏電抗析離出來的變壓器等效圖如圖2-9所示。圖中之$X_1=\omega L_{l1}$稱為一次漏電抗，$X_2=\omega L_{l2}$稱為二次漏電抗。

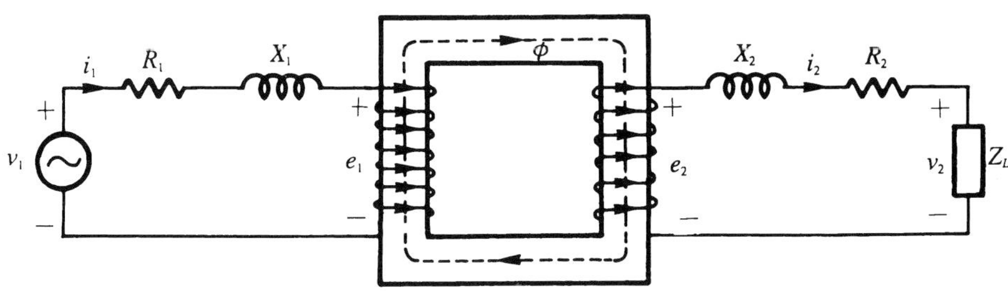

圖2-9 將繞組電阻及漏電抗予以分離之變壓器

(3)變壓器無載時的表現，如一個高阻抗感應電抗器與一個高電阻器並聯。變壓器的無載電流I_0或稱為激磁電流，乃是由兩個分量所組成，即由磁化電流I_m與供應鐵損之電流I_c所組成。

由圖2-9之等效電路圖及變壓器鐵心中之磁化分量電流I_m與鐵損分量電流I_c，可將電壓及電流以相量的方式描述如下：

$$\bar{E}_2 = \bar{V}_2 + \bar{I}_2(R_2 + jX_2) \tag{2-28}$$

$$\bar{I}_1 = \bar{I}_0 + \bar{I}_1' \tag{2-29}$$

$$\bar{I}_1' = \bar{I}_2 \times \left(\frac{N_2}{N_1}\right) \tag{2-30}$$

$$\bar{I}_0 = \bar{I}_m + \bar{I}_c \tag{2-31}$$

$$\bar{V}_1 = \bar{E}_1 + \bar{I}_1(R_1 + jX_1) \tag{2-32}$$

由上述各式可繪製相量圖如圖2-10所示。

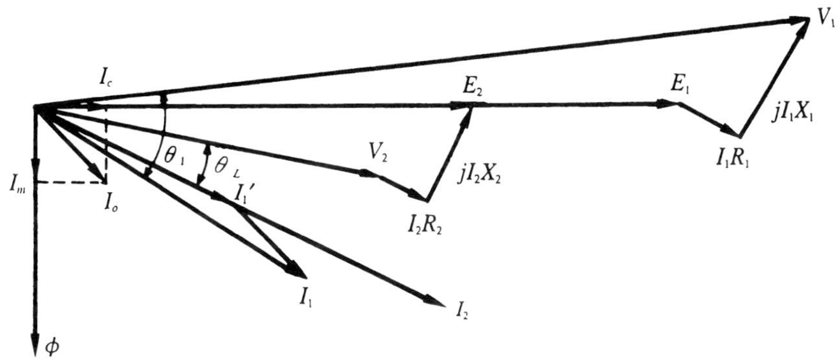

圖2-10　有載變壓器相量圖

ϕ：一、二次繞組的互磁通。

I_0：無載電流。

Z_L：負載阻抗。

E_1：一次側感應電勢。

V_2：二次側端電壓或負載側電壓。

I_1：一次側繞組電流。

I_2：二次側電流或負載電流。

R_1：一次側繞組電阻。

R_2：二次側繞組電阻。

X_1：一次側繞組漏電抗。

X_2：二次側繞組漏電抗。

V_1：一次側外加電壓。

θ_L：負載功因角。

θ_1：電源側功因角。

2-4-2 變壓器的精確等效電路

依圖2-9及考慮變壓器的磁化電流I_m與供應鐵心損失的電流I_c可繪製實際變壓器模式如圖2-11所示，圖中之g_c爲激磁電導，b_m爲激磁感納。

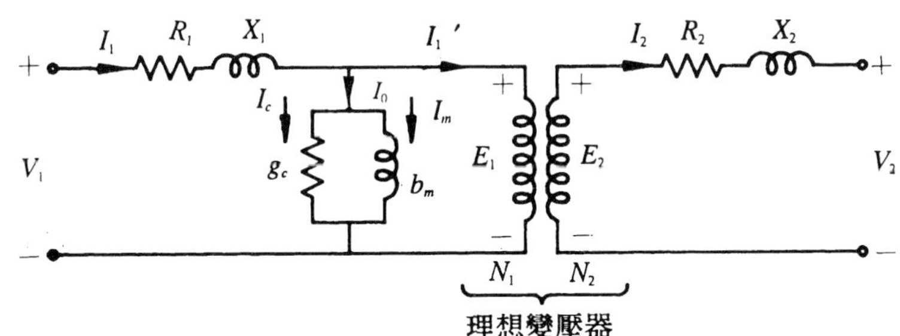

圖2-11 實際變壓器模式

圖2-12與圖2-13分別爲參考至一次側與二次側的精確等效電路。

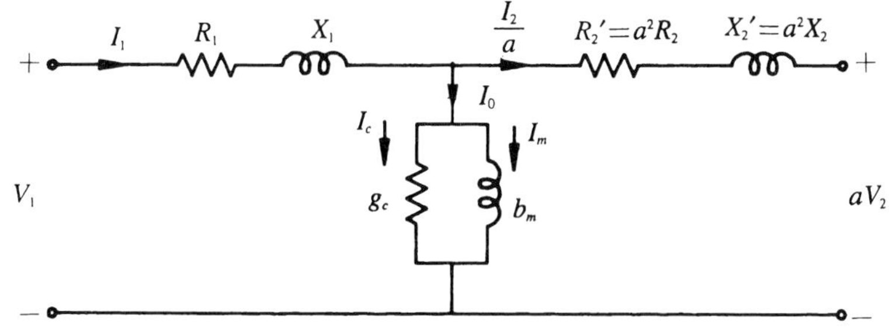

圖2-12 參考至一次側的變壓器精確等效電路

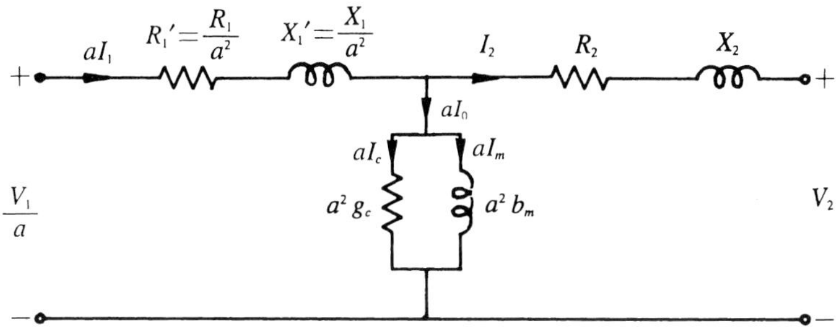

圖2-13　參考至二次側的變壓器精確等效電路

2-5　變壓器的近似等效電路

採用變壓器的近似等效電路做變壓器特性研究，除誤差值甚小外，尚可收計算迅速的效果，圖2-14(a) 為參考至一次側的變壓器近似等效電路，圖2-14(b)為忽略激磁分枝的等效電路。

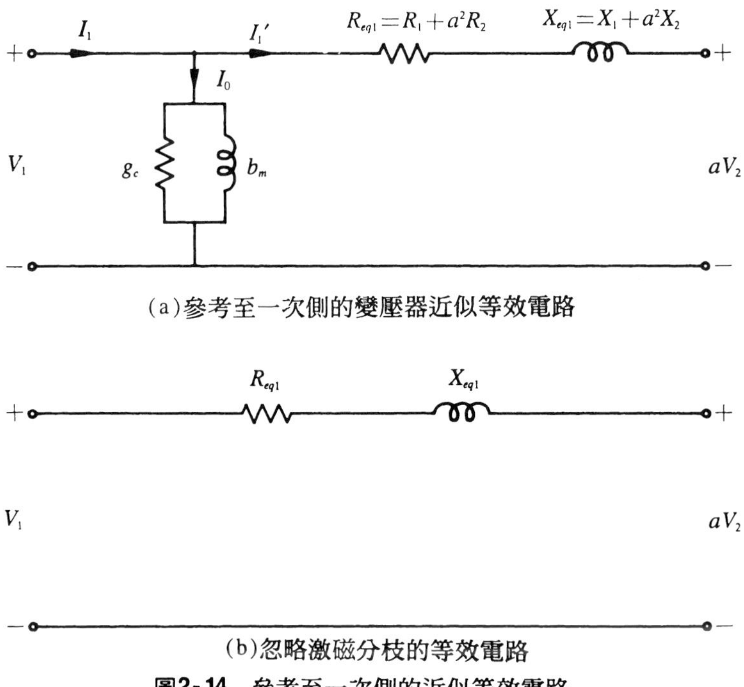

(a)參考至一次側的變壓器近似等效電路

(b)忽略激磁分枝的等效電路

圖2-14　參考至一次側的近似等效電路

圖2-15(a)爲參考至變壓器二次側的近似等效電路，圖2-15(b)爲忽略激磁分枝的等效電路。

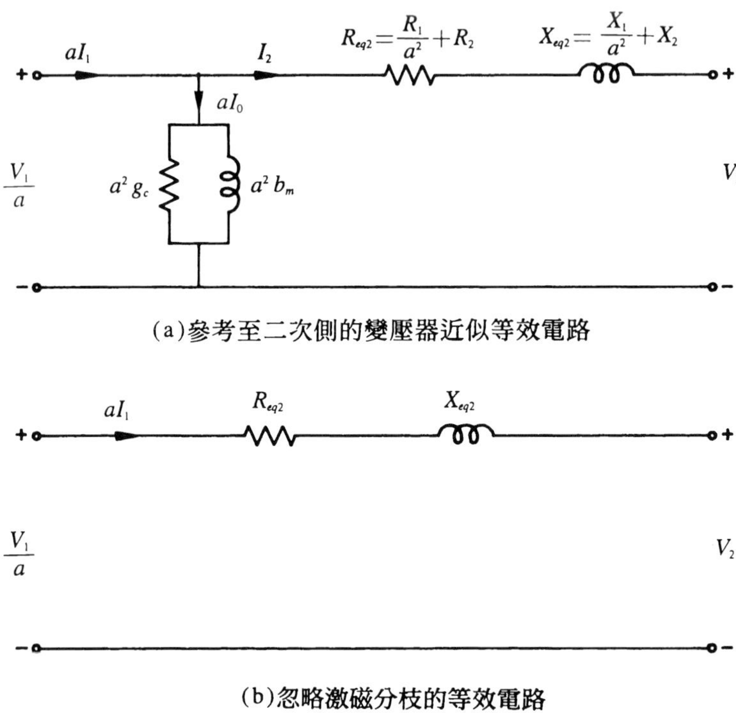

(a)參考至二次側的變壓器近似等效電路

(b)忽略激磁分枝的等效電路

圖2-15　參考至二次側的近似等效電路

【例 2】某50kVA、4000伏／200伏變壓器，其一次繞組的電阻及電抗各爲3.4Ω及5.6Ω，其二次繞組的電阻及電抗各爲0.0085Ω及0.014Ω，試求：

(1)參考至一次側的等值電阻、電抗及阻抗。

(2)參考至二次側的等值電阻、電抗及阻抗。

【解】　$a=\frac{4000}{200}=20$

(1)$R_{eq1}=R_1+a^2R_2=3.4+20^2\times0.0085=6.8(\Omega)$

$$X_{eq1}=X_1+a^2X_2=5.6+20^2\times0.014=11.2(\Omega)$$

$$Z_{eq1}=\sqrt{R_{eq1}^2+X_{eq1}^2}=\sqrt{6.8^2+11.2^2}=13.1(\Omega)$$

(2) $$R_{eq2}=\frac{R_{eq1}}{a^2}=\frac{6.8}{20^2}=0.017(\Omega)$$

$$X_{eq2}=\frac{X_{eq1}}{a^2}=\frac{11.2}{20^2}=0.028(\Omega)$$

$$Z_{eq2}=\frac{Z_{eq1}}{a^2}=\frac{13.1}{20^2}=0.033(\Omega)$$

2-6　變壓器的試驗與特性

變壓器較爲重要的試驗有極性試驗、開路試驗、短路試驗與溫升試驗等。

2-6-1　變壓器的極性試驗 (The test of transformer polarity)

變壓器單獨使用時，其極性無需考慮，若作並聯運用或單相變壓器作三相連接時，則須對於極性認明，否則接線錯誤，致產生環流而將繞組燒毀，所以變壓器的試驗非常重要。

變壓器極性的意義爲同一鐵心上的高壓繞組與低壓繞組在某一瞬間的相對極性或高壓與低壓繞組相鄰兩端彼此的應電勢爲同相位或有180°的相位差。

變壓器的極性可以分爲加極性與減極性變壓器如圖2-16所示。自耦變壓器採用加極性變壓器可節省高低壓繞組連接的銅材料且施工方便。電力或配電變壓器宜採用減極性變壓器以減低高、低壓繞組間及對地的電位差，以節省絕緣材料。對於變壓器的高、低壓繞組，其高壓側端子用H_1、H_2或U、V表示；於低壓端用X_1、X_2或u、v表示。圖2-16(a) 所示爲加極性變壓器，其兩繞組的繞線方向相反，若將兩繞組相鄰兩端點以導線連接，則其餘兩端點間所量測之電壓爲兩繞組的電壓和；圖2-16(b)所示爲減極性變壓器，高、低壓繞組的繞線方向相同，將兩繞組相鄰兩端點用導線連接，則其餘兩端點間的電壓爲兩繞組的電壓差。

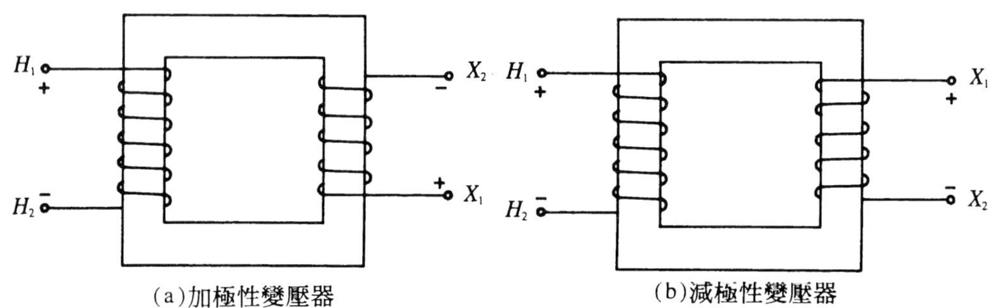

圖2-16 變壓器的極性

變壓器極性的測試方法有直流法、交流法與比較法，茲分述如下：

(一)直流法

如圖2-17所示，當開關S閉合瞬間若Ⓥ的指針正轉，則變壓器爲減極性變壓器，反之若指針反轉則爲加極性變壓器。

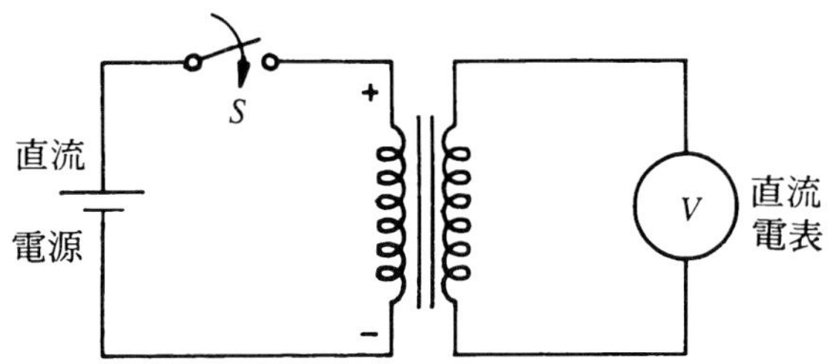

圖2-17 利用直流法測量變壓器極性

(二)交流法

如圖2-18所示，利用交流電源及三只交流伏特表，測量變壓器的極性。若(V_3)之值小於(V_1)，則變壓器爲減極性變壓器，若(V_3)之值大於(V_1)則爲加極性變壓器。

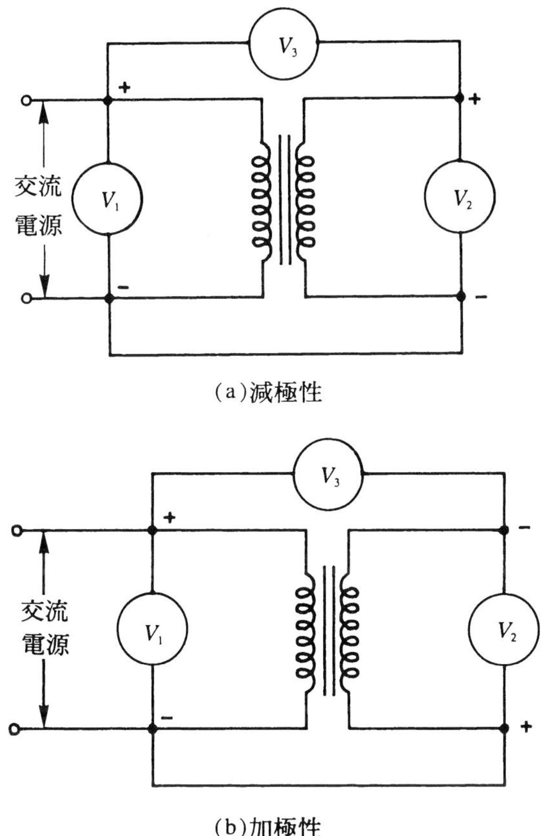

圖2-18　利用交流法測量變壓器極性

(三)比較法(又稱標準變壓器法)

兩具變壓器額定電壓相同，依圖2-19所示接線，若Ⓥ的值爲零或近於零，則表示*A*、*B* 兩變壓器同極性，如A變壓器爲減極性，則*B*變壓器亦爲減極性；同理，若*A* 變壓器爲加極性，則*B* 變壓器亦爲加極性。倘Ⓥ指示的值爲E_{2A}與E_{2B}之和，則表示*A*、*B*兩變壓器的極性互異。

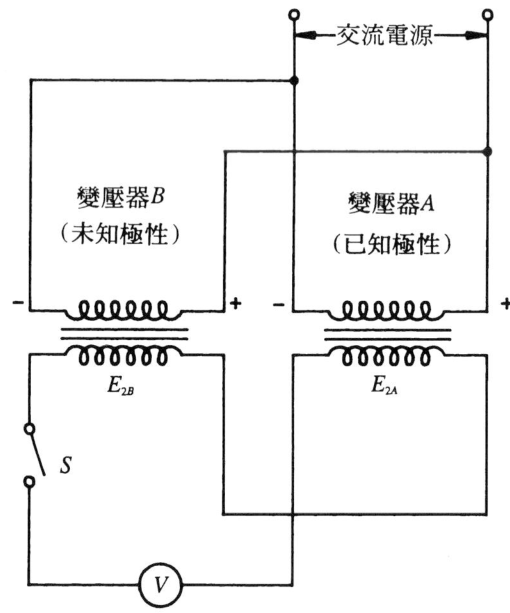

圖2-19 利用比較法測量變壓器極性

2-6-2 變壓器的開路試驗(Open circuit test)

變壓器開路試驗的接線圖與等效電路圖分別如圖2-20(a)與圖2-20(b)所示。開路試驗之目的在測定變壓器的鐵損及激磁導納與激磁電導。

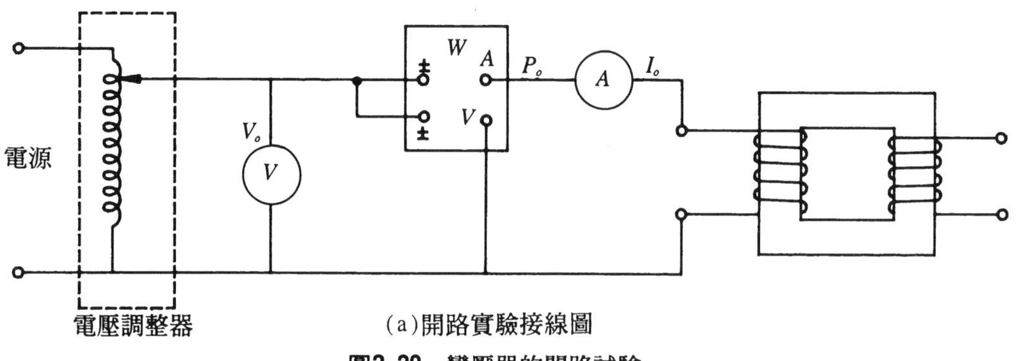

(a)開路實驗接線圖

圖2-20 變壓器的開路試驗

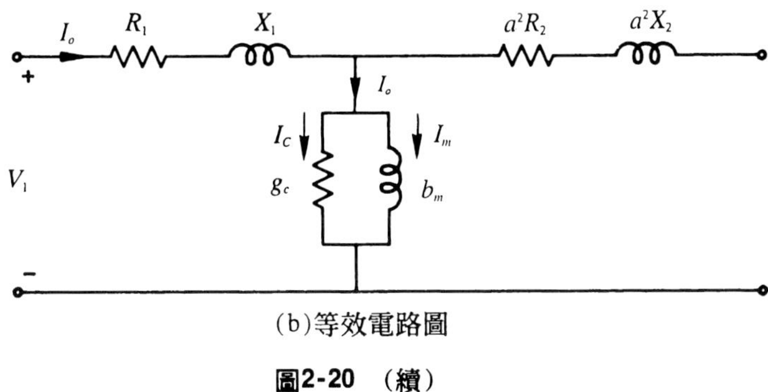

(b)等效電路圖

圖2-20　(續)

(一)鐵損之決定：

在變壓器的一次側加額定電壓、二次側開路，則經過變壓器的電流爲無載電流，由於無載電流甚小，因此一次繞組所造成的銅損可忽略不計，所以瓦特表的讀數P_o可視爲變壓器全部的鐵損。

(二)參數的計算：

設安培表指示值爲I_o、伏特表指示值爲V_o、瓦特表的指示值爲P_o，且激磁分枝的阻抗$\frac{1}{(g_c-jb_m)}$》(R_1+jX_1)，因此變壓器無載時一次側的電流相量圖如圖2-21所示。

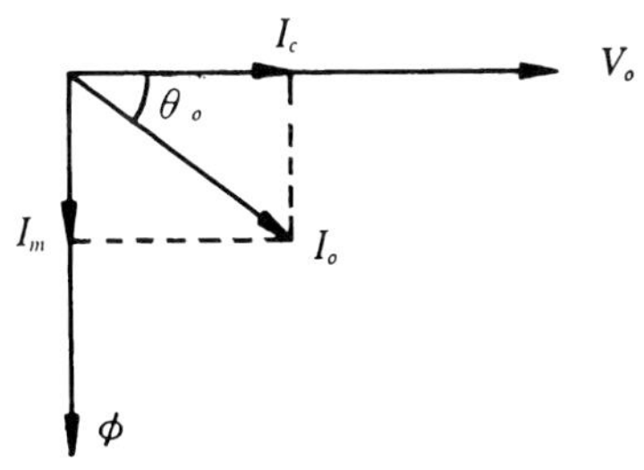

圖2-21　變壓器無載時電流相量圖

關於激磁分枝的參數可如下計算：

激磁導納$Y_{o1}=\frac{I_o}{V_o}$ (℧) (2-33)

激磁電導$g_{c1}=\frac{P_o}{V_0^2}$(℧) (2-34)

激磁電納$b_{m1}=\sqrt{Y_{o1}^2-g_{c1}^2}$ (℧) (2-35)

無載時功率因數P.F.為

$$\text{P.F.}=\cos\theta_o=\frac{P_o}{V_oI_o} \quad (2\text{-}36)$$

2-6-3 變壓器的短路試驗(Short circuit test)

短路試驗之目的在求變壓器的銅損、等效電阻及等效電抗。

變壓器短路試驗的接線圖如圖2-22所示，在高壓側加額定電流且低壓側短路。於短路試驗時，變壓器的等效電路圖如圖2-23所示。

短路試驗時，高壓側之輸入電壓約為其額定電壓的 3～10%即可達額定電流，所以瓦特計的讀值可視為變壓器的銅損。即

$$P_{sc}=I_1^2R_1+I_2^2R_2=I_1^2[R_1+a^2R_2]=I_{sc}^2R_{eq1} \quad (2\text{-}37)$$

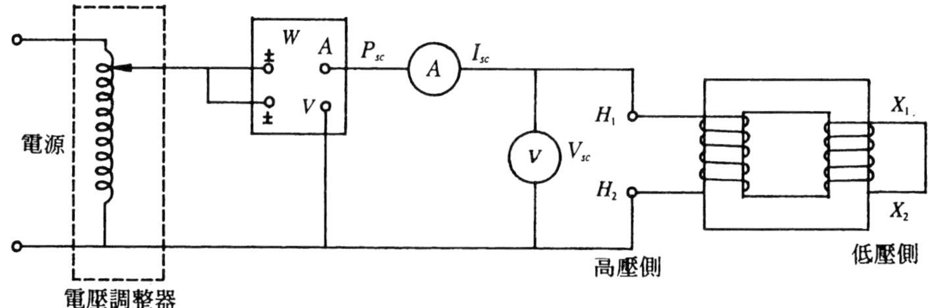

圖2-22 短路實驗接線圖

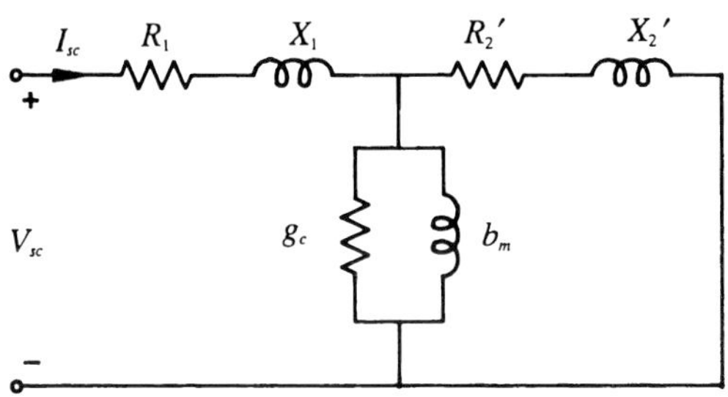

(a)短路試驗之等效電路

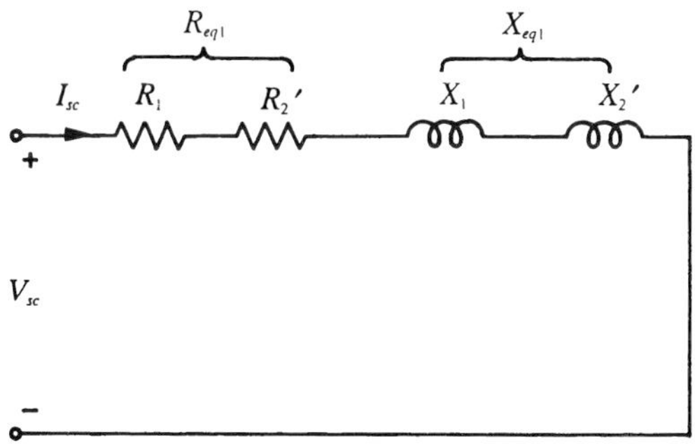

(b)忽略激磁分枝時短路試驗之等效電路

圖2-23　短路試驗等效電路

設伏特計讀值為V_{sc}、瓦特表之讀值為P_{sc}、安培表的讀值為I_{sc}，則變壓器由高壓側所測得之等效電阻R_{eq1}與等效電抗X_{eq1}為

$$\text{等值阻抗} Z_{eq1} = Z_{sc} = \frac{V_{sc}}{I_{sc}} \tag{2-38}$$

$$\text{等值電阻} R_{eq1} = R_{sc} = \frac{P_{sc}}{I_{sc}^2} \tag{2-39}$$

$$等值電抗X_{eq1} = X_{sc} = \sqrt{Z_{sc}^2 - R_{sc}^2} \tag{2-40}$$

2-6-4 變壓器的溫升試驗(Temperate test)

溫度爲影響電機機械壽命的一主要因素。溫升試驗之目的在檢查變壓器於額定負載狀況下，溫度是否超過規定的限度。測試的方法有負載試驗法與背向試驗法(Back to back test)。

(一)負載試驗法：

實際加額定負載於變壓器，如圖2-24所示。通常使用於小型容量的變壓器。由於實際加載，致消耗功率大，一般很少採用。

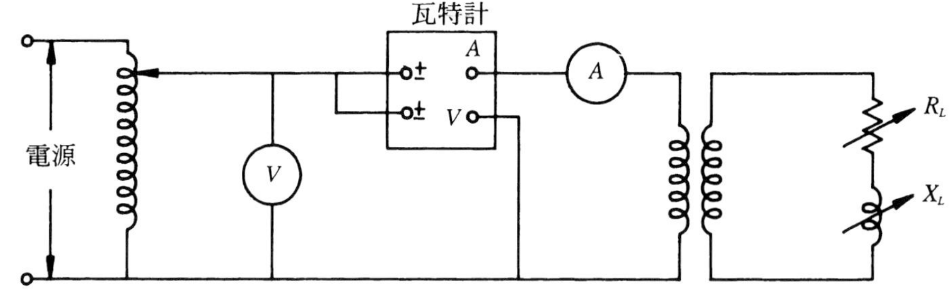

圖2-24 負載試驗

(二)背向試驗法：

將兩具同型變壓器(額定電壓與容量須相同)，如圖2-25所示給予連接，外加額定電壓接在一次側，使變壓器內部產生正常的磁通並供應變壓器的鐵損。將低壓側的兩繞組反相串聯，調整輔助電源的電壓，以供應二次側滿載電流及繞組的銅損失，以模擬其負載狀態。

高壓側瓦特計的讀值爲兩變壓器的鐵損，低壓側瓦特計的讀值則爲兩變壓器的銅損。

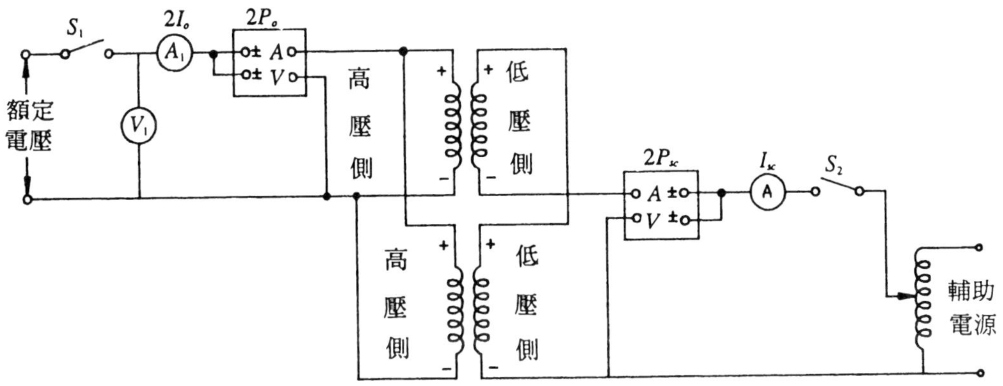

圖2-25　變壓器溫升試驗接線圖

每隔30分鐘切離交流電源，採用凱爾文雙電橋或直流壓降法等測量繞組電阻，並計算繞組的平均溫度。上述溫升試驗重複至溫度達到飽和爲止。銅繞組的平均溫度爲

$$\frac{r_x}{r_i}=\frac{234.5+t_x}{234.5+t_i}$$

$$t_x=\frac{r_x}{r_i}(234.5+t_i)-234.5 \tag{2-41}$$

式中　t_x：某一時刻之繞組平均溫度(℃)

t_i：試驗前繞組之溫度

r_i：t_i時繞組的電阻

r_x：t_x時繞組的電阻

【例 3】一50KVA，2200/220 伏的單相變壓器，作開路試驗與短路試驗的相關數據如下：

開路試驗：高壓側加壓 $V_o=2200V$、$I_o=0.8A$、$P_o=290W$

短路試驗：高壓側加壓 $V_{sc}=70V$、$I_{sc}=22.7A$、$P_{sc}=422W$

且 $R_1=R_2'$，$X_1=X_2'$，試求變壓器以高壓側爲參考側之等效電路爲何？又若以低壓側爲參考側時之等效電路爲何？

【解】 ⑴由開路試驗可得

$$Y_{o1}=\frac{I_o}{V_o}=\frac{0.8}{2200}=3.636\times10^{-4}(\mho)$$

$$g_{c1}=\frac{P_o}{V_o^2}=\frac{290}{2200^2}=0.599\times10^{-4}(\mho)$$

$$b_{m1}=\sqrt{Y_{o1}^2-g_{c1}^2}=\sqrt{3.636^2-0.599^2}\times10^{-4}=3.586\times10^{-4}(\mho)$$

由短路試驗得

$$Z_{eq1}=\frac{V_{sc}}{I_{sc}}=\frac{70}{22.7}=3.084(\Omega)$$

$$R_{eq1}=\frac{P_{sc}}{I_{sc}^2}=\frac{422}{22.7^2}=0.8190(\Omega)$$

$$X_{eq1}=\sqrt{Z_{eq1}^2-R_{eq1}^2}=\sqrt{3.084^2-0.819^2}=2.9732(\Omega)$$

$\because R_1=R_2'$；$X_1=X_2'$

$\therefore R_1=R_2'=0.4095(\Omega)$；$X_1=X_2'=1.4866(\Omega)$

以高壓側爲參考側的等效電路如圖2-26(a)所示

⑵匝數比 $a=\frac{2200}{220}=10$

$$g_{o2}=a^2g_{o1}=10^2\times0.599\times10^{-4}=0.599\times10^{-2}(\mho)$$

$$b_{m2}=a^2b_{m1}=10^2\times3.586\times10^{-4}=3.586\times10^{-2}(\mho)$$

$$R_1'=R_2=\frac{1}{a^2}R_1=0.4095\times10^{-2}(\Omega)$$

$$X_1'=X_2=\frac{1}{a^2}X_1=1.4866\times10^{-2}(\Omega)$$

以低壓側為參考側的等效電路如圖2-26(b)所示。

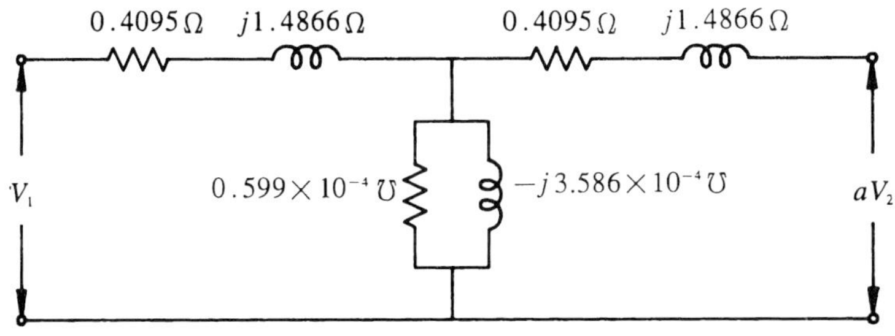

(a)以高壓側為參考側的等效電路

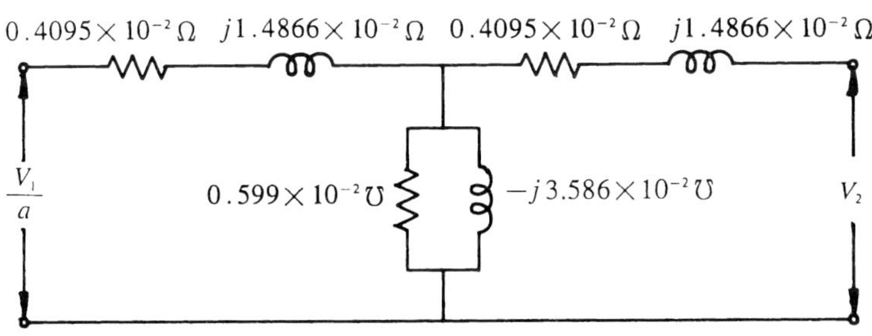

(b)以低壓側為參考側的等效電路

圖2-26

2-7　變壓器的電壓調整率(Voltage regulation)

由變壓器的等效電路可知，若一次側的電壓維持一定，則二次側的電壓將隨負載的變動而改變，電壓改變的原因為電流經過變壓器內部阻抗產生電壓降所致。

欲減少變壓器的電壓變動，必須減少繞組的電阻與漏磁通，即須選用性能良好的銅線、鐵心及一次與二次繞組採用交互配置的方式。變壓器二次側端電壓隨負載變動的情形可用電壓調整率表示之，其意義與計算情形如下所示。

電壓調整率定義爲變壓器二次側之無載端電壓V_{2n}與滿載端電壓V_{2f}的差值，再除以滿載端電壓V_{2f}，即電壓調整率VR爲

$$\text{V.R.}(\%)=\frac{V_{2n}-V_{2f}}{V_{2f}}\times 100\% \tag{2-42}$$

若V_{2f}、I_2及負載功率因數角(θ)已知，則無載端電壓V_{2n}依克希荷夫電壓定律求解，即

$$\overline{V}_{2n}=\overline{V}_{2f}+\overline{I}_2(R_{eq2}+jX_{eq2}) \tag{2-43}$$

依(2-43)式，可繪製在各種不同功因下之電壓相量圖如圖2-27(b)～2-27(d)所示。

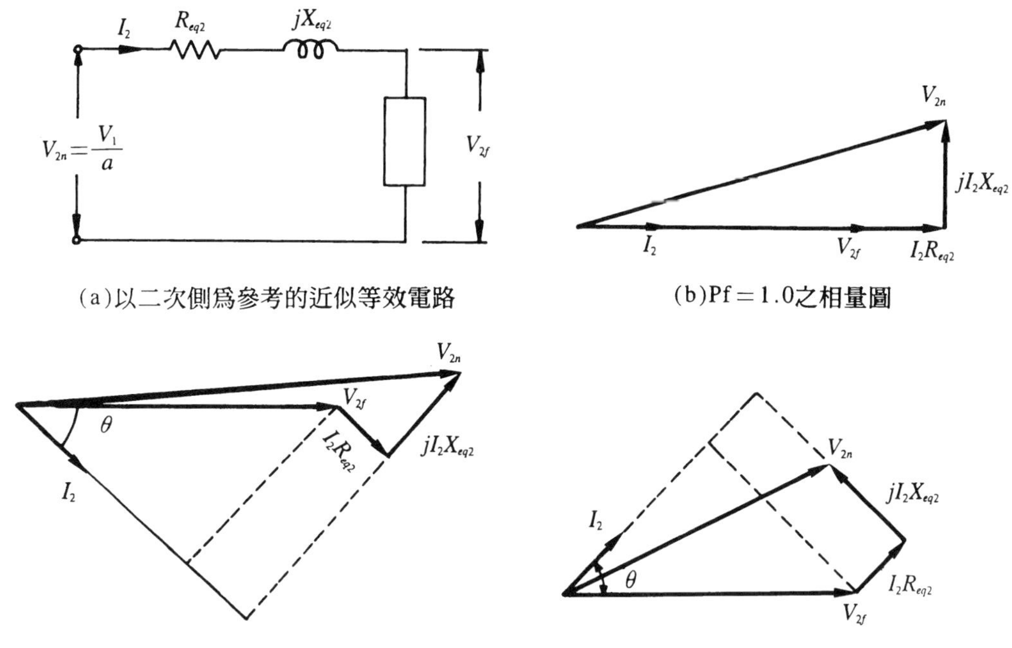

(a)以二次側爲參考的近似等效電路

(b)Pf＝1.0之相量圖

(c)負載功因爲滯後時之相量圖

(d)負載功因爲領前之相量圖

圖2-27 以二次側爲參考側的等效電路與相量圖

對於功因P.F.＝1.0時之V_{2n}爲

$$V_{2n}=\sqrt{(V_{2f}+I_2R_{eq2})^2+(I_2X_{eq2})^2} \tag{2-44}$$

對於功因P.F.＜1時之V_{2n}爲

$$V_{2n}=\sqrt{(V_{2f}\cos\theta+I_2R_{eq2})^2+(V_{2f}\sin\theta\pm I_2X_{eq2})^2} \tag{2-45}$$

(功因爲滯後取＋；功因爲越前取－)

(2-42)式可改寫爲：

$$\text{V.R.}(\%)=\frac{\frac{V_1}{a}-V_{2f}}{V_{2f}}\times 100\%=\frac{V_1-aV_{2f}}{aV_{2f}}\times 100\% \tag{2-46}$$

即變壓器的電壓調整率亦可由一次側計算之。

【例 4】一50KVA、6.6kV/220V、60Hz單相變壓器，換算至二次側之等效電阻與電抗爲$R_{eq2}=0.0142\,\Omega$、$X_{eq2}=0.0182\,\Omega$，若不考慮磁化支路的效應，且滿載時二次側端電壓爲220V，功因爲0.85滯後，試求(1)一次側端電壓爲多少？(2)百分電壓調整率爲多少？

【解】　(1)$I_2=\dfrac{50\times10^3}{220}=227.27(\text{A})$

$\cos\theta=0.85$，$\theta=\cos^{-1}0.85=31.79°$，$\sin\theta=0.5268$

$$V_{2n}=\sqrt{(V_{2f}\cos\theta+I_2R_{eq2})^2+(V_{2f}\sin\theta+I_2X_{eq2})^2}$$
$$=\sqrt{(220\times0.85+227.27\times0.0142)^2+(220\times0.5268+227.27\times0.0182)^2}$$
$$=224.93(\text{伏})$$

V_{2n}亦可由下述方法計算得之：

$$\overline{V}_{2n}=\overline{V}_{2f}+\overline{I}_2(R_{eq2}+jX_{eq2})$$

$$=220+227.27\angle{-31.79^\circ}(0.0142+j0.0182)$$

$$=220+5.246\angle{20.25^\circ}=224.93\angle{0.46^\circ}(伏)$$

一次側端電壓V_1為

$$V_1=V_{2n}\times a=224.93\times\frac{6.6}{0.22}=6747.9(伏)$$

(2) $$\text{V.R.}(\%)=\frac{V_{2n}-V_{2f}}{V_{2f}}\times 100\%$$

$$=\frac{224.93-220}{220}\times 100\%=2.241\%$$

【例 5】 試求前例中功率因數為1.0與0.6領前時之電壓調整率各為多少？

【解】 (1) P.F.＝1.0時

$$V_{2n}=\sqrt{(V_{2f}+I_2R_{eq2})^2+(I_2X_{eq2})^2}$$

$$=\sqrt{(220+227.27\times 0.0142)^2+(227.27\times 0.0182)^2}$$

$$=223.27(伏)$$

$$\text{V.R.}(\%)=\frac{223.27-220}{220}\times 100\%=1.486\%$$

(2) P.F.＝0.6領前時

$$\theta=\cos^{-1}0.6=53.13^\circ$$

$$\overline{V}_{2n}=220+227.27\angle{53.13^\circ}\ (0.0142+j0.0182)$$

$$=218.63+j5.06=218.69\angle{1.33^\circ}\ (伏)$$

$$\text{V.R.}(\%)=\frac{218.69-220}{220}\times 100\%=-0.6\%$$

2-8　變壓器的損失與效率

變壓器的損失可分為無載損失與負載損失兩種，上述損失的大小將影嚮變壓器使用之效率。將各項損失與效率之意義分別說明如下：

2-8-1　無載損失

變壓器在無載狀態下被激磁，於變壓器內部所產生的損失稱為無載損失，包含磁滯損失、渦流損失、銅損與介質損。

(一)　磁滯損失：

變壓器一次繞組供應一額定電壓，則激磁電流依弦波變化一週時，$B-H$的關係曲線為一封閉曲線稱為磁滯迴線。因磁滯迴線所含之面積為鐵磁性材質單位體積的能量損，所以磁滯損失可由鐵心中磁通密度的最大值及每秒所生的迴線數或頻率而定，即磁滯損可由下列的經驗式表示。

$$P_h = K_h f B_m^x \text{ (瓦／米}^3\text{)} \quad (2\text{-}47)$$

式中　K_h：材料的磁滯常數

f：頻率(Hz)

B_m：磁通密度的最大值(韋伯／米^2)

x：司坦麥茲指數，其值為1.5～2.5

(二)渦流損：

交變的磁通經過鐵心內部導致鐵心產生應電勢，此應電勢在鐵心內部產生渦流，當渦流經由鐵心內部電阻所產生的損失，稱為渦流損失，可由下式計算：

$$P_e = K_e f^2 B_m^2 t^2 \text{ (瓦／米}^3\text{)} \quad (2\text{-}48)$$

式中　K_e：材料的渦流常數

t：鐵心材質的厚度

(三)銅損及介質損：

無載電流通過一次繞組所生的損失稱爲銅損失。介質損失則爲絕緣物質中猶可通過極小的電流所生的電力損失。

無載時銅損與介質損遠較鐵損(磁滯損與渦流損的和)小，所以無載損一般可視爲鐵損。

2-8-2 負載損失

變壓器的負載損可分爲銅損與雜散損。

(一)銅損：

負載電流經過變壓器繞組電阻所造成的損失稱爲銅損。

(二)雜散損：

繞組所產生的磁通，有部分的磁通不經由鐵心而經箱壁自成迴路，箱壁感應一局部電壓而生渦流，致有電功率的損失。

負載損以銅損爲主與負載電流的平方成正比。

2-8-3 變壓器的效率

任何變壓器或電機之效率(Efficiency)定義爲輸出與輸入的比值，即效率(η)爲

$$\eta(\%)=\frac{\text{輸出}}{\text{輸入}}\times 100\%=\frac{\text{輸出}}{\text{輸出}+\text{損失}}\times 100\% \tag{2-49}$$

由上式可將變壓器的效率η_T寫爲

$$\eta_T(\%)=\frac{\text{輸出}}{\text{輸出}+\text{鐵損}+\text{銅損}}\times 100\%$$

$$=\frac{V_2I_2\cos\theta_2}{V_2I_2\cos\theta_2+P_{IR}+P_C}\times 100\%$$

$$=\frac{V_2I_2\cos\theta_2}{V_2I_2\cos\theta_2+P_{IR}+I_2^2R_{eq2}}\times 100\% \qquad (2\text{-}50)$$

若二次側的端電壓V_2與負載功因角θ_2為定值時，則$\frac{d\eta_T}{dI_2}=0$ 時，變壓器的效率為最大。即

$$\frac{d\eta_T}{dI_2}=\frac{(V_2\cos\theta_2)(P_{IR}-I_2^2R_{eq2})}{(V_2I_2\cos\theta_2+P_{IR}+I_2^2R_{eq2})^2}=0$$

由上式可得

$$P_{IR}=I_2^2R_{eq2}\ \text{(鐵損＝銅損)}$$

所以變壓器的銅損與鐵損相等時，則變壓器的效率為最大。圖2-28示負載與效率之關係曲線圖，且最大效率發生於鐵損等於銅損時。最大效率$\eta_{T,\max}$可寫為：

$$\eta_{T,\max}(\%)=\frac{V_2I_2\cos\theta_2}{V_2I_2\cos\theta_2+2P_{IR}}\times 100\% \qquad (2\text{-}51)$$

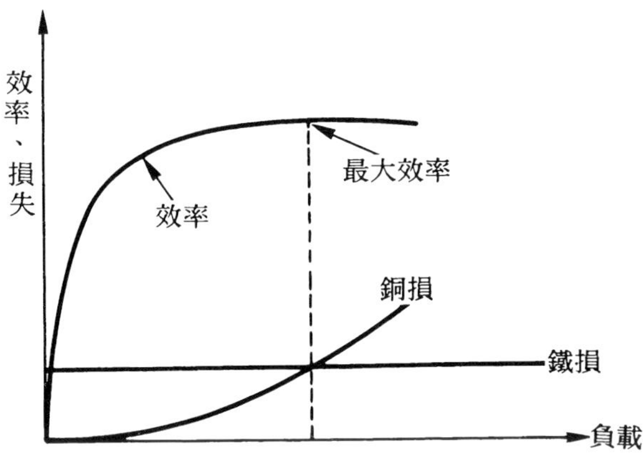

圖2-28　負載與效率的關係

圖2-29所示之曲線爲變壓器的負載在一日中的變動情形，負載係隨著時間而產生變動。銅損依負載電流的平方變化，鐵損則爲定值與負載的大小無關。至於變壓器一日的綜合效率或全日效率 η_d 可定義爲：

$$\eta_d(\%)=\frac{全天的總輸出電能}{全天的總輸入電能}\times 100\%$$

$$=\frac{全天的總輸出電能}{全天的總輸出電能+全天的損失能量}\times 100\% \quad (2\text{-}52)$$

式中全天的損失可定義爲：

$$全天的損失=鐵損\times 24+銅損\times 實際使用時間 \quad (2\text{-}53)$$

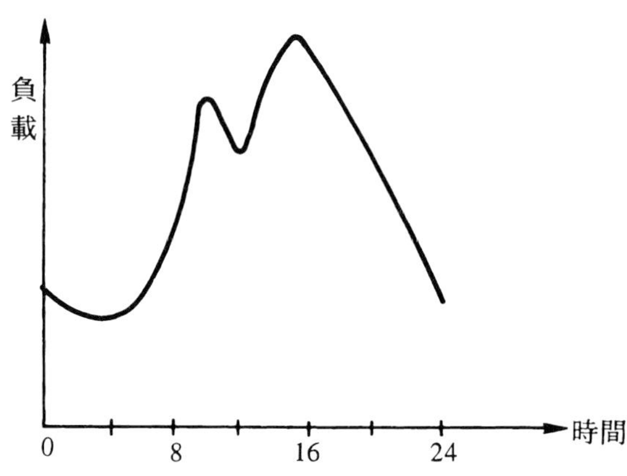

圖2-29 變壓器的負載曲線圖

【**例 6**】某50kVA，2400/120 伏的變壓器，做開路試驗及短路試驗之結果如下：

測量值＼試驗	開路試驗	短路試驗
瓦特計讀數	396W	810W
電流計讀數	9.65A	20.8A
電壓計讀數	120V	92V

試求 (1)變壓器於額定運轉，功因爲0.8(落後)的效率？(2)運轉於$\frac{3}{4}$滿載，功因爲0.85(領前)的效率爲多少？

【解】 (1)運轉於額定負載，功因爲0.8(落後)

$$P_0 = 50 \times 0.8 = 40\text{kW}$$

$$P_{loss} = 0.396 + 0.81 = 1.206\text{kW}$$

$$\eta(\%) = \frac{P_o}{P_o + P_{loss}} \times 100\% = \frac{40}{40 + 1.206} \times 100\% = 97.07\%$$

(2)運轉於$\frac{3}{4}$額定負載，功因爲0.85(領前)

$$P_o = 50 \times 0.75 \times 0.85 = 31.875\text{kW}$$

$$P_{loss} = 0.396 + 0.81 \times (0.75)^2 = 0.852\text{kW}$$

$$\eta(\%) = \frac{31.875}{31.875 + 0.852} \times 100\% = 97.4\%$$

【例 7】變壓器額定容量爲100kVA，額定電壓6.6kV/220V，其鐵損爲1kW，滿載銅損1.25kW。若此變壓器運轉於滿載，功因1.0，8小時；運轉於$\frac{1}{2}$滿載，功因0.8，12小時；其他時間爲無載，試求其全日效率爲多少？

【解】 一日之電能輸出爲

$$100 \times 1.0 \times 8 + 100 \times 0.8 \times 0.5 \times 12 = 1280(\text{kWH/day})$$

一日之電能損失爲

$$1\times 24+1.25\times 8+1.25\times (0.5)^2\times 12=37.75(\text{kWH/day})$$

$$\eta_d(\%)=\frac{1280}{1280+37.75}\times 100\%=97.14\%$$

摘 要

1. 變壓器可視爲電能→磁能→電能的機器。可作電壓的升降、電流的改變、阻抗匹配、相位變換與電路隔離等功能。
2. 依鐵心的構造，變壓器可分爲內鐵式與外鐵式變壓器。內鐵式變壓器的鐵心在內側且呈口字形，而繞組則包圍著鐵心，適用於高電壓、低電流的場合；外鐵式變壓器其鐵心呈日字形且繞組受鐵心的包圍，適用於低電壓、大電流的場合。
3. 理想變壓器的條件：

   ⑴繞組的銅損爲零。

   ⑵繞組無漏磁通或繞組間的耦合係數k爲1。

   ⑶鐵心的磁阻$\mathscr{R}$爲零或導磁係數μ爲無限大，即激磁電流爲零。

   ⑷電壓調整率爲零且效率等於100％。
4. 理想變壓器其繞組間的電壓與電流的相互關係可表示爲：

$$a=\frac{N_1}{N_2}=\frac{V_1}{V_2}=\frac{E_1}{E_2}=\frac{I_2}{I_1}$$

5. 變壓器的無載電流(激磁電流)I_o係由磁化分量電流I_m與鐵損分量電流I_c所組成，且

$$I_m=I_o\sin\theta_o$$

$$I_c=I_o\cos\theta_o$$

   式中θ_o爲變壓器開路時之功因角。
6. 變壓器加負載時，一次側電流I_1爲一次側負載電流I_1'與無載電流I_o的向量和，即

$$\bar{I}_1=\bar{I}_0+\bar{I}_1'$$

且 $N_1\bar{I}_1'+N_2\bar{I}_2=0$，其意義爲變壓器一次側引進一電流$I_1'$所產生的磁勢$N_1\bar{I}_1'$，以抵消變壓器二次側負載電流所產生的磁勢 $N_2\bar{I}_2$，使鐵心維持於激磁時所產生的磁通。

7. 變壓器之等值電阻與電抗值爲：

⑴參考至一次側的等值電阻與電抗：

$$R_{eq1}=R_1+a^2R_2$$
$$X_{eq1}=X_1+a^2X_2$$

⑵參考至二次側的等值電阻與電抗：

$$R_{eq2}=\frac{R_1}{a^2}+R_2$$

$$X_{eq2}=\frac{X_1}{a^2}+X_2$$

8. 變壓器的試驗較爲主要的有極性試驗、開路試驗、短路試驗與溫升試驗。

⑴極性試驗：測定高壓繞組與低壓繞組在某一瞬間的相對極性。測定的方法有直流法、交流法與比較法。

⑵開路試驗之目的在測定鐵心的損失與其參數

$$\left.\begin{aligned}Y_{o1}&=\frac{I_o}{V_o}(\mho)\\ g_{c1}&=\frac{P_o}{V_o^2}(\mho)\\ b_{m1}&=\sqrt{Y_{o1}^2-g_{c1}^2}(\mho)\end{aligned}\right\}\text{一次側加壓，二次側開路}$$

⑶短路試驗之目的在測定繞組的銅損失與其參數

$$\left.\begin{aligned} Z_{eq1}&=Z_{sc}=\frac{V_{sc}}{I_{sc}}(\Omega)\\ R_{eq1}&=R_{sc}=\frac{P_{sc}}{I_{sc}^2}(\Omega)\\ X_{eq1}&=X_{sc}=\sqrt{Z_{sc}^2-R_{sc}^2}(\Omega)\end{aligned}\right\}\text{一次側加壓，二次側短路}$$

(4)溫升試驗之目的在檢查變壓器於額定負載狀況下，溫度是否超過規定的限度。

9. 電壓調整率V.R.(%)為：

$$\text{V.R.}(\%)=\frac{V_{2n}-V_{2f}}{V_{2f}}\times 100\%=\frac{V_1-aV_{2f}}{aV_{2f}}\times 100\%$$

10. 變壓器的損失可分為無載損與負載損。
無載損包括磁滯損失、渦流損、一次銅損與介質損。
負載損包括銅損與雜散損。

11. 變壓器的效率：

$$\eta_T(\%)=\frac{\text{輸出}}{\text{輸入}}\times 100\%=\frac{\text{輸出}}{\text{輸出}+\text{損失}}\times 100\%$$

$$=\frac{V_2I_2\cos\theta_2}{V_2I_2\cos\theta_2+P_{IR}+I_2^2R_{eq2}}\times 100\%$$

$$\eta_d(\%)=\frac{\text{全天的總輸出電能}}{\text{全天的總輸入電能}}\times 100\%$$

$$=\frac{\text{全天的總輸出電能}}{\text{全天的總輸出電能}+\text{全天的損失能量}}\times 100\%$$

習題二

1. 試述變壓器的原理。
2. 試述理想變壓器的條件。
3. 何謂變壓器的極性？試述變壓器極性的測試方法。

4. 單相變壓器的開路試驗及短路試驗的程序如何？試繪圖說明之。
5. 單相變壓器的背向試驗目的何在？如何實行接線？
6. 試繪圖說明內鐵型與外鐵型變壓器的構造及其使用場合。
7. 何謂變壓器的激磁電流？又激磁電流有那些分量？
8. 何謂變壓器的一次與二次漏磁通？於變壓器的等效電路中又為何種參數？
9. 何謂變壓器的電壓調整率？
10. 試列舉變壓器的損耗。
11. 試定義變壓器的效率與全日效率。
12. 試利用變壓器的電壓相量圖，證明負載為$R-L$特性時，二次側無載端電壓

$$V_{2n}=\sqrt{(V_{2f}\cos\theta+I_2R_{eq2})^2+(V_{2f}\sin\theta+I_2X_{eq2})^2}$$

13. 試利用變壓器的電壓相量圖，證明負載為$R-C$特性時，二次側無載端電壓

$$V_{2n}=\sqrt{(V_{2f}\cos\theta+I_2R_{eq2})^2+(V_{2f}\sin\theta-I_2X_{eq2})^2}$$

14. 試證明變壓器的銅損等於鐵損時，其效率為最大。
15. 有一線圈通以60Hz的電源，其最大磁通為0.005 韋伯，欲使感應電勢的平均值為120伏，試求其線圈的匝數為若干？
16. 設變壓器一次側的線圈為100匝，二次側的線圈為200匝，變壓器磁通$\phi=0.04\sin377t$韋伯，最大磁通密度$B_m=0.5$韋伯／公尺^2，其相對應的磁化力$H=60$安匝／公尺，試求(1)二次側感應電勢的有效值，(2)若磁路有效長度為2.5公尺，則一次側的最大激磁電流為多少？
17. 如圖所示，當一次側置於6.9kV處之分接頭時，二次側電壓V_2為220伏，求V_1電壓為多少？又二次側擬得到$V_2=230$伏，則一次側的分接頭應置於何處？

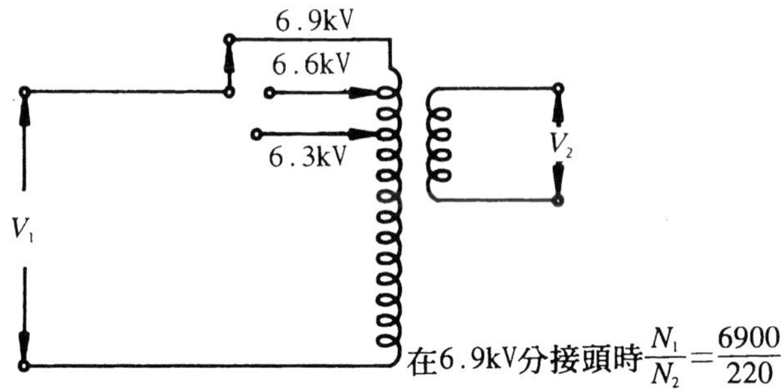

18. 有一台單相理想變壓器，頻率f爲60Hz，一次側電壓V_1爲2000伏特，一次側電流爲5安培，一次側匝數N_1爲200匝，二次側匝數N_2爲40匝，試求此變壓器的：(1)二次側電壓V_2爲若干伏特，(2)二次側電流I_2爲若干安培，(3)容量爲若干仟伏安。

19. 有一具額定爲100kVA、6.6kV／220V的單相變壓器，其$R_1=3.05\,\Omega$、$R_2=0.0034\,\Omega$、$X_1=5.01\,\Omega$、$X_2=0.0058\,\Omega$，求分別轉換至一次側與二次側的等效電阻、等效電抗與等效阻抗。

20. 有一具額定爲100kVA，6.6kV／220V 的單相變壓器，其開路試驗與短路試驗的數據如下所示：

開路試驗：高壓側加壓$V_o=6600$伏、$I_o=0.242$安培、
$P_o=500$瓦

短路試驗：高壓側加壓$V_s=178.2$伏、$I_s=15.15$安培、
$P_o=1400$瓦

若$R_1=R_2'$、$X_1=X_2'$，試求分別轉換至一次側與二次側時之變壓器等效電路。

21. 有一具額定爲75kVA、6.6kV／220V的單相變壓器，其開路試驗與短路試驗的數據如下所示：

開路試驗：高壓側加壓$V_o=6600$伏、$I_o=0.23$安培、
$P_o=390$瓦特

短路試驗：高壓側加壓$V_{sc}=137.5$伏、$I_{sc}=11.36$安培、
$P_{sc}=787$瓦特

若此變壓器於額定運轉及功率因數為0.8 落後之情形下求(1)變壓器的電壓調整率，(2)變壓器的效率。

22. 有一具額定為200kVA，3.3kV／220V 的單相變壓器，其$R_1=0.3675\,\Omega$、$R_2=0.0016\,\Omega$、$X_1=0.681\,\Omega$、$X_2=0.003\,\Omega$，若此變壓器於額定運轉及功率因數為0.8超前的情形下，求此變壓器的電壓調整率為多少？

23. 設變壓器的等值電阻與電抗分別為R_{eq2}、X_{eq2}，則$\theta_T=\tan^{-1}\dfrac{X_{eq2}}{R_{eq2}}$，試證當負載功率因數角$\theta_L=\theta_T$時，變壓器的電壓調整率為最大。

24. 試應用習題23之結果求解習題22之變壓器的最大電壓調整率。

25. 有一具20kVA、2200伏／120伏變壓器，在額定輸出電壓及功因為1.0 情況下，當負載為額定負載的50％時可得最高效率為98％，試求 (1)鐵心損失，(2)在額定負載及功因為0.8落後時之效率，(3)在負載為75％額定及功因為1.0時之效率。

26. 有一具25kVA、一次額定電壓為10kV、頻率為50Hz 的變壓器，其磁滯損為210W、渦流損為200W與司坦麥茲指數$x=2$，現若改接在電壓為12kV，頻率為60Hz的電源上，則其磁滯損及渦流損各為多少？

27. 有一具50kVA、2200伏/220伏的變壓器在額定電壓時之鐵損$P_{IR}=200$W，在滿載時的銅損$P_c=500$W，其全日負載如下：

百分比負載	0.0%	50%	75%	100%	110%
功　　因		1	0.8(落後)	0.9(落後)	1.0
小　　時	6	6	6	3	3

試求變壓器的全日效率為多少？

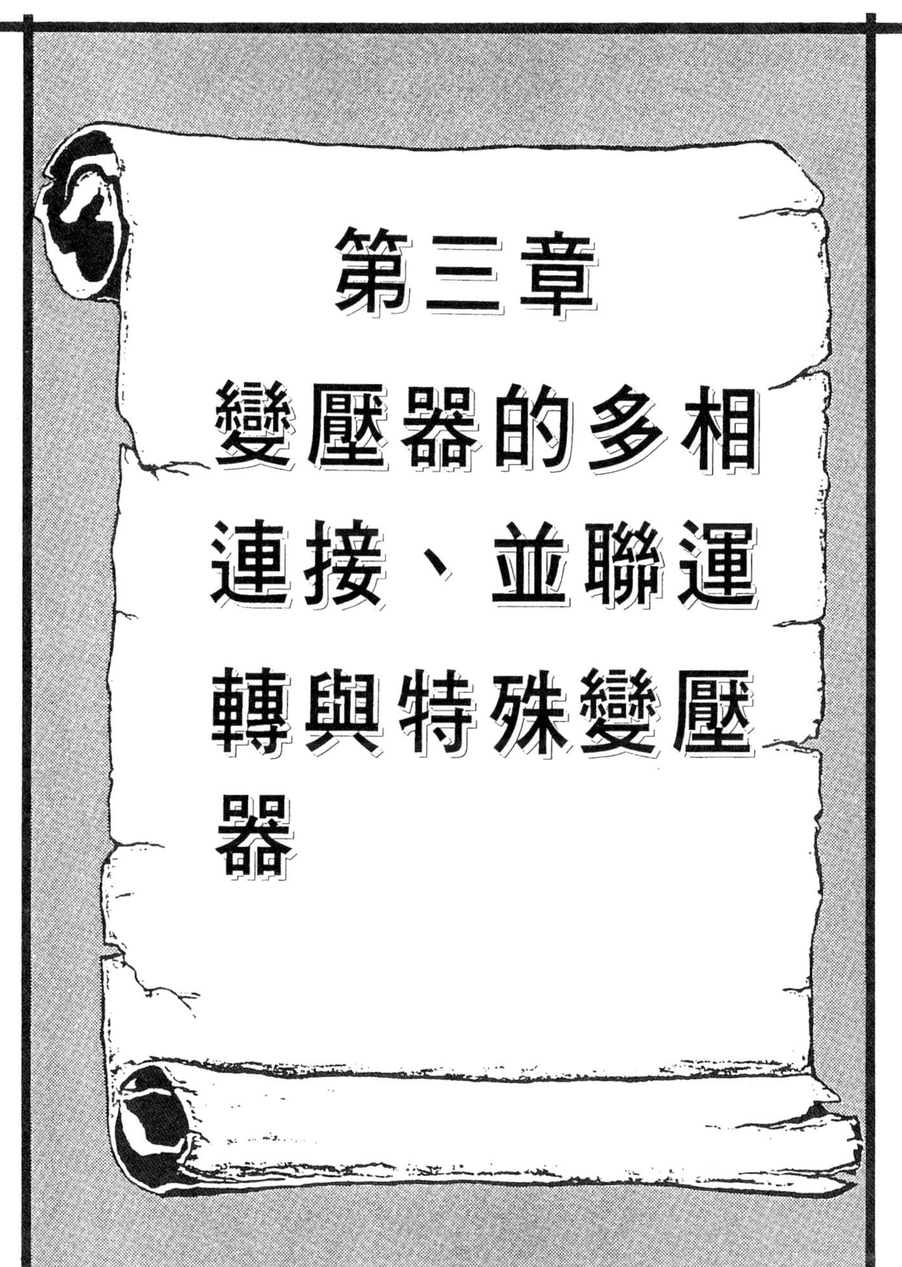
第三章
變壓器的多相連接、並聯運轉與特殊變壓器

三相變壓器的連接方法，對於三次諧波所引起的不良效應是否可以消除，有很大的影響；在僅有三相電源處若負載欲使用單相電源或整流、濾波電路的輸出電壓欲減少漣波，變壓器的相數變換可滿足上述的要求；在輸電或配電線路供儀表或計器使用的比壓器與比流器在系統中佔有重要的地位。本章除討論上述問題外，對於變壓器的並聯運轉、三繞組變壓器與感應電壓調整器等亦分節加以說明。

3-1 三次諧波與變壓器的三相連接

因變壓器鐵心的磁滯與飽和現象，如圖3-1所示，故感應電勢e_1或磁通ϕ爲正弦波時，其激磁電流i_m將不再是正弦波。應用富立葉級數(Fourier series) 分析激磁電流，除了基本波外另含有高次諧波，其中以三次諧波所占的諧波成分爲最多。

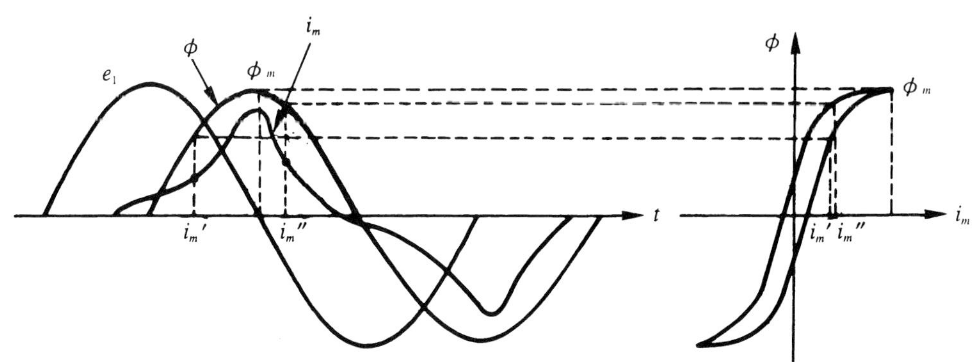

圖3-1 磁滯引起激磁電流波形的畸變

反之若加入鐵心的激磁電流i_m爲標準的正弦波，則其感應電勢e將爲含有高次諧波成分的非正弦波，如圖3-2所示。

由上述分析知，若變壓器每相之感應電勢欲爲正弦波形，則激磁電流須含有三次的諧波電流。對圖3-3之Y接變壓器，因爲無法提供三次諧波電流的路徑，所以每相的感應電勢將含三次諧波的成分，在線電壓部分由於三次諧波成分的互相抵消所以沒有含三次諧波成分。對圖3-4之△接變壓器，可提供一閉合路徑給三次諧波電流流通，因激磁電流含第三諧波，所以其每相或線間之應電勢沒有三次諧波成分。

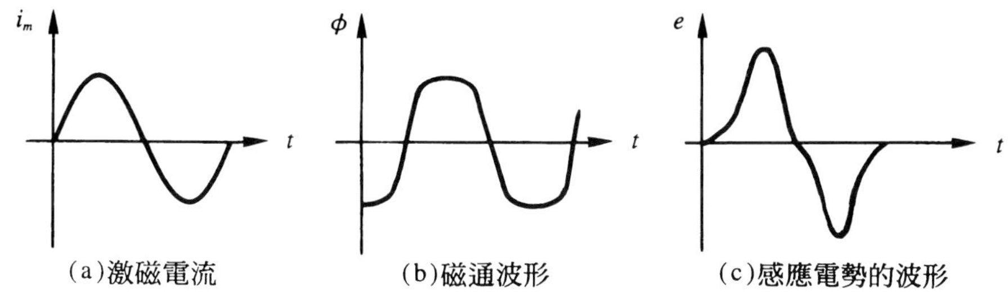

圖3-2　激磁電流為正弦式時之磁通與感應電勢波形

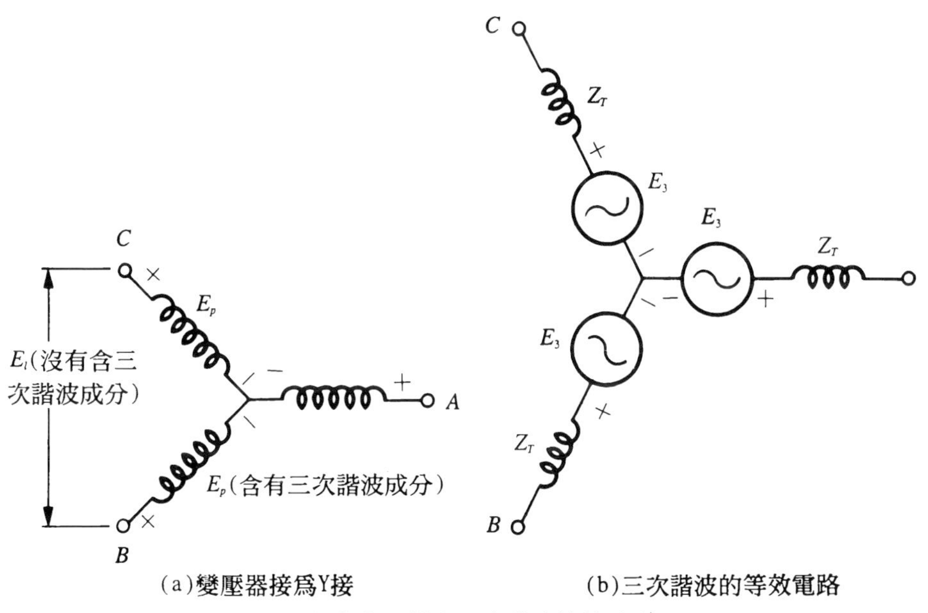

圖3-3　Y接與三次諧波等效電路

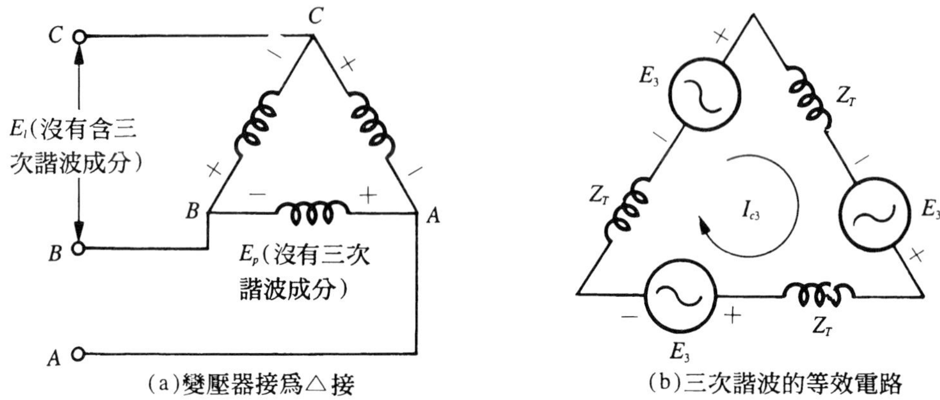

圖3-4 △接與三次諧波等效電路

可應用三具或二具單相變壓器接成三相連接，由於三相變壓器一、二次側連接方式的不同，使一次相電壓與二次相電壓間產生相位的差異，此相位差稱為位移角。關於位移角的大小，定義為由一次繞組與二次繞組的端點引至中性點，則在一、二次繞組相同端子電壓間的相位差，即為位移角。關於變壓器三相連接的種類如下所述：

3-1-1 Y－Y連接：

如圖3-5 所示，變壓器接為Y－Y連接，由於中性點未加接地，所以第三諧波電流無共同的歸路，即激磁電流不含第三諧波，而使一、二次側每相感應電勢中將含第三諧波。

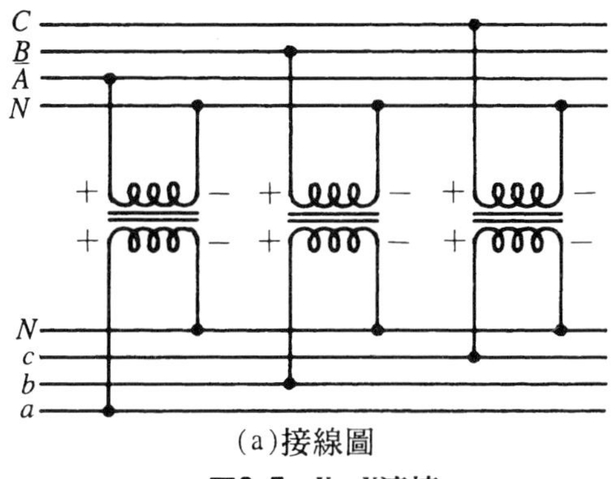

(a)接線圖

圖3-5 Y－Y連接

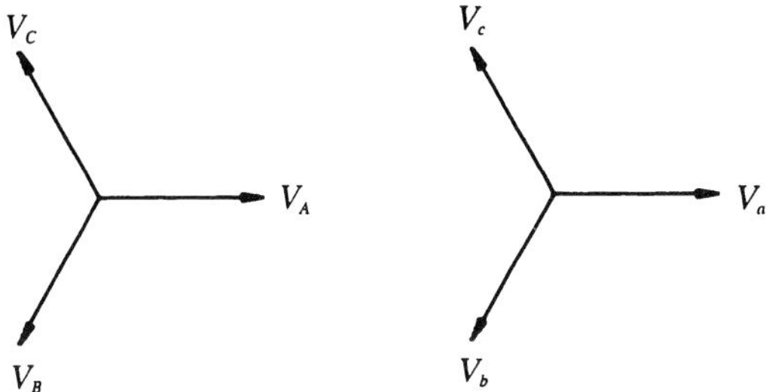

(b)電壓相量圖

圖3-5　(續)

將一Y－Y接線的變壓器接於長距離輸電線，若將中性點予以接地，則因相電流中含有第三諧波，線路對大地的靜電容量將使三倍於電源頻率的三次諧波充電電流流通，其情形如圖3-6所示。雖使每相的感應電勢爲正弦波，唯將對鄰近的通訊線路造成干擾。

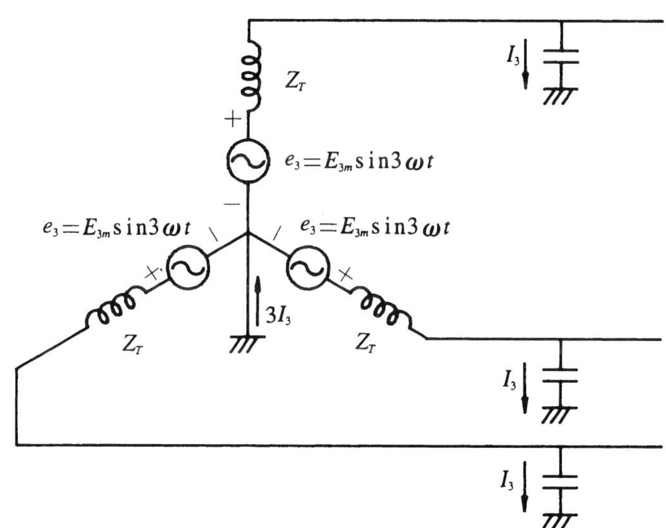

圖3-6　Y接中性點接地時三次諧波電流路徑

參考圖3-7，令匝數比$a = \dfrac{N_1}{N_2}$，則可得一、二次電壓與電流之關係爲

$$(1)\ \frac{V_{l1}}{V_{l2}}=\frac{\sqrt{3}V_{p1}}{\sqrt{3}V_{p2}}=\frac{V_{p1}}{V_{p2}}=a \tag{3-1}$$

$$(2)\ \frac{I_{l1}}{I_{l2}}=\frac{I_{p1}}{I_{p2}}=\frac{1}{a} \tag{3-2}$$

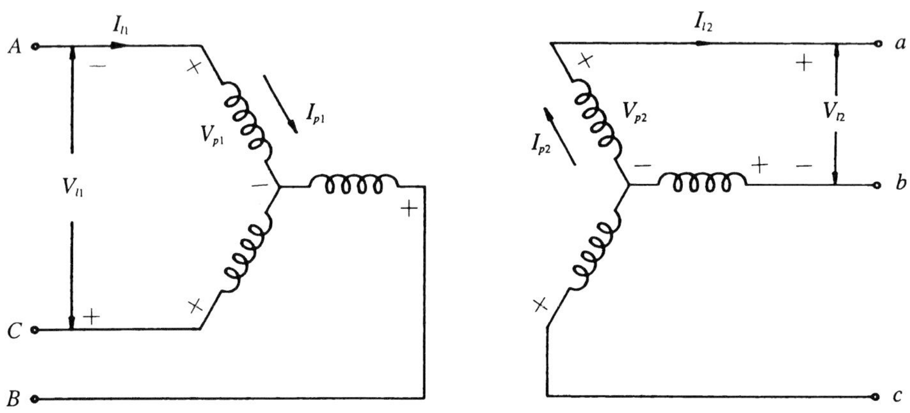

圖3-7　Y－Y連接及一、二次側電壓與電流

Y－Y連接主要的特性爲

(1)位移角爲0°。

(2)中性點可接地，以穩定每相的電壓，且每具變壓器的額定電壓爲線路電壓的$\frac{1}{\sqrt{3}}$倍，所以絕緣材料可節省。

(3)中性點接地時，可使三次諧波電流造成流通情形，但對通訊線路造成干擾。

(4)中性點若未予接地，則每相電壓含三次諧波成分，所以不適用於配電。

3-1-2　Y－△連接

如圖3-8所示，變壓器接爲Y－△接線，一次側爲Y 接線，致一次激磁電流未含三次諧波成分，因此一、二次側的感應電勢將含三次諧波成分。由於二次側爲△接所以第三諧波電流在△電路中循環，且因一次側爲Y 接線，所以沒有電流可抵消二次側的三次諧波電流，即二次側所流通的三次諧波電流將發生激磁作用並在鐵心內產生磁通，此磁通將助一次激磁電流以產生正弦波形的磁通，使一、二次側感應電勢爲正弦波。

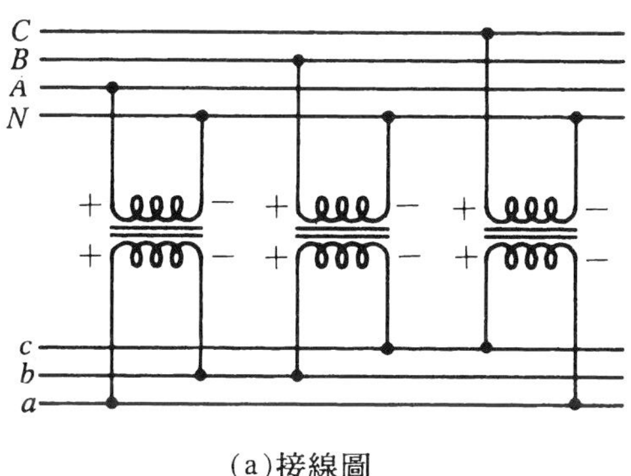

(a)接線圖

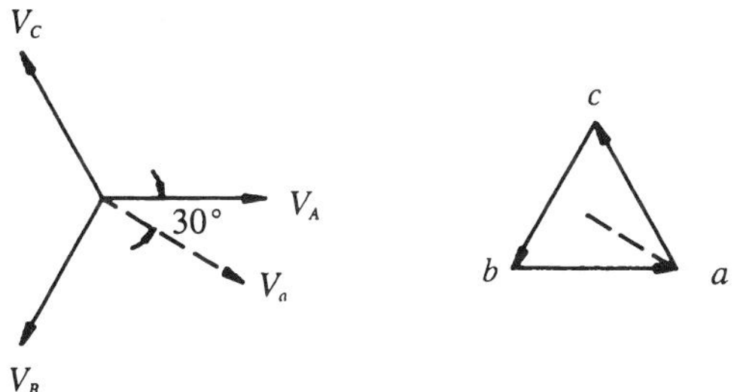

(b)電壓相量圖

圖3-8　Y－△接線

參照圖3-9可得一、二次電壓與電流的關係爲：

(1) $\dfrac{V_{l1}}{V_{l2}}=\dfrac{\sqrt{3}V_{p1}}{V_{p2}}=\sqrt{3}\ \dfrac{V_{p1}}{V_{p2}}=\sqrt{3}a$ (3-3)

(2) $\dfrac{I_{l1}}{I_{l2}}=\dfrac{I_{p1}}{\sqrt{3}I_{p2}}=\dfrac{1}{\sqrt{3}}\ \dfrac{I_{p1}}{I_{p2}}=\dfrac{1}{\sqrt{3}a}$ (3-4)

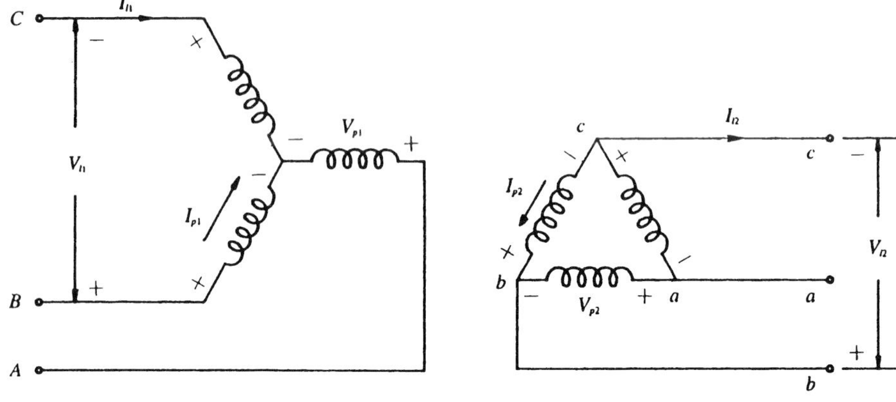

圖3-9 Y－△連接及一、二次側電壓與電流

關於Y－△連接的主要特性為：

⑴位移角為30°，且一次側電壓領前二次側電壓。

⑵二次側為三角形連接，可以流通三次諧波電流，所以沒有諧波之害。

⑶具有降壓作用，常用於受電端如一次變電所，將161kV電壓降壓為22.8kV或11.4kV以供所內用電。

3-1-3 △－Y連接

如圖3-10所示，變壓器接為△－Y接線。其一、二次電壓與電流的關係為：

⑴ $$\frac{V_{l1}}{V_{l2}}=\frac{V_{p1}}{\sqrt{3}V_{p2}}=\frac{1}{\sqrt{3}}\ \frac{V_{p1}}{V_{p2}}=\frac{a}{\sqrt{3}} \tag{3-5}$$

⑵ $$\frac{I_{l1}}{I_{l2}}=\frac{\sqrt{3}I_{p1}}{I_{p2}}=\sqrt{3}\ \frac{I_{p1}}{I_{p2}}=\frac{\sqrt{3}}{a} \tag{3-6}$$

△－Y連接的特性為：

⑴位移角為30°，且一次側電壓領前二次側電壓。

⑵一次側為△接線，可流通三次諧波電流，所以沒有諧波所引起的不良效應。

⑶三相△－Y 接線具有升壓的作用，常用於發電廠的主變壓器，將一次側電壓接於發電機，二次側接於一次輸電線，將電壓由20

kV昇至161kV亦可使用於二次變電所的變壓器，將69kV電壓降爲22.8kV或11.4kV，二次側一般可接爲三相四線式的配電系統。

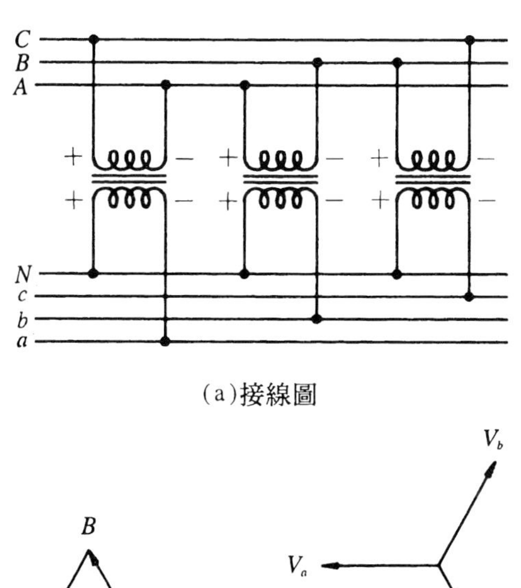

(a)接線圖

(b)電壓相量圖

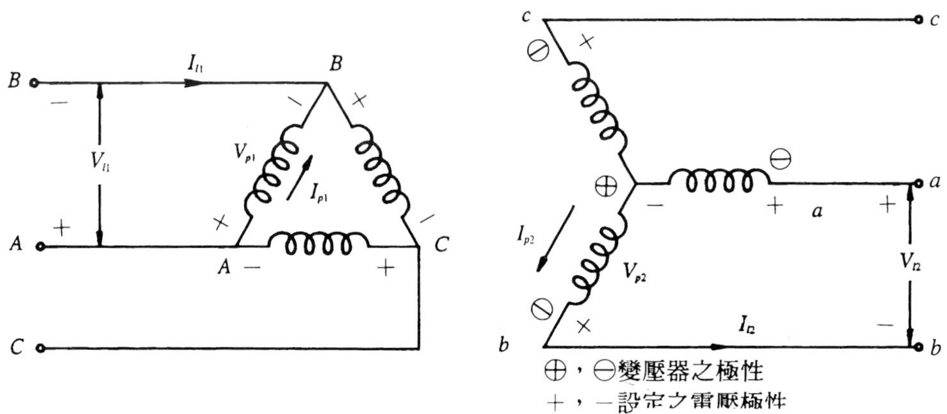

(c)一、二次側電壓與電流

圖3-10　變壓器之△－Y連接

3-1-4 △－△連接：

圖3-11所示爲變壓器的△－△連接，其一、二次側電壓、電流之關係與特性爲：

⑴一、二次側電壓之關係：

$$\frac{V_{l1}}{V_{l2}}=\frac{V_{p1}}{V_{p2}}=a \tag{3-7}$$

⑵一、二次側電流之關係：

$$\frac{I_{l1}}{I_{l2}}=\frac{\sqrt{3}I_{p1}}{\sqrt{3}I_{p2}}=\frac{I_{p1}}{I_{p2}}=\frac{1}{a} \tag{3-8}$$

⑶一次與二次側均爲△接線，所以沒有諧波所引起的不良效應。

⑷適用於低電壓大電流的場合。

⑸相移角爲0°。

⑹△－△連接的變壓器，若遇其中一具變壓器故障時，仍可改爲V－V連接，繼續供電。

⑺△－△連接的變壓器，其最大缺點爲無法引出中性線。

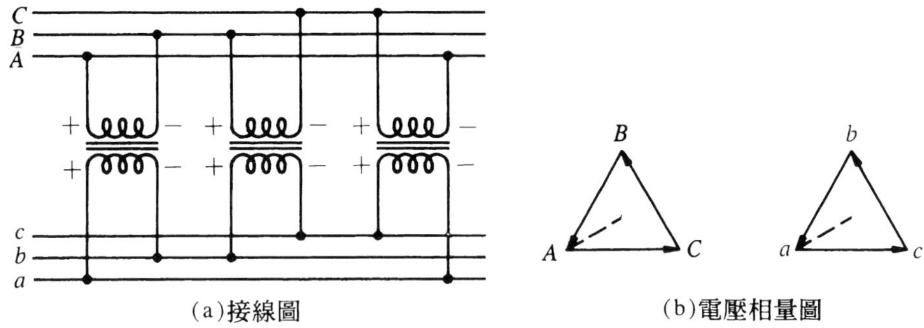

(a)接線圖　　(b)電壓相量圖

圖3-11 變壓器之△－△接線

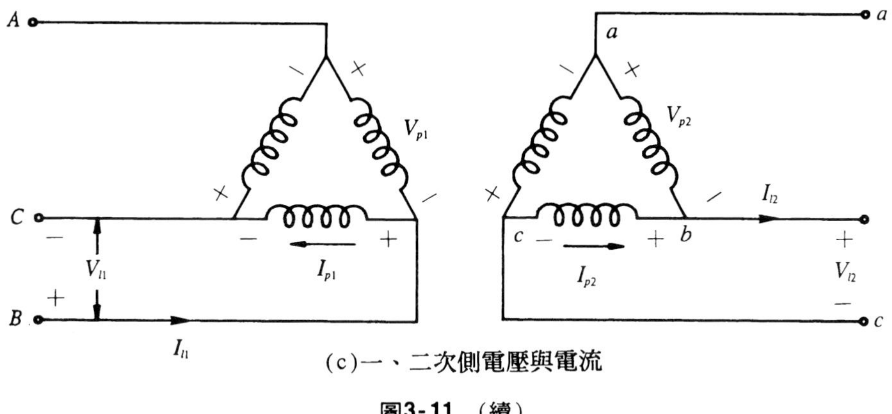

(c)一、二次側電壓與電流

圖3-11　(續)

3-1-5　V－V連接：

圖3-12所示爲變壓器的V－V接線，一次側外加三相電壓爲 $\overline{V}_{AB}=V_{p1}\angle 0°$，$\overline{V}_{BC}=V_{p1}\angle -120°$，$\overline{V}_{CA}=V_{p1}\angle 120°$，則二次側電壓爲 $\overline{V}_{ab}=V_{p2}\angle 0°$，$\overline{V}_{bc}=V_{p2}\angle -120°$，$\overline{V}_{ca}=-(\overline{V}_{ab}+\overline{V}_{bc})=V_{p2}\angle 120°$，所以二次側所供至負載的電壓爲三相電壓。

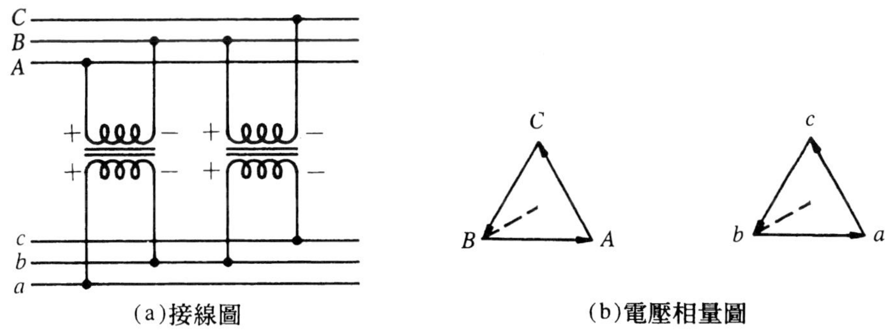

(a)接線圖　　(b)電壓相量圖

圖3-12　變壓器之V－V接線

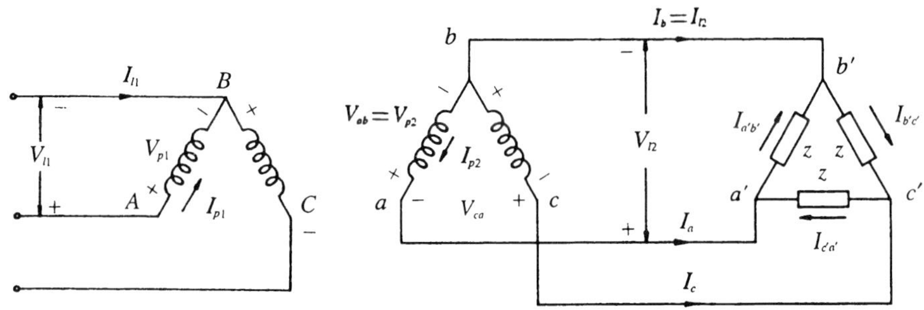

(c)一、二次側電壓與電流

圖3-12 （續）

V－V接線，一、二次側電壓、電流的關係與特性為

⑴一、二次側電壓的關係：

$$\frac{V_{l1}}{V_{l2}}=\frac{V_{p1}}{V_{p2}}=a \tag{3-9}$$

⑵一、二次側電流的關係：

$$\frac{I_{l1}}{I_{l2}}=\frac{I_{p1}}{I_{p2}}=\frac{1}{a} \tag{3-10}$$

⑶V－V接線時變壓器的利用率：

若V－V接線的變壓器，其二次側接－△接的三相平衡負載，可得其電壓與電流的相量圖如圖3-13所示。

令$V_l=|\bar{V}_{ab}|=|\bar{V}_{bc}|=|\bar{V}_{ca}|$；$I_l=|\bar{I}_a|=|\bar{I}_b|=|\bar{I}_c|$，則V－V接線的變壓器送至負載的三相實功率$P$為

$$\begin{aligned}P&=V_l I_l\cos(30^\circ+\theta)+V_l I_l\cos(30^\circ-\theta)=\sqrt{3}V_l I_l\cos\theta\\&=\sqrt{3}\,V_2 I_2\cos\theta\end{aligned}$$

變壓器的利用率η_T為

$$\boxed{\eta_T(\%)=\frac{\sqrt{3}V_2 I_2}{2V_2 I_2}\times 100\%=86.6\%} \tag{3-11}$$

(4)△－△接線，若其中一只變壓器故障並予切離改為V－V連接，則其容量減為原來的58%。

(5)一、二次間的電壓相移角為0°，參照圖3-13知其中一只變壓器繞組的電壓與電流間有30°＋θ之相角差，另一只變壓器繞組的電壓與電流相角差為30°－θ。

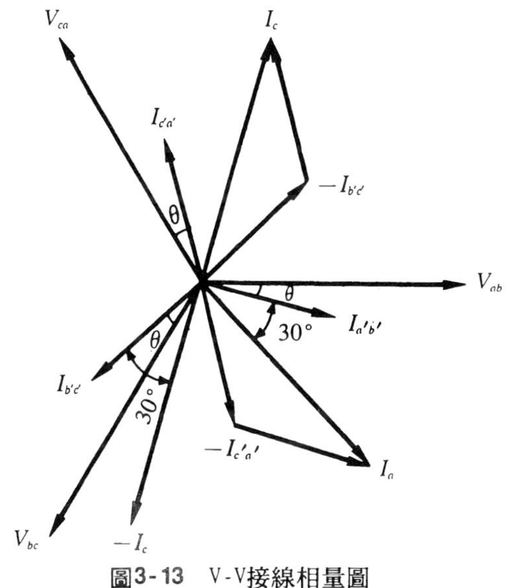

圖3-13　V-V接線相量圖

3-1-6　T－T連接：

圖3-14所示為變壓器繞組接成T－T連接及其電壓相量圖。主變壓器繞組有一中間抽頭，T腳變壓器一次繞組的匝數僅為主變壓器繞組的86.6%，因此T腳變壓器與主變壓器若為相同的額定，則於一次繞組的86.6%處須有一抽頭。

若接成T－T連接的變壓器為兩具完全相同的變壓器，則其利用率η_T為

$$\eta_T(\%)=\frac{\sqrt{3}V_2 I_2}{2V_2 I_2}\times 100\%=86.6\%$$

倘以一具較大容量與一具較小容量的變壓器組成T－T連接，且較小容量的變壓器為較大容量的86.6%，則其利率η_T為

$$\eta_T(\%)=\frac{\sqrt{3}V_2 I_2}{V_2 I_2+0.866V_2 I_2}\times 100\%=92.8\%$$

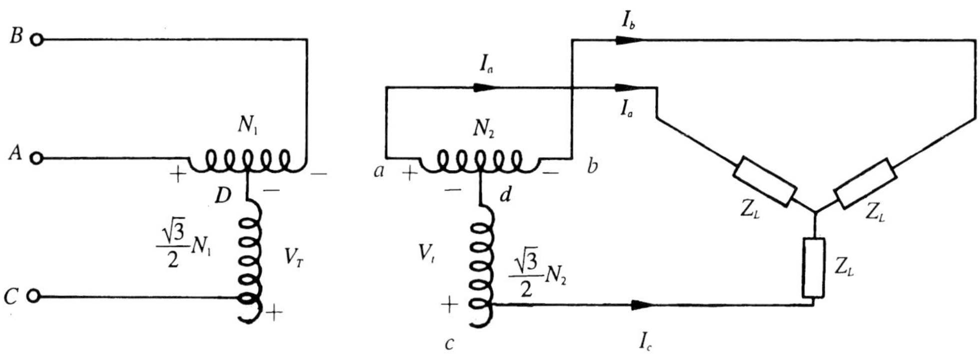

(a)接線圖

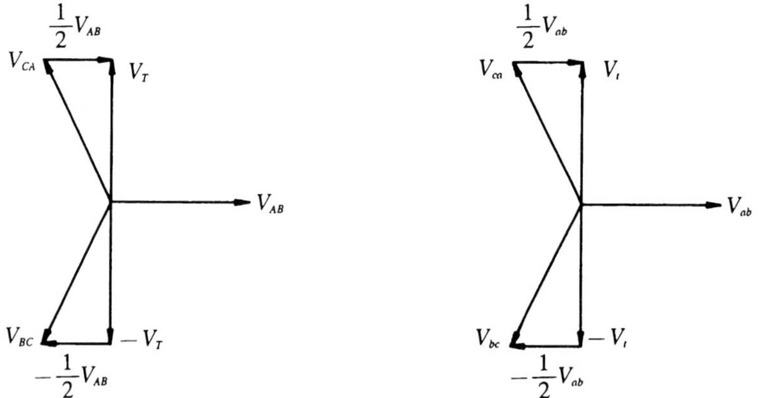

(b)電壓相量圖

圖3-14　變壓器的T-T連接

3-2　三相變壓器(Three phase transformer)

三相變壓器為一具變壓器中具有一共同的三相鐵心與三組獨立的一次繞組及相對應的二次繞組，且能執行三相變壓功能的變壓器。三相變壓器的優缺點如下：

(一)優點：

⑴可節省鐵心、減少鐵損、效率較高。

⑵使用之絕緣套管較少、用油亦較少，所以價格較便宜。

⑶接線與工作簡單方便。

(二)缺點：

⑴每具重量較單相為重，搬運較困難。

⑵預備容量較大，維護費用較多。

⑶故障時修理困難。

三相變壓器亦可分為內鐵式變壓器與外鐵式變壓器。

3-2-1　內鐵式變壓器：

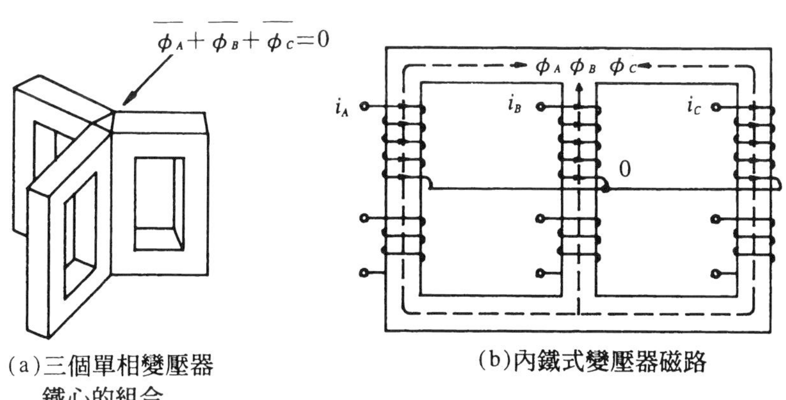

(a)三個單相變壓器鐵心的組合　　(b)內鐵式變壓器磁路

圖3-15　內鐵式變壓器

圖3-15所示爲內鐵式變壓器，在一次繞組加對稱的三相電壓時，鐵心共用部分的磁通爲$\overline{\phi}_A+\overline{\phi}_B+\overline{\phi}_C=0$，所以此部分的鐵心可取出不用。

即內鐵式的三相變壓器，只需三個腿，各腿上繞有各相的繞組。

3-2-2 外鐵式變壓器：

外鐵式三相變壓器如圖3-16所示，中央處腿上的B相繞組與其他二相A相、C相的繞組繞線相反。於是通過Q與R部分的磁通量分別爲$\frac{\overline{\phi}_A}{2}+\frac{\overline{\phi}_B}{2}$及$\frac{\overline{\phi}_B}{2}+\frac{\overline{\phi}_C}{2}$，與$P$及$S$部分的磁通量相同，即爲主磁通量的一半。因此，其截面積爲主腿的一半即可，如此可對鐵心材料達到節約之目的。倘B相繞組與其他二相繞成同方向，則Q與R部分的磁通量爲P及S的$\sqrt{3}$倍，所以其截面積亦要$\sqrt{3}$倍。

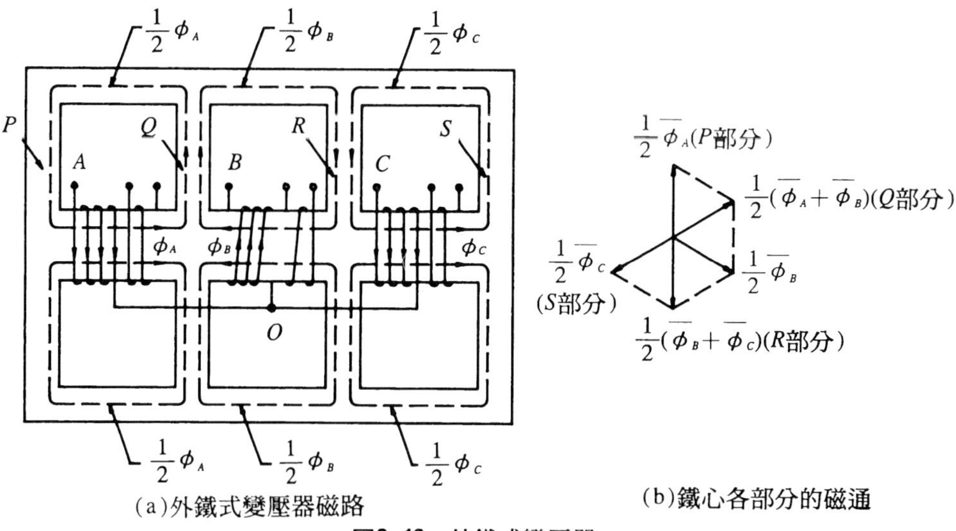

(a)外鐵式變壓器磁路　(b)鐵心各部分的磁通

圖3-16　外鐵式變壓器

【**例 1**】將額定電壓爲6.6kV/220V 的單相變壓器3具，連接爲Y－Y接線，由一次側外加11.43kV的三相平衡電源，倘二次側供給

240kW，功因爲0.8滯後的平衡三相負載，試求：

(1)每具變壓器的額定容量爲多少kVΛ？

(2)一次側的線路電流爲多少？

(3)二次側的線路電壓與線路電流各爲若干？

【解】　(1)每具變壓器的容量爲

$$\frac{S_{3\phi,L}}{3}=\frac{240}{0.8\times3}=100(\text{kVA})$$

(2)一次側每相的電壓V_{p1}爲

$$V_{p1}=\frac{11.43}{\sqrt{3}}=6.6(\text{kV})$$

$$\therefore I_{l1}=\frac{100}{6.6}=15.15(\text{A})$$

(3) $V_{l2}=\sqrt{3}\times V_{p2}=\sqrt{3}\times220=381(\text{伏})$

$$I_{l2}=\frac{100}{0.22}=454.5(\text{A})$$

【例 2】在例1中，若變壓器改爲Y－△連接，試計算

(1)每具變壓器的額定容量爲多少kVA？

(2)二次側的線電壓與相電流各爲多少？

(3)二次側的線電流爲多少？

【解】　(1)每具變壓器的容量$S_{1\phi}$爲

$$S_{1\phi}=\frac{S_{3\phi,L}}{3}=\frac{240}{0.8\times3}=100(\text{kVA})$$

(2) $V_{l1}=11.43\text{kV}$

$$V_{p2}=\frac{V_{l1}}{\sqrt{3}}\times\frac{0.22}{6.6}=\frac{11.43}{\sqrt{3}}\times\frac{0.22}{6.6}=0.22(\text{kV})$$

$$V_{l2}=V_{p2}=0.22\text{kV}$$

$$I_{p2}=\frac{100}{0.22}=454.5(\text{A})$$

(3) $I_{l2}=\sqrt{3}I_{p2}=\sqrt{3}\times454.5=787.2(\text{A})$

【例 3】有三具各爲25kVA、6.6kV／220伏、60Hz的單相變壓器，連接爲△－△連接，供應8kW之三相電熱器與20kVA功率因數爲0.8的三相電動機，若不考慮變壓器的激磁電流時，試求由電源輸入至變壓器一次側的電流爲多少？

【解】 變壓器的輸出實功率P爲

$$P=8+20\times0.8=24(\text{kW})$$

變壓器的輸出虛功率Q爲

$$Q=20\times\sqrt{1-0.8^2}=12(\text{kVAR})$$

變壓器輸出總視在功率S_o爲

$$S_o=\sqrt{24^2+12^2}=26.83(\text{kVA})$$

$$\therefore I_{l1}=\frac{S_o}{\sqrt{3}V_{l1}}=\frac{26.83}{\sqrt{3}\times6.6}=2.347(\text{A})$$

【例 4】兩具相同容量的單相變壓器連接成V－V接線，供給一200 kW，功因0.866的三相負載，試求每具變壓器的最少容量爲多少？

【解】 負載的視在功率S_L爲

$$S_L=\frac{200}{0.866}=230.95(\text{kVA})$$

每具變壓器的最少容量$\text{kVA}_{\min}$爲

$$2\times\text{kVA}_{\min}\times0.866=230.95$$

$$\text{kVA}_{\min}=133.3(\text{kVA})$$

【例 5】兩具50kVA變壓器連接成V型，供應一220伏平衡三相負載。

⑴若每一變壓器均不超載，求其能供應的總負載爲多少？

⑵若增加一50kVA 的變壓器，並接爲△接線，求其能供應多少負載？

【解】 ⑴V－V連接能供應的總負載爲S_{v-v}

$$S_{v-v}=2\times50\times0.866=86.6(\text{kVA})$$

⑵△－△連接能供應的總負載爲$S_{\triangle-\triangle}$

$$S_{\triangle-\triangle}=3\times 50=150(\text{kVA})$$

【例 6】 兩具變壓器接成T形連接，用以將4.16kV的三相電壓降爲440V，以供應50kVA的三相平衡負載，試求⑴每一變壓器繞組的電壓及電流額定，⑵每一變壓器的kVA額定。(設利用率爲0.928)

【解】 ⑴主變壓器

高壓側額定電壓爲4.16KV

低壓側額定電壓爲440V

高壓側額定電流I_M爲

$$I_M=\frac{50}{\sqrt{3}\times 4.16}=6.94(\text{A})$$

低壓側額定電流I_m爲

$$I_m=\frac{50}{\sqrt{3}\times 0.44}=65.61(\text{A})$$

T腳變壓器

高壓側額定電壓爲　$0.866\times 4.16=3.603(\text{kV})$

低壓側額定電壓爲　$0.866\times 440=381(\text{V})$

高壓側額定電流爲　6.94A

低壓側額定電流爲　65.61A

⑵主變壓器額定爲　$4.16\times 6.94=28.87(\text{kVA})$

T腳變壓器額定爲$28.87\times 0.866=25(\text{kVA})$

3-3　標么系統

在電力、電機及變壓器等系統的計算常用標么型式(Per unit form)。換言之,是將全部相關聯的量換算成某一基準值(Base value)下的標么值(簡稱爲pu值)來表示。應用標么值計算有下述的優點：⑴電機或變壓器之參數的標么值，係以額定值為其基值求得的，其數值必定在某一範圍內，所以他的數值正確與否，可迅速的判別，(2)標么值與變壓器的匝數比無關，所以分析者不必為線路參數換算至變壓器那一側而費心，(3)標么值運算的結果仍為標么值，不必為其單位而擔憂。

標么值定義為實際值與基值的比值，即

$$標么值(pu)=\frac{實際值}{基\quad 值}$$

對於單相系統與三相系統各基值的計算如下：

(一)單相系統

選擇電壓與容量的基值為V_b與VA_b，則其餘之基準值可用V_b與VA_b導出，即

$$I_b=\frac{VA_b}{V_b}$$

$$\boxed{Z_b=\frac{V_b}{I_b}=\frac{(V_b)^2}{VA_b}} \tag{3-12}$$

(二)三相系統

選擇線電壓與三相容量的基值為$V_{l,b}$與$VA_{3\phi,b}$，則I_b與Z_b可分別計算如下：

$$I_b=\frac{VA_{3\phi,b}}{\sqrt{3}V_{l,b}}$$

$$\boxed{Z_b=\frac{V_{l,b}/\sqrt{3}}{I_b}=\frac{(V_{l,b})^2}{VA_{3\phi,b}}} \tag{3-13}$$

若阻抗標么值，擬換算至一新的基值時，則標么值可重新修正如下：

$$\boxed{Z_{\text{pu,new}}=Z_{\text{pu,old}}\times\left(\frac{V_{lb,\text{old}}}{V_{lb,\text{new}}}\right)^2\times\frac{VA_{b,\text{new}}}{VA_{b,\text{old}}}} \tag{3-14}$$

【例 7】一具100kVA，2.4kV/240伏的變壓器，在高壓側所測得之激磁電流爲1.08安培，其等效阻抗換算至低壓側爲0.00682＋j0.0159歐姆，若以變壓器的額定值爲基準，試求：

⑴高壓側與低壓側激磁電流表爲標么值各爲多少？

⑵高壓側與低壓側等效阻抗表爲標么值各爲多少？

【解】　選擇$V_{b,H}=2400$伏，$VA_b=100\times10^3$(VA)爲基準值

電流、阻抗的基準值爲

$$I_{b,H}=\frac{100\times10^3}{2400}=41.67(\text{A})$$

$$I_{b,L}=41.67\times\frac{2400}{240}=416.7(\text{A})$$

$$Z_{b,H}=\frac{V_{bH}^2}{VA_b}=\frac{2400^2}{100\times10^3}=57.6(\Omega)$$

$$Z_{b,L}=57.6\times\left(\frac{240}{2400}\right)^2=0.576(\Omega)$$

⑴高壓側激磁電流的標么值爲

$$\frac{1.08}{41.67}=0.0259(\text{pu})$$

低壓側激磁電流爲

$$1.08\times\frac{2400}{240}=10.8(\text{A})$$

其激磁電流標么值爲

$$\frac{10.8}{416.7}=0.0259(\text{pu})$$

⑵$\bar{Z}_H=(0.00682+j0.0159)\times\left(\frac{2400}{240}\right)^2=0.682+j1.59(\Omega)$

$$\bar{Z}_{H,\text{pu}}=\frac{0.682+j1.59}{57.6}=0.0118+j0.0276(\text{pu})$$

$$\bar{Z}_{L,\text{pu}}=\frac{0.00682+j0.0159}{0.576}=0.0118+j0.0276(\text{pu})$$

比較高、低壓側的激磁電流或等效阻抗的標么值可知其數值皆相同。

【例 8】 一50kVA單相變壓器其一、二次額定電壓爲6.6kV與220V，等效電抗爲0.03pu。若將三個相同的單相變壓器連接爲Y－Y或△－Y，則其標么電抗值應爲若干？

【解】 對於50kVA單相變壓器，其高、低壓側等效電抗值爲

$$Z_{eq,H}=0.03\times\frac{(6.6\times10^3)^2}{50\times10^3}=26.136(\Omega)$$

$$Z_{eq,L}=0.03\times\frac{(220)^2}{50\times10^3}=0.02904(\Omega)$$

(1)變壓器連接爲Y－Y接線：

$$Z_{b,H}=\frac{(6.6\times\sqrt{3})^2\times10^3}{50\times3}=871.2(\Omega)$$

$$Z_{b,L}=\frac{(0.22\times\sqrt{3})^2\times10^3}{50\times3}=0.968(\Omega)$$

由一次側所視之阻抗標么值爲

$$Z_{eq,H}=\frac{26.136}{871.2}=0.03(\text{pu})$$

$$Z_{eq,L}=\frac{0.02904}{0.968}=0.03(\text{pu})$$

(2)變壓器爲△－Y接線：

應將一次側△連接改爲等效Y連接，則

$$Z_Y=\frac{Z_\triangle}{3}=\frac{26.136}{3}=8.712(\Omega)$$

$$Z_{b,H}=\frac{6.6^2\times10^3}{50\times3}=290.4(\Omega)$$

一次側所視之阻抗標么值爲

$$Z_{eq,H}=\frac{8.712}{290.4}=0.03(\text{pu})$$

二次側所視之阻抗標么值與Y－Y連接時相同，即

$$Z_{eq,L}=0.03(\text{pu})$$

由上述計算結果可得一結論，不論變壓器連接方法為何，其一、二次側之標么等效阻抗值皆相同。

3-4　變壓器的並聯運轉

當系統的負載不斷增加，為了滿足負載的需求，在經濟的原則上變壓器宜採用並聯運轉(Parallel operation)為宜。所謂並聯運轉為變壓器的一次側接於同一電源，二次側則接於同一匯流排，以共同分擔負載。

為使二具以上的變壓器能順利的並聯使用，並對負載作合理的分配或按其額定容量成比例分配，則變壓器並聯的條件為：

(一)單相變壓器並聯的條件：

⑴電壓額定或匝數比須相同。

⑵極性須相同。

⑶內部阻抗與其額定容量成反比。

⑷變壓器的等值電抗對等值電阻的比例須相同。

(二)三相變壓器並聯的條件：

除了應具備有單相變壓器並聯條件外，為避免環流產生，應符合下述條件：

⑴線電壓比須相同。

⑵相序須相同。

⑶位移角須相同。

由變壓器一、二次側電壓的相位關係，可以作三相並聯運用的

有：

$$\begin{cases} Y-Y \\ Y-Y \end{cases} \quad \begin{cases} \triangle-\triangle \\ \triangle-\triangle \end{cases} \quad \begin{cases} Y-\triangle \\ Y-\triangle \end{cases}$$

$$\begin{cases} \triangle-Y \\ \triangle-Y \end{cases} \quad \begin{cases} Y-Y \\ \triangle-\triangle \end{cases} \quad \begin{cases} Y-\triangle \\ \triangle-Y \end{cases}$$

不可並聯運用者有：

$$\begin{cases} Y-Y \\ Y-\triangle \end{cases} \quad \begin{cases} Y-Y \\ \triangle-Y \end{cases} \quad \begin{cases} \triangle-\triangle \\ \triangle-Y \end{cases} \quad \begin{cases} \triangle-\triangle \\ Y-\triangle \end{cases}$$

兩變壓器並聯運轉之接線圖如圖3-17(a)所示，若感應電勢E_A與E_B不相等時，其等效電路圖如圖3-17(b)所示。

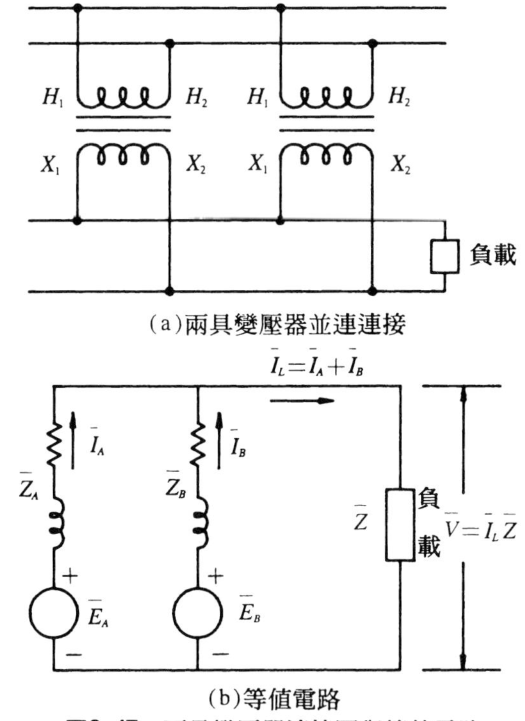

(a)兩具變壓器並連連接

(b)等值電路

圖3-17 兩具變壓器連接圖與等值電路

依克希荷夫定律，得

$$\begin{cases}\bar{E}_A=(\bar{Z}_A+\bar{Z})\bar{I}_A+\bar{Z}\,\bar{I}_B\\ \bar{E}_B=\bar{Z}\,\bar{I}_A+(\bar{Z}_B+\bar{Z})\bar{I}_B\end{cases} \tag{3-15}$$

解(3-15)式的聯立方程式得

$$\begin{aligned}\bar{I}_A&=\frac{\bar{E}_A\bar{Z}_B+(\bar{E}_A-\bar{E}_B)\bar{Z}}{\bar{Z}(\bar{Z}_A+\bar{Z}_B)+\bar{Z}_A\bar{Z}_B}\\ &=\frac{\bar{E}_A}{\bar{Z}_A+\bar{Z}+\bar{Z}\bar{Z}_A/\bar{Z}_B}+\frac{\bar{E}_A-\bar{E}_B}{\bar{Z}_A+\bar{Z}_B+\bar{Z}_A\bar{Z}_B/\bar{Z}}\end{aligned} \tag{3-16}$$

$$\bar{I}_B=\frac{\bar{E}_B}{\bar{Z}_B+\bar{Z}+\bar{Z}\bar{Z}_B/\bar{Z}_A}+\frac{\bar{E}_B-\bar{E}_A}{\bar{Z}_A+\bar{Z}_B+\bar{Z}_A\bar{Z}_B/\bar{Z}} \tag{3-17}$$

(3-16)與(3-17)式之第二項表示，當$\bar{E}_A-\bar{E}_B$或$\bar{E}_B-\bar{E}_A$有電勢差時，會有環流產生，此環流經由繞組的電阻將消耗部分能量，使效率降低，若環流太大時，則會使繞組燒毀。

若$\bar{E}=\bar{E}_A=\bar{E}_B$時，則

$$\bar{I}_A=\frac{\bar{E}\bar{Z}_B}{\bar{Z}_A\bar{Z}_B+\bar{Z}(\bar{Z}_A+\bar{Z}_B)}\quad,\quad \bar{I}_B=\frac{\bar{E}\bar{Z}_A}{\bar{Z}_A\bar{Z}_B+\bar{Z}(\bar{Z}_A+\bar{Z}_B)} \tag{3-18}$$

負載電流I_L爲

$$\bar{I}_L=\frac{\bar{E}(\bar{Z}_A+\bar{Z}_B)}{\bar{Z}_A\bar{Z}_B+\bar{Z}(\bar{Z}_A+\bar{Z}_B)} \tag{3-19}$$

或

$$\bar{I}_A = \bar{I}_L \times \frac{\bar{Z}_B}{\bar{Z}_A + \bar{Z}_B} \tag{3-20}$$

$$\bar{I}_B = \bar{I}_L \times \frac{\bar{Z}_A}{\bar{Z}_A + \bar{Z}_B} \tag{3-21}$$

【例 9】兩具單相變壓器作並聯運轉，其額定分別爲30MVA、161kV/69kV，百分比阻抗爲9%；15MVA、161kV/69kV、百分比阻抗7.5%。若兩變壓器的阻抗角相等，且供應20MW，功因爲0.8(落後)的負載，試求 ⑴負載電流I_A、I_B及I_L各爲多少？⑵兩變壓器所分擔的負載各爲多少MVA？

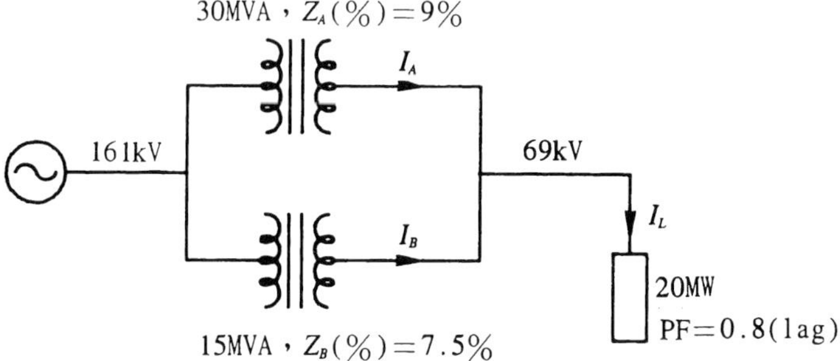

【解】 ⑴由69kV側所測量的阻抗分別爲

$$Z_A = \frac{9}{100} \times \frac{69^2}{30} = 14.283(\Omega)$$

$$Z_B = \frac{7.5}{100} \times \frac{69^2}{15} = 23.805(\Omega)$$

$$I_L = \frac{20 \times 10^3}{0.8 \times 69} = 362.32(\text{A})$$

$$I_A = I_L \times \frac{Z_B}{Z_A + Z_B} = 362.32 \times \frac{23.805}{14.283 + 23.805} = 226.45(\text{A})$$

$$I_B = I_L \times \frac{Z_A}{Z_A + Z_B} = 362.32 \times \frac{14.283}{14.283 + 23.805} = 135.87(\text{A})$$

(2) $S_A = 69 \times 226.45 \times 10^3 = 15.625(\text{MVA})$

$S_B = 69 \times 135.87 \times 10^3 = 9.375(\text{MVA})$

3-5　相數變換

若一次側的相數與二次側的相數不同者稱爲相數變換，如將三相電力變換爲二相、六相等。

3-5-1　三相／二相間之相數變換一史考特連接 (Scott connection)

圖3-18所示爲三相變換爲二相的史考特連接。主變壓器一次側的匝數爲N_1，二次側的匝數爲N_2。T腳變壓器一次側的匝數爲$\frac{\sqrt{3}}{2}N_1$，二次側的匝數爲N_2。當一次側輸入三相平衡電力時，二次側可獲得二相的平衡電力。

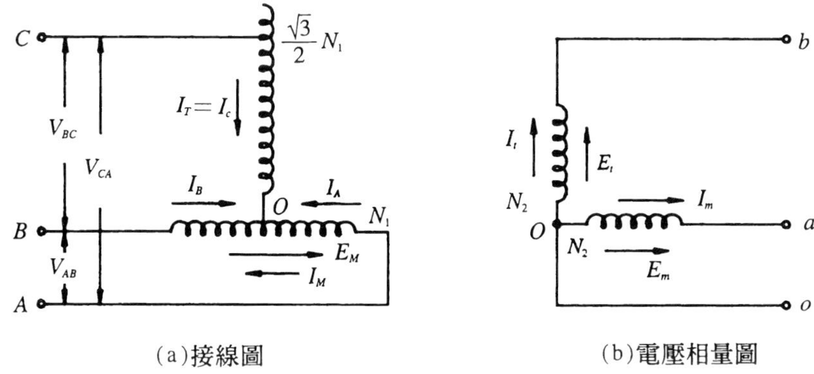

圖3-18　史考特連接之三相變換二相

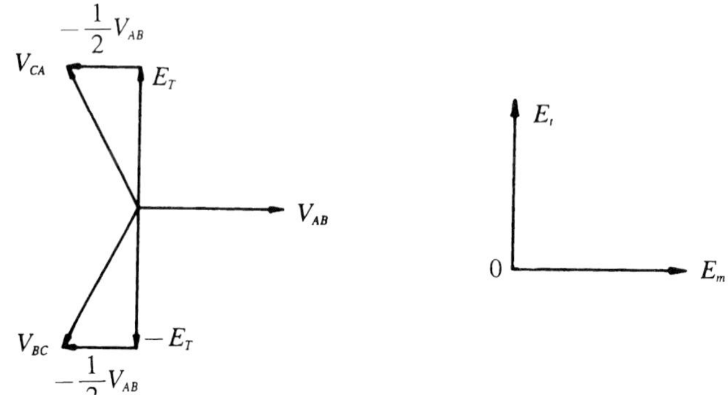

圖3-18 (續)

設$a=\frac{N_1}{N_2}$，且$|\bar{V}_{AB}|=|\bar{V}_{BC}|=|\bar{V}_{CA}|=V_1$，則

$$E_T=\frac{\sqrt{3}}{2}V_1 \tag{3-22}$$

$$E_m=\frac{1}{a}V_1 \tag{3-23}$$

$$E_t=\frac{\sqrt{3}}{2}V_1\times\frac{1}{\frac{\sqrt{3}}{2}a}=\frac{1}{a}V_1 \tag{3-24}$$

由(3-23)與(3-24) 式知，E_m與E_t兩電勢的值相同，且E_t領前E_m之相角爲90度，所以二次側的輸出電壓爲二相平衡電壓。

在二次側之二相系統各連接一R－L負載，且負載角爲θ，則電壓與電流的相量圖如圖3-19所示。

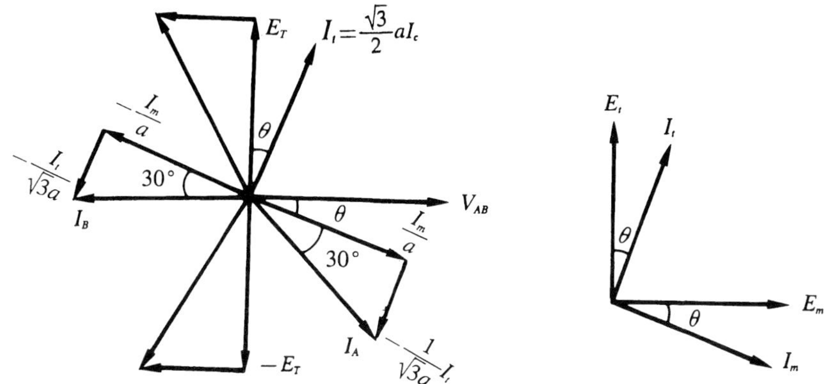

圖3-19　史考特連接在二次側連接二相平衡R－L負載之電壓與電流相量圖

由T腳變壓器得

$$I_t \times N_2 = I_T \times \frac{\sqrt{3}}{2} N_1 = I_c \times \frac{\sqrt{3}}{2} N_1$$

即

$$\boxed{I_c = \frac{2N_2}{\sqrt{3}N_1} I_t = \frac{2}{\sqrt{3}a} I_t} \tag{3-25}$$

由主變壓器得

$$(\bar{I}_A - \bar{I}_B) \times \frac{N_1}{2} = \bar{I}_m \times N_2$$

$$\bar{I}_A - \bar{I}_B = 2\,\frac{N_2}{N_1}\bar{I}_m = \frac{2}{a}\bar{I}_m \tag{3-26}$$

對節點O可得

$$\bar{I}_A + \bar{I}_B + \bar{I}_C = 0$$

$$\bar{I}_A + \bar{I}_B = -\frac{2}{\sqrt{3}a}\bar{I}_t \tag{3-27}$$

由(3-26)式及(3-27)式可得

$$\boxed{\bar{I}_A=\frac{1}{a}\left(\bar{I}_m-\frac{1}{\sqrt{3}}\bar{I}_t\right)} \tag{3-28}$$

$$\boxed{\bar{I}_B=-\frac{1}{a}\left(\bar{I}_m+\frac{1}{\sqrt{3}}\bar{I}_t\right)}$$

對一二相平衡負載$I_m=I_t$

$$I_A=I_B=\frac{1}{a}\sqrt{1+\left(\frac{1}{\sqrt{3}}\right)^2}\,I_t=\frac{2}{\sqrt{3}a}\,I_t=I_c \tag{3-29}$$

T腳變壓器在三相之一次側由全繞組的86.6％處引出線端，則此變壓器可用的容量將減爲額定容量的86.6％，對主變壓器的三相側或一次側I_A電流與主繞組電流I_M有30°之相角差，I_B電流與$-I_M$電流亦有30°之相角差，所以經出主繞組的三相電流應爲抵消二次側磁勢所需電流的$2/\sqrt{3}$倍。

依上述分析若將二具額定相同的變壓器接成史考特連接，則其利用率η_T爲：

$$\eta_T(\%)=\frac{2\times\frac{\sqrt{3}}{2}\times S_{額定}}{2\times S_{額定}}\times 100\%=86.6\%$$

【例10】將二具相同容量的變壓器連接爲史考特連接，使三相11.4 kV的電源變換爲220V的二相電源，以供給150kVA的二相平衡負載，試求：

⑴主變壓器與T腳變壓器一、二次側的電流各爲多少？

⑵主變壓器與T腳變壓器的容量各爲多少？

⑶該變壓器組的利用率爲多少？

【解】 ⑴一次側電流爲

$$I_A = I_B = I_C = \frac{150}{\sqrt{3} \times 11.4} = 7.6\ (\text{A})$$

設二次側爲二相平衡負載，則每相的負載爲150/2＝75 kVA，即

$$I_m = I_t = \frac{75}{0.22} = 340.9\ (\text{A})$$

⑵主變壓器與T腳變壓器的容量皆爲$S_{額定}$

$$S_{額定} = 11.4 \times 7.6 = 86.64(\text{kVA})$$

⑶利用率η_T爲

$$\eta_T(\%) = \frac{150}{86.64 \times 2} \times 100\% = 86.6\%$$

【例11】有一變壓器組連接爲史考特連接，將一次側輸入電壓11.4 kV變換爲二相100V的電源，以供給X和Y兩部單相電氣爐，X電氣爐爲100伏、300kW、功因爲0.8(滯後)，由主變壓器二次側供電；Y電氣爐爲100伏、600kW、功因爲0.85(滯後)，由T腳變壓器二次側供電，若忽略變壓器的激磁電流，試求一次側輸入之三相電流各爲多少？

【解】 $\cos\theta_X = 0.8$，$\sin\theta_X = 0.6$

$$\bar{S}_X = \frac{300}{0.8}(0.8 + j0.6) = 300 + j225\ (\text{kVA})$$

$\cos\theta_Y = 0.85$，$\sin\theta_Y = 0.527$

$$\bar{S}_Y = \frac{600}{0.85}(0.85 + j0.527) = 600 + j372\ (\text{kVA})$$

由$S = V \times I^*$，$I = \dfrac{S^*}{V^*}$

$$\therefore \bar{I}_m=\frac{300-j225}{0.1}=3000-j2250\ (\text{A})$$

$$\bar{I}_t=\frac{600-j372}{0.1\angle -90^\circ}=3720+j6000\ (\text{A})$$

匝數比$a=\dfrac{11.4}{0.1}=114$

$$\therefore \bar{I}_C=\frac{2}{\sqrt{3}a}\bar{I}_t=\frac{2}{\sqrt{3}\times 114}(3720+j6000)$$

$$=37.68+j60.77=71.5\angle 58.2^\circ\ \ (\text{A})$$

$$\bar{I}_A=\frac{1}{a}\left(\bar{I}_m-\frac{1}{\sqrt{3}}\bar{I}_t\right)=\frac{1}{114}(3000-j2250-2147.7-j3464.1)$$

$$=7.5-j50.1=50.66\angle -81.5^\circ\ \ (\text{A})$$

$$\bar{I}_B=-\frac{1}{a}\left(\bar{I}_m+\frac{1}{\sqrt{3}}\bar{I}_t\right)=\frac{-1}{114}(3000-j2250+2147.7+j3464.1)$$

$$=-45.2-j10.65=46.44\angle -166.7^\circ\ \ (\text{A})$$

即$I_A=50.66(\text{A})$，$I_B=46.44(\text{A})$，$I_C=71.5(\text{A})$

3-5-2 三相／六相間之相數變換

經整流後的直流，若希望其漣波(Ripple)減小，則交流輸入電源的相數應予提高。變壓器爲能量轉換效率極高的機器，所以整流裝置經常藉變壓器組將三相電源變換爲六相或十二相後再予整流。將三相電源變換爲六相的方法如下所述：

(一)雙星形接線(Double star connection)：

變壓器二次側每相有二個繞組，將各繞組接成星形接線，如圖3-20(a)所示。接線之結果若使各相之二次繞組產生相差180電機角的應電勢，則可得六相對稱電壓，如圖3-20(b)之電壓相量圖所示。

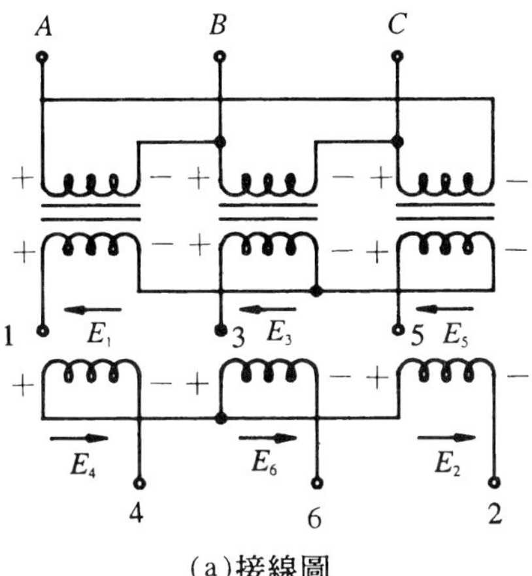

(a)接線圖

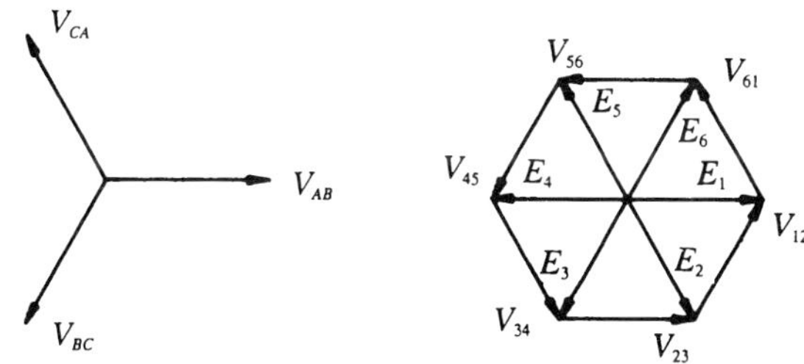

(b)電壓相量圖

圖 3-20　雙星形接線

(二)單中性點二重星形接線

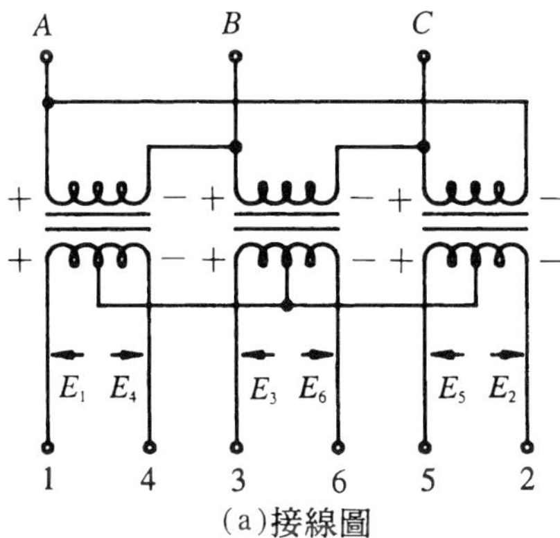

(a)接線圖

圖3-21　單中性點二重量形接線

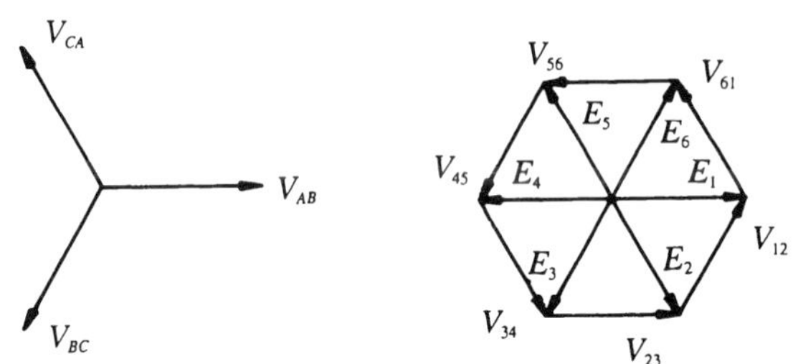

(b)電壓相量圖

圖3-21　(續)

變壓器二次側繞組皆有一中性點，將每相繞組的中性點予以連接，便可得六相電壓，其連接情形如圖3-21(a)所示。電壓之相量圖如圖3-21(b)所示。

(三)對角接線(Diametrical connection)

二次側的線圈不分爲二組，將每相之二次電壓連接至平衡六相負載的相對頂點，使端電壓變成對稱六相電壓，其連接情形如圖3-22(a)所示。

此種接線方式，在負載未接前仍維持三相電路的特性。

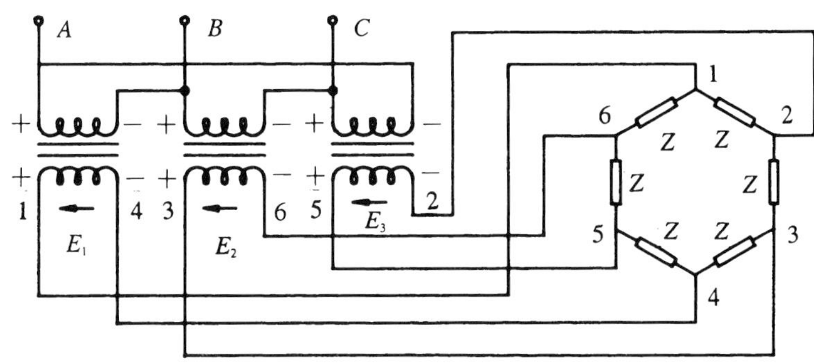

(a)接線圖

圖3-22　對角接線

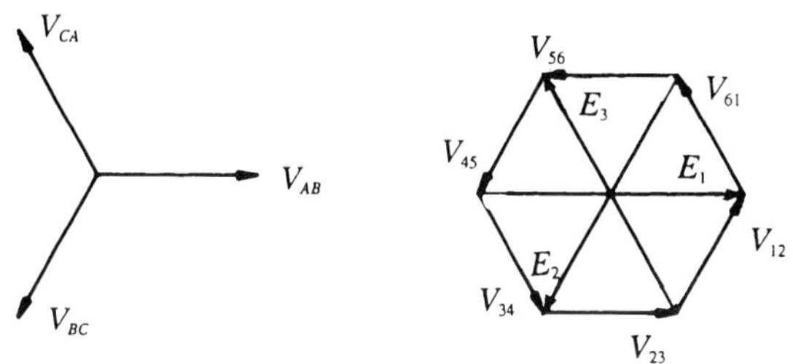

(b)電壓相量圖

圖3-22　(續)

(四)雙重三角接線法(Double-delta connection)

變壓器二次側每相有二個繞組，三相計有六個繞組，每三個繞組接成一三角形連接，所以可接成二個三角形，如圖3-23(a)所示。 其中一個三角形爲正三角形，另一個則爲逆三角形，各相鄰端子間的電壓變成對稱的六相電壓。其電壓相量圖如圖3-23(b)所示。

此種接線方式，當加入六相負載時可成六相電路，唯不接負載時仍爲三相電路。

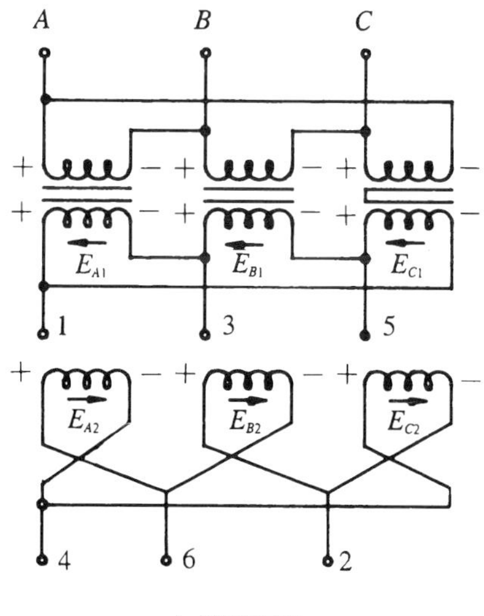

(a)接線圖

圖3-23　雙重三角接線法

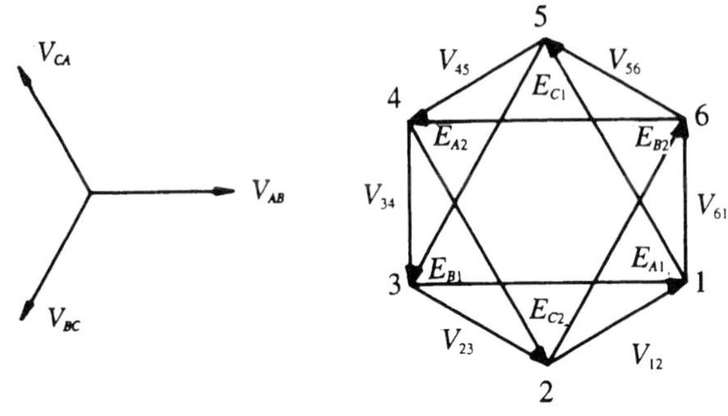

(b)電壓相量圖

圖3-23 (續)

(五)環狀接線(Ring connection)

變壓器的一次線圈接為△接或Y 接。每相之二次側線圈有二個，依圖3-24(a) 所示，將相同號碼之端點連接在一起，在二次側就可得六相電壓。其電壓相量圖如圖3-24(b) 所示。環狀接線的六相電路，無論是否接入負載皆為六相電路。

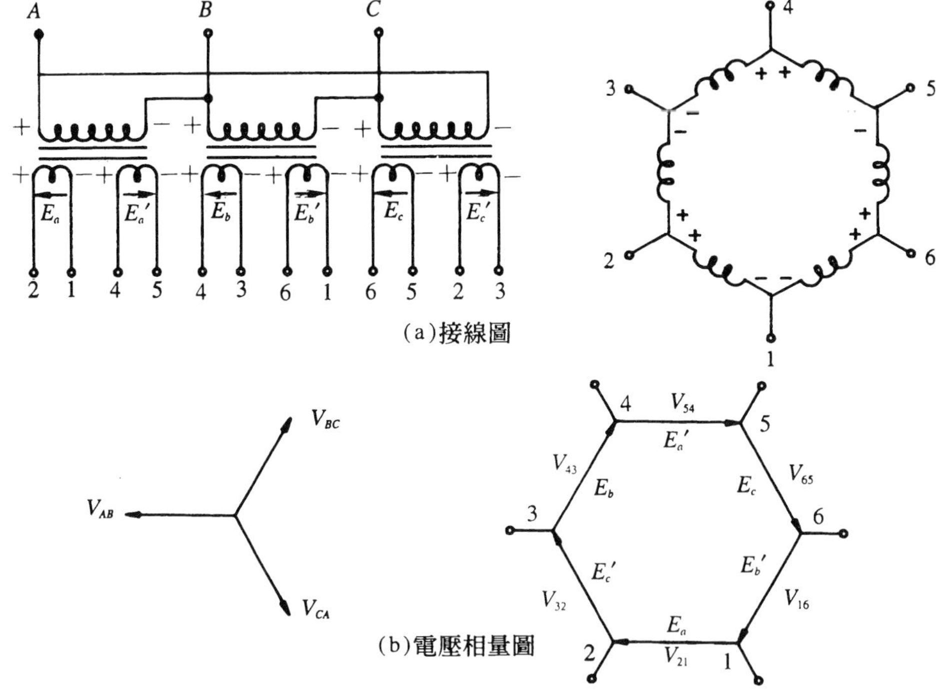

(b)電壓相量圖

圖3-24 環狀接線

其接線是否正確，可在1與1端子間跨接一伏特表，若伏特表之讀值近於零值即表示接線正確。

3-6　特殊變壓器

本節就自耦變壓器、三繞組變壓器、計器用變壓器及感應電壓調整器的構造、特性與用途加以說明。

3-6-1　自耦變壓器(Auto transformer)

圖3-25所示爲兩繞組的變壓器，若二次側的低壓繞組與一次側的高壓繞組有相同的絕緣，則可接成圖3-26(a)的降壓自耦變壓器或圖3-26(b)的升壓自耦變壓器。

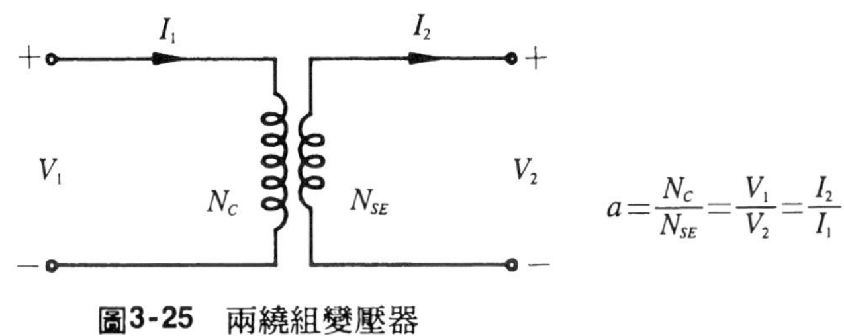

圖3-25　兩繞組變壓器

由圖3-26知自耦變壓器有一繞組N_c兼作高壓側與低壓側共用的繞組，稱爲共用繞組(Common Winding)，而N_{SE}爲非共通的繞組，稱爲串聯繞組(Series Winding)。N_{SE}與N_c繞組繞於共同之鐵心上，所以穿過N_{SE}繞組的磁通應與穿過 N_c繞組的磁通相同，即V_L與V_H及I_{SE}與I_c的關係可寫爲：

$$\frac{V_L}{V_H}=\frac{N_C}{N_C+N_{SE}} \tag{3-30}$$

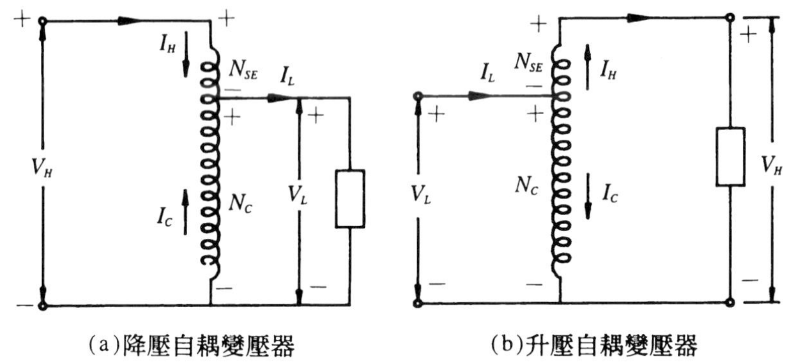

(a)降壓自耦變壓器　(b)升壓自耦變壓器

圖3-26　自耦變壓器的連接

$$\boxed{\frac{I_H}{I_C}=\frac{N_C}{N_{SE}}} \tag{3-31}$$

由克希荷夫電流定律I_L與I_H及I_C的關係為

$$I_L=I_H+I_C \tag{3-32}$$

由(3-31)至(3-32)式可得

$$\boxed{\frac{I_L}{I_H}=\frac{I_H+I_C}{I_H}=1+\frac{I_C}{I_H}=\frac{N_{SE}+N_C}{N_C}} \tag{3-33}$$

對圖3-25所示兩繞組變壓器，其輸出之功率$S_W=V_SI_S$係依電磁感應的方式傳送。在圖3-26所示的自耦變壓器依電磁感應方式傳送的功率$S_W=(V_H-V_L)I_H$稱為「固有容量」或「自有容量」。對於自耦變壓器由電源側傳送至二次側的最大功率，稱為自耦變壓器的額定容量或線路容量。將自耦變壓器的額定容量S_A與兩繞組變壓器的額定容量S_W相比，可得

$$\frac{S_A}{S_W}=\frac{V_H I_H}{(V_H-V_L)I_H}=\frac{V_H}{V_H-V_L}=\frac{N_C+N_{SE}}{N_{SE}} \tag{3-34}$$

自耦變壓器由電源側傳送至二次側的功率除上述依電磁感應方式輸送的功率外，另有自一次側直接傳導到二次側的功率稱爲傳導功率。關於傳導功率S_C可寫爲：

$$S_C=S_A-S_W=V_H I_H-(V_H-V_L)I_H=V_L I_H \tag{3-35}$$

由上述可列出自耦變壓器的優缺點如下：

(一)優點：

⑴以小的固有容量可作大容量的升壓或降壓。

⑵激磁電流與漏電抗小，且電壓調整率亦小。

⑶鐵損、銅損均小，所以效率高。

⑷可節省銅線與鐵心材料，即能降低成本。

(二)缺點：

⑴高、低壓繞組不分開，即低壓繞組必須與高壓繞組作相同的絕緣。

⑵漏電抗較一般二繞組變壓器小，致發生短路故障時，短路故障電流較二繞組變壓器爲大。

⑶電壓比低，常用的範圍爲1.05:1至1.25：1間。

【例12】 一2.4kV/240V、50kVA的單相變壓器，若其低壓側與高壓側有相同的絕緣，現接成一降壓自耦變壓器，試求：

⑴低壓側與高壓側的電壓各爲多少？

⑵自耦變壓器的容量爲多少？

⑶若鐵損及銅損的和爲900瓦，負載功因爲0.8滯後，則其滿

載時的效率爲若干？

【解】 降壓自耦變壓器如下圖所示。

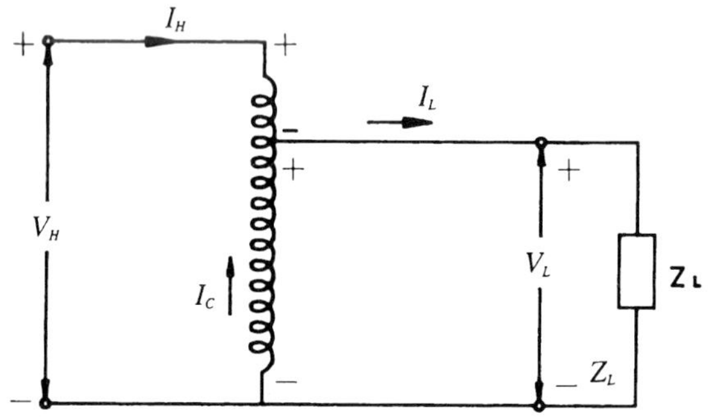

(1)低壓側電壓 $V_L = 2400$(伏)

高壓側電壓 $V_H = 2400 + 240 = 2640$(伏)

(2) $\because \dfrac{S_A}{S_W} = \dfrac{N_C + N_{SE}}{N_{SE}} = \dfrac{2640}{2640 - 2400} = 11$

$\therefore S_A = 11 S_W = 11 \times 50 = 550\ (\text{kVA})$

(3) $\eta_A(\%) = \dfrac{P_o}{P_o + P_l} \times 100\% = \dfrac{550 \times 0.8}{550 \times 0.8 + 0.9} \times 100\%$

$= 99.80\%$

3-6-2 三繞組變壓器(Three winding transformer)

單相變壓器設計有三個以上的獨立繞組，稱爲多繞組變壓器。圖3-27所示之變壓器係以三個獨立繞組組成的，稱爲三繞組變壓器。初級線圈有一個，次級線圈有二個，分別稱爲二次與三次線圈。

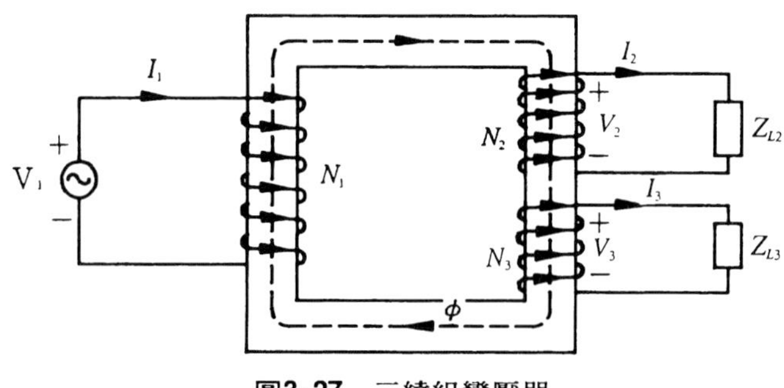

圖3-27 三繞組變壓器

電力系統常使用三繞組變壓器，其有下述的功用：

⑴將電力由一次側分別送至二次側及三次側，以供應兩個不同電壓的負載。

⑵三具單相三繞組變壓器作三相Y－Y連接時，可將第三次繞組接成△形，使激磁電流中的三次諧波電流在△形電路中循環，以消除諧波所造成的不良效應。

⑶將電容器組或同步進相機接於第三繞組，可提高系統的功率因數。

關於三繞組變壓器的等效電路，如圖3-28 所示，圖中之Z_1、Z_2與Z_3係以某一共同的基準值，所量得各繞組阻抗標么值。

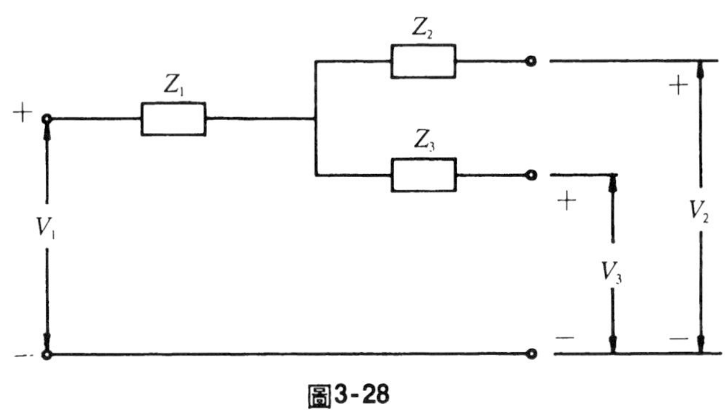

圖3-28

Z_1、Z_2 與Z_3的阻抗標么值，可由短路試驗求取。設Z_{12}爲三次側開路，二次側短路，由一次側所測得之阻抗標么值；Z_{23}爲一次側開路，三次側短路，由二次側所測得之阻抗標么值；Z_{31}爲二次側開路，一次側短路，由三次側所測得之阻抗標么值。依短路試驗之原理可得：

$$\begin{cases} Z_{12}=Z_1+Z_2 \\ Z_{23}=Z_2+Z_3 \\ Z_{31}=Z_3+Z_1 \end{cases} \tag{3-36}$$

上式中Z_{12}、Z_{23}與Z_{31}若爲共同的容量基準值所求得的等效阻抗標么值，解其聯立方程式可得：

$$Z_1=\frac{1}{2}(Z_{12}+Z_{31}-Z_{23})$$

$$Z_2=\frac{1}{2}(Z_{12}+Z_{23}-Z_{31}) \tag{3-37}$$

$$Z_3=\frac{1}{2}(Z_{23}+Z_{31}-Z_{12})$$

【例13】 有一三繞組的三相變壓器，其各側的接線方法與額定如下：

一次側，Y接線　100kV，32MVA

二次側，Y接線　60kV，22MVA

三次側，△接線　10kV，10MVA

試求當二次側有功率因數0.8(滯後)、15MW 的負載，三次側有10MVAR的同步進相機時一次側的電流應為多少？

【解】 $P_2=15\text{MW}$

$$Q_2=\frac{P_2}{\cos\theta_2}\times\sin\theta_2=\frac{15}{0.8}\times\sqrt{1-0.8^2}$$

$=11.25$ MVAR (電感性)

$P_3=0\text{MW}$，$Q_3=10$ MVAR (電容性)

$P_1=P_2+P_3=15\text{MW}$

$Q_1=Q_2-Q_3=11.25-10=1.25$ MVAR (電感性)

$$S_1=\sqrt{P_1^2+Q_1^2}=\sqrt{15^2+1.25^2}=15.052(\text{MVA})$$

$$I_1=\frac{S_1}{\sqrt{3}V_{l1}}=\frac{15.052\times10^3}{\sqrt{3}\times100}=86.9(\text{A})$$

【例14】 有一三繞組的三相變壓器其各側的額定值如下：

一次側，Y接線　66kV，15MVA

二次側，Y接線　13.2kV，10MVA

三次側，△接線　2.3kV，5MVA

不計電阻，漏電抗為

$Z_{12}=7\%$，基準值為15MVA，66kV

$Z_{23}=8\%$，基準值為10MVA，13.2kV

$Z_{31}=3\%$，基準值為5MVA，2.3kV

若以一次側之66kV，15MVA為基準值時之Y接等效電路之標么值為何？

【解】　以一次側之66kV，15MVA為基值時Z_{23}與Z_{31}為

$$Z_{23}=8\%\times\frac{15}{10}=12\%$$

$$Z_{31}=3\%\times\frac{15}{5}=9\%$$

$$Z_{1}=\frac{1}{2}(j0.07+j0.09-j0.12)=j0.02(\text{pu})$$

$$Z_{2}=\frac{1}{2}(j0.07+j0.12-j0.09)=j0.05(\text{pu})$$

$$Z_{3}=\frac{1}{2}(j0.09+j0.12-j0.07)=j0.07(\text{pu})$$

3-6-3　計器用變壓器

交流高壓線路或低壓線路所配置的各型儀表，其電壓線圈額定一般為110或120伏，電流線圈的額定為5 安培。若將儀表冒然接於電路中，除儀表會燒損外，亦會危及工作人員的安全與電力系統無法正常運作。

為期系統的正常運作，各儀表、電驛能正常的測定、記錄、指示與控制，則上述各儀表或電驛須配合計器用變壓器。最常見的計器用變壓器有比壓器與比流器，其功能如下：

(1)將一次側的高電壓或大電流變換為二次側的低電壓或小電流，以供儀表或電驛使用。

⑵擴大儀表的測量範圍。

⑶將儀表或電驛與高壓線路隔離，使其更安全與可靠。

(一)比壓器(Potential transformer)

比壓器又稱為電壓互感器，簡稱為PT，其二次側電壓為110 伏或120 伏。其構造與原理如同一般兩繞組變壓器。比壓器的連接為其一次側與線路並聯。二次側則與儀表連接。關於單相比壓器的連接如圖3-29(a)所示，至於三相的接法與一般變壓器相同，圖3-29(b)所示為一般配電系統最常用的V－V連接。

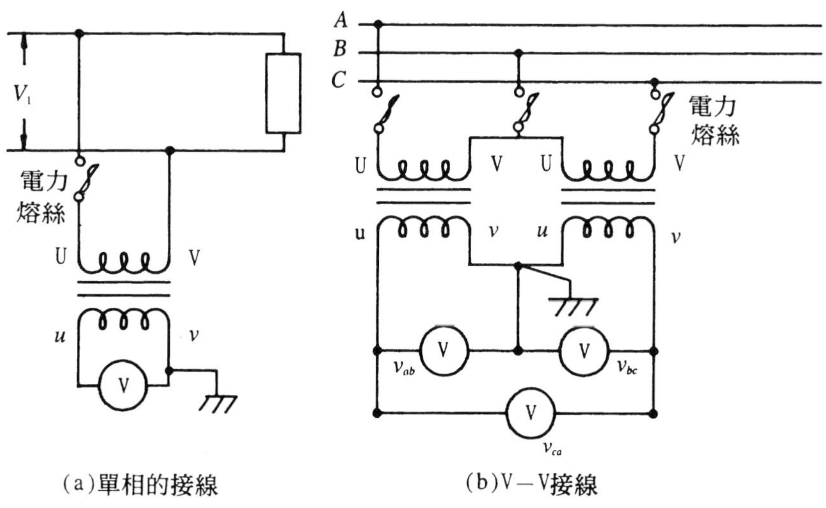

(a)單相的接線　(b)V－V接線

圖3-29　比壓器的接線

圖3-30所示為比壓器的等效電路，其變壓比可計算如下：

$$\frac{\bar{V}_1}{a}=\bar{V}_2+\bar{I}_2\bar{Z}_2+(\bar{I}_2+\bar{I}_0')\bar{Z}_1'$$

$$=\bar{V}_2+\bar{I}_2(\bar{Z}_1'+\bar{Z}_2)+\bar{I}_0'\bar{Z}_1'$$

$$\frac{\bar{V}_1}{\bar{V}_2}=a\left\{1+\frac{\bar{I}_2(\bar{Z}_1'+\bar{Z}_2)+\bar{I}_0'\bar{Z}_1'}{\bar{V}_2}\right\} \quad (3\text{-}38)$$

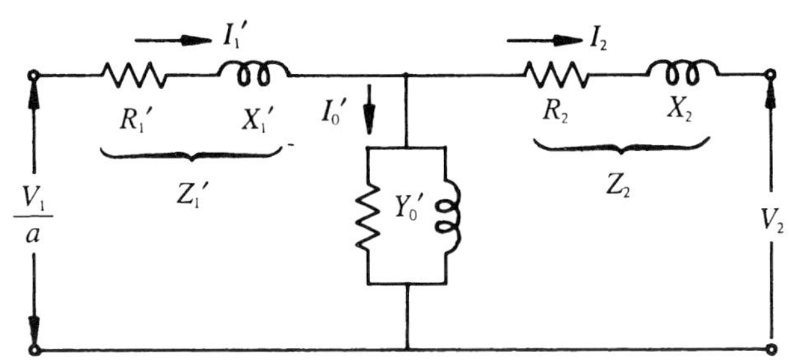

圖3-30　比壓器的等效電路

繞組的漏電抗與電阻及激磁電流會影響變壓比。要使變壓比正確，應減少一次及二次繞組的電阻與漏電抗，並採用材質良好的鐵心。

比壓器的額定電壓比較低者，使用膠封式、乾式或包以合成樹脂的模殼型，電壓高者應使用油浸式。使用時應注意下述事項：

(1)二次側不可短路，否則會燒損比壓器。

(2)爲避免靜電作用或感電事故，低壓側的一端須予接地。

(3)爲防止短路燒損比壓器，一次側須裝設保險絲。

(二)比流器(Current transformer)

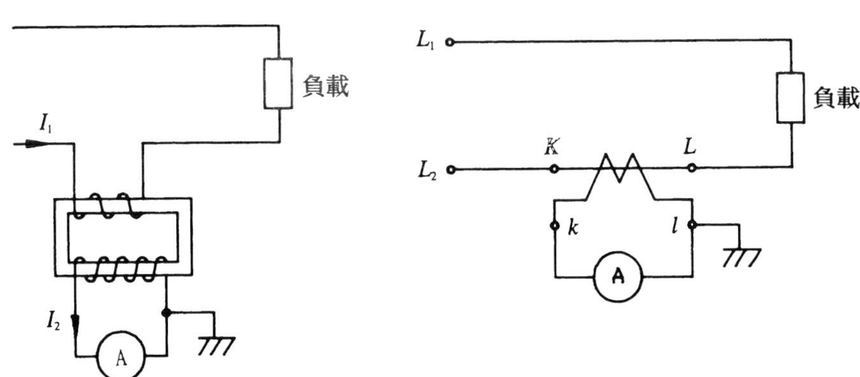

(a)單相電路的接線

圖3-31　比流器的接法

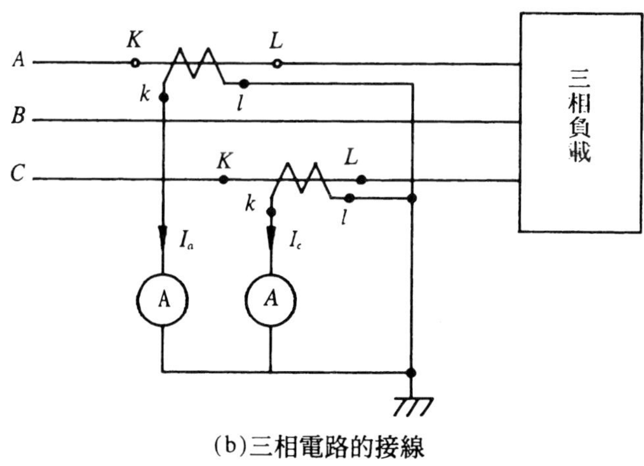

(b)三相電路的接線

圖3-31 (續)

比流器又稱為電流互感器，簡稱CT。比流器將線路的高電流轉換為適合儀表可使用的低電流，其二次側的額定電流為5安培。圖3-31(a)為單相電路的接線圖，三相電路的接線與變壓器的接線法相同，一般三相電路以二具比流器測定三相電流的接線圖如圖3-31(b)所示。

圖3-32所示為比流器的等效電路圖，其電流比可計算如下：

$$\because \frac{\bar{I}_1}{\bar{I}_1'} = 1 + \bar{Y}_0(\bar{Z}_2' + \bar{Z}')$$

$$\therefore \frac{\bar{I}_1}{\bar{I}_2} = \frac{1}{a}\left\{1 + \bar{Y}_0(\bar{Z}_2' + \bar{Z}')\right\} \tag{3-39}$$

圖3-32 比流器的等效電路

由(3-39)式知，欲使比流器的特性良好，減少測定的誤差，鐵心應使用導磁係數大、鐵損少的材質，如使用截面積大的鐵心以減少磁通密度或減少激磁電流；線圈的電阻及漏電抗亦要小。比流器使用時應注意下述事項：

⑴比流器二次側不可開路，否則一次側電流全部變成激磁電流，二次側的感應電勢非常大，不僅破壞線圈的絕緣且由於磁通密度的變大，致鐵損增加、鐵心溫度上升而燒毀線圈。

⑵一次側須與電路串接，二次側的 l 端需加以接地，以免產生靜電感應。比流器的種類計有膠封式、油入式與乾式等。

【例15】 如圖3-33 所示，若比流器的比值爲100/5，求各電流表的讀值爲多少？

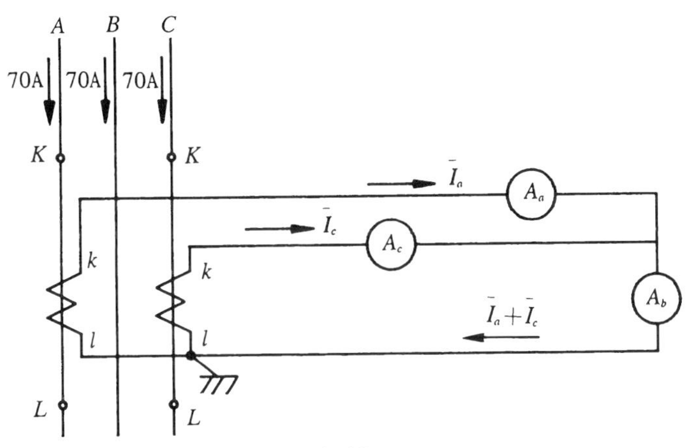

圖3-33

【解】 $a=\dfrac{100}{5}=20$

$$I_a=I_c=\frac{70}{20}=3.5\text{安培}$$

流經安培表Ⓐ$_b$爲 $\bar{I}_a+\bar{I}_c$，由下圖所示，知I_a與I_c之數值相同，其相角差爲120°，所以｜$\bar{I}_a+\bar{I}_c$｜的數值應與I_a或I_c相同。上述情形爲應用二比流器以測定三相電流的原理。

$$\therefore A_a = A_b = A_c = 3.5\text{安培}$$

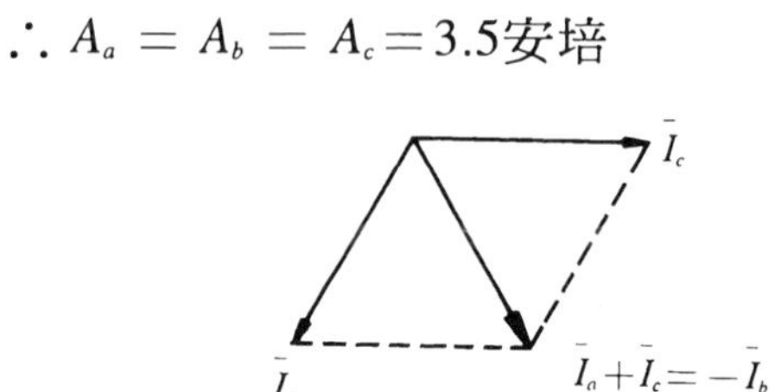

3-6-4 感應電壓調整器(induction voltage regulator)

配電線路的電壓隨負載的變動而發生變化，若變動電壓超過一定的範圍，則需設置電壓調整器，以維持電壓的穩定。感應電壓調整器常裝設於二次變電所與用戶間的配電線路上，以補償配電線路因負載變動所引起的電壓升降，使配電線路上的電壓維持穩定。

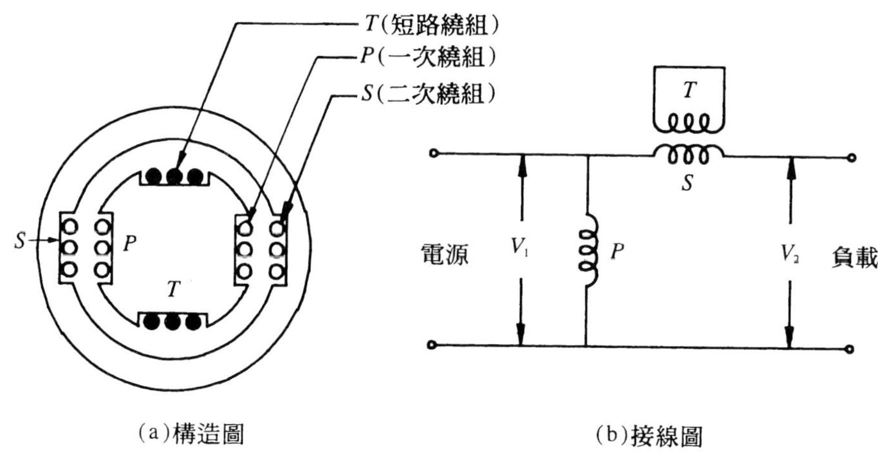

圖3-34 單相感應電壓調整器

感應電壓調整器，可分為單相與三相，其構造與感應電動機類似，但其運作原理則與自耦變壓器相同。圖3-34(a)與(b)所示為單相感應電壓調整器的構造與接線圖，一次繞組P 繞於轉子上，匝數多且導線細，經由滑環及電刷並聯於配電線路；二次繞組S導線粗且匝數少，繞於定子上且與負載串聯；短路繞組T亦繞於轉子上與一次繞阻P

相位差90°電機角，爲一自成短路的線圈，其功能爲產生磁通抵消繞組S的漏磁通。

如圖3-35所示，當線路電流通過S繞組時，其產生的磁通勢F_s可分爲$F_s\cos\theta$與$F_s\sin\theta$，其中$F_s\cos\theta$被P繞組所產生的磁勢F_p所抵消；$F_s\sin\theta$則爲漏磁勢，必須由T繞組所產生的磁勢來消除，否則將呈電感效應，使線路之電感性壓降增加。

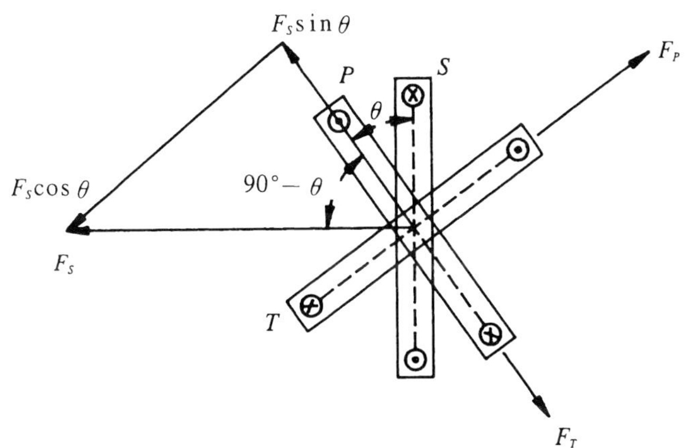

圖3-35　各繞組產生磁通之情形

感應電壓調整器的轉子被設計成可以在0°至180°間任意轉動，二次繞組的輸出電壓由定部與轉部的位置所決定，若不考慮感應電壓調整器的繞組電阻及漏電抗的壓降，並設P繞組與S繞組間的夾角爲θ與$N_P/N_S=a$，則由圖3-36可得輸出電壓V_2爲：

$$\boxed{\begin{aligned} V_2 &= V_1 + E_s\cos\theta = V_1 + \frac{V_1}{a}\cos\theta \\ &= V_1\left(1+\frac{1}{a}\cos\theta\right) \end{aligned}} \tag{3-40}$$

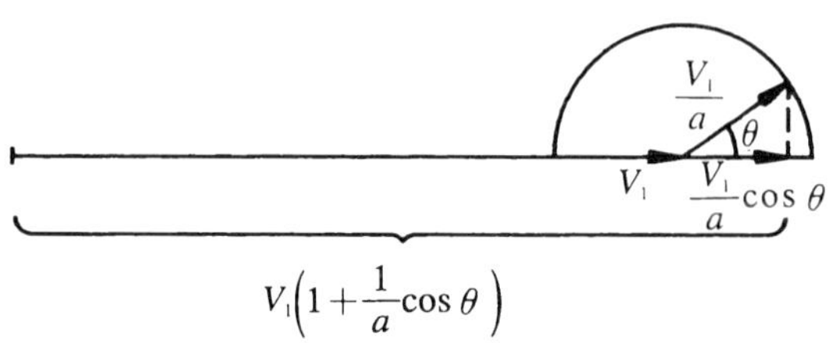

圖3-36 單相感應電壓調整器旋轉時之相量圖

當 $\theta=0°$ 時，$V_2=V_1\left(1+\frac{1}{a}\right)$為最大電壓，$P$繞組與$S$繞組正向疊合。

$\theta=90°$ 時，$V_2=V_1$即負載電壓與電源電壓相同，P繞組與S繞組不發生作用。

$\theta=180°$ 時，$V_2=V_1\left(1-\frac{1}{a}\right)$為最小電壓，$P$繞組與$S$繞組負向疊合。

【例16】 有一小型變電所，配電電壓為 6kV，為維持電壓為定值，在配電線路中加一電壓調整器，其$N_P=600$匝，$N_S=60$匝，求下述情形之輸出電壓V_2：(1)N_P繞組與N_S繞組之夾角為60°。(2)N_P繞組與N_S繞組之夾角為120°

【解】 $a=\frac{N_P}{N_S}=\frac{600}{60}=10$

(1) $\theta=60°$時

$$V_2=V_1\left(1+\frac{1}{a}\cos\theta\right)=6000\times\left(1+\frac{1}{10}\cos 60°\right)$$

$$=6000\times\left(1+\frac{1}{20}\right)=6300(\text{伏})$$

(2) $\theta=120°$時

$$V_2=6000\times\left(1+\frac{1}{10}\cos 120°\right)$$

$$=6000\times\left(1-\frac{1}{20}\right)=5700(\text{伏})$$

摘 要

1. 變壓器作Y型連接若中性點未予接地，則無法提供三次諧波電流，每相之感應電勢將含有三次諧波的電勢；若接爲△型連接，則可提供三次諧波電流導通的路徑，感應電勢的波形爲正弦波。
2. 應用單相變壓器作三相連接的方法有：
   (1)採用三具單相變壓器：
   Y－Y、Y－△、△－Y與△－△接線法。
   (2)採用二具單相變壓器：
   V－V與T－T接線法。
3. 採用單相變壓器三具接成△連接時，若遇其中一具變壓器故障時可改接成V－V接線，但其輸出容量僅爲△－△連接的57.7%。
4. V－V或T－T連接時(主變壓器與T腳變壓器有相同的額定容量) 其利用率爲86.6%。
5. 三相變壓器爲一具鐵心中有三相繞組，亦可分爲內鐵式與外鐵式兩種。
6. 標么值(pu)＝$\dfrac{\text{實際值}}{\text{基　值}}$。
7. 單相系統與三相系統的基值阻抗分別爲：

$$Z_{b,\text{單相}}=\frac{[V_b]^2}{VA_b}$$

$$Z_{b,\text{三相}}=\frac{[V_{l,b}]^2}{VA_{3\phi,b}}$$

8. 變壓器並聯運轉的條件：
   (1)單相變壓器並聯運轉的條件：
   ①電壓額定或匝數比須相同。
   ②極性須相同。

③內部阻抗與其額定容量成反比。

④變壓器的等值電抗與等值電阻的比例須相同。

⑵三相變壓器的並聯運轉：

除了應具備有單相變壓器並聯的條件外，爲避免環流產生，應符合下述條件：

①線壓比須相同。

②相序須相同。

③位移角須相同。

9. 相數變換：一次側的相數與二次側的相數不相同。關於其採用的方法有：

⑴三相／二相間之相數變換－史考特連接法。

⑵三相／六相間之相數變換－雙星形接線、單中性點二重星形接線、對角接線、雙重三角接線法與環狀接線。

10. 自耦變壓器爲高、低壓繞組有一共通繞組的變壓器。設自耦變壓器的容量爲S_A、固有容量爲S_W，則

$$\frac{S_A}{S_W}=\frac{N_C+N_{SE}}{N_{SE}}$$

11. 三繞組變壓器爲變壓器設計有三組的獨立繞組，有下述的功能：

⑴可以供應兩個不同電壓的負載。

⑵輸電線路上的變壓器若作Y－Y－△連接，則可消除第三諧波所引起的不良效應。

⑶將同步調相機或電容器組接於三次繞組，可提高系統的功率因數。

12. 計器用變壓器有比壓器與比流器，欲其特性良好，應使用材質優良的鐵心，且截面積要大；線圈的漏電阻與漏電抗亦要小。

習題三

1. 變壓器的三相連接，若接爲Y－Y連接，倘中性點不予接地，則有何問題產生？
2. 試述三相系統中，變壓器的連接方法有那些？
3. 試繪圖說明變壓器的V－V接線法。
4. 試繪圖說明變壓器的T－T接線法。
5. 試簡述三相變壓器的優、缺點。
6. 在三相外鐵式的變壓器，爲何B相線圈的繞法與A相及C相的繞法相反？
7. 試述變壓器並聯運轉的條件。
8. 何謂三相變壓器的位移角？何種情況下會產生位移角？
9. 試繪圖說明變壓器的史考特連接法，此種接法變壓器的利用率爲多少？
10. 試以環狀接線法繪出變壓器將三相電力變換爲六相的接線圖。
11. 試以雙星形接線法繪出變壓器將三相電力變換爲六相的接線圖。
12. 試述自耦變壓器的優、缺點。
13. 試述感應電壓調整器的功用與原理。
14. 試簡述比壓器與比流器的功用。
15. 試簡述比壓器與比流器使用時應注意的事項。
16. 某工廠的三相變壓器爲△－Y接線，將11.4kV的一次電壓降爲380V以供應170kW、功因爲0.85落後的三相負載，試求:⑴變壓器一次與二次繞組的電流爲多少？⑵一次與二次的線路電流各爲多少？
17. 三具單相變壓器接爲三相連接，其高壓端接於22.8kV的配電線路，低壓端接於三相線路電壓爲0.44kV的線路，若三相平衡負載爲

1200kVA，試求變壓器組接為(1) Y－Y (2) Y－△ (3) △－Y (4) △－△時每一具單相變壓器的額定應為多少？

18. 若有兩具一、二次額定電壓相同的單相變壓器A與B，若A的容量為10kVA，其阻抗百分比為5%；B變壓器的容量為30kVA，其阻抗百分比為3%，又兩變壓器的等效電抗與等值電阻的比值相同，現將兩變壓器並聯，且二次側供應36kVA的負載，則各變壓器所擔負的負載各為多少？

19. 一300kVA的負載，由連接成△－△的三個單相變壓器所供應。變壓器一次側接於11.4kV的配電線路，二次側連接於三相220V的負載。若每具變壓器的容量為150kVA，現有一具變壓器發生故障，並將其餘兩具變壓器改為V－V連接，試問變壓器是否會過載？倘若會過載，則負載應移去多少才不致使變壓器變為過載？

20. 兩具單相變壓器接為V－V連接，以供應一250kVA的三相平衡負載，若負載電壓為460伏，功因為0.8落後，試求(1)每一變壓器最小的仟伏安額定為多少？(2)每一變壓器所供應的實功P與虛功Q各為多少？

21. 兩具380伏／110伏，5kVA的變壓器，如下圖所示，接成T－T連接，若現於一次側接入三相380伏的電源，試求(1)一次側V_{CD}的電壓 (2)二次側V_{cd}的電壓 (3)二次側的線路電壓 (4)二次側的輸出容量為多少？

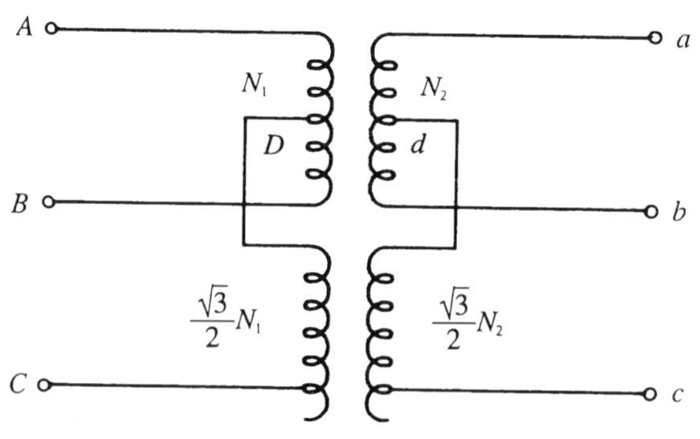

22. 單相三繞組變壓器三具組成一三相壓器，每一單相變壓器的額定值爲

	額定容量		額定電壓
一次側：	10MVA	，	63.5kV
二次側：	5MVA	，	11.0kV
三次側：	5MVA	，	7.58kV

此三相變壓器爲Y－△－Y連接，今由短路試驗所測得漏電抗標么值爲

$X_{12}=0.142$pu，基值爲10MVA，110kV

$X_{23}=0.054$pu，基值爲5MVA，11.0kV

$X_{13}=0.184$pu，基值爲10MVA，110kV

求基值容量爲5MVA時，變壓器每一側的漏電抗標么值各爲多少？

23. 某大樓擬用二具相同容量的變壓器連接爲史考特連接，將三相440V的電源變換爲110V的二相電源，以供給86.6kVA的二相平衡負載，試求：

⑴一次側與二次側的電流各爲多少？

⑵變壓器的額定爲何？

24. 一、二次電壓相同，額定容量均爲5kVA的變壓器並聯運轉，此兩變壓器的電阻與電抗百分比如下：

A變壓器 $\bar{Z}_A\%=3\%+j4\%$

B變壓器 $\bar{Z}_B\%=4\%+j3\%$

試求兩變壓器並聯運轉所容許的最大負載爲多少？

25. 有5kVA，480伏／120伏的兩繞組變壓器，若低壓繞組已加强其對地的絕緣，現將此變壓器改接爲600伏輸入與480伏輸出的自耦

變壓器。且此兩繞組變壓器在額定負載及功因爲0.8落後時的效率爲0.965，試回答下述問題：

⑴試繪此自耦變壓器的接線圖，並註明其極性。

⑵此自耦變壓器的kVA容量爲多少？

⑶此自耦變壓器在滿載及功因爲0.8落後時之效率爲何？

26. 試求下圖中之I_A、I_B及I_C各爲多少？

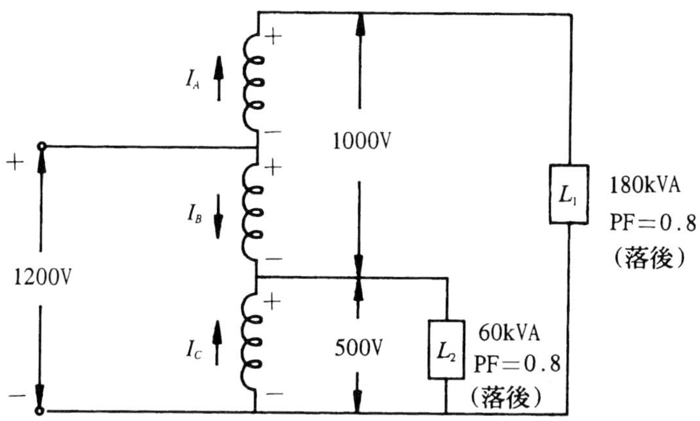

27. 有一平衡三相電路，利用200/5的比流器測量線路的電流，其接線圖如下圖(a)所示，⑴若電流表的讀數爲3.46A求一次線電流I_B爲多少？⑵若一次線電流不變，而將比流器改接爲下圖(b)，則電流表的讀數爲多少？

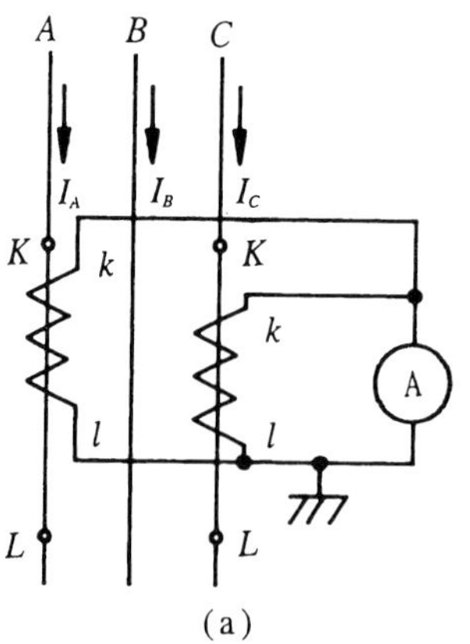

(a)

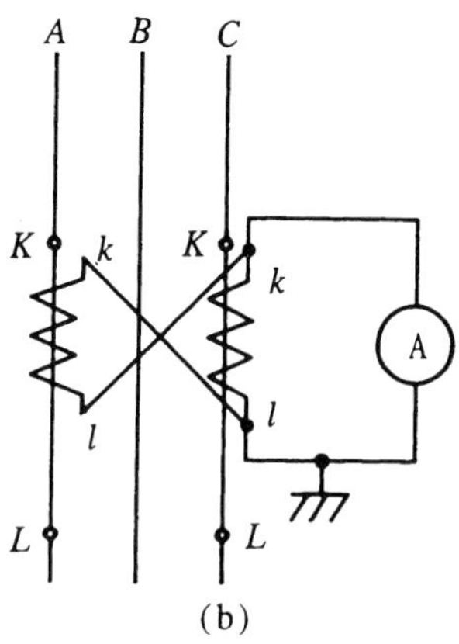

(b)

28. 有一小型變電所，向某地區供應單相6600伏的電力，若此地區用電的電壓調整率為±5%，試求:(1)電壓的變動值，(2)利用感應電壓調整器調整電壓，若$N_P=3300$匝，則N_S的匝數為多少匝？

第四章

直流電機基本原理

$$E'_{ave} = v\,B\,l \tag{4-1}$$

電樞內感應電壓為每一路徑上的導體數乘上每個導體所產生的電壓

$$E_a = \frac{Z}{a}\,v\,B\,l \tag{4-2}$$

上式中，Z為總導體數，a為電流路徑數。

今若擴展至一P極的直流電機，設每極平均磁通量為ϕ(韋伯)，轉子側面積為A，每一極轉子側面積為A_p，r為電樞半徑(公尺)，l為電樞有效軸長度(公尺)，v為電樞導體之旋轉速度(公尺／秒)，n為電樞每分鐘之轉速(rpm)。則

電樞中每個導體速度為 $v = r\,\omega$

轉子的側面積為 $A = 2\pi rl$

每一極的磁通為 $\phi = B\,A_P = B\,\dfrac{A}{P} = B\,\dfrac{2\pi rl}{P}$

綜合上述，電樞產生的電勢為

$$E_a = \frac{Z}{a} r\,\omega \cdot \frac{\phi P}{2\pi r} = \frac{PZ}{2\pi a}\phi\,\omega \tag{4-3}$$

$$\boxed{E_a = \frac{PZ}{2\pi a}\phi\,\omega = k'\phi\,\omega} \tag{4-4}$$

實際應用上，轉速常用n(rpm)表示

$$\omega = 2\pi\frac{n}{60} \tag{4-5}$$

式4-4可以表示成

$$E_a=\frac{PZ}{60a}n\,\phi=k\,n\,\phi \tag{4-6}$$

因此電機的電樞電壓可由下列三個因素決定：

⑴由電機構造所決定的常數k。

⑵電機中的磁通 ϕ 。

⑶轉子的轉速n。

【例 1】有一4極波繞，每極磁通量為0.01韋伯之直流發電機，其電流路徑數為2，電樞總導體數共720根，則在轉速為600 rpm之感應電勢為若干？

【解】

$$E_a=\frac{PZ}{60a}n\,\phi$$

$$=\frac{4\times720}{60\times2}\times600\times0.01=144(\text{V})$$

【例 2】1800rpm時，感應電勢為220V之他激式直流發電機，求當其轉速降為1500rpm時之感應電勢值為若干？

【解】

$$E_a=kn\,\phi$$

$$E_a'=kn'\,\phi$$

$$\frac{E_a}{E_a'}=\frac{n}{n'}$$

$$\frac{220}{E_a'}=\frac{1800}{1500}$$

$$\therefore E_a'=183.33(\text{V})$$

4-2　直流電動機的轉矩

圖4-6中，為一單匝線圈於兩極電動機產生轉矩之情形，設線圈所通之電流為I，平均磁通密度為B，導體之長度為l，半徑為r，則此

單匝線圈之轉矩為

$$T_{1匝}=F\times 2r=IBl\times 2r \tag{4-7}$$

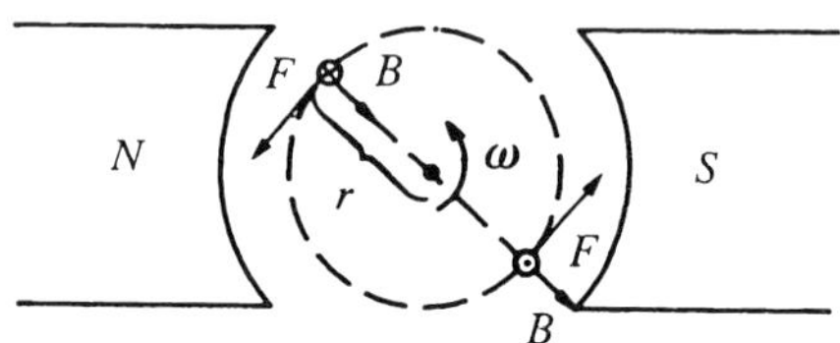

圖4-6 單匝線圈置於兩極電動機中

今若擴展為一P極的直流電機，設每極平均磁通量為ϕ(韋伯)，轉子側面積為A，每一極轉子側面積為A_P，r為電樞半徑(公尺)，Z為電樞總導體數(根)，a為電流路徑數，N為總匝數，則

每一導體上的電流為 $I=\dfrac{I_a}{a}$

轉子的側面積為 $A=2\pi rl$

每一極的磁通為 $\phi=BA_P=B\dfrac{A}{P}=B\dfrac{2\pi rl}{P}$

導體數為匝數的兩倍 $Z=2N$

綜合以上，轉子上的總感應轉矩為

$$\begin{aligned}T&=IBl\cdot 2r\cdot N\\&=IBl\cdot 2r\cdot\frac{Z}{2}=\frac{I_a}{a}Bl\cdot r\cdot Z\\&=\frac{I_a}{a}\cdot\frac{\phi P}{2\pi r}\cdot r\cdot Z=\frac{PZ}{2\pi a}I_a\phi\end{aligned} \tag{4-8}$$

$$\boxed{T=\frac{PZ}{2\pi a}I_a\phi=kI_a\phi} \tag{4-9}$$

因此直流電機中的轉矩可由下列三個因素決定：

(1)由電機構造所決定的常數k。

(2)電機中的電樞電流I_a。

(3)電機中的磁通ϕ。

【例 3】有一12極，單重疊繞的直流電動機，其電樞總導體數Z為2880根，電流路徑數為12，每極磁通量為0.04韋伯，若電樞電流為10安培時，求產生之轉矩為若干？

【解】 $T=\frac{PZ}{2\pi a}I_a\phi=\frac{12\times2880}{2\pi\times12}\times10\times0.04$

$=183.35$(牛頓-米)

【例 4】有一直流電動機產生100牛頓一米之轉矩，若將其場磁通減少10%，使電樞電流增加15%，則此時之轉矩變為若干？

【解】 $T_1=kI_{a1}\phi_1$

$T_2=kI_{a2}\phi_2$

$\frac{T_1}{T_2}=\frac{I_{a1}}{I_{a2}}\cdot\frac{\phi_1}{\phi_2}$

$\frac{100}{T_2}=\frac{I_{a1}}{1.15I_{a1}}\cdot\frac{\phi_1}{0.9\phi_1}$

$\therefore T_2=103.5$(牛頓-米)

4-3　直流電機的構造

直流電機之主要構造可分為兩部份。一為固定部份稱為定子(Stator)，另一為轉動部份稱為轉子(Rotor)。如圖4-7所示。定子是由機殼(Frame)、磁極(Pole)、中間極(Interpole)、補償繞組(Compensating winding)、末端架(End bracket)、托架(Supporting bracket)等組成。轉子是由電樞(Armature)、換向器(Commutator)與電刷(Brush) 等組成。圖4-8(a)為典型直流電機之剖面，圖4-8(b)為直流電機實體圖。

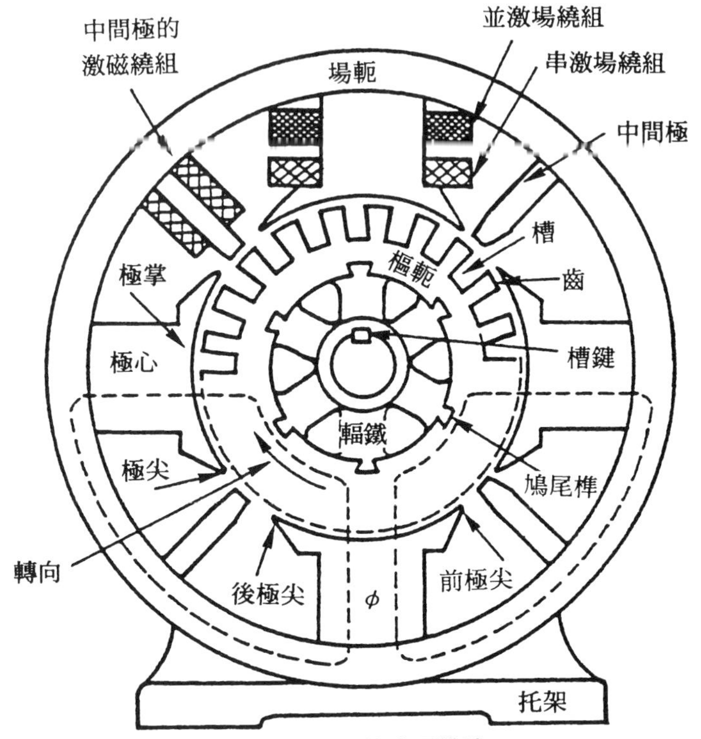

圖4-7　直流電機主要構造

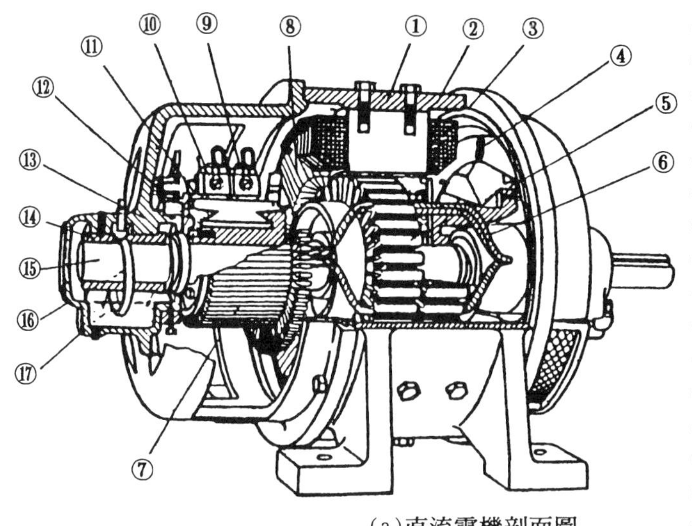

(a)直流電機剖面圖

圖4-8　直流電機(複激式)實體圖

(b)直流電機(複激式)實體圖

圖4-8　(續)

4-3-1　定部之功用

(一)機殼

直流電機之機殼，又稱爲軛鐵或場軛，其主要功能有二：

⑴作爲磁路的一部份，如圖4-9所示。

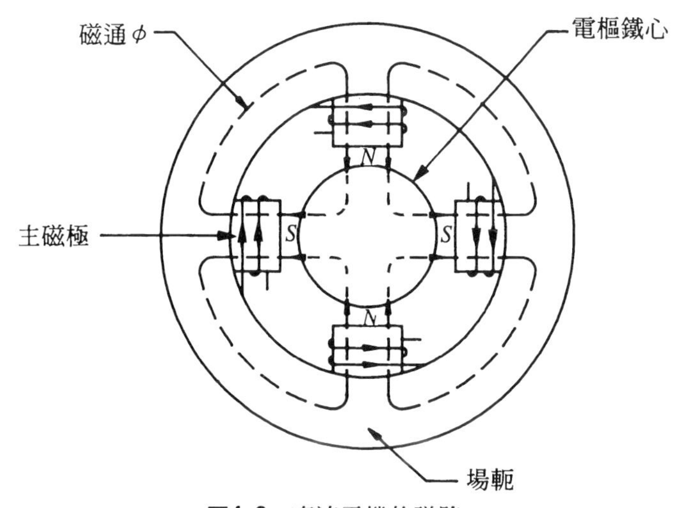

圖4-9　直流電機的磁路

⑵用以支持全部機件，因此其機械強度需足夠。

機殼一般由鑄鋼、鑄鐵或輾鋼等材料製成。製造時可採用高導磁係數的軟鋼板或輾鋼來捲製，以防止製造時內部有裂縫、變形等缺點，而導致機械強度減弱和磁阻不均勻現象產生。大型的直流電機之場軛，通常是由兩個半環組成，並以螺栓來組合。

(二)磁極及激磁繞組

除小型直流電機使用永久磁鐵外，一般直流電機之磁場由磁場繞組通以電流產生。主磁場爲磁路的一部份，故所用材料需具有良好的磁性，可利用0.8～1.6mm，含5％矽的鋼片疊製而成，除施工經濟、簡單外，同時可減少鐵心之渦流損失。極掌面積大於極心，目的在改善空氣隙之磁通分佈，減低空氣隙的磁阻，以相同的磁通量爲條件作比較，只需較少的激磁安匝數，所以可減少激磁場繞組用銅量。

激磁繞組繞於磁極鐵心上，場繞組通以電流，以產生磁通，穿過空氣隙進入電樞，如圖4-9所示，電樞導體經外力旋轉切割主磁場，即可產生電勢。場繞組可分爲⑴分激場繞：線徑細、匝數多⑵串激場繞：線徑粗、匝數少⑶複激場繞：包含分激場繞及串激場繞。

(三)中間極(或稱換向磁極)

中間極的目的在改善換向，減少電刷與換向器間之火花，使換向良好。中間極繞阻與電樞串聯，故使用較少之匝數及較粗的圓形或平角絕緣銅線來繞製。

(四)補償繞組

補償繞組繞製於主磁極極面槽內，以抵消電樞反應。於主磁極鐵心內挖槽，設置與電樞繞組串接之繞組，稱爲補償繞組。補償繞組的設置使得機械構造複雜，價格昂貴，故一般應用於大容量、高速度、負載變動大的直流電機。

(五)末端架

末端架用來裝置軸承，支稱電樞。可由鋼板製成盤狀，另用螺絲固定於機殼上。

(六)托架

托架的目的在支持電機，便於固定在其他機械上。

4-3-2　轉部之功用

(一)電樞

電樞鐵心為磁路之一部份，一般採用0.35mm～0.75mm厚且含1～2%矽的矽鋼片疊製而成，在電樞鐵心表面槽中，裝入電樞導體。對發電機而言，電樞導體經旋轉得以割切磁場，而生感應電勢；對電動機而言，使電流通入電樞導體，使其在磁場中產生轉矩而旋轉。

電樞的槽可分為兩種：(1)開口槽：可裝置成型繞組，常用於大型、中型的直流電機。(2)半閉口槽：可裝置散繞繞組，常用於小型或高速的直流電機。如圖4-10所示。

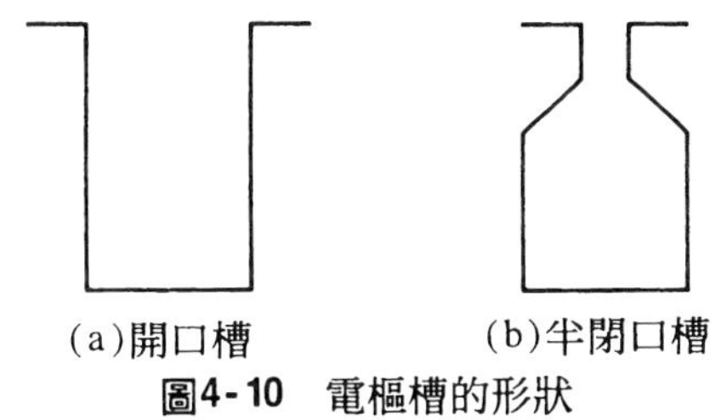

(a)開口槽　　(b)半閉口槽

圖4-10　電樞槽的形狀

為了減少極面與電樞間因磁阻變動所產生的噪音，電樞鐵心的槽常採用斜形槽(Skewed slot)，以減少電機運轉所生的噪音。

(二)電樞繞組

電樞繞組在發電機用來產生感應電勢，提供電流給負載使用；在電動機用來產生轉矩。電樞繞組應具備有高絕緣耐力，無吸濕性等特性，並依通過電流之大小，選用圓形或平角形截面的銅線。

(三)換向器

換向器又稱整流子，由硬抽銅或銀銅合金製成，其形狀如圖4-11所示。換向片間用適當厚度的雲母片加以絕緣之，但其高度須較銅片低1～1.5mm，如圖4-12所示。換向片均採用雲母製的V型束緊環來束緊。

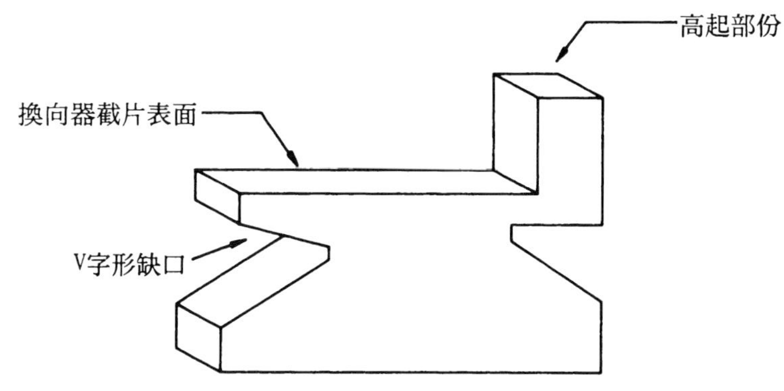

圖4-11 換向片的結構

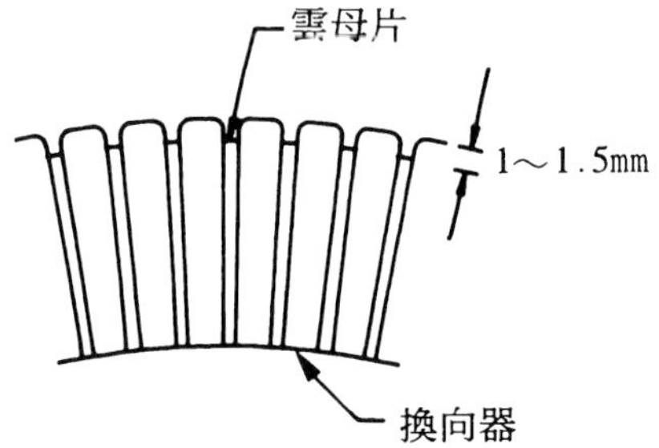

圖4-12 換向器與雲母片之截面

換向器的作用：(1)在發電機時，將電樞導體感應之交流電壓經由電刷轉變成直流電壓輸出。(2)在電動機時，將電路中的直流電壓，經由電刷轉變爲交流電壓輸入電樞內。

(四)電刷

電刷為電樞與外電路連接的橋樑，其功用為：⑴在直流發電機中將應電勢引至外電路。⑵在直流電動機中把外加電源引入電樞。

電刷主要由碳、石墨及銅所構成，其電阻特性視材料不同而異，其中碳有助於換向，石墨有助於潤滑，銅有良好的導電性，容許較大的電流密度。電刷依使用情況可分為：⑴石墨電刷：由天然石墨製成，質軟而潤滑，固有電阻及接觸電阻皆低，適合於中低壓、大電流且高速之電機。⑵碳質電刷：由碳、石墨及銅粉製成，質細密而堅硬、接觸電阻與摩擦係數大，適用於小容量、低速之直流機。⑶金屬石墨電刷：以銅之金屬粉末及石墨製成，金屬成份約50％～90％的範圍，固有電阻、接觸電阻非常低，而容許電流大，適用於低壓大電流之電機。⑷電化石墨質電刷：以瀝清焦煤及油煙末為原料，以高壓電氣爐焙製成石墨化。接觸電阻大且整流能力高，摩擦係數小而容許電流大，故適用於一般直流電機。

電刷壓在換向片上，壓力一般為0.1～0.3kg／cm^2，約每平方吋1磅到2磅，不可太緊或太鬆，太緊磨損太烈，太鬆則接觸不良。電刷與換向器之接觸型式，一般採垂直的，尤其是正、逆轉方向經常變動的電機，更必須保持垂直。但對單一轉向的電動機，電刷對換向器面要有適當的傾斜，如圖4-13所示。圖中(a)為垂直型(Radial type)，(b)為反動型(Leading type)，(c)為追隨型(Trailing type)。

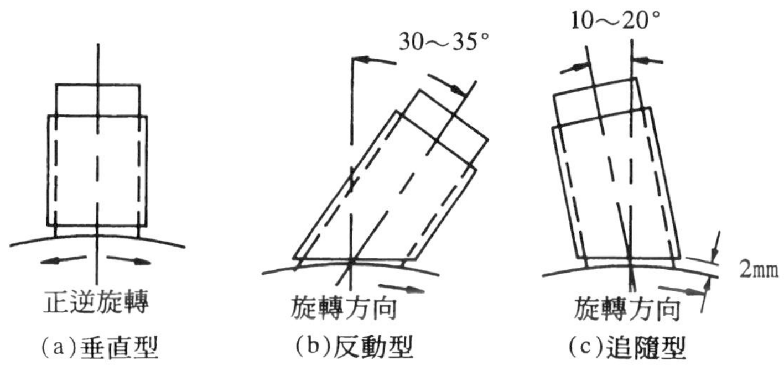

圖4-13　電刷對換向器面傾斜之角度

4-4 直流電機的電樞繞組

直流電機的電樞繞組在發電機中可產生感應電勢，在電動機中則用以產生轉矩使電樞旋轉。電樞繞組可分爲環形繞組與鼓形繞組。

4-4-1 環形繞組

電樞鐵心形狀像空心之圓柱體，如圖4-14所示，由於鐵心內側之導線無法割切磁力線，造成導體無法有效利用，形成浪費，且增加電路電阻，消費電功率，故此種繞組已不使用。

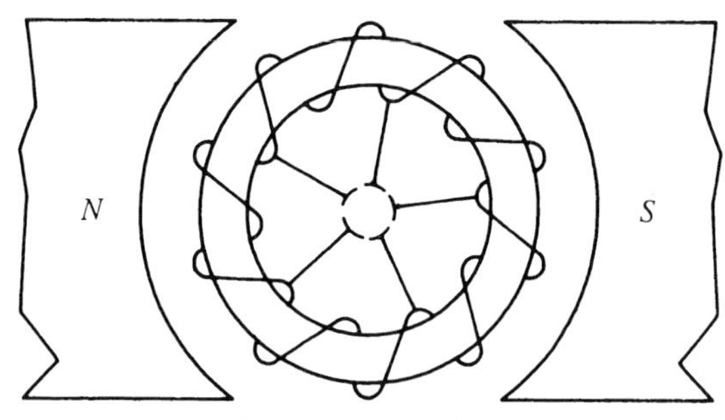

圖4-14 環形繞組

4-4-2 鼓形繞組

鼓形繞組是針對環形繞組的缺點，而加以改進，其結構如圖4-15所示，將環形繞組無法有效利用之內層導體全部移到鐵心的表面，並使其兩線圈邊的跨距約爲一個極距或180°電工角度。現今電機的電樞繞組均採取此種方式，因他較環形繞組有下列之優點：(1)有效利用所有導體(2)自感及互感較小，所以整流容易(3)可使用成型繞組，製作容易且絕緣良好。

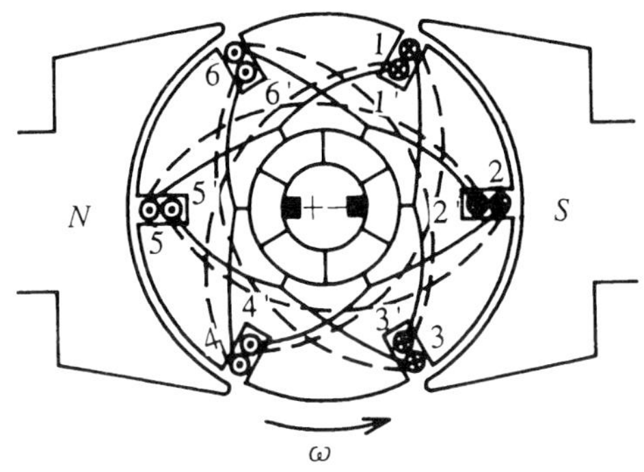

圖4-15　鼓形繞組

電樞繞組名詞解釋

(一)極距

相鄰兩磁極的中心距離，一極距等於180°電工角度，如圖4-16所示。

(二)線圈

由單匝或多匝之導體組成。一般可分疊繞與波繞之線圈。

(三)線圈節距Y_p

兩個線圈邊之跨距以整數槽數表示為

$$Y_P = \frac{S}{P} \quad 或 \quad Y_P = \frac{S}{P} - k \tag{4-10}$$

式中　S：電樞總槽數

P：極數

k：$\frac{S}{P}$所得分數部份

若(1) $Y_p = \frac{S}{P} = 180°$　；則稱為全節距繞組，如圖4-16所示。

(2) $Y_p = \frac{S}{p} - k < 180°$ ；則稱爲短節距繞組，如圖4−16所示。

其中短節距繞組因①線圈末端連接線較短，可節省材料。②自感及互感較小，換向較佳，常被採用。

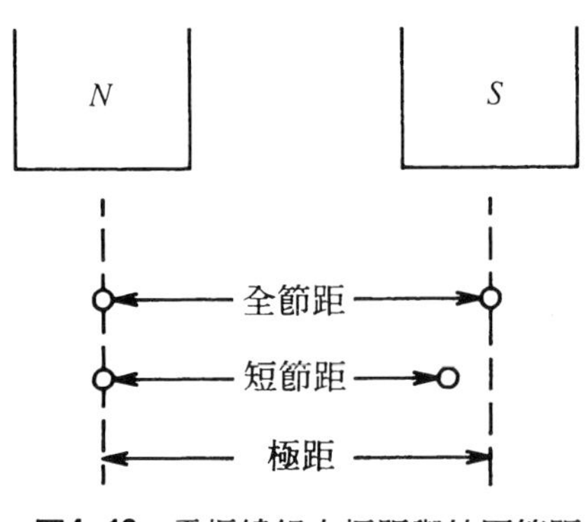

圖4-16 電樞繞組之極距與線圈節距

(四)後節距 Y_b

同一線圈之二線圈邊的跨距稱爲後節距，其代號爲Y_b，如圖4-18所示。

(五)前節距 Y_f

接於同一換向片之兩線圈邊之跨距稱爲前節距，其代號爲Y_f，如圖4-18所示。

(六)平均節距 Y_{av}

爲後節距Y_b與前節距Y_f之平均值，其代號爲Y_{av}

$$Y_{av} = \frac{Y_b + Y_f}{2} \tag{4-11}$$

(七)換向節距 Y_c

某線圈之兩線圈邊所跨接於換向片數目的差值，其代號爲Y_c。

(八)單層繞組

在電樞槽內，每槽只放置一線圈邊，一般電機很少使用。如圖4-17(a)所示。

(九)雙層繞組

在電樞槽內，每槽放置兩線圈邊，一邊置於上層，另一邊置於下層，現今電機一般採用此方式，如圖4-17(b)所示。

圖4-17　電樞槽的單層繞組與雙層繞組

鼓形繞組主要分為：①疊繞(或稱摺繞或複路繞)②波繞(或稱串聯繞或雙路繞)③蛙腿繞(疊繞與波繞之複合使用)。

(一)疊繞之設計

疊繞(Lap winding)，又稱摺繞或複路繞(Multiple winding)，其同一線圈之兩個線圈邊接於相鄰之兩個換向片，在同一換向片上是兩個不同線圈之頭或尾的兩個邊，如圖4-18所示。疊繞均採取雙層繞組，同一線圈之兩線圈邊分別置於相距約一極距的上、下兩層。

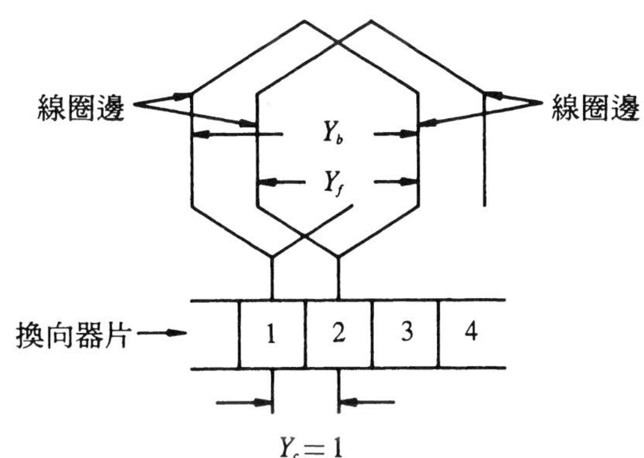

圖4-18　疊形繞組

疊繞的換向片數必需與線圈數相等，如換向片數為n片，則線圈數亦為n個。第一個線圈之頭將與最後一個線圈的尾端恰在同一換向片上相連接，如此所有線圈將形成一個封閉迴路，此即所謂的重入。由圖4-19知，其奇數線圈經由奇數換向片且偶數線圈經由偶數換向片，各形成閉合迴路，即繞組本身形成二個閉合迴路，稱為"二次重入"。在雙分疊繞中，線圈數為偶數且換向片數為奇數，則仍為"一次重入"，其線圈與換向片數之連接方式為：1→3→5→7……→17→2→4……→16→1，而自成一閉合迴路，如圖4-20所示。

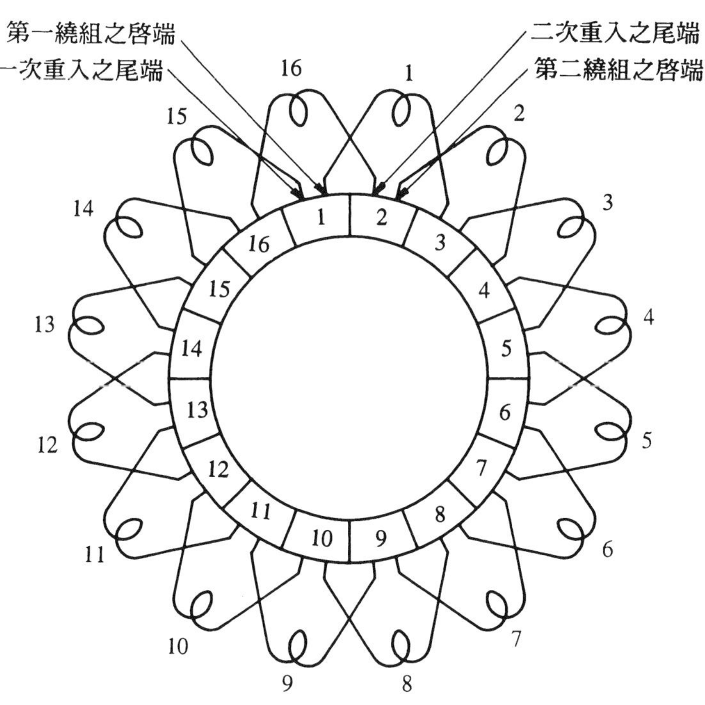

圖4-19 二次重入

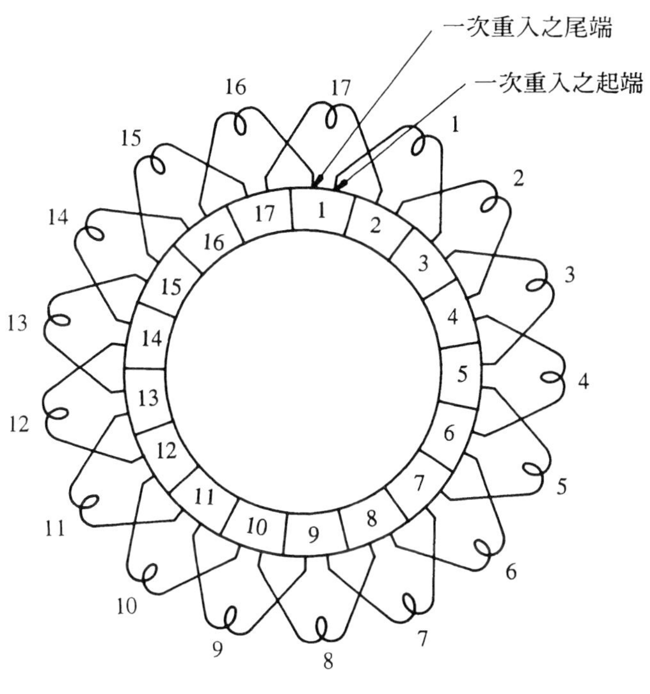

圖4-20　一次重入

根據上述，可得如下之結論：

⑴疊繞中，換向片節距等於複分數，即$Y_c = \pm m$(＋號表前進繞；號表後退繞)。

⑵重入數爲換向片數與複分數間之最大公因數。

【例 5】求下列換向片距Y_c及重入數r

⑴雙分疊繞組，換向片數爲38

⑵三分疊繞組，換向片數爲38

⑶雙分疊繞組，換向片數爲36

⑷三分疊繞組，換向片數爲36

⑸單分疊繞組，換向片數爲27

【解】　⑴$Y_c = 2$，$r = 2$

(2) $Y_c=3$，$r=1$

(3) $Y_c=2$，$r=2$

(4) $Y_c=3$，$r=3$

(5) $Y_c=1$，$r=1$

設電樞之槽數爲S，極數爲P，K爲$\frac{S}{P}$所得之分數部份，則後節距Y_b爲：

$$Y_b=\frac{S}{P}-K \tag{4-12}$$

前節距Y_f爲：

$$Y_f=Y_b-Y_c \tag{4-13}$$

線圈節距若前節距大於後節距，即 $Y_f>Y_b$ 則稱爲後退繞，如圖4-21所示。若後節距大於前節距，即 $Y_b>Y_f$ 則稱爲前進繞，如圖4-22所示。由圖知疊繞中前進繞組之端線比後退繞短，故可節省用銅量，因此疊繞大多採用前進繞組。

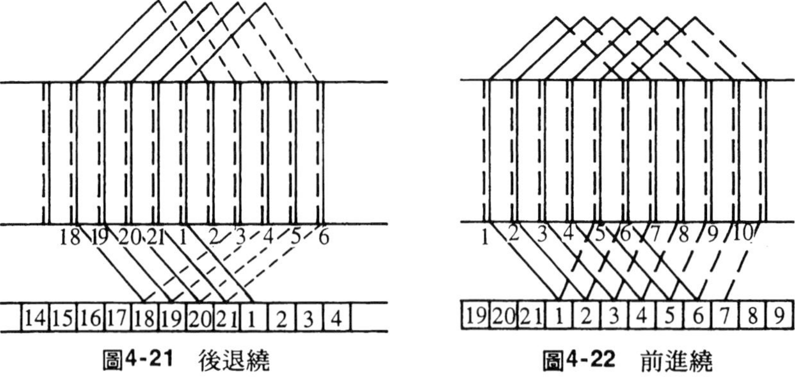

圖4-21　後退繞

圖4-22　前進繞

在複分疊繞中，其電流路徑數等於極數乘以m，所以疊繞適用於低電壓、大電流之電機，且電刷之寬度須爲m 個換向片之寬度。即

$$\boxed{a = mp} \tag{4-14}$$

例如：一4極、雙分疊繞的直流機，則其並聯路徑數$a = 2 \times 4 = 8$ ，電刷之寬度爲2個換向片寬。

四極雙層單分式疊繞實例

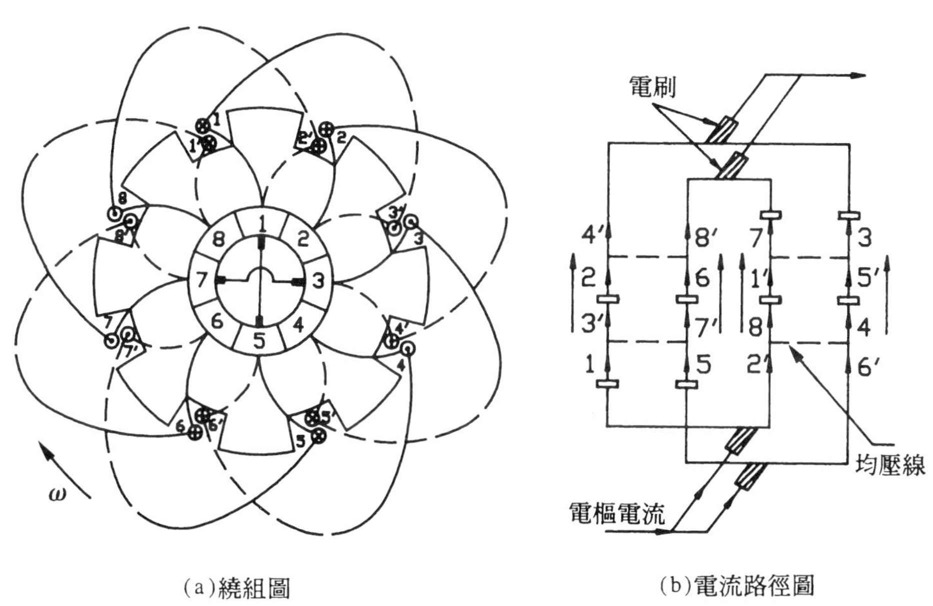

(a)繞組圖　　(b)電流路徑圖

圖4-23　四極雙層單分式疊繞(槽數$s=8$，換向片數$c=8$，$Y_b=2$，$Y_c=1$)

四極雙層單分式疊繞實例

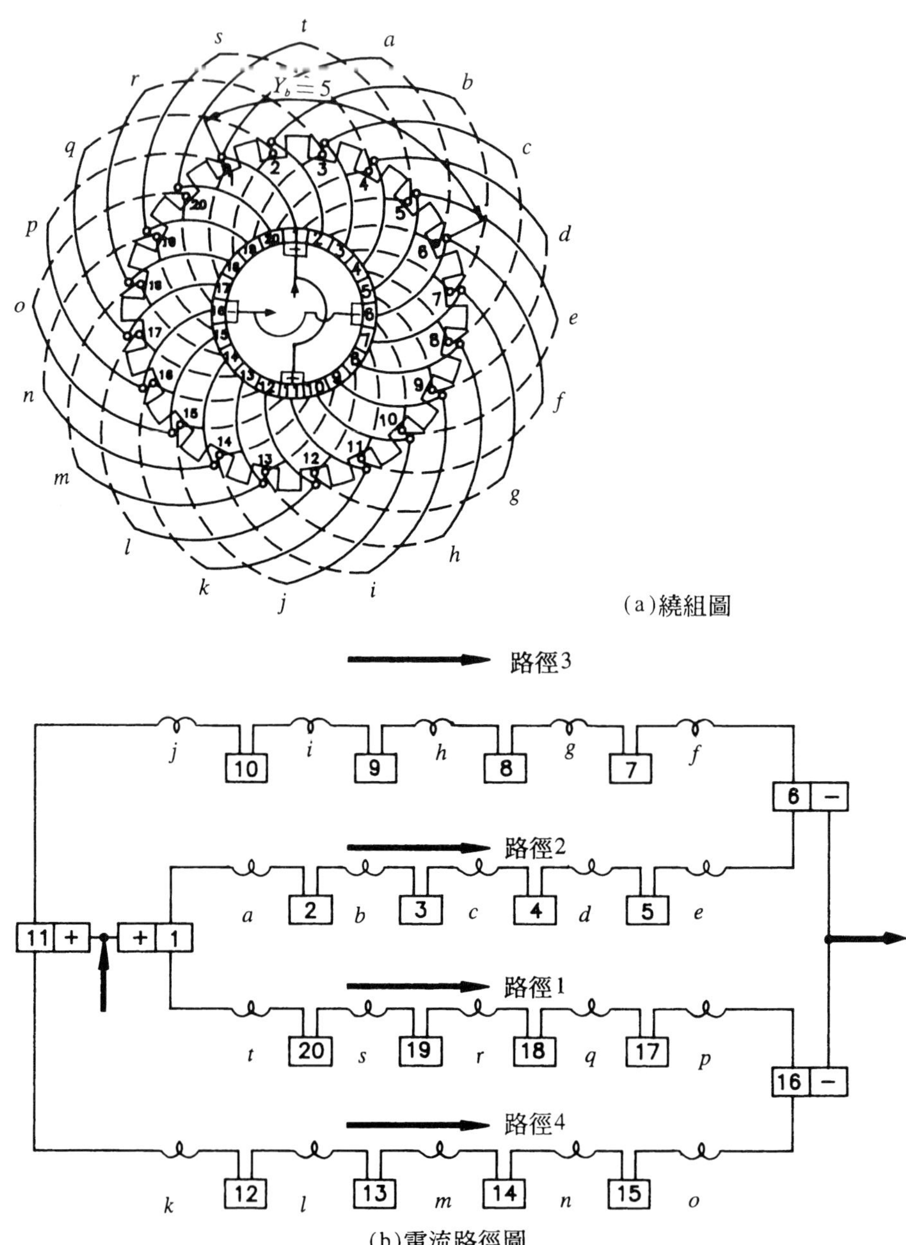

(a)繞組圖

(b)電流路徑圖

圖4-24 四極雙層單分式疊繞($s=20$，$c=20$，$Y_b=5$，$Y_c=1$)

由於軸承的摩擦、電樞軸的輕微跳動、裝配時的校正錯誤，致每一並聯路徑之導體所割切的磁力線不相等，很容易造成各並聯路徑之感應電勢不相等，將在電樞內部引起環流，導致繞組之溫度上昇，且環流在電樞繞組、換向器及電刷間流通，有時會產生過量的電弧使換向片及電刷燒損。爲了防止上述之不良現象，必須採用均壓線，即用極低電阻的導線，將相隔兩極距之繞組連接起來，使經過換向片與電刷的環流減小。均壓線的功能如下：

(1)電樞繞組中之環流可經由均壓線自成回路，避免過量的環流經由換向片與電刷而產生火花。

(2)由環流產生之電磁效應，可均衡各極磁通，使强的磁通量減少，使弱的磁通量增加。

(二)波繞的設計

波繞(Wave winding)又稱串聯繞(Series winding)或雙路繞(Two-path winding)。波繞的繞法如圖4-25所示，在*N*極下的線圈邊*ab*與在*S*極下約占相同位置(不可以置於相同位置)的線圈邊*cd*相連接，經換向片向前推進至下一個*N*極下，使繞組連接之順序應依序經過每個*N*極及*S*極，即旋繞電樞一週，又回到原*N*極下與*ab*線圈邊相鄰之線圈邊*a′b′*相連接，此種繞法的順序推進有如波浪狀，稱爲波形繞組或波繞。

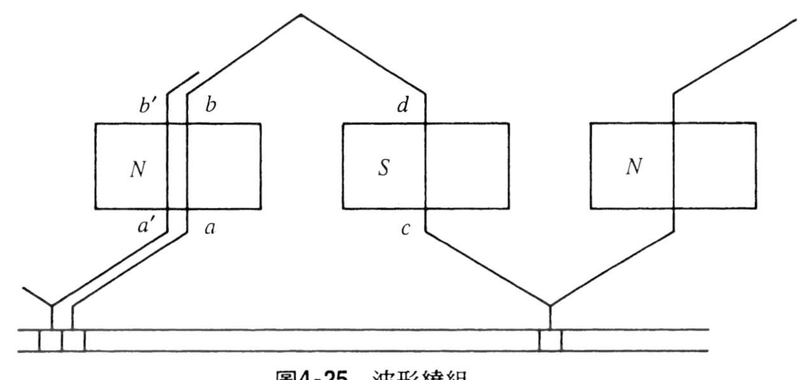

圖4-25　波形繞組

波形繞組經電樞一週後，絕不可自成閉路，即波形繞組線圈之兩線端所連接之換向片，其間隔必須小於或大於兩極距(即360° 電機角)，而不可以剛好等於兩極距，否則繞組旋繞電樞一週後，將自成閉路，那麼就無法將電樞各路徑裏所有線圈接成串聯。所以換向片距Y_c必須大於或小於二極距且Y_c為整數，即波形繞組之換向片距Y_c為

$$Y_c=\frac{c\pm m}{\frac{P}{2}} \quad \text{+號表前進繞，－號表後退繞} \tag{4-15}$$

式中　c：換向片數

m：繞組之複分數

繞製波形繞組，若每繞電樞一週，繞組一直往右繞製者，稱為前進繞，如圖4-26所示，若每繞電樞一週，繞組一直往左繞製者，稱為後退繞，如圖4-27所示。由圖知後退繞之端線比前進繞短，故可節省用銅量，因此波繞大多採用後退繞組。

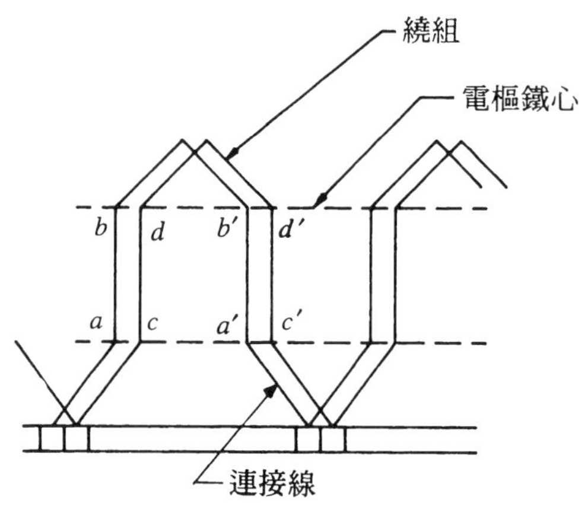

圖4-26　前進繞組

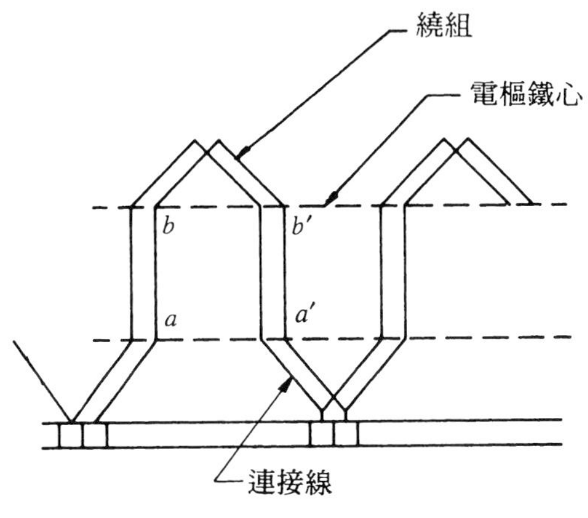

圖4-27　後退繞組

設電樞上槽數為S，極數為P，K為$\frac{S}{P}$所得之分數部份，則後節距Y_b為

$$\boxed{Y_b=\frac{S}{P}-K} \qquad (4\text{-}16)$$

前節距Y_f為

$$\boxed{Y_f=Y_c-Y_b} \qquad (4\text{-}17)$$

$$Y_c=\frac{c\pm m}{\frac{P}{2}}$$；＋號表前進繞，－號表後退繞

波繞的電流路徑數與極數無關，其電流路徑數為繞組複分數的兩倍，即

$$\boxed{a=2m} \tag{4-18}$$

波繞適用於高電壓、小電流之電機。其電刷寬度與複分數有關，對雙分波繞其電刷電度爲二個換向片寬；三分波繞時，其電刷寬度爲三個換向片寬。

波形繞組，若槽數與換向片數無法配合時，將產生空槽，爲求機械平衡，可將若干組線圈，置於空槽上，僅作填空，這種線圈稱爲虛設線圈。

四極、雙層單分式波繞實例：

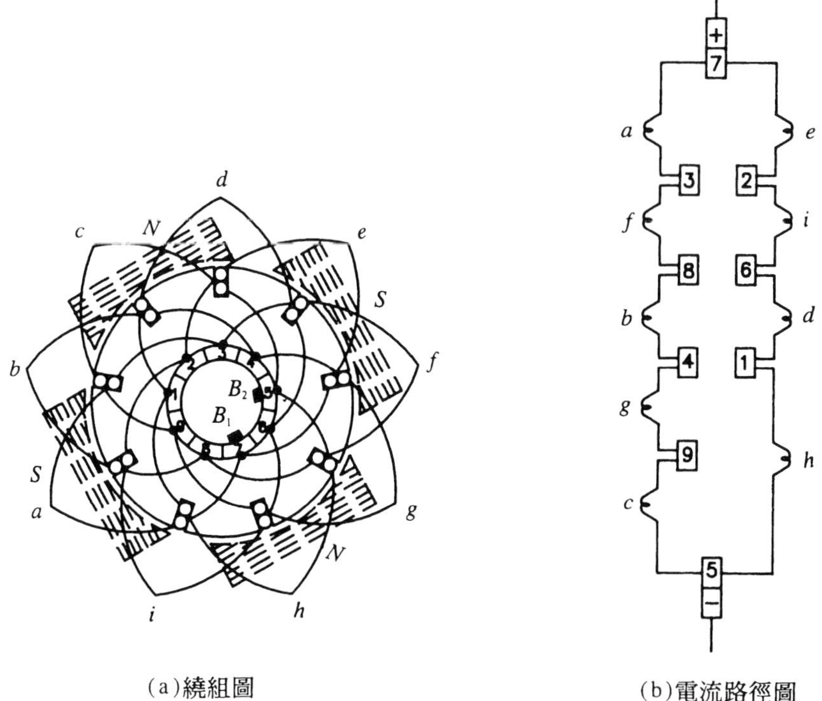

(a)繞組圖　　(b)電流路徑圖

圖4-28　四極、雙層單分式波繞($s=9$，$c=9$，$Y_b=2$，$a=2$)

四極、雙層單分式波繞實例：

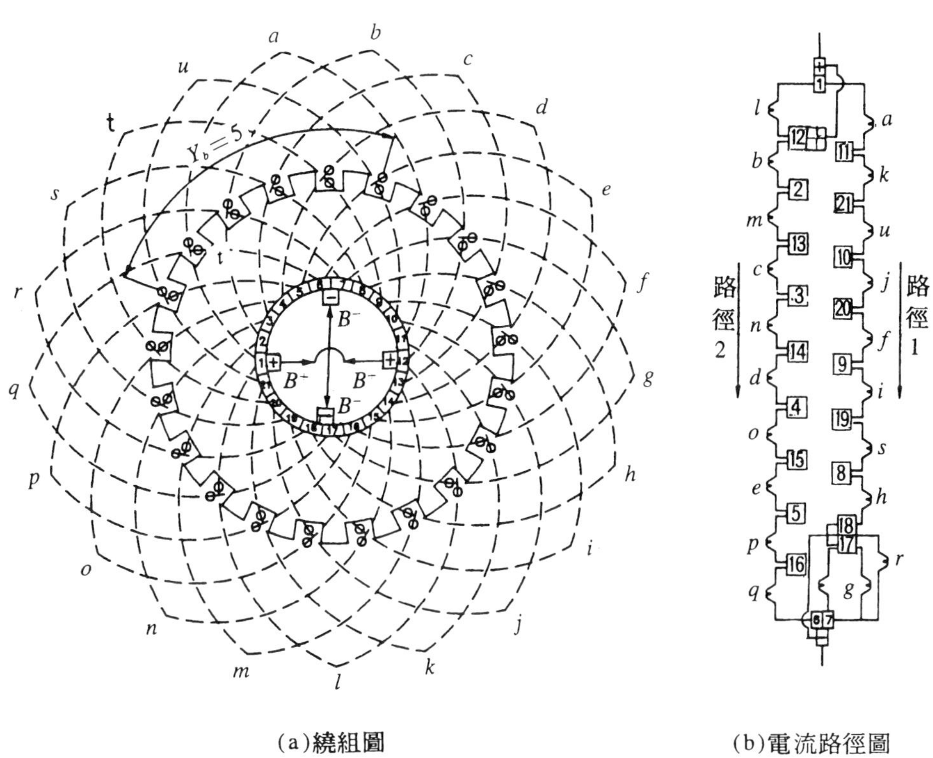

(a)繞組圖　　(b)電流路徑圖

圖4-29　四極、雙層單分式波繞($s=21$，$c=21$，$Y_b=5$，$a=2$)

表4-1 疊形繞組與波形繞組的比較

繞組形式 項　目	疊 形 繞 組	波 形 繞 組
換向節距Y_c	$\pm m$	$\frac{c\pm m}{\frac{P}{2}}$
後節距Y_b	$\frac{S}{P}-K$	$\frac{S}{P}-K$
前節距Y_f	Y_b-Y_c	Y_c-Y_b
電流路徑數a	mp	$2m$
電刷數	P	2或P
電刷寬度	m個換向片寬	m個換向片寬
換向節距、換向片數、槽數、極數	不受任何限制	受限制
均壓線	必須使用	不必使用
虛設線圈	沒有	槽數與換向片數不同時有虛設線圈
相同導體數、極數、磁通	低壓大電流	高壓低電流
相同電壓、轉速、電流、磁通	並聯路徑數較多、線徑細、且需設均壓線，製造成本高	並聯路徑數少、線徑粗、製造容易、成本低
適用範圍	56kW以上低壓大電流的電機	56kW以下高壓低電流的電機

(三)蛙腿式繞組的設計

蛙腿式繞組中，其電樞繞組同時包括疊繞及波繞。疊繞部份之線端與相鄰兩換向片間連接，波繞部份之線端向兩側外伸，與相鄰約360°電機角之換向片相連接，如圖4-30所示。蛙腿式繞組由單分疊繞與複分波繞所組成，兩者繞組之電流路徑數必須相等，故蛙腿式繞組的電流路徑數爲磁極的2倍，即

$$\boxed{a = 2P} \tag{4-19}$$

蛙腿式繞組中，波繞部份相當於一均壓線，使疊繞產生的環流流入波繞部份，同時亦能產生電壓與疊繞部份共同負擔輸出功率。

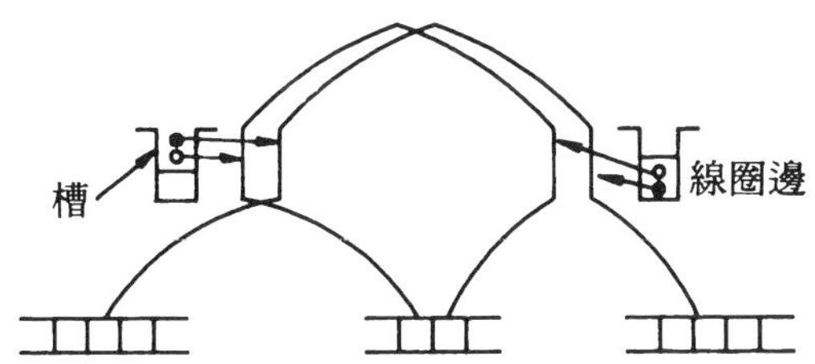

(a)單匝線圈

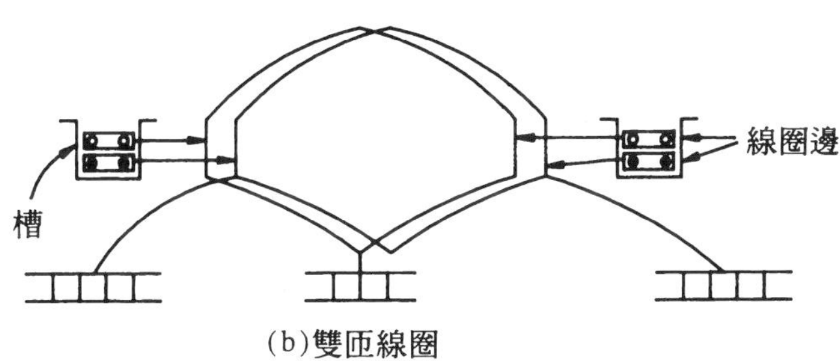

(b)雙匝線圈

圖4-30　蛙腿式繞組

【例 6】 有台二極的直流發電機，採單分疊繞，若每極磁通量為0.5韋伯，電樞面上共有450根導體，轉速為800rpm，求

(1)兩電刷間所產生之感應電勢？

(2)欲使兩電刷產生3600伏特，其轉速應為多少？

【解】 (1)疊繞 $a = mp = 1 \times 2 = 2$

$$E = \frac{PZ}{60a} n\phi = \frac{2 \times 450}{60 \times 2} \times 800 \times 0.5 = 3000(\text{V})$$

(2) $E = Kn\phi$

$$\frac{E_1}{E_2}=\frac{n_1}{n_2}$$

$$\therefore n_2=\frac{E_2}{E_1}n_1=\frac{3600}{3000}\times 800=960(\text{rpm})$$

【例 7】有一四極的直流電機，採單分波繞，每極磁通量4×10^5馬，電樞導體共有1000根，轉速爲1500rpm，求

⑴電樞之反電勢？

⑵若電樞電流爲30A，求此電動機之轉矩？

⑶磁通減少$\frac{1}{5}$，轉速增加$\frac{1}{4}$，若欲維持轉矩不變，則電樞電流應爲若干？

【解】　⑴∵波繞　$a=2m=2\times1=2$

$$E=\frac{PZ}{60a}\cdot n\phi$$

$$=\frac{4\times1000}{60\times2}\times1500\times4\times10^5\times10^{-8}=200(\text{V})$$

⑵$T=\frac{PZ}{2\pi a}\cdot I_a\phi$

$$=\frac{4\times1000}{2\pi\times2}\times30\times4\times10^5\times10^{-8}=38.20(\text{牛頓-米})$$

$$\text{或}T=\frac{P}{\omega}=\frac{EI_a}{2\pi\frac{N}{60}}=\frac{200\times30}{2\pi\times\frac{1500}{60}}=38.20(\text{牛頓-米})$$

⑶$\because E=Kn\phi$

$$\frac{E_1}{E_2}=\frac{n_1\phi_1}{n_2\phi_2}=\frac{n_1\phi_1}{\frac{5}{4}n_1\frac{4}{5}\phi_1}=1$$

$$\because T=KI_a\phi$$

$$\frac{T_1}{T_2}=\frac{I_{a1}}{I_{a2}}\cdot\frac{\phi_1}{\phi_2}=\frac{I_{a1}}{I_{a2}}\cdot\frac{E_1}{E_2}\cdot\frac{n_2}{n_1}$$

$$1=\frac{30}{I_{a2}}\cdot 1\cdot \frac{\frac{5}{4}n_1}{n_1}$$

$\therefore I_{a2}=37.5(\mathrm{A})$

【例 8】有一四極的直流發電機，採單式波繞，有21槽，每槽有2根導體，後退繞，求⑴換向節距⑵後節距⑶前節距？

【解】 ⑴ $Y_c=\dfrac{c-m}{\frac{P}{2}}=\dfrac{21-1}{\frac{4}{2}}=10$

⑵ $Y_b=\dfrac{S}{P}-K=\dfrac{21}{4}-K=5$(槽)

⑶ $Y_f=Y_c-Y_b=10-5=5$(槽)

【例 9】有一四極的直流電動機，採單分雙層疊繞，電樞有20槽，20個換向片，20個繞圈，採前進式，求⑴換向節距⑵後節距⑶前節距？

【解】 ⑴ $Y_c=m=1$

⑵ $Y_b=\dfrac{S}{P}-K=\dfrac{20}{4}-K=5$(槽)

⑶ $Y_f=Y_b-Y_c=5-1=4$(槽)

【例10】有一四極的直流發電機，有240根導體，每根導體之平均感應電勢爲1.2V，且每根導體之容許電流爲10A，則

⑴爲單式疊繞時，求所生之總電勢、總電流及功率？

⑵爲單式波繞時，求所生之總電勢、總電流及功率？

【解】 ⑴ $\mathrm{a}=mp=1\times 4=4$

每一電流路徑之導體數爲

$$\frac{Z}{a}=\frac{240}{4}=60$$

總電勢　$E=60\times 1.2=72(\mathrm{V})$

總電流　$I_a=10\times 4=40(\mathrm{A})$

功率　$P = E\,I_a = 72 \times 40 = 2880(\mathrm{W})$

(2) $a = 2m = 2 \times 1 = 2$

每一電流路徑之導體數爲

$$\frac{Z}{a} = \frac{240}{2} = 120$$

總電勢　$E = 120 \times 1.2 = 144(\mathrm{V})$

總電流　$I_a = 10 \times 2 = 20(\mathrm{A})$

功率　$P = EI_a = 144 \times 20 = 2880(\mathrm{W})$

由此例題得知，電機之輸出與繞組形式無關。

4-5 電樞反應

4-5-1 何謂電樞反應

當電樞導體載有電流，由於電流的磁效應，將在導體周圍產生一磁場，稱爲電樞磁場。此電樞磁場干擾主磁場，使主磁場產生畸變造成換向不良、磁極的兩極尖磁場強度變爲不相等……等種種影響，稱爲電樞反應(Armature reaction)。

圖4-31所示，設電樞導體內無電流導通，在磁場繞組通以激磁電流，根據安培右手定則，主磁場磁通分佈的情形如圖所示。

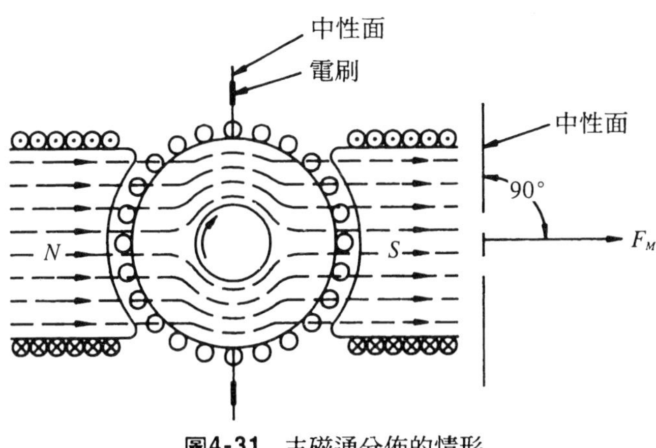

圖4-31 主磁通分佈的情形

在直流發電機(動能→電能)，若轉向為順時針，電樞導體切割磁力線，根據佛萊明右手定則，電樞導體內有電流通過，且可求出N極面下之電樞導體電流方向為⊕，且S極面下之電樞導體電流方向為⊙，如圖4-32(a)所示。在直流電動機(電能→動能)，電樞導體內通以電流，若N極面下之電樞導體電流方向為⊕，且S極面下之電樞導體電流方向為⊙，根據佛萊明左手定則，將可求出轉子的旋轉方向為逆時針，如圖4-32(b)所示。

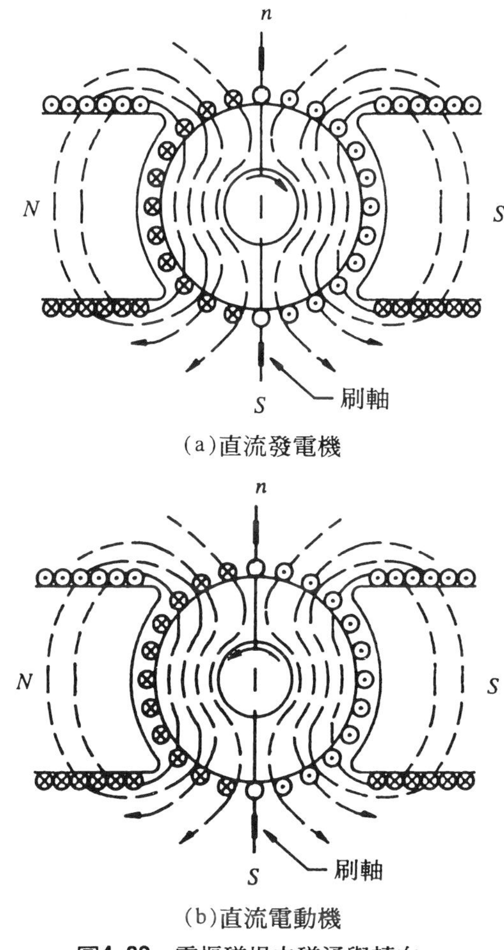

圖4-32　電樞磁場之磁通與轉向

圖4-33所示，電樞導體有電流時，主磁場與電樞磁場的合成磁場磁通分佈的情形，由於電樞磁場干擾主磁場，導致主磁場產生畸變。

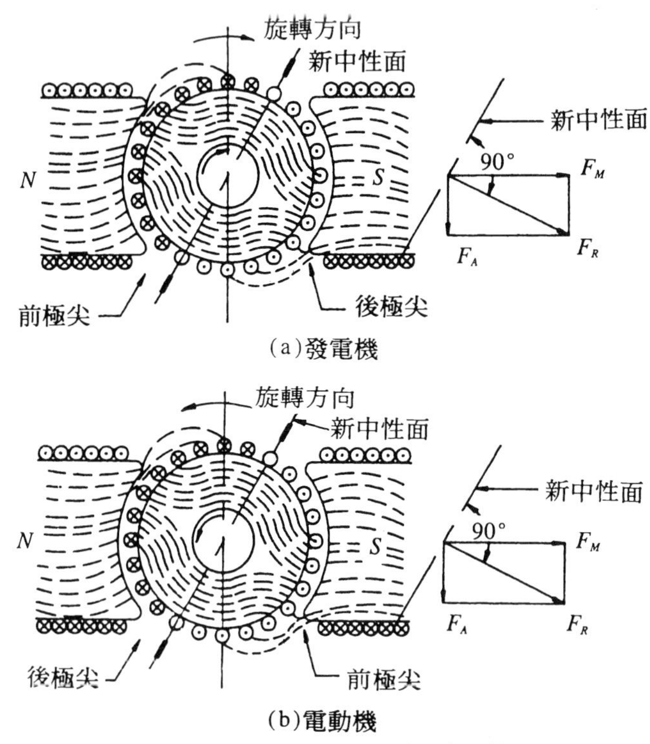

圖4-33　電樞反應對主磁場之影響

若以旋轉方向而言，電樞導體進入磁極處稱爲前極尖，離開磁極處稱爲後極尖，如圖4-33所示。電樞反應後，磁極中的前後極尖的磁場强度將變爲不相等。在直流發電機中，當電樞反應發生後，將造成後極尖之磁場强度增强；而前極尖之磁場强度減弱，如圖4-33(a)及4-34 所示，電刷若須移位，必須順著電樞轉動方向移位。在直流電動機中，當電樞反應發生後，將造成前極尖之磁場强度增强；而後極尖之磁場强度減弱，如圖4-33(b)及4-34所示，電刷若須移位，必須逆著電樞轉動方向移位，電刷方能位於新的磁中性面上。

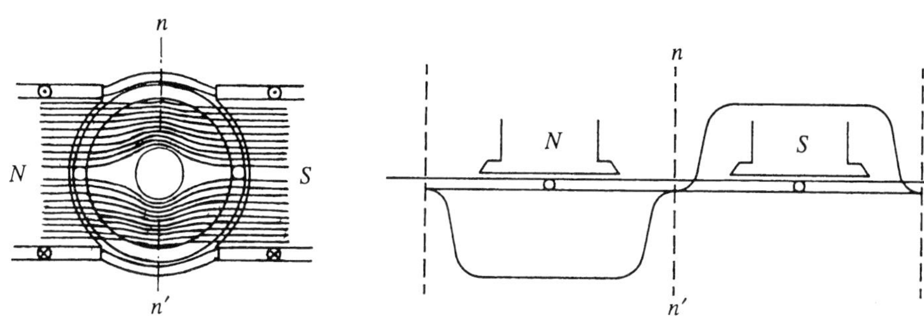

(a)主磁極之磁通分佈情形

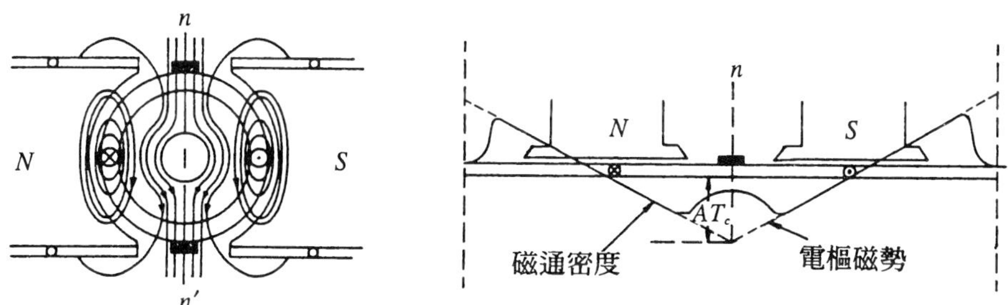

(b)電樞電流所產生之磁通分佈情形

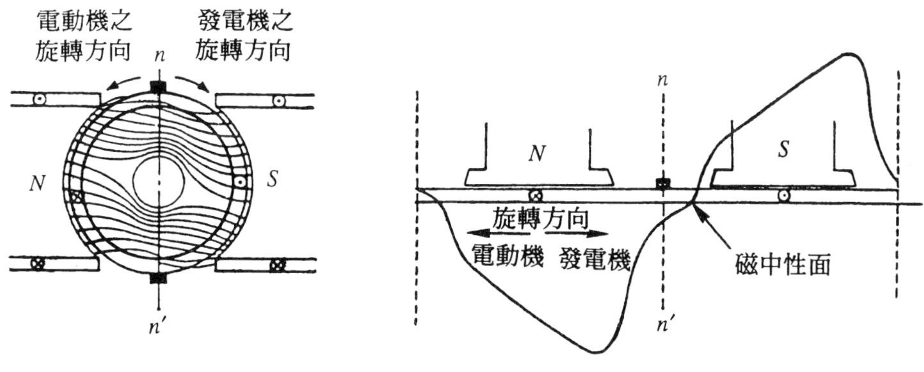

(c)合成磁通分佈情形

圖4-34　兩極電機在電樞反應下磁通密度展開圖

圖4-34為兩極的直流電機之電樞反應下磁通密度平面綜合展開圖，電樞反應將造成下列影響：

⑴主磁場的磁通受到干擾，並產生扭斜之現象，在發電機中，磁中性面順著旋轉方向移位；在電動機中，磁中性面逆著旋轉方向移位。

⑵主磁場的總磁通量減少，導致發電機的感應電勢減少($\because E=kn\phi$)；或使電動機的轉矩變小($\because T=kI_a\phi$)。

⑶由於磁極上的磁通量分佈不均勻，使電樞導體割切磁通量不一樣，導體的感應電勢亦會不一樣，因換向片間的電壓不均勻，造成換向困難，嚴重時，甚至發生閃絡現象而燒毀電刷和換向片。

4-5-2 電樞反應的去磁與交磁效應

直流電機加載後，因電樞反應導致主磁場扭斜，磁中性面偏移，造成換向困難。為了改善換向，電刷必須移至新的中性面。電刷經適當移位後，電樞磁場可分成兩種效應：⑴去磁效應⑵交磁效應。

⑴去磁效應：如圖4-35所示，與主磁通方向相反的電樞磁通分量，使得總磁通被減低，稱為電樞反應的去磁效應。去磁效應使得發電機之感應電勢隨負載的增加而降低(因為負載上升造成電樞反應的去磁效應上升，$\because E=kn\phi$，$\therefore$感應電勢降低)；或使電動機的速率隨負載增加而升高（$\because n=\dfrac{E}{k\phi}$)，且使轉矩降低。

設直流電機的極數為P，總導體數為Z，電樞總電流為I_a，並聯路徑數為a，則

每極在2α範圍內之電樞導體數為

$$\frac{2\alpha}{\pi}\cdot\frac{Z}{P}\quad(\alpha\text{；電機角，以徑度表示})$$

每極的去磁匝數為

$$\frac{1}{2}\cdot\frac{2\alpha}{\pi}\cdot\frac{Z}{P}\quad(\text{匝／極})$$

電樞導體通過的電流爲$\frac{I_a}{a}$，故每極的去磁安匝AT_d爲

$$\boxed{AT_d=\frac{Z\alpha}{P\pi}\cdot\frac{I_a}{a}(\text{安匝／極})}\tag{4-20}$$

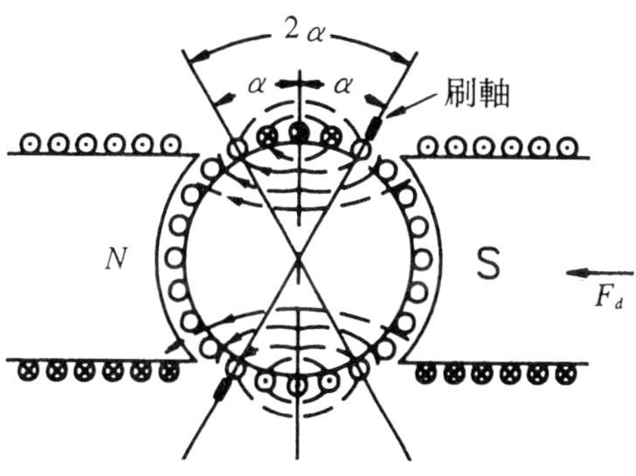

圖3-35　去磁電樞導體

⑵交磁效應：如圖4-36所示，與主磁場磁通方向互爲垂直的電樞磁通分量，使主磁場產生扭斜的現象，稱爲電樞反應的交磁效應。

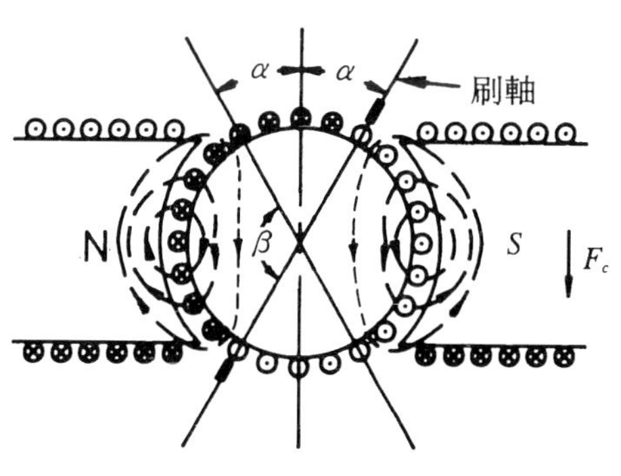

圖4-36　交磁電樞導體

每極在β範圍內之電樞導體爲：

$$\frac{\beta}{\pi}\cdot\frac{Z}{P}=\frac{\pi-2\alpha}{\pi}\cdot\frac{Z}{P}$$

每極的交磁的匝數為

$$\frac{1}{2}\cdot\frac{\pi-2\alpha}{\pi}\cdot\frac{Z}{P}\text{ (匝／極)}$$

電樞導體通過的電流為$\frac{I_a}{a}$，故每極的交磁安匝AT_c為

$$\boxed{AT_c=\frac{Z}{P}\cdot\frac{\pi-2\alpha}{2\pi}\cdot\frac{I_a}{a}}\text{(安匝／極)} \qquad (4\text{-}21)$$

4-5-3 電樞反應的改善方法

電樞反應會干擾主磁場的磁通、扭斜磁中性面，造成換向困難，降低發電機的感應電勢或使電動機的轉矩減少，為補救電樞反應的不良影響，可採用(一)增大磁極尖部的空氣隙(二)採用單極尖之疊片(三)楞得爾磁極法(四)採用補償繞組(五)採用中間極。分述如下：

(一)增大磁極尖部的空氣隙

如圖4-37所示，磁極尖部被削尖，使磁極弧面與電樞弧面為不同圓心的圓弧面，且極尖處之空氣隙較極中心處的空氣隙大，使極尖部份磁場的影響降低。

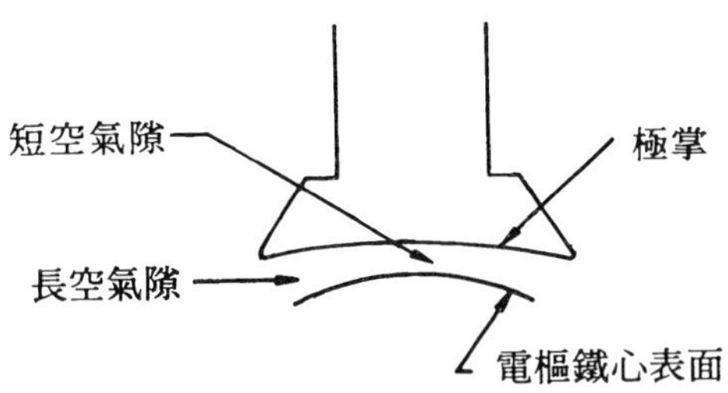

圖4-37 增大磁極尖部的空氣隙

(二)採用單極尖之疊片

如圖4-38所示，採用缺右極尖與缺左極尖之兩種磁極疊片交互重疊而成磁極，如此可使極尖容易飽和，對電樞磁場得以抑制，使主磁極的磁通不致過份偏移。

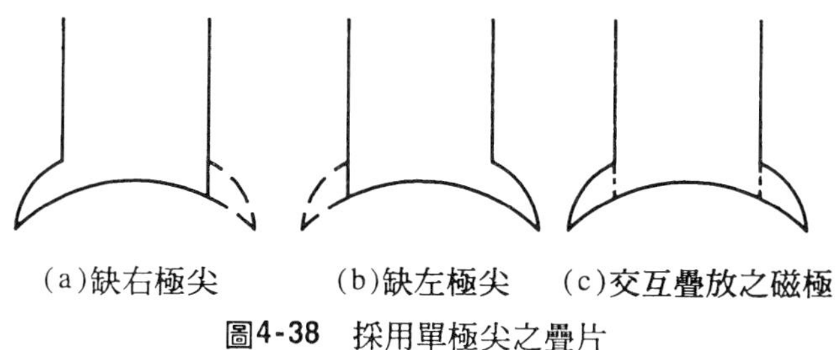

圖4-38 採用單極尖之疊片

(三)楞得爾磁極法

如圖4-39所示，在主磁極之極面上開槽，如此電樞磁場通過時，有甚大的磁阻，但由於電樞磁通仍可由槽後方通過，因此並非完全通過長槽的空隙，故效果有限。

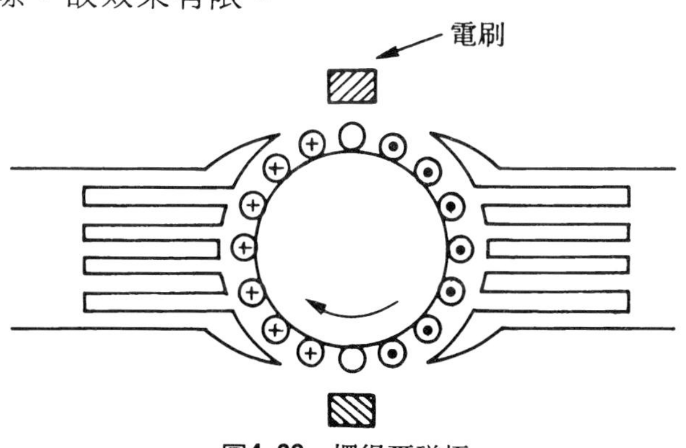

圖4-39 楞得爾磁極

(四)採用補償繞組：

由湯姆生—雷恩所發明，又稱爲湯姆生—雷恩法，如圖4-40所示在主磁極的極面槽內，裝置與電樞繞組相串聯的補償線圈，使在任何負載下，補償線圈所生的安匝數與電樞產生的安匝數相等且磁通方向相反，以抵消電樞反應，得到良好的換向。

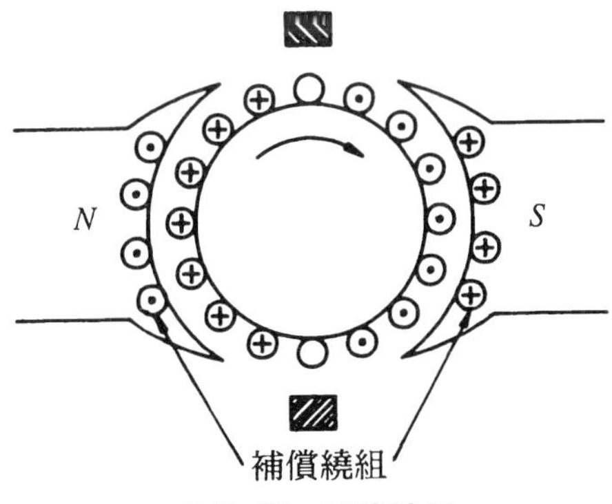

圖4-40 補償繞組

設電樞導體數為Z，極數為P，電樞電流I_a，欲用補償繞組抵消電樞反應，因為電刷沒有移位，電樞磁場只有交磁效應而無去磁效應($\alpha=0$)電樞每極的交磁安匝為

$$AT_c=\frac{1}{2}\cdot\frac{Z}{P}\cdot\frac{I_a}{a} \tag{4-22}$$

若ψ為極面弧長與極距之比值，若欲完全補償，則每極所需之補償繞組導體數Z_c為

$$\psi\cdot AT_c=I_a\cdot\frac{Z_c}{2} \tag{4-23}$$

$$\psi\cdot\frac{1}{2}\cdot\frac{Z}{P}\cdot\frac{I_a}{a}=I_a\cdot\frac{Z_c}{2} \tag{4-24}$$

$$\therefore\ \boxed{Z_c=\psi\cdot\frac{Z}{P}\cdot\frac{1}{a}} \tag{4-25}$$

(五)採用中間極

中間極又稱換向磁極，如圖4-41所示，在主磁極中間(即磁中性面)上加裝小磁極，利用中間極產生的磁通抵消電樞的交磁磁通及消除換向週期中換向線圈產生的電抗電壓。中間極是由線徑粗、匝數少的導體繞成，且與電樞串聯，才會隨著電樞反應的大小，自動產生適量的磁通來抵消電樞反應，以改善直流電機的換向。

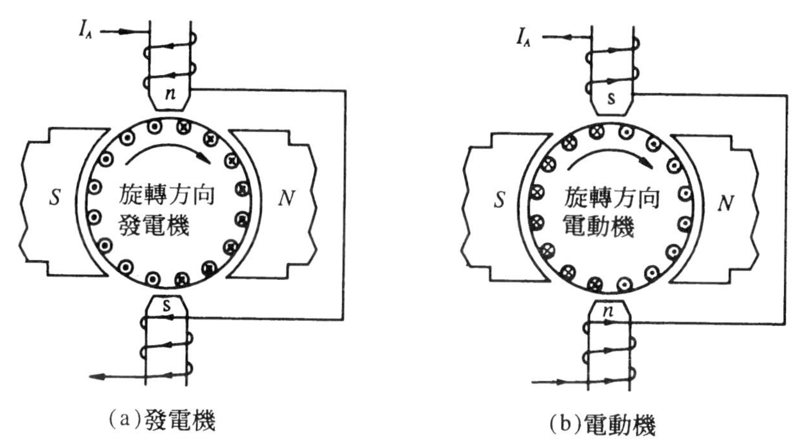

(a)發電機　(b)電動機

圖4-41　中間極的極性

中間極的極性由旋轉方向配合主磁極的極性來決定。在直流發電機中，其極性必須和順著旋轉方向的主磁極同極性；在直流電動機，其極性必須和逆著旋轉方向的主磁極同極性，如圖4-41所示。即

發電機：N(主磁極)→s(中間極)→S(主磁極)→n(中間極)
電動機：N(主磁極)→n(中間極)→S(主磁極)→s(中間極)

設計中間極繞組匝數時，需考慮下列因素：(a) 須能抵消電樞反應的交磁效應(b)須能克服空氣隙的磁阻(c)須能克服磁路磁阻。

由上述的說明知中間極的每極安匝數須大於電樞反應在機械中性面上的交磁安匝數，在設計上通常增加20％～40％的安匝數以克服上述的(b)與(c)項，即

$$中間極每極的安匝數=(1.2\sim1.4)\cdot\frac{Z}{2P}\cdot\frac{I_a}{a}\ (安匝／極) \qquad (4\text{-}26)$$

中間極雖能抵消電樞反應，但有效範圍僅在換向區，對電樞反應無法完全消除，由於製造容易，對換向效果亦佳，故常採用。

【例11】 有一四極的直流發電機，採雙層單分疊繞，電樞導體數為288，電樞電流為50安培，電刷的偏移角為10度電機角，求每極的去磁安匝與交磁安匝？

【解】 $P=4$，$Z=288$，$I_a=50\text{A}$，$\alpha=10°$

$a=mp=1\times4=4$

$$AT_d=\frac{Z}{P}\cdot\frac{\alpha}{\pi}\cdot\frac{I_a}{a}$$

$$=\frac{288}{4}\cdot\frac{10}{180}\cdot\frac{50}{4}=50(安匝／極)$$

$$AT_c=\frac{Z}{P}\cdot\frac{\pi-2\alpha}{2\pi}\cdot\frac{I_a}{a}$$

$$=\frac{288}{4}\cdot\frac{180-2\times10}{2\times180}\cdot\frac{50}{4}=400(安匝／極)$$

【例12】 有一四極的直流電機，電樞的總導體數為480 根，其電樞電流為100安培，若電刷移刷15 度的機械角，試求每極去磁安匝及交磁安匝各為若干？(1)採單分疊繞(2)採單分波繞。

【解】 $P=4$，$Z=480$根，$I_a=100\text{A}$

$$\theta_e=\frac{P}{2}\theta_m=\frac{4}{2}\times15°=30°$$

(1) $a=mp=1\times4=4$

$$AT_d=\frac{Z}{P}\cdot\frac{\alpha}{\pi}\cdot\frac{I_a}{a}$$

$$=\frac{480}{4}\cdot\frac{30}{180}\cdot\frac{100}{4}=500(安匝／極)$$

$$AT_c = \frac{Z}{P} \cdot \frac{\pi - 2\alpha}{2\pi} \cdot \frac{I_a}{a}$$

$$= \frac{480}{4} \cdot \frac{180 - 2 \times 30}{2 \times 180} \cdot \frac{100}{4} = 1000(安匝／極)$$

(2) $a = 2m = 2 \times 1 = 2$

$$AT_d = \frac{Z}{P} \cdot \frac{\alpha}{\pi} \cdot \frac{I_a}{a}$$

$$= \frac{480}{4} \cdot \frac{30}{180} \cdot \frac{100}{2} = 1000(安匝／極)$$

$$AT_c = \frac{Z}{P} \cdot \frac{\pi - 2\alpha}{2\pi} \cdot \frac{I_a}{a}$$

$$= \frac{480}{4} \cdot \frac{180 - 2 \times 30}{2 \times 180} \cdot \frac{100}{2} = 2000(安匝／極)$$

【例13】有一10極的直流電機，採單分疊繞，電樞表面總導體數爲860根，其電樞額定電流爲200安培，極面弧長涵蓋80%極距，今欲裝置補償繞組以抵消電樞反應，試求完全補償時之極面導體數？

【解】　$P = 10$，$a = mp = 10$，$Z = 860$根，$\psi = 0.8$

$$Z_c = \psi \cdot \frac{Z}{P} \cdot \frac{1}{a} = 0.8 \cdot \frac{860}{10} \cdot \frac{1}{10} = 6.88(根)$$

需取整數，所以每一極面裝置補償導體7根

4-6　換　向

4-6-1　換向的基本觀念

換向器的功用，在直流發電機中，當原動機帶動電樞在磁場中旋轉，根據法拉第定律得知，當電樞導體切割磁場，將在電樞導體中產生一交流的感應電勢，直流發電機乃利用固定不動的電刷與轉子上的換向片將交流感應電勢轉變成直流電輸出；在直流電動機中，利用固定不動的電刷與轉子的換向片將輸入的直流電轉變成交流電勢而流入電樞，根據佛萊明左手定則得知，載有電流的導體置於磁場中，將在電樞導體中產生一作用力而旋轉。

電樞導體行經中性面時，改變電流的方向，此作用稱為換向。如圖4-42所示，電樞旋轉時，A線圈和C線圈位於B線圈的前後，此時B線圈被電刷短接，故被稱為換向線圈。由圖可知，電樞上的每一線圈經電刷後，其電流將從$+I_c$改變為$-I_c$。

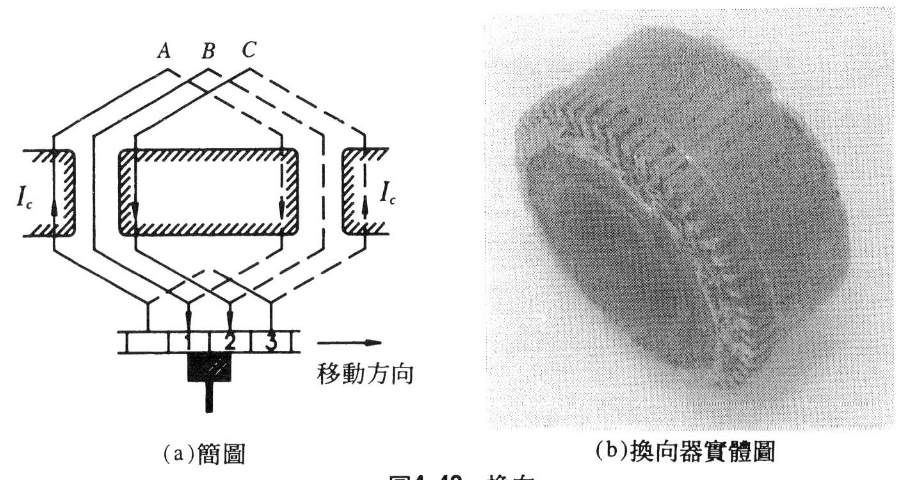

(a)簡圖 (b)換向器實體圖

圖4-42 換向

4-6-2 換向過程

設繞組向右移動且換向線圈內無感應電勢，則換向過程中換向線圈的電流變化，如圖4-43所示。(a)電刷位於1號換向片，線圈B的電流為$\rightarrow I_c$。(b)電刷位於1號換向片之$\frac{3}{4}$部份及2號換向片之$\frac{1}{4}$部份，線圈B的電流減為$\rightarrow\frac{1}{2}I_c$。(c)電刷位於1號換向片之$\frac{1}{2}$部份及2號換向片之$\frac{1}{2}$部份，線圈$B$的電流為零。(d)電刷位於1號換向片之$\frac{1}{4}$部份及2號換向片之$\frac{3}{4}$部份，線圈B的電流為$\leftarrow\frac{1}{2}I_c$。(e)電刷僅位於2號換向片時，線圈$B$的電流為$\leftarrow I_c$，完成換向動作。

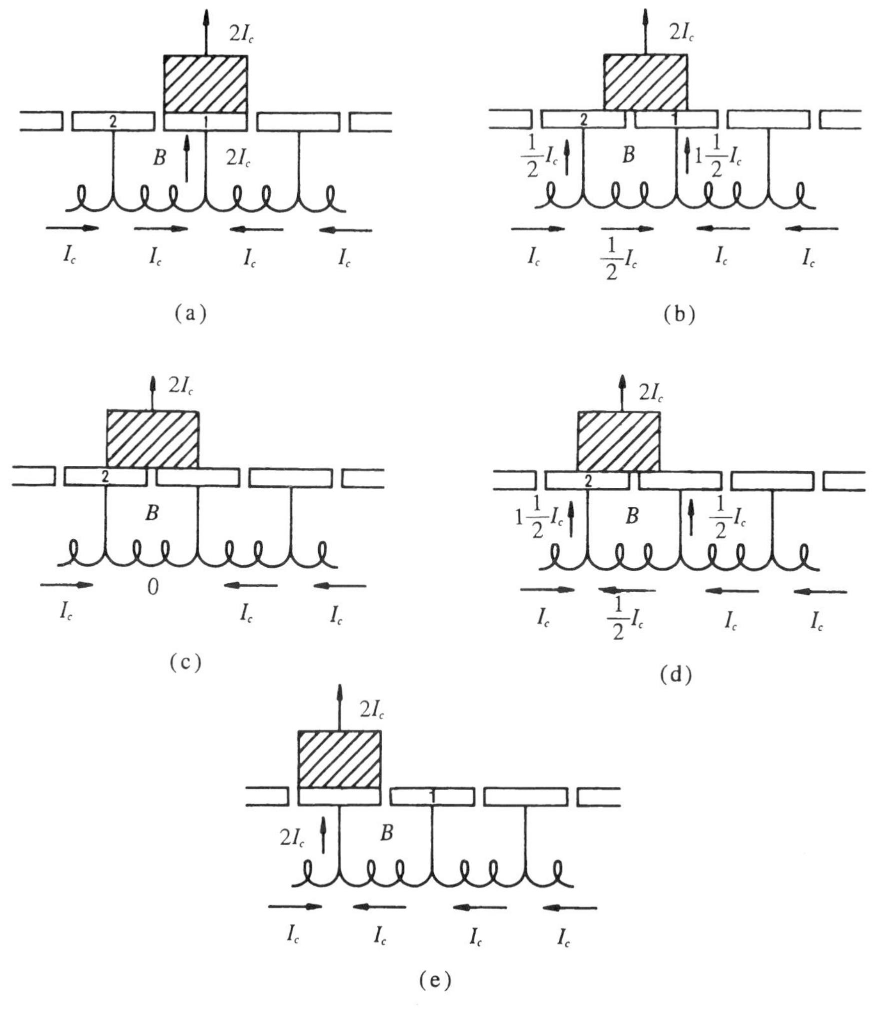

圖4-43　換向過程

步驟(a)～(e)，其電流變化情形以圖形表示，如圖4-44所示，換向時由"$+I_c$" 成比例降至"$-I_c$"，像此種呈直線變化，稱為直線換向或理想換向。若D表換向片的寬度，δ 表絕緣物的寬度，v表電樞的週邊的速度(單位：米／秒），則換向時間T_c為：

$$T_c = \frac{D-\delta}{v} \tag{4-27}$$

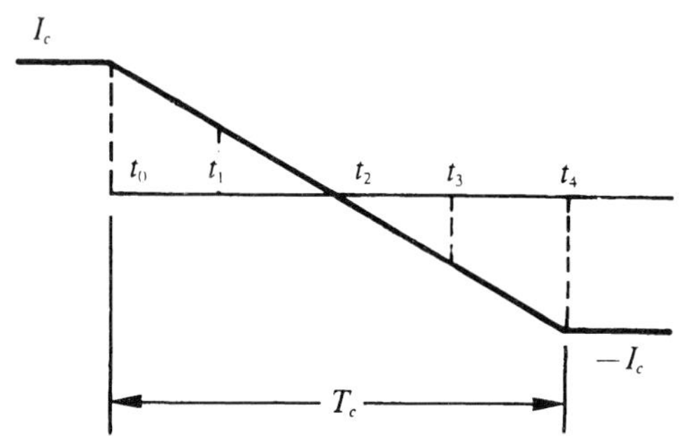

圖4-44　理想換向(直線換向)

實際上理想換向不太可能發生，因在換向線圈內尚有環流存在，而環流將使換向無法達到理想的線性換向，線圈內各種感應電勢及各種電阻將決定環流i的大小。分別敘述如下：

(1)由於自感及互感產生的電動勢。

(2)由於電樞反應的正交磁場所生的電動勢。

(3)割切中間極或補償繞組磁場所生之電動勢。

(4)電刷的接觸電阻。

(5)換向線圈本身的電阻。

(6)換向片和電刷的接觸電阻。

由上述所述，可得換向線圈的等值電路，如圖4-45所示。

e_M：換向線圈的互感電勢

e_L：換向線圈的自感電勢

e_a：割切電樞磁場之應電勢

e_i：換向線圈割切中間極磁通產生之電壓或稱為換向電壓

R_s：換向線圈的電阻

R_{r1}及R_{r2}：換向線圈與換向片的接觸電阻

R_{b1}：換向片和電刷接觸面B_1之電阻

R_{b2}：換向片和電刷接觸面B_2之電阻

R_c：電刷之電阻

循環電流i為

$$i=\frac{e_M+e_L+e_a-e_i}{R_s+(R_{r1}+R_{r2})+(R_{b1}+R_{b2})+R_c} \tag{4-28}$$

其中$e_M+e_L+e_a$合稱為電抗電壓。

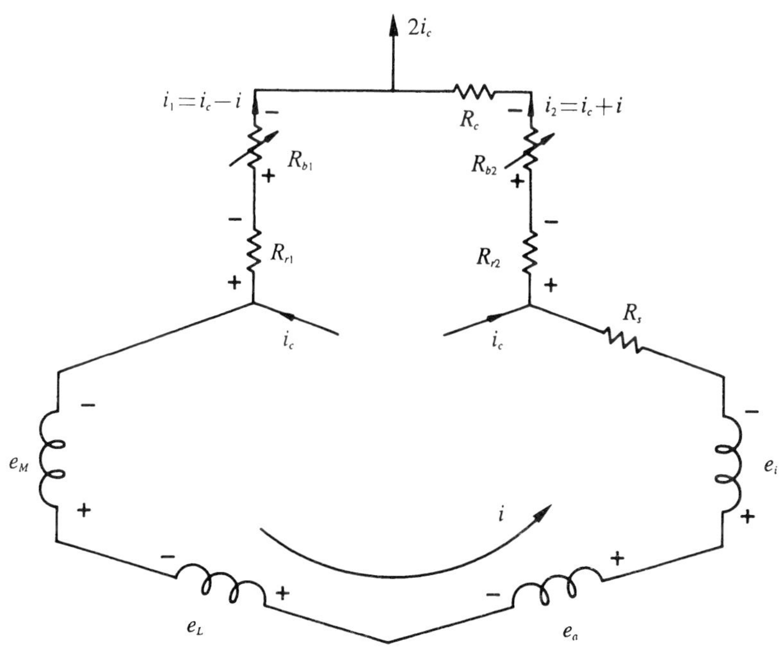

圖4-45　換向線圈的等值電路圖

4-6-3　換向曲線

換向曲線是指在換向期間內，換向線圈的電流隨時間的變化過程，以曲線表示之，如圖4-46所示。換向曲線的種類可分為：

⑴直線換向(Straight line commutation)：線圈電流變化率為一直線，即換向期間內，電刷在任何位置，電流密度始終保持均勻狀態，故不會產生火花，又稱爲理想換向，如曲線(a)所示。

⑵正弦換向(Sinusoidal commutation)：前刷邊及後刷邊電流變化較緩和，中間電流變化率較大，故前後刷邊不致於產生大火花，如曲線 (b)所示。

⑶低速換向(Under communtation)：線圈尙未到磁中性面，已經被電刷所短路，所以換向初期電流變化較慢，而在換向後期，電流才急劇變化，造成後刷邊之電流密度太大，在電刷後端產生火花，如圖(c)所示。

⑷過速換向(Over commutation)：線圈到達磁中性面時，尙未被電刷所短路，等已過了磁中性面，才被電刷所短路，所以換向初期電流變化急劇，後期變化緩和，造成前刷邊之電流密度太大，在電刷前端產生火花，如圖(d)所示。

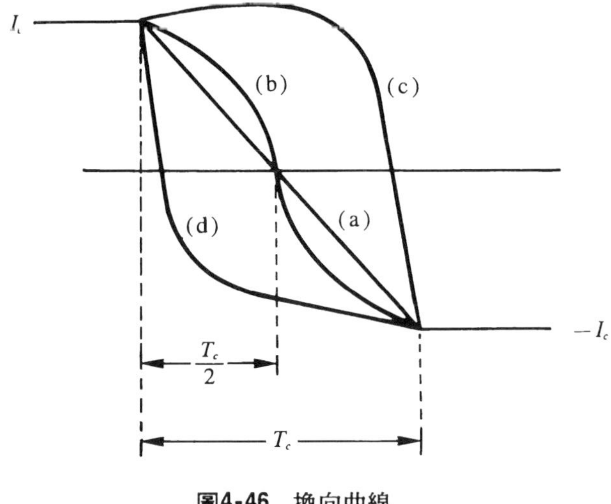

圖4-46 換向曲線

4-6-4　改善換向

直流機爲改善換向，可採用下列方法：

⑴電阻換向：利用電刷和換向器間的接觸電阻、換向線圈之引線電阻，以改良換向的方法稱爲電阻換向。

⑵電壓換向：裝設中間極或補償繞組以產生換向電壓，降低環流的方法，稱爲電壓換向。

⑶移動電刷法：電刷造成火花的原因，乃換向線圈被電刷短路時仍有感應電勢存在，要將換向線圈的感應電勢降低以改良換向，可利用移刷法，將電刷移至新的磁中性面 (發電機須順著轉向而移位，電動機須逆著轉向而移位)。 由於電刷需隨著負載變動而移動，且移刷後又產生去磁的不良效應，此法在實際應用上甚不方便，已很少採用此法。

4-7　直流電機的效率及損失

直流發電機係將機械能轉換成電能，電動機係將電能轉換成機械能。在能量轉換過程中，無論是發電機或是電動機，都無法將輸入電機的功率全部都轉換爲有用的輸出功率，因爲在能量的轉換過程中，有一部份能量消耗於電機的內部，輸入功率與輸出功率間的差值，稱爲電機的損失(Power loss)。電機的損失會造成電機的溫度升高，如果損失太大，則可能造成電機因溫度過高而損壞。

$$P_{in}=P_{out}+P_{loss} \tag{4-29}$$

直流機的效率定義爲輸出功率P_{out}與輸入功率P_{in}的比值，即

$$\boxed{\eta\,(\%)=\frac{P_{out}}{P_{in}}\times 100\%} \tag{4-30}$$

上式可以改寫爲

$$\eta(\%)=\frac{P_{out}}{P_{out}+P_{loss}}\times 100\% \tag{4-31}$$

及

$$\eta(\%)=\frac{P_{in}-P_{loss}}{P_{in}}\times 100\% \tag{4-32}$$

由於發電機或電動機的機械功率均難精密測得，若欲用(4-30)公式計算效率，可能有所困難。因此常先求得各項損失，再求其效率。因發電機的輸出電功率P_{out}可用電儀表量得，輸入機械功率P_{in}不易測出，可改用(4-31)公式計算；電動機的輸入電功率P_{in}可用電儀表量得，輸出機械功率P_{out}不易測出，可改用(4-32)公式計算。

4-7-1 直流電機的損失

直流電機損失分類如下：

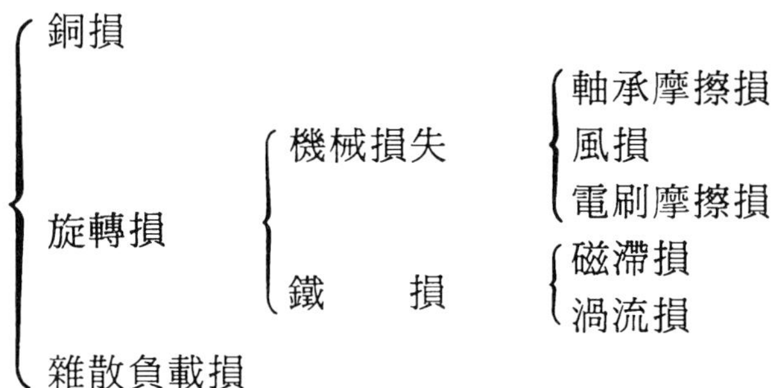

各項損失分別敘述如下：

(一)銅損

銅損又稱電阻損，包括下列損失

⑴電樞繞組的損失：$I_a^2 R_a$

⑵電刷接觸壓降損失：$I_a V_b$ (V_b：電刷上的電壓降)

⑶中間極繞組損失：$I_a^2 R_i$ (R_i：中間極繞組電阻)

⑷串激場繞組損失：$I_a^2 R_s$

⑸補償繞組損失：$I_a^2 R_c$ (R_c：補償繞組電阻)

⑹分激場繞組損失：$V_t I_f$

(二)機械損失

機械損失係由於機械的摩擦效應所造成，包括下列損失：

⑴軸承摩擦損失。

⑵風損：轉子與機殼內空氣間的摩擦所造成。

⑶電刷換向器的摩擦損失。

(三)鐵損

鐵損主要分為磁滯損失、渦流損失兩項：

⑴磁滯損失：乃通過鐵心的磁通對電流有滯後之現象所造成。

⑵渦流損失：乃鐵心受磁通割切，內部產生短路電流所造成。磁滯損與渦流損已在第一章說明，請參考1-6，1-7節。

(四)雜散負載損

由負載電流所造成雜散損失。電機中無法歸類在上述的三種損失，均可歸納於此。其值很小，一般約為總輸出的1％。

4-7-2　功率潮流圖

功率潮流圖是解釋電機中功率轉換與損失最容易了解的一種技巧。直流發電機的功率潮流圖，如圖4-47(a)所示，發電機輸入機械功率P_{in}，依序扣除雜散負載損、機械損失、鐵損後就是電功率P_{conv}的量，電功率P_{conv}必須扣除銅損方為輸出功率P_{out}，直流電動機的功率流程圖正好與發電機相反。

$$P_{\text{conv}} = \tau_{\text{ind}}\,\omega_m = E_a I_a \tag{4-33}$$

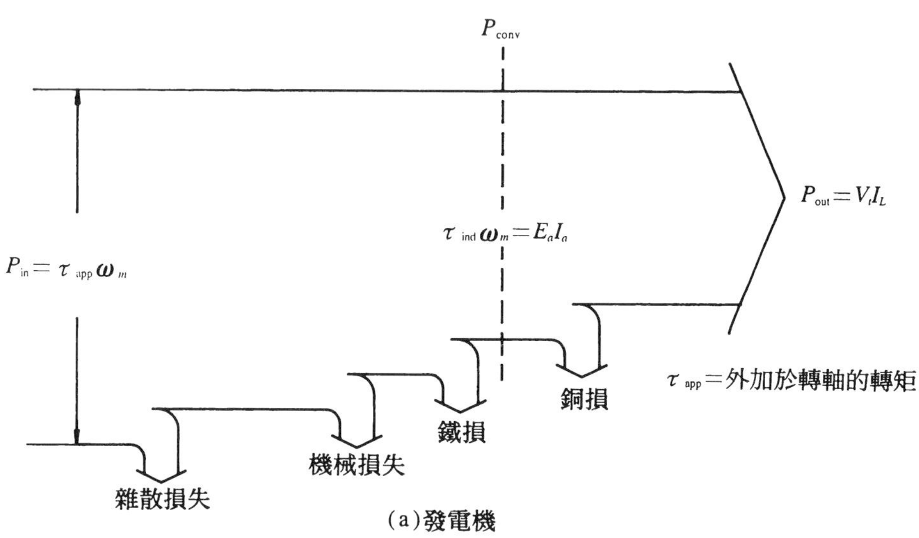

(a)發電機

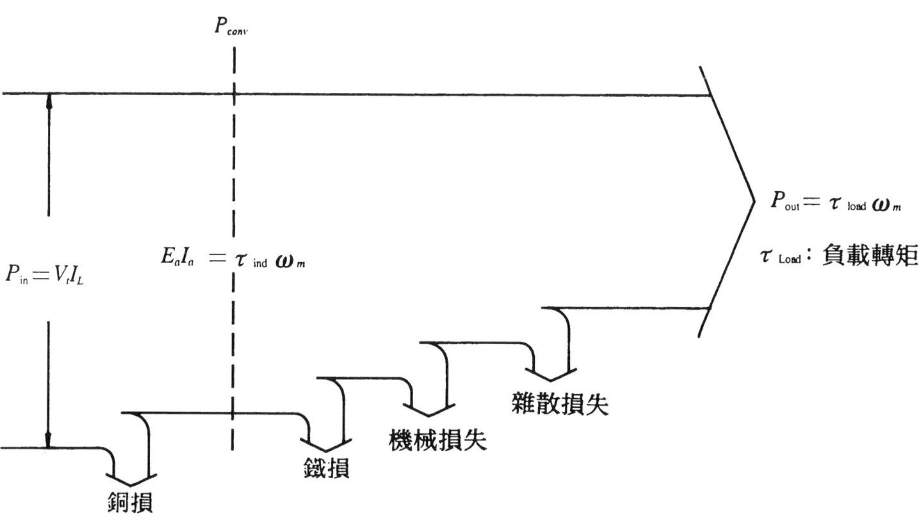

(b)電動機

圖4-47 功率潮流圖

【例14】有一200V，17A之直流電動機，滿載時可產生4HP之功率，試求滿載效率爲若干？損失爲若干？

【解】　輸入電功率$P_{in}=V_tI_a=200\times17=3400(W)$

輸出機械功率$P_{out}=746\times4=2984(W)$

$$\eta=\frac{P_{out}}{P_{in}}\times100\%=\frac{2984}{3400}\times100\%=87.7\%$$

$$P_{loss}=P_{in}-P_{out}=3400-2984=416(W)$$

【例15】有一3仟瓦之直流發電機，滿載運轉時總損失爲300瓦，試求該機的效率爲若干？

【解】

$$\eta=\frac{P_{out}}{P_{in}}\times100\%=\frac{P_{out}}{P_{out}+P_{loss}}\times100\%$$

$$=\frac{3000}{3000+300}\times100\%=90.9\%$$

【例16】有一220V、5HP之直流電動機，滿載運轉時，銅損爲260W，機械損與鐵損爲154W，雜散負載損不計，試求⑴損失⑵效率⑶線路電流各爲若干？

【解】　⑴$P_{loss}=260+154=414W$

⑵$P_o=5\times746=3730W$

$$P_{in}=P_o+P_{loss}=3730+414=4144W$$

$$\eta=\frac{P_{out}}{P_{in}}\times100\%=\frac{3730}{4140}\times100\%=90\%$$

⑶$I_l=\frac{P_{in}}{V_l}=\frac{4144}{220}=18.84A$

摘 要

1. 直流發電機產生的感應電勢 $E=\dfrac{PZ}{60a}n\phi=Kn\phi$

   直流電動機產生的轉矩 $T=\dfrac{PZ}{2\pi a}I_a\phi=KI_a\phi$

2. 佛萊明定則：

   ⑴右手適用於發電機，左手適用於電動機。

   ⑵拇指表導體運動方向，食指表磁場方向，中指表電流方向。

3. 直流電機的主要構造

   ⑴定子由機殼、磁極、中間極、補償繞組、末端架、托架等組成。

   ⑵轉子由電樞、換向器、電刷等組成。

4. 中間極的主要目的在改善換向，減少電刷與換向器間的火花，使換向良好。

5. 換向器的作用：

   ⑴在發電機時，將電樞導體感應之交流電壓，經由電刷轉變成直流電壓輸出。

   ⑵在電動機時，將電路中的直流電壓，經由電刷轉變爲交流電壓輸入電樞內。

6. 電刷主要由碳、石墨及銅所構成，其中碳有助於換向、石墨有助於潤滑、銅有良好的導電性。

7. 電樞繞組有兩種：

   ⑴環形繞組：目前已不採用此方式。

   ⑵鼓形繞組：疊繞、波繞及蛙腿繞。

8. 疊繞：①電流路徑數 $a=mp$，②適用於低壓大電流的直流電機③四極以上的疊繞需設均壓線，④不必使用虛設線圈。

9. 波繞：①電流路徑數 $a=2m$，②適用於高壓低電流的直流電機③

不必使用均壓線，④槽數與換向片數不相同時有虛設線圈。

10. 何謂電樞反應：當電樞導體載有電流，由於電流的磁效應，將在導體周圍產生一磁場，稱爲電樞磁場，此電樞磁場干擾主磁場的現象，稱爲電樞反應。電樞反應的大小與負載成正比。

11. ⑴電樞反應對發電機的影響：①後極尖磁場强度變强，前極尖變弱，②電刷若須移位，須順著旋轉方向移位，③去磁效應導致感應電勢減少。

    ⑵電樞反應對電動機的影響：①前極尖磁場强度變强，後極尖變弱，②電刷若須移位，須逆著旋轉方向移位，③去磁效應導致轉矩變小與轉速變快。

12. 電樞反應每極的去磁安匝$AT_d=\frac{Z}{P}\cdot\frac{\alpha}{\pi}\cdot\frac{I_a}{a}$

    電樞反應每極的交磁安匝$AT_c=\frac{Z}{P}\cdot\frac{\pi-2\alpha}{2\pi}\cdot\frac{I_a}{a}$

13. 電樞反應的改善方法：①增大磁極尖部的空氣隙，②採用單極尖的疊片，③楞得爾磁極法，④補償繞組，⑤中間極。

14. 補償繞組法又稱爲湯姆生－雷恩法，補償繞組置於極面槽內，和電樞繞組串聯，流經電樞電流，產生之安匝完全抵消電樞磁場，效果理想。補償繞組導體數Z_c

$$Z_c=\psi\cdot\frac{Z}{P}\cdot\frac{1}{a}$$

15. 中間極又稱爲換向磁極，主要目的在改善換向，又可抵消部份電樞反應。依旋轉方向中間極的極性，在發電機中爲$N_s\,S_n$；在電動機中爲$N_n\,S_s$。

16. 換向曲線可分爲：①直線換向：即理想換向②正弦換向③低速換向：電刷後端會產生火花④過速換向：電刷前端會產生火花。

17. 直流機爲改善換向，可採①電阻換向②電壓換向③移動電刷法。

18. 直流機效率 η 為

$$\eta=\frac{P_{out}}{P_{in}}\times 100\%$$

$$=\frac{P_{out}}{P_{out}+P_{loss}}\times 100\%$$ (適用於發電機求效率)

$$=\frac{P_{in}-P_{loss}}{P_{in}}\times 100\%$$(適用於電動機求效率)

19. 直流電機損失分類：①銅損，②機械損失，③鐵損，④雜散負載損。
20. 直流發電機的功率潮流圖如圖4-47(a)所示；直流電動機的功率潮流圖如圖4-47(b)所示。

習題四

1. 試證直流發電機的感應電勢為$E=\dfrac{PZ}{60a}n\phi$。
2. 試證直流電動機的轉矩為$T=\dfrac{PZ}{2\pi a}I_a\phi$。
3. 直流電機的構造為何？
4. 何謂電樞反應？對直流電機有何影響？
5. 何謂電樞反應的去磁效應與交磁效應？
6. 如何消除電樞反應？
7. 何謂換向作用？
8. 中間極的功用為何？發電機及電動機的中間極極性如何決定。
9. 疊繞和波繞有何差別？
10. 何謂均壓線？為何疊繞需設均壓線而波繞不需設均壓線。

11. 何謂虛設線圈？

12. 直流電機中有那種類型的損失？

13. 有一直流發電機爲2極，單分疊繞，每極磁通量爲0.05 韋伯，電樞總導體數爲1440根，若轉速爲1000rpm時，感應電勢爲若干？

14. 有一他激式的直流發電機，轉速1000rpm時得感應電勢 180V，求當轉速升至1500rpm時之感應電勢值爲若干？

15. 有一直流電動機，6極，雙重波繞，其電樞總導體數Z爲2880根，每極磁通量爲0.02韋伯，若電樞電流爲5 安培時，求產生之轉矩爲若干？

16. 有一直流電動機，滿載時可產生50牛頓－米之轉矩，若將其場磁通增加10%，並將電樞電流減少5%，則此時之轉矩變爲若干？

17. 求下列換向片距Y_c及重入數(a)雙分疊繞組，換向片數34 (b)單分疊繞組，換向片數36。

18. 有一四極的直流發電機，採雙分疊繞，若每極磁通量爲0.02韋伯，電樞上共有900根導體，轉速爲1000rpm，求

⑴發電機所產生之感應電勢？

⑵欲使發電機產生200伏特，其轉速應爲多少？

19. 有一六極的直流電動機，採雙分波繞，每極磁通量爲3×10^5馬，電樞導體共有1200根，轉速爲1200rpm，求

⑴電樞之反電勢？

⑵若電樞電流爲20A，求此電動機之轉矩？

⑶磁通增加$\frac{1}{4}$，轉速減少$\frac{1}{10}$，若欲維持轉矩不變，則電樞電流應爲多少？

20. 有一六極的直流發電機，電樞上共有65槽，換向片數65個，爲雙重波繞，採後退繞，計算①換向節距②後節距③前節距。

21. 有一四極的直流電動機，採單分雙層疊繞，電樞有72槽，72個換向片，採前進式，求①換向節距②後節距③前節距。

22. 有一六極的直流發電機，有480根導體，每根導體之平均感應電勢爲0.8V，且每根導體之電流爲2A，求：

⑴爲雙分疊繞時，求所生之總電勢、總電流及功率？

⑵爲雙分波繞時，求所生之總電勢、總電流及功率？

23. 有一六極的直流電機，電樞的總導體數爲1440根，其電樞電流爲50安培，若電刷移刷5度的機械角，試求每極去磁安匝及交磁安匝各爲若干？ ①採雙分疊繞②採單分波繞

24. 有一八極的直流電機，採雙分波繞，電樞表面總導體數爲940根，其電樞額定電流爲100安培，極面弧長涵蓋85％的極距，今欲裝置補償繞組以抵消電樞反應，試求完全補償時之極面導體數？

25. 有一220V、20A之直流電動機，滿載時可產生5HP的功率，試求滿載效率爲若干？損失爲若干？

26. 有一部四極、100伏特的直流電動機，雙分波繞，電樞電阻爲0.2Ω，每極磁通量爲0.005韋伯，電樞總導體數爲960根，滿載時電樞電流爲40A，試求

⑴滿載時轉速爲若干？

⑵半載時轉速爲若干？

27. 有一六極的直流發電機，單分波繞、電樞總導體數720根，每極表面積40公分×40公分，氣隙磁通密度爲0.1韋伯／平方米，每分鐘轉速爲1800轉，試求無載感應電勢？

28. 有一六極、30kW、200伏特的直流發電機，採單分疊繞，電樞上有64個線圈，每個線圈6匝，額定速率1800rpm，試求

(1)產生額定電壓時，每極磁通量爲若干？

(2)在額定電流下，電樞中每一導體所流經的電流爲若干？

(3)電機在額定電流下的感應轉矩爲若干？

(4)若線圈的每匝電阻爲0.008Ω，電樞電阻R_a爲若干？

第五章 直流發電機的分類與特性

5-1 直流發電機的分類

直流發電機依場電流的激磁方式可分為：

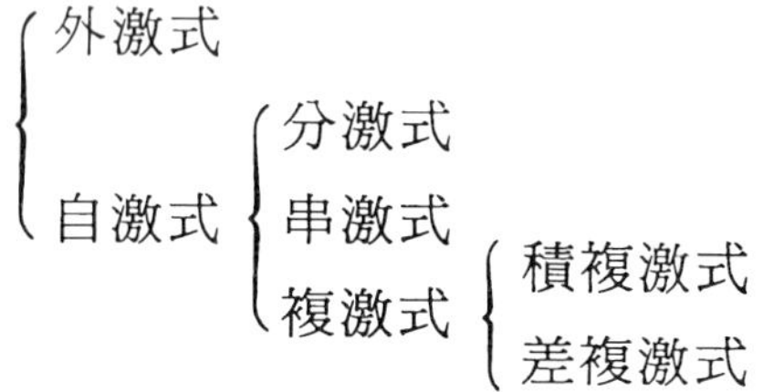

(一)外激式發電機：

外激式發電機又稱為他激式發電機，激磁場繞組的電源由外加直流電源所供給，如圖5-1所示。

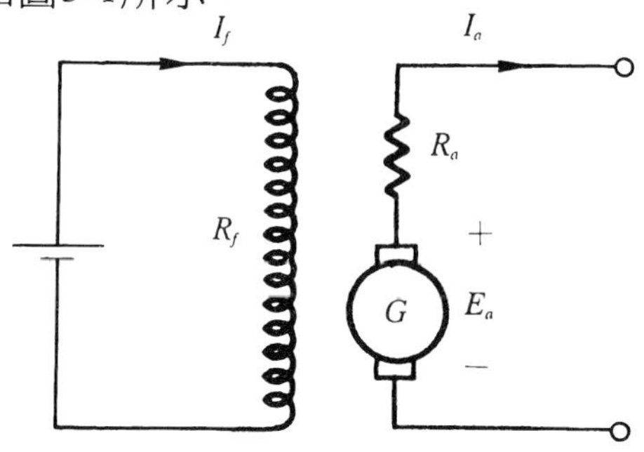

圖5-1　外激式發電機

(二)自激式發電機：

激磁場繞組的電源由發電機本身的電樞所供給，依激磁場繞組與電樞連接方式的不同，可分為：

⑴分激式發電機：

激磁場繞組和電樞並聯，所以分激場繞組線徑細、匝數多，如圖5-2所示。

⑵串激式發電機：

激磁場繞組和電樞串聯，所以串激場繞組線徑粗、匝數少，如圖5-3所示。

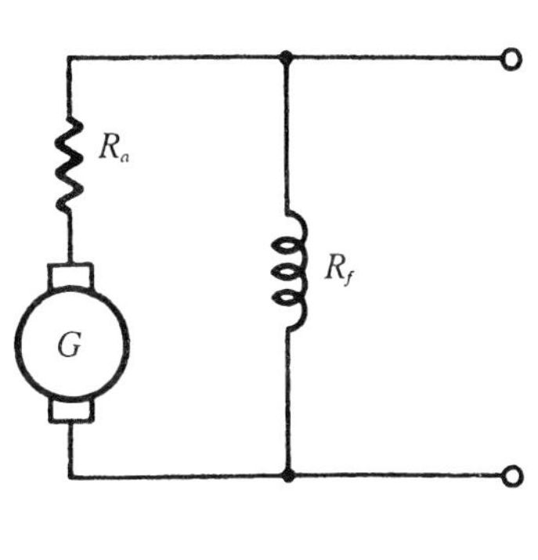

圖5-2　分激式發電機

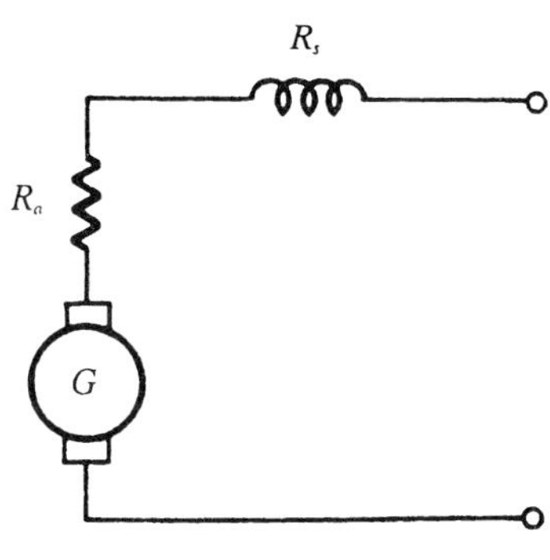

圖5-3　串激式發電機

⑶複激式發電機：

複激式發電機的場繞組同時採用分激場繞組與串激場繞組。

①複激式依分激場繞組與串激場繞組所產生的磁通方向相同與否，又可分爲積複激式與差複激式兩種：

❶積複激式發電機：分激場、串激場所生的磁通方向相同，如圖5-4(a)所示。又依串激場磁通大小可分爲：

(甲)過複激式發電機：滿載電壓大於無載電壓，如圖5-4(b)。

(乙)平複激式發電機：滿載電壓等於無載電壓，如圖5-4(b)。

(丙)欠複激式發電機：滿載電壓小於無載電壓，如圖5-4(b)。

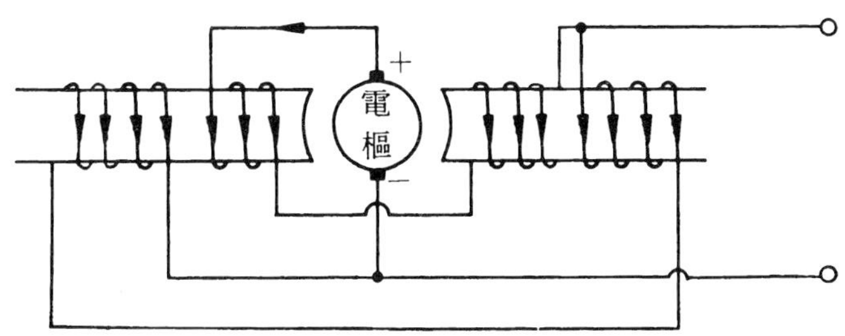

(a)長並聯積複激式發電機

圖5-4

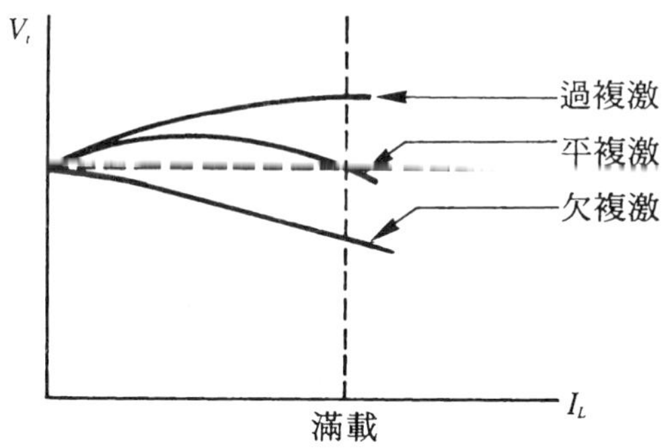

(b)積複激式發電機之外部特性曲線

圖5-4 (續)

❷差複激式發電機：分激場與串激場所生的磁通方向相反，如圖5-5所示。

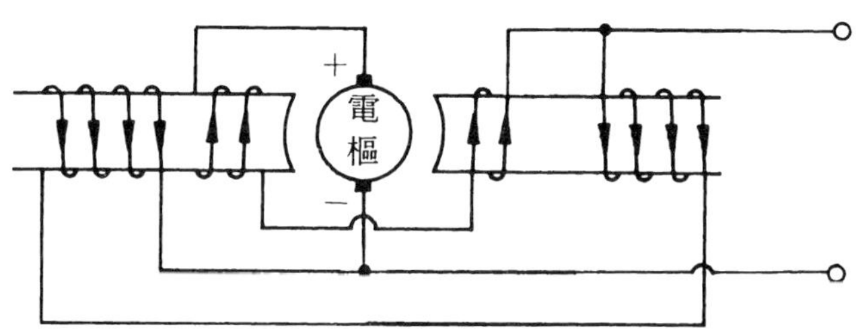

圖5-5 長並聯差複激式發電機

②複激式依分激場繞組與串激場繞組的連接方式不同，可分為：

❶短並聯式發電機：電樞與分激場繞組並聯後，再與串激場繞組串聯，如圖5-6所示。

❷長並聯式發電機：電樞與串激場繞組串聯後，再與分激場繞組並聯，如圖5-7所示。

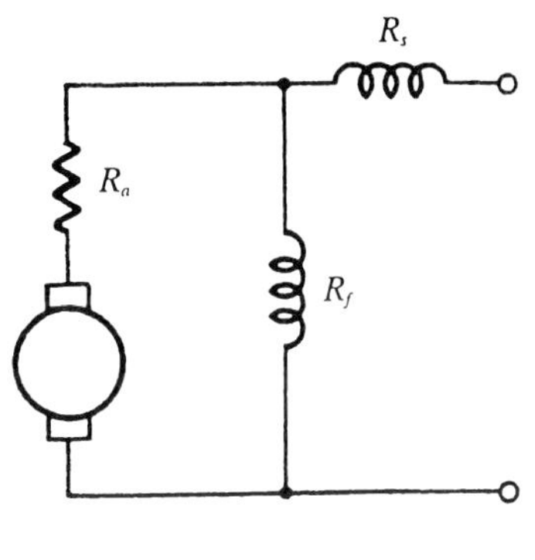

圖5-6　短並聯式發電機

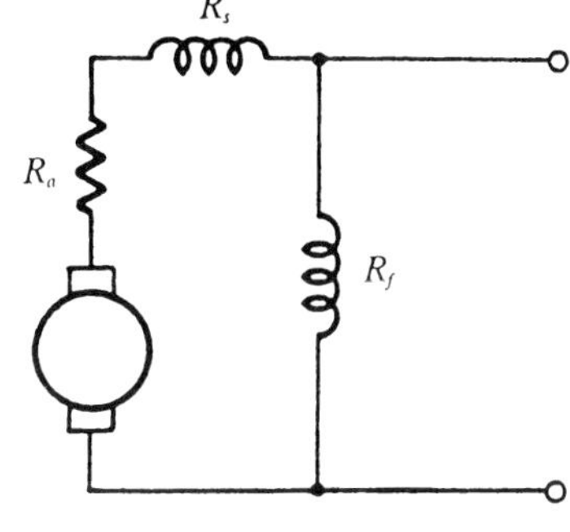

圖5-7　長並聯式發電機

5-2 直流發電機的特性曲線

將發電機的特性以曲線表示稱爲特性曲線，直流發電機的各種特性曲線可分爲：

(一)無載特性曲線(No load characteristic)

無載特性曲線又稱爲磁化特性曲線或飽和特性曲線，爲發電機在額定轉速下，不加負載，以激磁電流I_f爲橫座標、感應電勢E_a爲縱座標所描繪的特性曲線。

(二)外部特性曲線

發電機在額定速率下運轉，且保持激磁電流I_f及速率n不變，以負載電流I_L爲橫座標、端電壓V_L爲縱座標所描繪的特性曲線。

(三)內部特性曲線

發電機在額定轉速下運轉，且保持激磁電流I_f及速率n不變，以電樞電流I_a爲橫座標、感應電勢E_a爲縱座標所描繪的特性曲線。

(四)電樞特性曲線

又稱爲磁場調整曲線，可利用不同之負載加在發電機上，並維持端電壓V_L及轉速n為額定時，以電樞電流I_a為橫座標、磁場電流I_f為縱座標所描繪之特性曲線。

5-3 自激式發電機的電壓建立

5-3-1 自激式發電機電壓的建立過程

自激式發電機(包括分激式、串激式、複激式)電壓要建立，最基本的條件，激磁場一定要有剩磁。激磁場的磁通若為零，則$E_a = Kn\phi = 0$，則電樞上將沒有電壓產生。

自激式發電機建立電壓過程如下：(以分激式為例)

(1)維持原動機之轉速為定速，電樞導體割切磁極的剩磁通，所建立的電壓為$E_0 = Kn\phi_r$ (ϕ_r為剩磁)，如圖5-8所示。

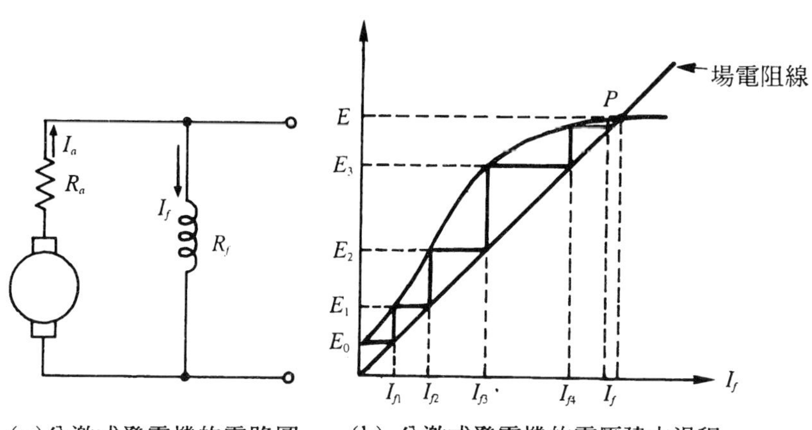

(a)分激式發電機的電路圖　(b) 分激式發電機的電壓建立過程

圖5-8 分激式發電機

(2)忽略電樞電阻的壓降，則發電機所建立的電壓E_0加於場電阻的兩端，產生場流$I_{f1}\left(I_{f1} = \dfrac{E_0}{R_f}\right)$，$I_{f1}$流入場繞組使磁通增加，電樞的感應電勢亦可增加至$E_1$。

⑶ E_1加於場電阻的兩端，使場電流增至I_{f2}，由I_{f2}之場流產生E_2之電樞電壓……，依此情形類推，發電機建立之電壓將在P點達到穩定。

⑷此穩定點P為無載特性曲線與場電阻線的交點。

5-3-2 臨界場電阻與臨界速率

(一)臨界場電阻

與飽和曲線相切的場電阻線，稱為臨界場電阻線，如圖5-9所示，其電阻為R_{f2}，所以R_{f2}稱為臨界場電阻。發電機場電阻大小將影響電樞電壓的大小。

⑴場電阻若大於臨界場電阻，則場電阻線與飽和曲線沒有交點，無法建立電壓，如圖5-9之R_{f3}。

⑵場電阻若等於臨界場電阻，則場電阻線與飽和曲線相交多點，發電機建立的電壓呈不穩定狀態，如圖5-9之R_{f2}，應避免之。

⑶場電阻若小於臨界場電阻，則場電阻線與飽和曲線相交一點，則可建立電壓，如圖5-9之R_{f1}。

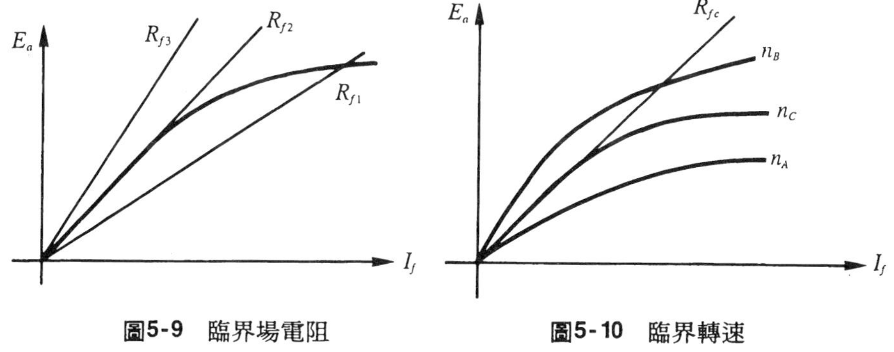

圖5-9　臨界場電阻　　圖5-10　臨界轉速

(二)臨界轉速

若發電機的場電阻為R_{fc}，且有一磁化曲線與場電阻線相切，產生此磁化曲線的速率n_C稱為臨界速率。由公式$E_a=Kn\phi$得知，發電機的轉速與電樞電壓成正比。

⑴轉速若大於臨界速率，飽和曲線與場電阻線有交點，故可建立電壓，如圖5-10之n_B。

⑵轉速若等於臨界速率，飽和曲線與場電阻線將相交多點，發電機建立的電壓呈不穩定狀態，如圖5-10之n_C，應避免之。

⑶轉速若小於臨界速率，飽和曲線與場電阻線沒有交點，無法建立電壓，如圖5-10之n_A。

綜合以上得知自激式發電機電壓建立基本條件：(1)必須有剩磁存在(2)場電阻必須小於臨界場電阻(3)轉速必須高於臨界速率。

5-3-3 自激式發電機電壓建立失敗的原因與處理方法

自激式發電機電壓無法建立之原因及處理方法

⑴沒有剩磁：

在電樞兩端並聯一直流伏特計，若指示2～4V表示有剩磁存在，若指示爲零且電樞電路又沒有故障，表磁場鐵心沒有剩磁存在，可將場繞組重新利用直流電源給予激磁，或改爲直流電動機運轉一段時間後再改爲發電機使用。

⑵磁場繞組反接或轉向錯誤：

磁場繞組反接或轉向錯誤時，電機運轉後會抵消剩磁，電樞無法建立電壓，排除故障方法爲將磁場繞組反接或改變電機轉動方向。

⑶電樞電路、磁場電路開路或電刷與換向片接觸不良：

電樞電路、磁場電路開路或電刷與換向片接觸不良，發電機將無法建立電壓，改善方法爲檢出故障，重新接續或調整。

⑷場電阻大於臨界場電阻：

場電阻若大於臨界場電阻，則發電機電壓無法建立，改善的方法爲降低場電阻。

(5)發電機的轉速低於臨界轉速：

發電機的轉速若低於臨界轉速，則發電機無法建立電壓，改善的方法爲提高原動機的轉速。

5-4 外激式發電機的特性及用途

(一)無載特性曲線：

如圖5-11所示爲外激式發電機的無載特性實驗接線圖與無載飽和曲線圖。發電機在額定轉速下，不加負載，其感應電勢E_a爲

$$E_a=\frac{PZ}{60a}n\,\phi=Kn\,\phi \tag{5-1}$$

式中，P表極數，Z表總導體數，a表電流路徑數，n表每分鐘轉速，ϕ表磁通。由上式得知，E_a與$n\,\phi$成正比，若n保持一定，則E_a與ϕ成正比，而ϕ由磁場電流I_f產生：

$$F=NI_f=\phi\mathscr{R} \tag{5-2}$$

$$\phi=\frac{F}{\mathscr{R}}=N\frac{I_f}{\mathscr{R}} \tag{5-3}$$

式中，F表磁動勢，N表匝數，I_f表磁場電流或激磁電流，$\mathscr{R}$表磁阻。

磁阻包含氣隙磁阻及鐵心磁阻，其中氣隙磁阻固定不變，由於鐵心材料的磁飽和及磁滯現象，因此鐵心剛開始時，磁通正比於磁場電流，到飽和點以後，場電流增加，場磁通僅作些微增加。

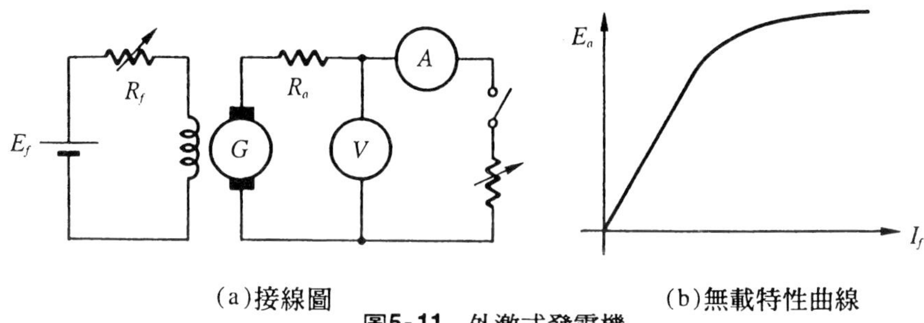

(a)接線圖　　(b)無載特性曲線

圖5-11　外激式發電機

(二)外部特性曲線

發電機在額定速率下運轉，保持激磁電流及速率不變，以負載電流I_L爲橫座標、負載端電壓V_L爲縱座標所描繪的特性曲線，如圖5-12所示。

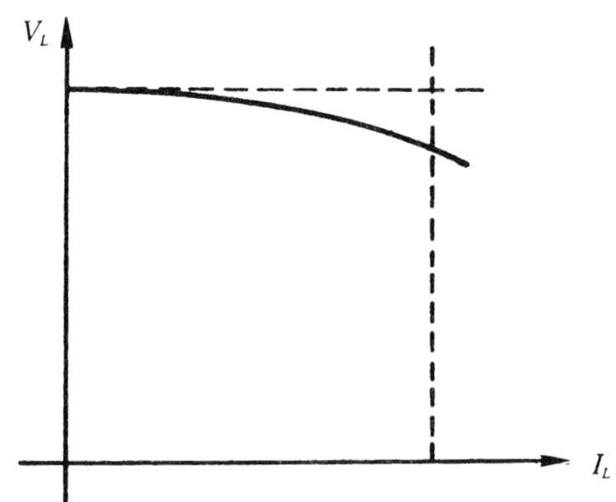

圖5-12 外激式發電機的外部特性曲線

發電機最重要的特性是外部特性曲線，即端電壓V_L隨負載電流I_L改變的曲線圖，外激式發電機在無載時，由於電樞電流爲零，負載端電壓等於感應電勢。當負載加上後，端電壓會逐漸下降，其主要原因有二：

(1)電樞電阻所造成的壓降。

(2)電樞反應之去磁效應，使磁通ϕ減少，由公式$E_a=Kn\phi$得知，感應電勢E_a會減少。

$$\begin{aligned} V_L &= E_a - I_aR_a \\ &= E_{ao} - I_aR_a - \text{去磁效應所造成的壓降} \end{aligned} \tag{5-4}$$

式中E_{ao}：無載感應電勢 ($E_{ao}=Kn\,\Phi_o$)

E_a：感應電勢 ($E=Kn\,\Phi$)

設電樞反應之去磁效應為F_{AR}，則發電機之淨磁勢F_{net}為

$$F_{net}=N_f I_f-F_{AR} \tag{5-5}$$

等效磁場電流I_f*為

$$I_f^*=I_f-\frac{F_{AR}}{N_f} \tag{5-6}$$

(三)外激式的特點與用途

外激式發電機的優缺點及用途如下：

優點：①由於激磁電流固定，所以因負載變化所引起的電壓變動較小，可維持端電壓恒定的特性。

②改變激磁電流，便可改變發電機的輸出電壓，所以能供應變化範圍特別寬廣的電壓。

缺點：由於激磁須由另外的直流電源供給，既不方便，也不經濟。

用途：輸出電壓因具有維持定值的特性，一般應用於實驗室、電壓調整範圍廣且需安定之處，如激磁機等。

【例 1】 有一外激式發電機，在額定轉速下運轉，額定輸出功率5kW，其端電壓為100V，若負載電阻增加20%時，得電樞電流為42A，若電刷接觸電阻壓降及電樞反應的去磁效應均忽略不計，求電樞電阻R_a？

【解】

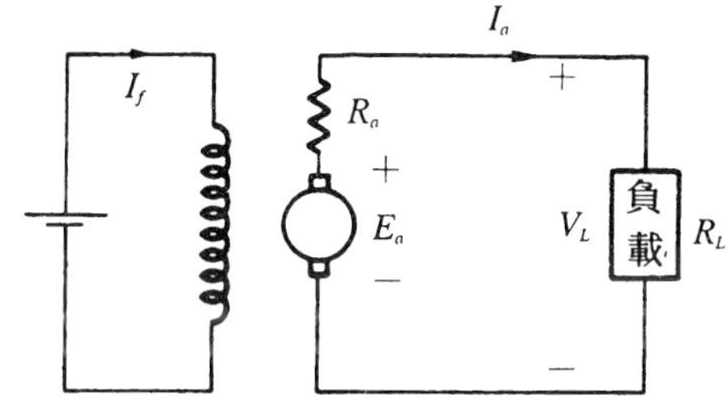

$P=5\text{kW}$，$V_L=100\text{V}$

$$I_a=\frac{P}{V_L}=\frac{5\times10^3}{100}=50(\text{A})$$

$$R_L=\frac{V_L}{I_a}=\frac{100}{50}=2(\Omega)$$

$$E_a=V_L+I_aR_a=I_a(R_a+R_L)$$

$$\therefore E_a=50(R_a+2)\cdots\cdots(1)$$

負載電阻增加20%，$\therefore R_L'=2\times1.2=2.4(\Omega)$

$$E_a=I_a'(R_a+R_L')$$

$$E_a=42(R_a+2.4)\cdots\cdots(2)$$

聯立方程式⑴、⑵

$$R_a=0.1(\Omega)$$

5-5 分激式發電機的特性及用途

(一)無載特性曲線

如圖5-8所示為分激式發電機的無載特性曲線。分激式發電機電壓建立過程，如5-3-1所述。未飽和時，感應電勢與激磁電流成正比，到飽和點以後，場電流增加，感應電勢僅作微些增加。

(二)外部特性曲線

分激式發電機在額定速率下運轉，保持激磁電流及速率一定，以負載電流I_L為橫座標、負載端電壓V_L為縱座標所描繪之特性曲線，如圖5-13所示。分激式發電機當負載加上後，端電壓V_L會逐漸下降，其主要原因有三：

⑴電樞電阻所造成之壓降。

⑵電樞反應之去磁效應，使磁通ϕ減少，由公式$E_a=Kn\phi$中得知，感應電勢E_a會減少。

(3)分激磁場繞組受端電壓V_L下降的影響，磁場會減弱而造成壓降。

$$\begin{aligned}V_L &= E_a - I_aR_a \\ &= E_{ao} - I_aR_a - \text{去磁效應所造成的壓降} - \text{磁場減弱所造成的壓降}\end{aligned} \tag{5-7}$$

式中E_{ao}：無載感應電勢　($E_{ao}=Kn\,\phi_o$)

V_L：負載端電壓

E_a：感應電勢　($E_a=Kn\,\phi$)

I_a：電樞電流

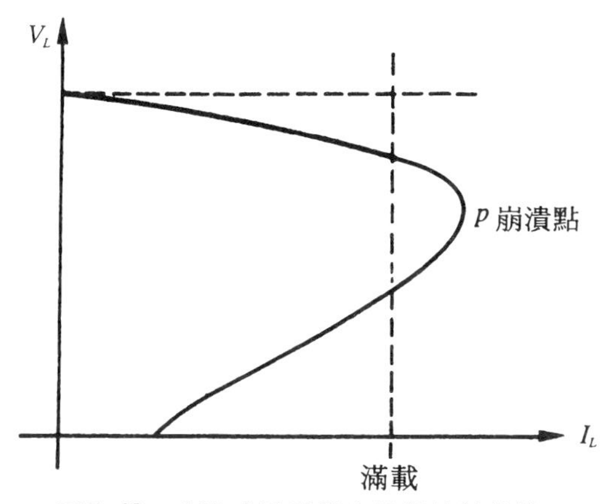

圖5-13　分激式發電機之外部特性曲線

當分激式發電機負載超過滿載後，特性曲線達到崩潰點P，爾後若再增加負載，端電壓V_L降低，負載電流亦隨端電壓的降低而減少，將負載逐次加重，當負載短路時，端電壓V_L為零，負載電流I_L比滿載電流還低，因此不會燒毀電機。分激式發電機對負載短路雖具有自我保護之特性，但不可瞬間短路，因電樞電路為 R–L 電路，因此無法立即產生去磁磁勢以抵消主磁場的磁勢，所以瞬間的電樞電流仍非常大。

(三)分激式發電機的特性及用途

分激式發電機的端電壓隨負載的增加而下降的情形，雖然比外激式大，但在一定的電壓範圍內，可藉場電阻器的調整，以得到定值的電壓，所以分激式發電機適合作爲蓄電池的充電器、電化工業的直流電源與中小容量同步電機的直流電源。

【例 2】 有一分激式發電機22kW、220V，其電樞電阻爲0.05Ω，分激場電阻爲220Ω，在供應額定輸出時，電樞所產生的電功率爲若干？

【解】

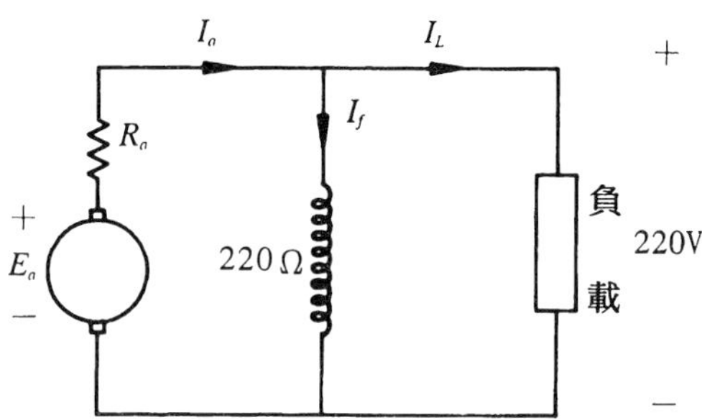

$P=22\text{kW}$、$V=220\text{V}$、$R_a=0.05\,\Omega$、$R_f=220\,\Omega$

$$I_L=\frac{P}{V}=\frac{22\times10^3}{220}=100(\text{A})$$

$$I_F=\frac{V}{R_f}=\frac{220}{220}=1(\text{A})$$

$$I_a=I_L+I_f=100+1=101(\text{A})$$

$$E_a=V+I_aR_a=220+101\times0.05=225.05(\text{V})$$

$$P_a=E_a\,I_a=225.05\times101=22730.05(\text{W})\doteqdot 22.7\ (\text{kW})$$

【例 3】 有台300kW、600V之直流分激式發電機，在額定負載下感應電勢爲620V，此時分激場電流爲6A，試求發電機之電樞電阻。

【解】

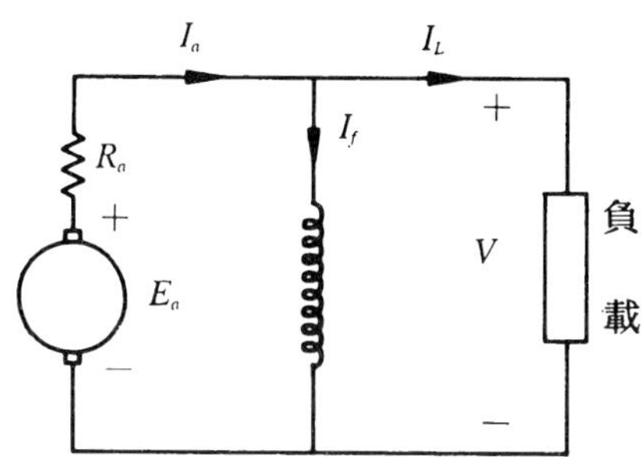

$$I_L=\frac{300\times10^3}{600}=500(\text{A})$$

$$I_a=I_L+I_f=500+6=506(\text{A})$$

$$E=V+I_aR_a$$

$$620=600+506\times R_a$$

$$\therefore R_a=0.039(\Omega)$$

【例 4】有台50kW、220V之直流分激式發電機，當負載短路時，其短路電流為200A，此台發電機之剩磁電壓為2V，試求：

(1)電樞電阻R_a為若干？

(2)當場電阻為110Ω時，感應電勢E_a為若干？

(3)試比較短路電流及額定負載電流之大小？

【解】 (1)$I_{SC}=200\text{A}$、$E_r=2\text{V}$

$$\therefore R_a=\frac{E_r}{I_{SC}}=\frac{2}{200}=0.01(\Omega)$$

(2)$I_L=\dfrac{P}{V}=\dfrac{50\times10^3}{220}=227.27(\text{A})$

$$I_f=\frac{V}{R_f}=\frac{220}{110}=2(\text{A})$$

$$I_a=I_L+I_f=227.27+2=229.27(\text{A})$$

$$E_a=\text{V}+I_aR_a=220+229.27\times0.01=222.3(\text{V})$$

(3)$I_{SC}=200\text{A}$，額定電流為229.27(A)，由於短路電流小於額定電流，故分激式發電機短路時有自我保護作用。

5-6 串激式發電機的特性及用途

(一)無載特性曲線

串激式發電機乃激磁場與電樞相串聯，如圖5-14所示。其電樞、激磁場及負載形成一迴路，故$I_a=I_s=I_L$。當無載($I_L=0$)時，激磁電流$I_s=0$，磁通$\phi=0$，感應電勢$E_a=Kn\phi=0$，因此串激式發電機在無載情況下，電樞只能靠剩磁來產生非常小的電壓，且串激式發電機無法測得無載特性曲線，唯有改成外激式方能求得，所以無載特性曲線與外激式相同。

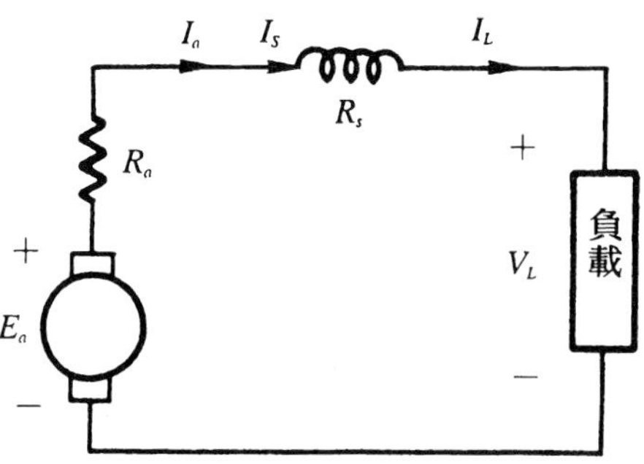

圖5-14 串激式發電機電路圖

(二)外部特性曲線

外部特性曲線，乃發電機在額定速率下運轉，而以負載電流I_L為橫座標、負載端電壓V_L為縱座標所描繪之特性曲線。

圖5-15為串激式發電機外部特性曲線，其曲線建立過程如下：

(1)當無載時$I_L=0$，所以$I_s=0$，則激磁線圈無磁通產生，所以沒有感應電勢建立($E_a=Kn\phi=0$)。

(2)當串激式發電機輕載時，由於激磁電流I_s很小，激磁線圈的鐵心處於低飽和狀態，所以外部特性曲線和無載特性曲線相似，如圖5-15之oa段。

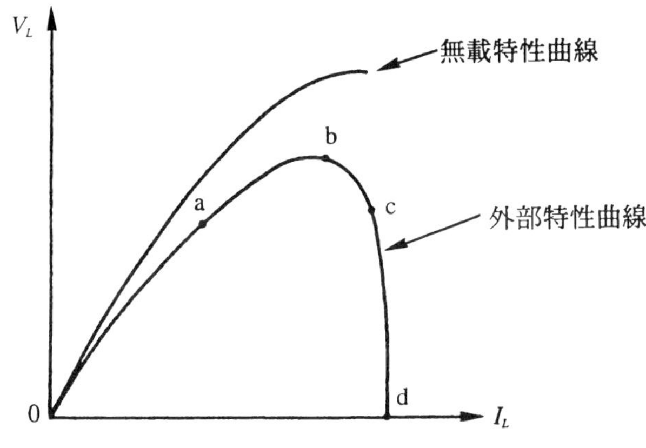

圖5-15　串激式發電機外部特性曲線

(3)當負載增大時，激磁電流I_s變大，建立電壓愈高，但同時因內部壓降及電樞反應的去磁效應也愈大，所以外部特性曲線就愈偏離無載特性曲線，如圖ab段。

(4)負載再增加，鐵心愈接近飽和點，此時內部壓降及電樞反應的去磁效應更大，負載端電壓達崩潰點b。

(5)當電壓達崩潰點後，若再繼續提高負載(即減少負載電阻)，因內部壓降及去磁效應，電壓非但不提高，反而快速下降，如圖cd段。

外部特性方程式如下：

$$\boxed{V_L = E_a - I_a(R_a + R_s) - E_{ARD}} \tag{5-8}$$

式中V_L：負載端電壓

E_a：感應電勢

I_a：電樞電流

R_a：電樞電阻

R_s：磁場電阻

E_{ARD}：電樞反應的去磁效應所造成的壓降

(三)串激式發電機的用途

由圖5-15之cd段特性知串激式發電機具有恆流特性，故串激發電機是設計在高電樞反應，這是與其他型式發電機不同之處。串激式發電機除有恆流特性外亦具有昇壓作用，如圖5-15的oa段，故適用於昇降機或串聯弧光街燈之電源。

【例 5】有一串激發電機，供應50只串聯弧光街燈，每只300W，負載電流5A，其電樞電阻為1Ω，磁場電阻5Ω，線路電阻10Ω，求此發電機之感應電勢為若干？

【解】

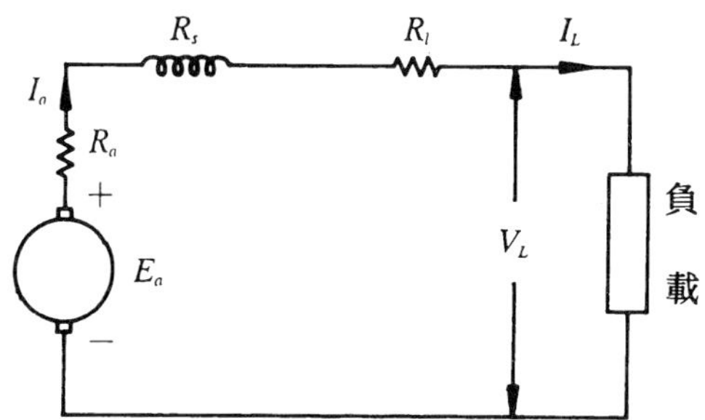

$I_L=I_a=5\text{A}$、$R_a=1\,\Omega$、$R_s=5\,\Omega$、$R_l=10\,\Omega$

設負載端電壓為V_L

$$V_L=\frac{P}{I}=\frac{300\times 50}{5}=3000(\text{V})$$

$$E_a=V_L+I_a(R_a+R_s+R_l)$$

$$=3000+5(1+5+10)=3080(\text{V})$$

5-7 複激式發電機的特性及用途

複激式發電機依分激場繞組與串激場繞組所產生的磁通方向相同與否，可分為積複激式與差複激式兩種。

(一)積複激式發電機：

如圖5-16所示為長並聯積複激式發電機的等效電路，分激場磁通

ϕ_f 與串激場磁通 ϕ_s 同方向，所以合成磁通 $\phi_T = \phi_f + \phi_s$。串激場磁通 ϕ_s 可在串激場繞組並聯一可變電阻 R_{adj} 予以調整。

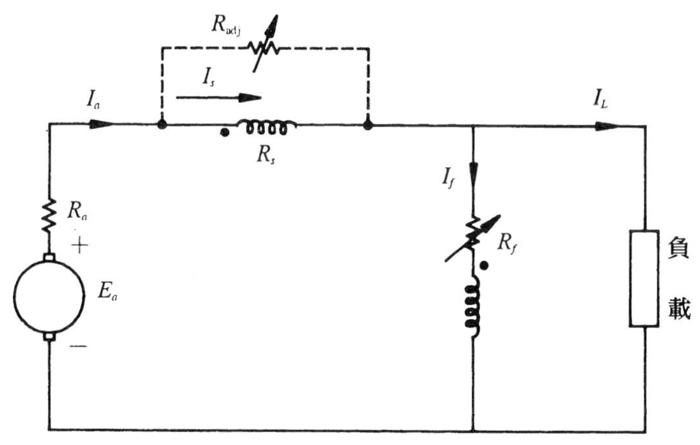

圖5-16　長並聯積複激式發電機的等效電路

(1)積複激式發電機之淨磁動勢為：

$$F_{net} = F_{sh} + F_{se} - F_{ar} \tag{5-9}$$

式中 F_{sh} 為分激場的磁動勢，F_{se} 為串激場的磁動勢，F_{ar} 為電樞反應的磁動勢

等效分激場電流為

$$N_{sh} I_f^* = N_{sh} I_f + N_{se} I_s - F_{ar} \tag{5-10}$$

$$\boxed{I_f^* = I_f + \frac{N_{se}}{N_{sh}} I_s - \frac{F_{ar}}{N_{sh}}} \tag{5-11}$$

(2)積複激依串激場磁通大小可分為：

①過複激式：串激場有較強之磁通勢，足夠抵消內部壓降及電樞反應去磁效應所造成的影響，其滿載端電壓大於無載端電壓，

其外部特性曲線，如圖5-17之A曲線。

②平複激式：串激場之磁通勢，正好抵消內部壓降及電樞反應去磁效應所造成的影響，其滿載端電壓等於無載端電壓，其外部特性曲線，如圖5-17之B曲線。

③欠複激式：串激場之磁通勢較弱，不足抵消內部壓降及電樞反應之去磁效應所造成的壓降，其滿載端電壓小於無載端電壓，其外部特性曲線，如圖5-17之C曲線。

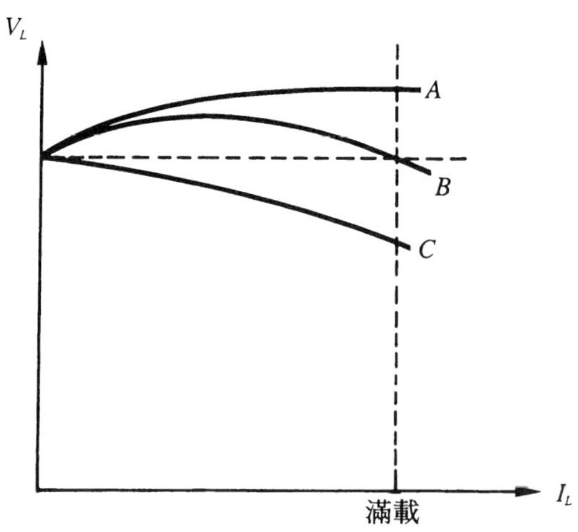

圖5-17 積複激式發電機之外部特性曲線

⑶積複激式發電機的用途

①過複激式發電機適用於遠距離供電、電車、鋼鐵工業等之電源。

②平複激式發電機適用於一般的直流電源及作爲激磁機使用。

③欠複激式發電機其滿載端電壓較無載端電壓低，故很少使用。

(二)差複激式發電機：

如圖5-18所示爲長並聯差複激式發電機的等效電路，分激場磁通ϕ_f與串激場磁通ϕ_s方向相反，所以合成磁通$\phi_T = \phi_f - \phi_s$。串激場磁通ϕ_s可藉R_{adj}予以調整。

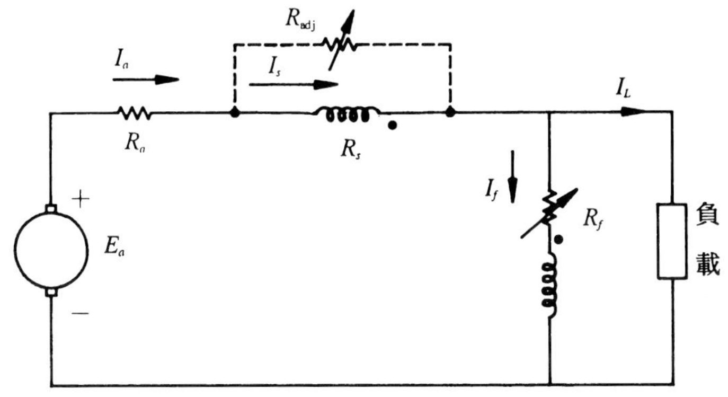

圖5-18　差複激式發電機的等效電路圖

⑴差複激式發電機之淨磁動勢爲

$$F_{net}=F_{sh}-F_{se}-F_{ar} \tag{5-12}$$

等效分激場電流爲

$$N_{sh}I_F{}^*=N_{sh}I_F-N_{se}I_s-F_{ar} \tag{5-13}$$

$$\boxed{I_F{}^*=I_F-\frac{N_{se}}{N_{sh}}I_s-\frac{F_{ar}}{N_{sh}}} \tag{5-14}$$

⑵差複激式發電機的負載效應有二：

①負載增加時，$I_aR_a+I_sR_s$增加，造成端電壓下降。

②負載增加時，串激場的磁動勢增加，使發電機的淨磁動勢減少，造成E_a與V_t下降。

上列的兩種效應使差複激式發電機的端電壓隨負載的增加而下降，圖5-19所示爲其外部特性曲線。

⑶差複激式發電機的用途：

差複激式發電機的外部特性具有下垂的特性，故適用於下述的電源：①直流電焊機用發電機②蓄電池充電用發電機③電鋸用電動機的電源。

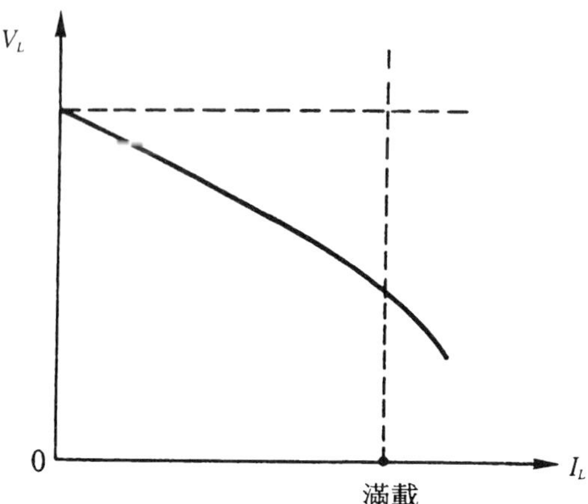

圖5-19 差複激式發電機之外部特性曲線

【例 6】有一20kW、230V、1800rpm的短並聯積複激式發電機，電樞電阻為0.1Ω，串激場繞阻電阻為0.03Ω，串激場繞組分流器的電阻為0.06Ω，分激場電路電阻為230Ω，在額定電壓下供應額定電流時，試求：(1)應電勢(2)電樞內生功率(3)此機的效率。

【解】

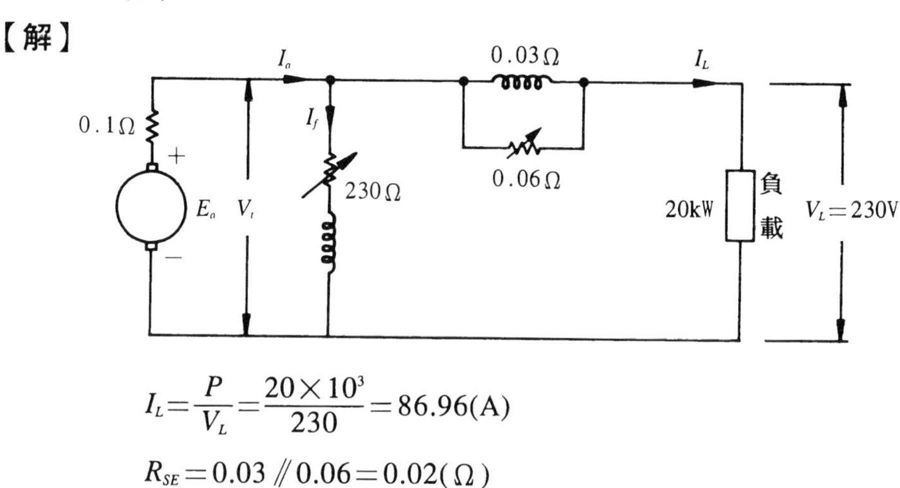

$$I_L=\frac{P}{V_L}=\frac{20\times10^3}{230}=86.96(\text{A})$$

$$R_{SE}=0.03\,/\!/\,0.06=0.02(\Omega)$$

$$V_t=V_L+I_LR_{SE}=230+86.96\times0.02=231.74(\text{V})$$

$$I_f=\frac{V_t}{R_f}=\frac{231.74}{230}=1.01(\text{A})$$

$$I_a=I_L+I_f=86.96+1.01=87.97(\text{A})$$

(1) $E_a=V_t+I_aR_a=231.74+87.97\times0.1=240.54(\text{V})$

(2) $P_a=E_aI_a=240.54\times87.97=21160(\text{W})=21.16(\text{kW})$

(3) $\eta=\dfrac{P_{\text{out}}}{P_{\text{in}}}=\dfrac{P_{\text{out}}}{P_a}=\dfrac{20\times10^3}{21.16\times10^3}=0.9452=94.52\%$

【例 7】 有一100V、1200rpm的短並聯式複激發電機，其負載電流40 A、電樞電阻0.1Ω、分激場繞組電阻120Ω、串激場繞組電阻0.05Ω，試求：

(1)電樞電流？

(2)感應電勢？

(3)電樞電阻，分激場繞組電阻及串激場繞組電阻所消耗的功率？

【解】

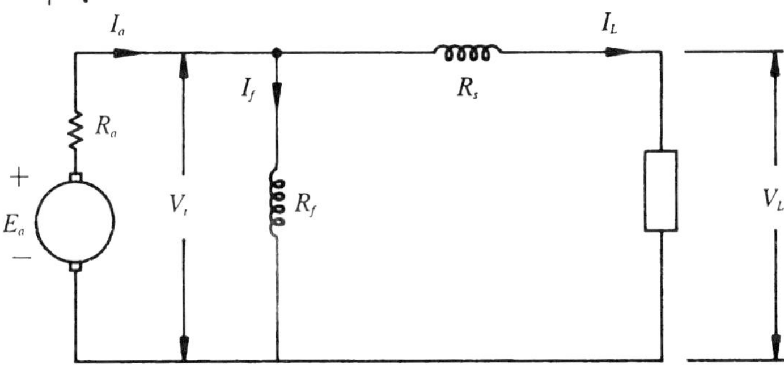

$V_L=100\text{V}$、$I_L=40\text{A}$、$R_a=0.1\Omega$、$R_f=120\Omega$、$R_s=0.05\Omega$

$$V_t=V_L+I_LR_s=100+40\times0.05=102(\text{V})$$

$$I_f=\frac{V_t}{R_f}=\frac{102}{120}=0.85(\text{A})$$

(1)電樞電流 $I_a=I_L+I_f=40+0.85=40.85(\text{A})$

(2)電樞電勢 $E_a=V_t+I_aR_a=102+40.85\times0.1=106.09(\text{V})$

(3)電樞電阻所消耗的功率 $I_a^2R_a=40.85^2\times0.1=166.87(\text{W})$

分激繞組所消耗的功率 $I_f^2 R_f = 0.85^2 \times 120 = 86.7(\text{W})$

串激繞組所消耗的功率 $I_L^2 R_s = 40^2 \times 0.05 = 80(\text{W})$

5-8 電壓調整率

發電機的電壓調整率V.R.定義為：

$$\text{V.R.} = \frac{V_o - V_f}{V_f} \times 100\% = \frac{\text{無載端電壓} - \text{滿載端電壓}}{\text{滿載端電壓}} \times 100\% \tag{5-15}$$

電壓調整率為正表示發電機的端電壓隨負載的增加而下降，電壓調整率為負表示發電機的端電壓隨負載的增加而上昇。各種發電機之外部特性曲線如圖5-20所示。*A*為過複激式，*B*為平複激式，*C*為欠複激式，*D*為外激式，*E*為分激式，*F*為差複激式，*G*為串激式。

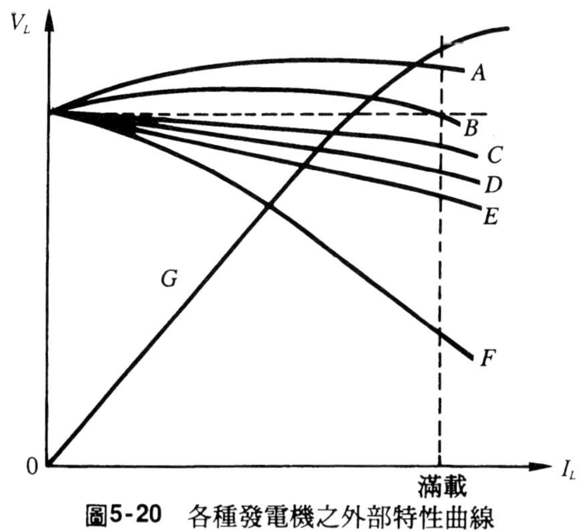

圖5-20 各種發電機之外部特性曲線

由電壓調整率V.R.及外部特性曲線可知電壓調整率爲負的是串激式及過複激式；電壓調整率爲零的是平複激式；電壓調整率爲正的是欠複激式、他激式、分激式及差複激式。

【例 8】有一分激式發電機滿載運轉時，其端電壓爲120V，若電壓調整率6%，試求無載端電壓爲若干？

【解】 $\text{V.R.}=\dfrac{V_o-V_f}{V_f}\times 100\%$

$$0.06=\frac{V_o-120}{120}$$

$$\therefore V_o=127.2(\text{V})$$

5-9 分激式發電機之並聯運轉

當一部直流發電機單獨供電於負載，則可能因負載不斷的增加、運轉之時間過長而造成不勝負擔時，可改採兩台或兩台以上的發電機，共同供電於負載，稱爲並聯運轉。

(一)並聯運用的優點及缺點：

⑴並聯運用的優點：

①當某台故障時，還可以繼續供電，所以供電可靠性高。

②使輸出增加，效率提高。

③可以視負載之變化，機器輪流休息，加以保養，使每台保持在最佳狀況。

⑵並聯運用的缺點：

①每仟瓦單位的設備成本較高。

②全載時機組的合併效率較單機低。

③佔地較大，基礎座及廠房建築費用增加。

④監視、維修工作較繁雜。

(二)直流分激式發電機並聯運轉之主要條件：

⑴極性要正確。

⑵加入並聯之發電機，端電壓一定要相等，且等於匯流排電壓。

⑶本身容量與負擔能力成正比。

⑷外部特性曲線要一致，且具有下垂特性。

(三)負載分配與外部特性曲線的關係。

⑴若兩並聯發電機的無載電壓相同，如圖5-21(a)所示，當負載加大時，其外部特性曲線下垂較大的發電機，擔任較輕的負載。由圖得知A機較B機下垂，所以$I_A < I_B$。

⑵若兩並聯發電機在滿載時有相同的輸出，如圖5-21(b)所示，當負載減輕時，其外部特性曲線下垂較大的發電機，擔任較重的負載。由圖得知，A機較B機下垂，所以$I_A > I_B$。

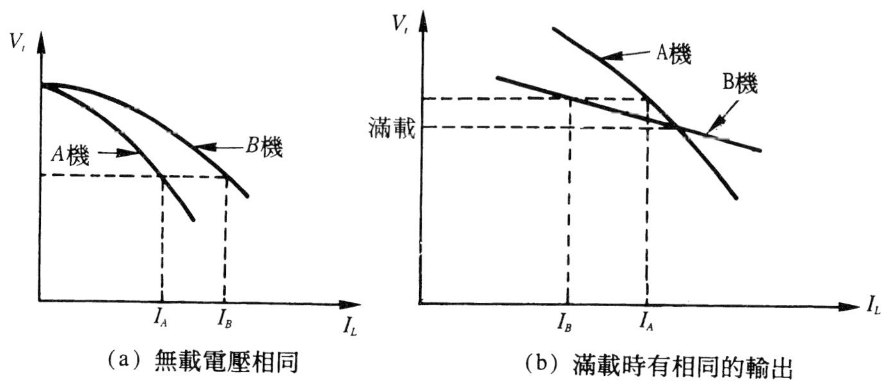

圖5-21　負載分配與外部特性曲線的關係

(四)直流分激式發電機並聯運轉之負載轉移

若發電機運轉初期，由單一發電機供應電源給負載，當負載增加時，需增加另一發電機來負擔，則新加入的發電機，其端電壓可以稍高於匯流排電壓，以便一並聯時馬上可以供應電力。倘端電壓比匯流排低時，將變成電動機作用，反而向系統吸取電流而加重系統負擔，失去並聯意義，並危害系統。

⑴假設原先由G_1發電機擔任負載，當負載變大時，須由G_2發電機來共同負擔，如圖5-22所示，其步驟如下：

①起動發電機G_2，並調整其端電壓，使與負載電壓大小相同。

②測試發電機G_2的電壓極性，若極性正確，則將S_2閉合。

③為使發電機G_2加入並聯運轉時，能馬上供應電力，G_2的端電壓稍高於匯流排的電壓，此時G_1因負載減輕，壓降減少，所以端電壓會稍微提昇。

④稍微增加G_1的場電阻R_{f1}，I_{f1}減少，所以端電壓會下降，直到恢復原來的負載電壓為止。

⑵當負載減少時，擬將G_1發電機從系統中解聯作保養、維護，則須將負載轉移至G_2發電機，其步驟如下：

①把G_1之R_{f1}增加，同時把G_2之R_{f2}減少。

②因為R_{f1}增加，則I_{f1}減少，ϕ_1減少，E_1減少，由於E_1與負擔能力成正比，因此G_1供給減少；同理R_{f2}減少，則I_{f2}增加，ϕ_2增加，E_2增加，因為E_2與負擔電流成正比，所以G_2供給增加。

③如此一直把R_{f1}增加、R_{f2}同時減少，直到全部負載由G_1移到G_2為止，此時$I_1=0$、$I_2=I_L$，當A_1的指示值為零，此時可把S_1打開，讓G_1休息。

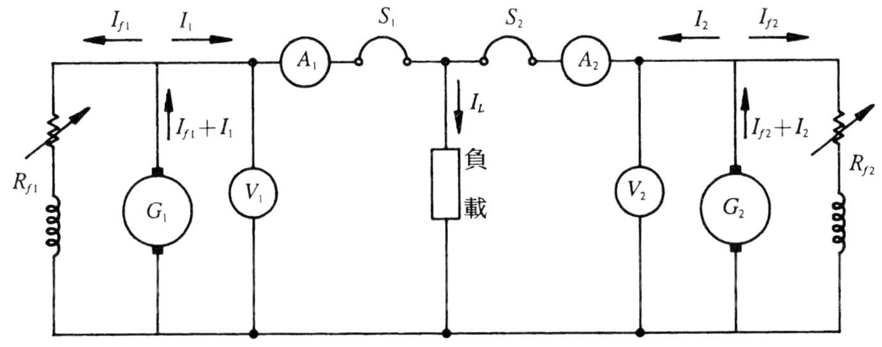

圖5-22　分激式發電機的並聯運轉

(五)分激式發電機的負載分配

⑴假設各機負擔的電流與容量成正比，則各機負擔的電流爲

$$\frac{P_1}{P_2}=\frac{I_1}{I_2} \tag{5-16}$$

⑵若各機的感應電勢相等(即$E_1=E_2$)，則

$$\begin{cases} V_1=V_2 & (5\text{-}17) \\ I_1+I_2=I_L & (5\text{-}18) \end{cases}$$

$$E_1-I_{a1}R_{a1}=E_2-I_{a2}R_{a2} \tag{5-19}$$

由$E_1=E_2$得

$$I_{a1}R_{a1}=I_{a2}R_{a2} \tag{5-20}$$

因磁場電流I_{f1}及I_{f2}較電樞電流I_1或I_2小的很多，故忽略不計(即$I_{a1}\fallingdotseq I_1$，$I_{a2}\fallingdotseq I_2$)聯立(5-18)、(5-20)方程式

$$\boxed{I_1=\frac{R_{a2}}{R_{a1}+R_{a2}}I_L} \tag{5-21}$$

$$\boxed{I_2=\frac{R_{a1}}{R_{a1}+R_{a2}}I_L} \tag{5-22}$$

由上述公式得知，當無載感應電勢相等時，供給負載之電流和電樞電阻成反比。

⑶若各機的感應電勢不相等(即$E_1\neq E_2$)，則

$$\begin{cases} V_1=V_2 & (5\text{-}23) \\ I_1+I_2=I_L & (5\text{-}24) \end{cases}$$

磁場電流I_{f1}、I_{f2}忽略不計(即$I_{a1} \doteqdot I_1$，$I_{a2} \doteqdot I_2$)

$$V = E_1 - I_1 R_{a1} = E_2 - I_2 R_{a2} \tag{5-25}$$

各機負擔的功率

$$\begin{cases} P_1 = VI_1 & (5\text{-}26) \\ P_2 = VI_2 & (5\text{-}27) \end{cases}$$

【例 9】有2台直流發電機並聯運轉$P_1 = 200$kW、$P_2 = 400$kW，其外部特性曲線如下圖所示，設兩機的感應電勢均為250伏特，在額定輸出電壓為220V情況下，G_1及G_2皆輸出額定功率。假設特性曲線為直線變化，求匯流排電壓為230V時，G_1及G_2的輸出功率？

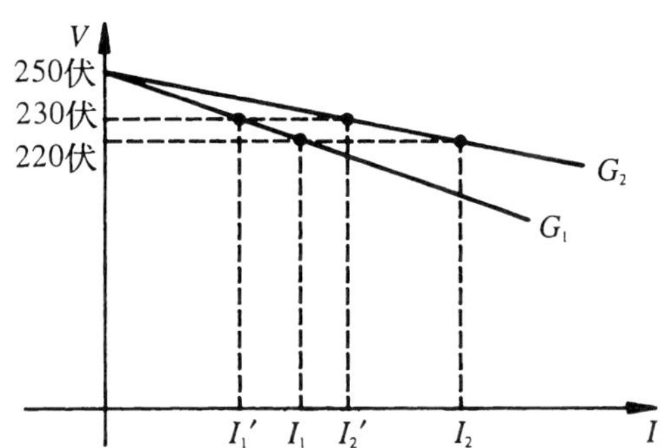

【解】　在額定電壓220V，設G_1的輸出電流為I_1、G_2的輸出電流為I_2

$$I_1 = \frac{200 \times 10^3}{220} = 909.1(\text{A})$$

$$I_2 = \frac{400 \times 10^3}{220} = 1818.2(\text{A})$$

在端電壓230V，設G_1的輸出電流為I_1'、輸出功率為P_1'；G_2的輸出電流為I_2'、輸出功率為P_2'

$$\frac{I_1}{I_1'} = \frac{250 - 220}{250 - 230}$$

$$\therefore I_1'=\frac{2}{3}\times 909.1=606.1(A)$$

$$\frac{I_2}{I_2'}=\frac{250-220}{250-230}$$

$$\therefore I_2'=\frac{2}{3}\times 1818.2=1212.2(A)$$

$$P_1'=I_1'\times 230=139403(W)=139.4(kW)$$

$$P_2'=I_2'\times 230=278806(W)=278.8(kW)$$

【例10】有2台直流分激式發電機並聯運轉，若電樞感應電勢$E_1=111$ V，$E_2=110$V，兩台電樞電阻皆爲0.02Ω，若總負載電流爲100A，試求：

⑴匯流排上的端電壓及各機分擔電流(可忽略激磁電流)。

⑵若匯流排上的端電壓不變，爲使各機的負擔各爲50A，則E_1與E_2的值應分別爲多少？

【解】 ⑴ ∵忽略激磁電流

$$\begin{cases} V_1=V_2 & \cdots\cdots ① \\ I_1+I_2=100A & \cdots\cdots ② \end{cases}$$

$$V_1=E_1-I_1R_{a1}=E_2-I_2R_{a2}$$

$$111-0.02I_1=110-0.02I_2 \cdots\cdots ③$$

由②③可得$I_1=75(A)$，$I_2=25(A)$

$$V_1=V_2=E_1-I_1R_{a1}=111-0.02\times 75=109.5(V)$$

⑵端電壓保持不變

$$\therefore V_1=V_2=109.5(V)$$

且$I_1=I_2=50(A)$

$$E_1=V_1+I_1R_{a1}=109.5+50\times 0.02=110.5(V)$$

$$E_2=V_2+I_2R_{a2}=109.5+50\times 0.02=110.5(V)$$

5-10 複激式發電機的並聯運轉

積複激式發電機的並聯運轉接線圖，如圖5-23所示。積複激式發電機並聯運轉需利用均壓連結器，將串激場繞組靠近電樞端連接起來。

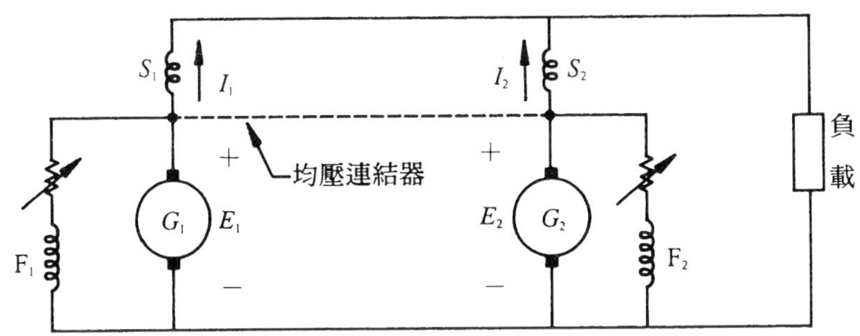

圖5-23　積複激式發電機的並聯運用

(一)均壓連結器之應用

⑴圖5-23所示，其中G_1和G_2是同額定及同特性之發電機，所以各機分擔之負載相等。

⑵若並聯運轉沒有使用均壓連結器(即圖5-23虛線不存在)，假設G_1的速率突然加快，則E_1增大($E_1 = Kn_1\phi$)，而供給較大的電流，在負載不變的情形下，G_2供給電流變小。

⑶當G_1供應較大的電流時，流經G_1串激場電流變大，感應電勢E_1變大；同理G_2供應較小的電流，流經G_2串激場電流變小，感應電勢E_2變小。

⑷E_1增大時，輸出電流更大；E_2減少時，輸出電流更小。所以G_1輸出愈來愈多，G_2輸出愈來愈少，到最後G_2沒有輸出，全部負載由G_1來承擔。

⑸若讓G_1的輸出繼續加大，G_2將變為差複激式電動機。如果G_2變成差複激式電動機，其串激場磁通抵消了分激場磁通，G_2之反電勢變為零，就把G_1短路，如此將損壞電機。

⑹由上述得知引起不穩定操作的原因，乃串激場造成。可採用一極低電阻之導線把串激場接近電樞的端子連結起來，如圖5-23虛線所示，使串激場並聯，形成同電位點，即可使電機正常操作。此極低電阻的導線稱爲均壓連結器(或稱爲均壓線)。

(二)積複激式發電機並聯運用時，應具備下列的條件。

⑴每部發電機的外部特性曲線要一致。

⑵原動機的轉速－負載特性要一致。

⑶各發電機的串激場繞組須接於同極性的電刷邊，否則會使均壓線失去作用，加重原動機的負載。

⑷各串激場的電阻應與發電機的容量成反比。

(三)積複激式發電機的負載分配

⑴若額定容量不同時，各機的輸出電流應與其容量成正比，即

$$\boxed{\frac{I_1}{I_2}=\frac{P_1}{P_2}} \tag{5-28}$$

⑵若串激場電路的電阻不相同，則各機的輸出電流與串激場電路的電阻成反比，即

$$\boxed{\frac{I_1}{I_2}=\frac{R_{S2}}{R_{S1}}} \tag{5-29}$$

【例11】兩台過複激式發電機作並聯運轉，其容量爲$P_1=100$kW、$P_2=120$kW，共同供給880A的負載電流，已知100kW發電機的串激場電阻R_{S1}爲0.05Ω，試求：

⑴爲使各機對負載作合理分配，120kW發電機的串激場電阻

應爲多少？

⑵若兩發電機的端電壓爲220V，則各機所分擔的負載爲若干？

【解】　⑴令負載電壓爲V

$$\frac{I_1}{I_2}=\frac{R_{S2}}{R_{S1}}$$

$$\frac{VI_1}{VI_2}=\frac{P_1}{P_2}=\frac{R_{S2}}{R_{S1}}$$

$$\frac{100}{120}=\frac{R_{S2}}{0.05}$$

$$\therefore R_{S2}=0.042(\Omega)$$

⑵
$$\begin{cases}\dfrac{I_1}{I_2}=\dfrac{P_1}{P_2}\cdots\cdots\cdots\cdots\cdots\text{①}\\ I_1+I_2=880\cdots\cdots\cdots\cdots\cdots\text{②}\end{cases}$$

$$\frac{I_1}{I_2}=\frac{100}{120}\cdots\cdots\cdots\cdots\cdots\text{③}$$

③代入②解得

$I_1=400\text{A}$，$I_2=480\text{A}$

G_1分擔的負載爲$VI_1=220\times400=88(\text{kW})$

G_2分擔的負載爲$VI_2=220\times480=105.6(\text{kW})$

摘　要

1.　直流電機依激磁方式不同可分爲

- 外激式
- 自激式
  - 分激式
  - 串激式
  - 複激式
    - 積複激式
    - 差複激式

2. 積複激式發電機又可分爲⑴過複激式⑵平複激式⑶欠複激式，其外部特性曲線如圖5-4(b)所示。

3. 直流發電機的特性曲線

曲線名稱	條　　　件	橫座標	縱座標
無載（磁化或飽和）	額定速率下運轉，不加負載	I_f	E_a
負載（外部）	額定速率下運轉，保持I_f及n不變	I_L	V_L
內　部	額定速率下運轉，保持I_f及n不變	I_a	E_a
電　樞	維持額定端電壓V_L及額定轉速n不變	I_a	I_f

4. 自激式發電機電壓建立的基本條件：⑴磁場必須有剩磁存在⑵場電阻必須小於臨界場電阻⑶轉速必須高於臨界速率。

5. 外激式發電機，當負載加上後，端電壓下降原因：⑴電樞電阻的壓降⑵電樞反應的去磁效應。

6. 分激式發電機，當負載加上後，端電壓下降原因：⑴電樞電阻的壓降⑵電樞反應的去磁效應⑶端電壓下降，造成磁通減少。

7. 分激式發電機對負載短路具有自我保護之特性(但不可瞬間短路)。

8. 串激式發電機可設計在高電樞反應，適用於供應恒流負載。

9. 發電機的電壓調整率V.R.爲

$$\text{V.R.}=\frac{\text{無載端電壓}-\text{滿載端電壓}}{\text{滿載端電壓}}\times 100\%$$

$$=\frac{V_0-V_f}{V_f}\times 100\%$$

10. 各種發電機之外部特性曲線圖，如圖5-20所示。

11. 直流分激發電機並聯運轉之條件：①極性要正確②端電壓要相等

③本身容量與負擔能力成正比④外部特性曲線要一致，且須具有下垂之特性。

12. 積複激式發電機並聯運轉需利用均壓連結器，將串激場繞組靠近電樞端並接。

13. 積複激式發電機的負載分配

$$\frac{I_1}{I_2}=\frac{P_1}{P_2}=\frac{R_{S2}}{R_{S1}}$$

習題五

1. 直流發電機若依激磁方式不同，可分爲那幾類？
2. 敘述直流發電機的各種特性曲線之測量條件及座標軸？
3. 自激式發電機電壓建立的基本條件爲何？
4. 試繪出各種發電機之外部特性曲線？
5. 分激式發電機爲何對負載短路有自我保護之功能？
6. 分激發電機，當負載加上後，端電壓下降的原因爲何？
7. 敘述分激式發電機並聯運轉之條件爲何？
8. 敘述分激式發電機電壓建立過程，請繪圖說明。
9. 有一外激式發電機，在額定轉速下運轉，額定輸出功率4kW，其端電壓爲120V，若負載電阻增加10%，得電樞電流30.4安培，若電刷接觸電阻壓降2V，電樞反應的去磁效應不計，求電樞電阻R_a？
10. 有一分激發電機20kW、200V，其電樞電阻0.02Ω，分激場電阻爲200Ω，在供應額定輸出時，電樞所產生的電功率爲若干？
11. 有台200kW、630V之直流分激發電機，在額定負載下感應電勢爲640V，此時分激場電流爲3A，試求此發電機之電樞電阻？
12. 有台40kW、200V之直流分激發電機，當負載短路時，其短路電流爲150A，此台發電機之剩磁電壓爲3V，試求：

⑴電樞電阻R_a爲若干？

⑵當場電阻爲160Ω時，發電機爲額定輸出，則其感應電勢E_a爲若干？

⑶若負載加重至短路狀態，是否會燒毀電機？

13. 有一串激發電機，供應30只串聯弧光街燈，每只400W，負載電流8A，其電樞電阻爲0.5Ω、磁場電阻爲4.5Ω、線路電阻20Ω，求此發電機之①感應電勢爲若干？②電樞內生功率？

14. 有一10kW、220V的短並聯積複激式發電機，電樞電阻爲0.05Ω、串激場繞阻電阻爲0.04Ω、串激場分流器的電阻爲0.06Ω、分激場繞組電阻爲220Ω，在額定電壓下供應額定電流時，試求：⑴應電勢⑵電樞內生功率⑶此機的效率？

15. 有一120V、1800rpm的短並聯式複激發電機，其負載電流50A、電樞電阻0.1Ω、分激場繞組電阻244Ω、串激場繞組電阻0.04Ω，試求：

⑴電樞電流？

⑵感應電勢？

⑶電樞電阻、分激場繞組電阻及串激場繞組電阻所消耗的功率？

16. 有一分激式發電機，滿載端電壓爲120V，無載端電壓爲126V，試求其電壓調整率？

17. 有二台直流分激發電機並聯運轉，$P_1 = 30$kW、$P_2 = 40$kW，其外部特性曲線如下圖所示，設兩機的感應電勢均爲220V，在額定輸出電壓爲200V情況下，G_1及G_2皆輸出額定功率。假設特性曲線爲直線變化，求匯流排電壓爲210V時，G_1及G_2的輸出功率？

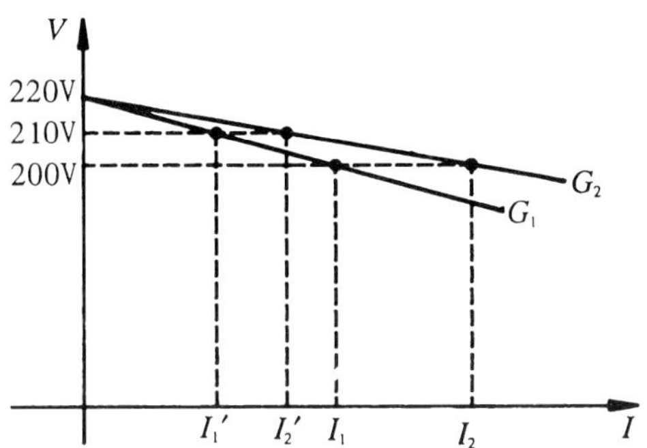

18. 有二台直流分激發電機並聯運轉時，若電樞感應電勢為$E_1 = 100$ V、$E_2 = 98$V，電樞電阻$R_{a1} = 0.05\,\Omega$、$R_{a2} = 0.08\,\Omega$，若總負載電流為80A，試求：

(1)匯流排上的端電壓及各機分擔電流？(可忽略激磁電流)

(2)若匯流排上的端電壓不變，為使G_1負擔60安培，G_2負擔20安培，則$E_1 =$？，$E_2 =$？

19. 兩台過複激式發電機作並聯運轉，其容量為$P_1 = 80$kW、$P_2 = 100$ kW，共同負擔180A的負載電流，已知80kW發電機的串激場電阻$R_{S1} = 0.1\,\Omega$，試求：

(1)為使各機對負載作合理分配，100kW發電機的串激場電阻應為多少？

(2)若兩機的端電壓為200V，則各機所分擔的負載為若干？

20. 有一分激發電機120V、24kW、電樞電阻為0.1Ω、場電阻為200Ω，則電壓調整率為若干？

21. 有一220V的直流分激發電機，其每分鐘轉速為1200轉，滿載時負載電流為100A、電樞電阻R_a為0.1Ω、場電阻為220Ω，求(1)電樞感應電勢(2)電樞轉矩(3)電壓調整率？

22. 有二台額定電壓皆為120V的A、B兩台分激式發電機，其額定輸出功率及電壓調整率各為$P_A = 20$kW、$V.R._A = 5\%$，$P_B = 10$kW、

V.R.$_B$＝7％，若二機並聯運轉供應負載電流200A，試求⑴各機所負擔的電流及端電壓⑵無載時的端電壓？

23. 有一200V、200kW的直流長複激式發電機，每分鐘轉速1200轉，串激場電阻爲0.002Ω、分激場電阻爲100Ω、電樞電阻爲0.01Ω，端電壓在滿載時爲200V、半載時195V、無載時190V，無載到滿載時速率降3％，試求：

⑴各負載下的內生電勢？

⑵滿載的磁通量與無載磁通量之比？

⑶滿載時的各種損失？

⑷滿載時的效率？

第六章 直流電動機的分類與特性

6-1 直流電動機的分類

直流電動機依場電流的激磁方式可分爲

- 外激式(又稱他激式)
- 自激式
  - 分激式
  - 串激式
  - 複激式
    - 積複激式
    - 差複激式

直流電動機之構造與直流發電機完全相同，只是作用原理相反，發電機是輸入動能而產生電能，電動機是輸入電能而產生動能。故任一類型的發電機若施以外加電壓，皆可當作電動機使用，但積複激式發電機，若不改變接線，將變爲差複激式電動機；而差複激式發電機，若不改變接線，將變爲積複激式電動機。

電動機旋轉時，電樞導體割切磁力線所產生的應電勢稱爲反電勢E_a。爲使電流能持續流入電樞，則需外加一電壓V_t，以抑制反電勢，並克服電樞電阻的壓降，即$V_t=E_a+I_a R_a$

$$I_a=\frac{V_t-E_a}{R_a} \tag{6-1}$$

6-2 直流電動機的特性曲線

對電動機(或稱馬達)而言，輸入電能而產生動能。各型電動機適合作爲何種負載的驅動，完全根據：(一)轉速特性(二)轉矩特性而決定，因此直流電動機重要的特性曲線有兩種：(1)轉速特性曲線(Speed characteristic curve)(2)轉矩特性曲線(Torque characteristic curve)。

(一)轉速特性曲線

轉速特性曲線乃描述電動機轉速n與電樞電流I_a的關係。將電動機接於額定電壓，同時調整激磁電流與負載，使電動機在滿載情況下，能達到額定轉速，維持端電壓及激磁電流不變，而逐次調節負載，以電樞電流I_a為橫座標、轉速n為縱座標所繪製的曲線圖稱為轉速特性曲線。

(二)轉矩特性曲線

轉矩特性曲線乃描述電動機轉矩T與電樞電流I_a的關係。將電動機的端電壓與場電流維持於額定值，逐次調節負載，以電樞電流I_a為橫座標、轉矩T為縱座標所繪製的曲線圖稱為轉矩特性曲線。

6-3　外激式電動機的特性及用途

所謂外激式電動機，乃激磁場由外加電源所供給，如圖6-1所示。

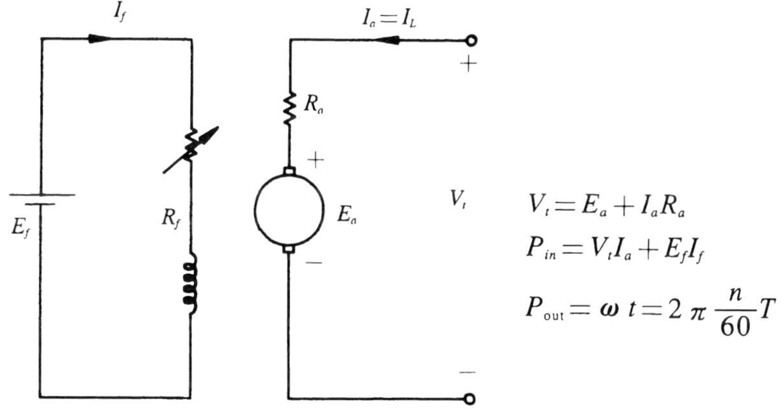

圖6-1　外激式電動機電路圖

(一)外激式電動機的轉速特性

由轉速基本公式

$$n = \frac{E_a}{k\phi} = \frac{V_t - I_a R_a}{k\phi} \qquad (6\text{-}2)$$

式中 n：每分鐘轉速(rpm)

E_a：反電勢

ϕ：磁通

k：常數

V_t：外加端電壓

I_a：電樞電流

R_a：電樞電阻

外激式電動機的磁場電路由外加電源所供給，所以磁通ϕ可視爲定値，在外加端電壓V_t不變的情況下，則轉速n隨負載增加而下降，一般電樞壓降I_aR_a約爲電源電壓V_t的2%～6%，故轉速下降緩慢，如圖6-2實線所示，外激式電動機的轉速隨負載的增加變動並不會很大，可視爲定速電動機。

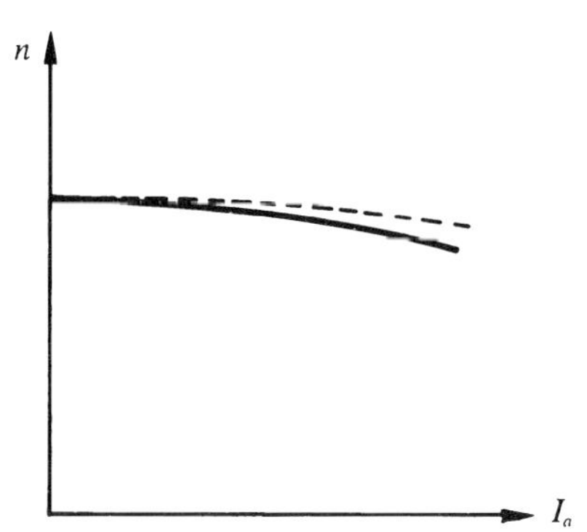

圖6-2 外激式電動機轉速特性曲線

以上所討論，乃電動機不考慮電樞反應之情況，當負載電流增加至某值以上，電樞反應的去磁效應增大，使磁通ϕ減少，造成轉速n上升，所以重載時去磁效應可抵補電樞電阻的壓降，如圖6-2虛線所示，使速率更趨於恆定。

(二)外激式電動機的轉矩特性

由轉矩基本公式

$$\boxed{T = KI_a\phi} \tag{6-3}$$

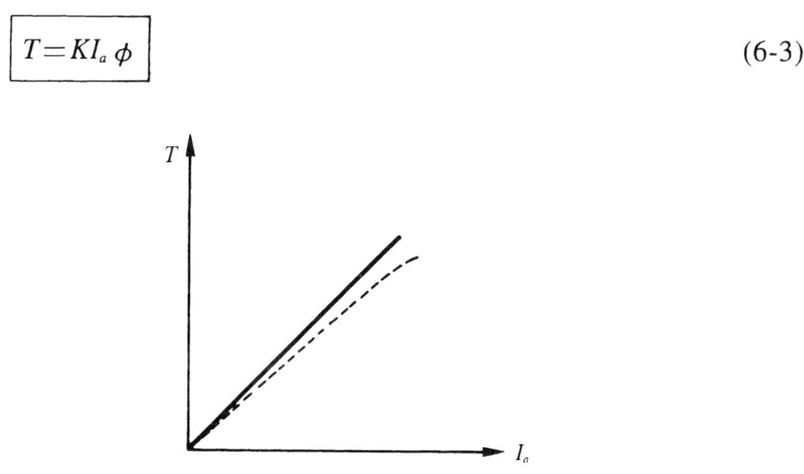

圖6-3　外激式電動機轉矩特性曲線

當磁通 ϕ 不變時，轉矩T與電樞電流I_a成正比，故為一直線，如圖6-3實線所示；在重載時若考慮電樞反應的去磁效應，轉矩將略為下降，如圖6-3虛線所示。

(三)外激式電動機的用途

由於外激式電動機的激磁場可以獨立調整，故常用於精密控制轉速的場所，如華德李翁納德控速系統或高級昇降機。

6-4　分激式電動機的特性及用途

所謂分激式電動機，乃激磁線圈與電樞並聯，因激磁電流較小，所以激磁線圈匝數多、線徑細，電阻較大。激磁電路內常串聯場變阻器，作為調整激磁電流用，如圖6-4所示。

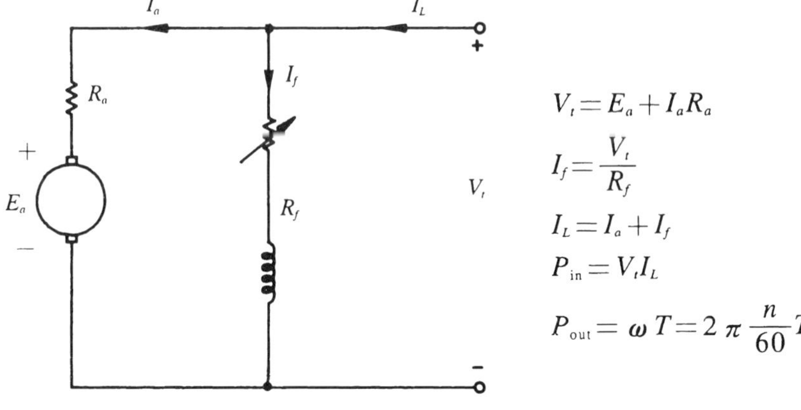

圖6-4　分激式電動機電路圖

(一)分激式電動機的轉速特性

由轉速基本公式

$$n = \frac{E_a}{K\phi} = \frac{V_t - I_a R_a}{K\phi} \tag{6-4}$$

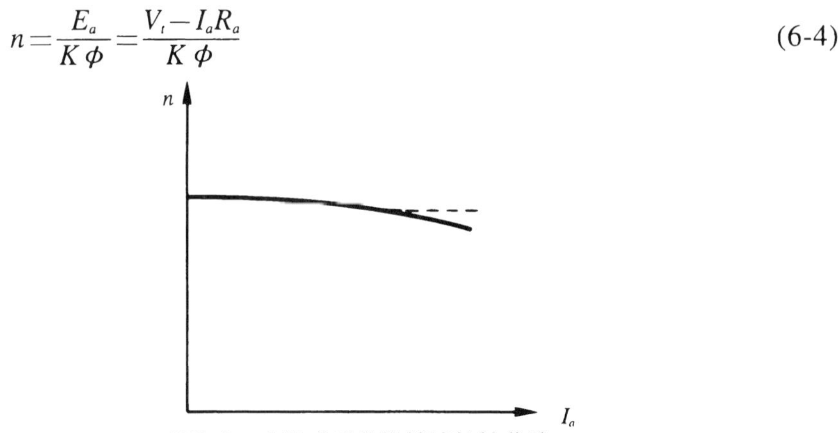

圖6-5　分激式電動機轉速特性曲線

假設外加端電壓V_t不變，則磁通 ϕ 不變。轉速n與E_a成正比關係。當無載或輕載時，$I_a R_a$可以不計，此時轉速最高。慢慢加重負載，I_a上昇，於是轉速下降，因此可知負載變大會造成分激電動機轉速變慢。但在額定負載下，$I_a R_a$值最大爲外加電壓V_t之3%～8%，所以轉速降的很少，因此分激式電動機可稱爲定速電動機。轉速特性曲線如圖6-5

實線所示。但重載時電樞反應的去磁效應較激烈，磁通 ϕ 下降，可能造成負載加重時，反而使轉速上昇的反常現象，如圖6-5虛線所示。

(二)分激式電動機的轉矩特性

由轉矩基本公式

$$T = KI_a \phi \tag{6-5}$$

當外加電壓 V_t 不變，並且不考慮電樞反應時，磁通 ϕ 不變，所以轉矩 T 與電樞電流 I_a 成正比，轉矩特性曲線如圖6-6實線所示，爲一直線。重載時，電樞反應的去磁效應，使磁通 ϕ 減少，轉矩特性略呈下降，如圖6-6虛線所示。

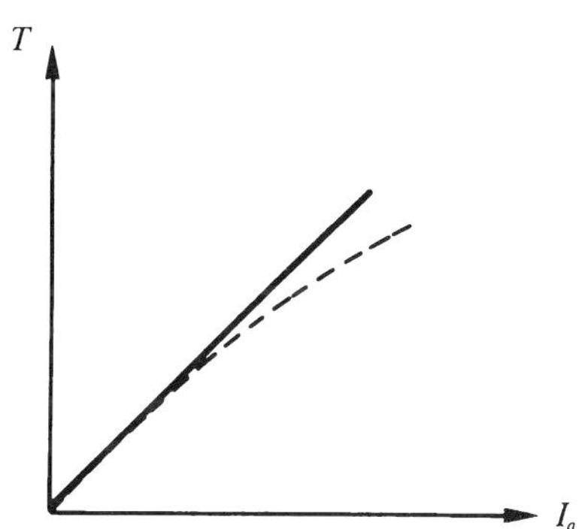

圖6-6　分激式電動機轉矩特性曲線

(三)分激式電動機的用途

分激式電動機的速率受到負載變動的影響甚小，可視爲定速電動機，適用於定速場合如離心泵、車床、輸送機等，裝置場電阻器並加以調整，可以得到各種速率，所以分激式亦可用於調速、變速的地方，如鼓風機等。

【例 1】 有一15馬力、240V之直流分激電動機，滿載時負載電流50 A，轉速爲1780rpm ，若電樞電阻爲0.1Ω，磁場電阻爲480 Ω，試求：(1)反電勢 E_a (2)電磁轉矩 T_e (3)效率 。

【解】

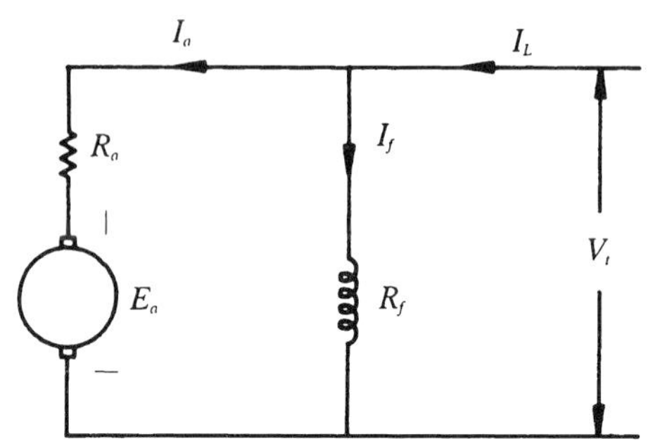

$V_t=240\text{V}$、$I_L=50\text{A}$、$R_a=0.1\,\Omega$、$R_f=480\,\Omega$

$$I_f=\frac{V_t}{R_f}=\frac{240}{480}=0.5(\text{A})$$

$$I_a=I_L-I_f=50-0.5=49.5(\text{A})$$

(1) $V_t=E_a+I_aR_a$

$\therefore E_a=V_t-I_aR_a=240-49.5\times0.1=235.05(\text{V})$

(2)電磁轉矩

$$T_e=\frac{P}{\omega}=\frac{E_aI_a}{2\pi\dfrac{n}{60}}=\frac{235.05\times49.5}{2\pi\dfrac{1780}{60}}=62.42(\text{牛頓-米})$$

(3) $\eta=\dfrac{P_{\text{out}}}{P_{\text{in}}}\times100\%=\dfrac{15\times746}{240\times50}\times100\%=93.25\%$

【例 2】一部100V之分激式電動機，額定轉速為1800rpm，電樞電阻為0.2Ω、場電阻為100Ω，滿載時線電流為40A，電刷上壓降為2V，試求(1)負載為50%滿載時的轉速 (2)負載為120%滿載時的轉速。

【解】

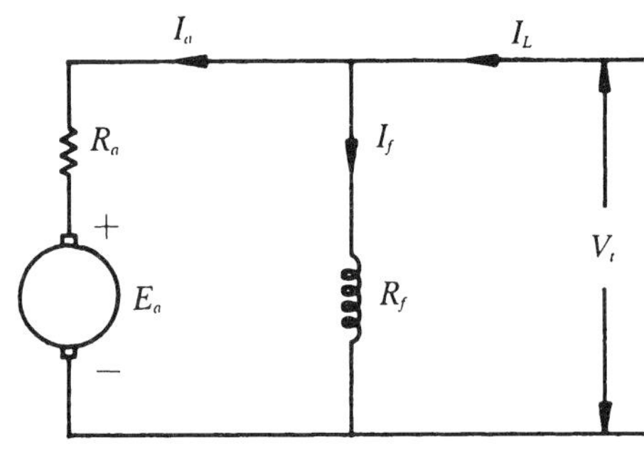

$V_t=100V$、$n=1800rpm$、$R_a=0.2\Omega$、$R_f=100\Omega$、$I_L=40A$、$e_b=2V$

滿載時

$$I_f=\frac{V_t}{R_f}=\frac{100}{100}=1(A)$$

$$I_a=I_L-I_f=40-1=39(A)$$

$$E_a=V_t-I_aR_a-e_b=100-39\times0.2-2=90.2(V)$$

(1)50%滿載時，負載電流爲滿載的一半

$$I_L'=0.5\times40=20(A)$$

$$I_a'=I_L'-I_f=20-1=19(A)$$

$$E_a'=V_t'-I_a'R_a-e_b=100-19\times0.2-2=94.2(V)$$

由$E_a=Kn\phi$得知反電勢E_a與轉速n成正比

$$\frac{E_a}{E_a'}=\frac{n}{n'}$$

$$\frac{90.2}{94.2}=\frac{1800}{n'}$$

$$\therefore n'=1879.82(rpm)$$

(2)120%滿載時

$$I_L''=1.2\times40=48(A)$$

$$I_a''=I_L''-I_f=48-1=47(A)$$

$$E_a''=V_t-I_a''R_a-e_b=100-47\times0.2-2=88.6(V)$$

$$\frac{E_a}{E_a''}=\frac{n}{n''}$$

$$\frac{90.2}{88.6}=\frac{1800}{n''}$$

$$\therefore n''=1768.07(rpm)$$

6-5 串激式電動機的特性及用途

所謂串激式電動機，乃激磁場繞組與電樞串聯，因爲激磁場電流爲電樞電流(電流較大)，所以激磁線圈之匝數少、線徑粗，電阻較小，如圖6-7所示。

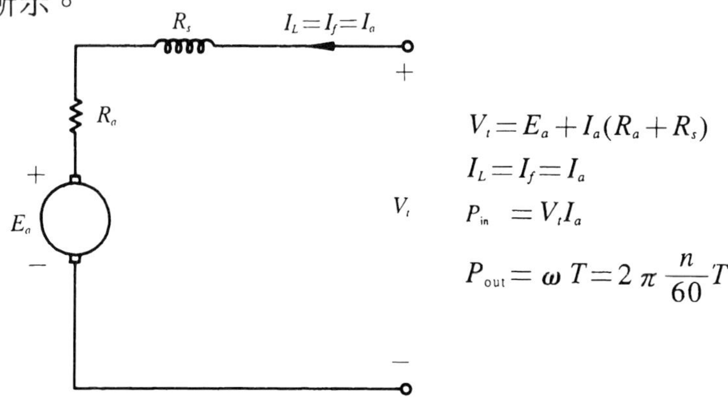

圖6-7 串激電動機電路圖

(一)串激式電動機的轉速特性

由轉速基本公式

$$n = \frac{E_a}{K\phi} = \frac{V_t - I_a(R_a + R_s)}{K\phi} \tag{6-6}$$

式中E_a爲反電勢、ϕ爲磁通、V_t爲端電壓、I_a爲電樞電流、R_a爲電樞電阻、R_s爲串激場電阻。

串激電動機因串激場電流I_f等於電樞電流I_a，因此串激場磁通ϕ與電樞電流I_a成正比，無載與輕載時，ϕ太小，轉速n太快，致離心力太大會產生飛脫(Run away)的現象，故串激電動機絕不可在無載或輕載下運轉，亦不可以利用皮帶來帶動負載。n與I_a的關係，如圖6-8所示。

負載加大時I_a增加，ϕ也增大，轉速n急速下降，因此串激電動機爲一變速電動機。重負載時，若鐵心產生飽和，ϕ爲定值，由

$n=\dfrac{V_t-I_a(R_a+R_s)}{K\phi}=K'[V_t-I_a(R_a+R_s)]$，一般$I_a(R_a+R_s)$約為外加端電壓的7%以下，可以略而不計，即$n$與$I_a$為一水平線的關係，如圖6-8所示。

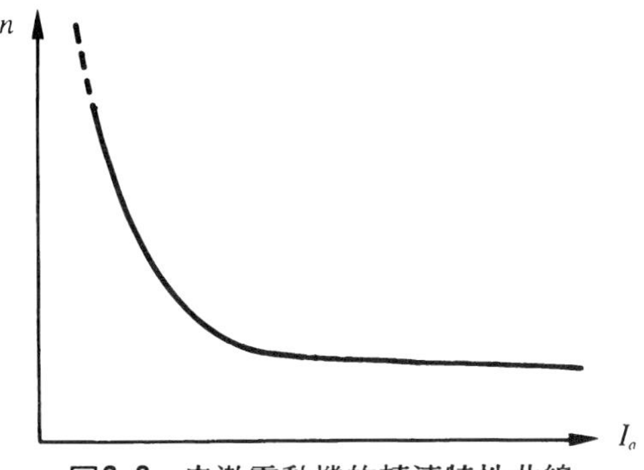

圖6-8　串激電動機的轉速特性曲線

(二)串激電動機的轉矩特性

由轉矩基本公式

$$T=KI_a\phi \tag{6-7}$$

輕載時，鐵心磁通未飽和，磁通ϕ與電樞電流I_a成正比(令$\phi=K_1I_a$)，所以$T=KI_a\phi=KK_1I_a^2=K'I_a^2$，轉矩特性為拋物線，如圖6-9所示。

重載時I_a加大，ϕ亦變大，若鐵心產生飽和現象，ϕ為定值，由$T=KI_a\phi$，得T與I_a為一直線關係，如圖6-9所示。

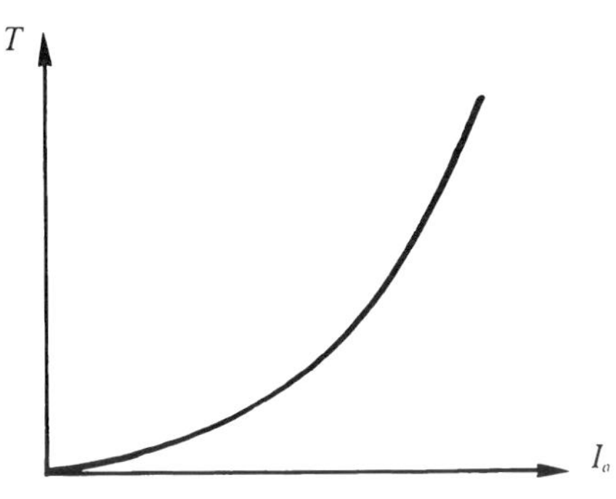

圖6-9　串激電動機的轉矩特性曲線

(三)串激式電動機的用途

串激式電動機具有高速低轉矩、低速高轉矩的特性，由$P=\omega T=2\pi\frac{n}{60}\cdot T$ 得知，串激電動機向電源取用之功率幾乎為恆定。串激式電動機為一變速電動機，適用於大啓動轉矩且不需要恒速之處，如電車、起重機、吊車等重載機械或轉矩常變化的負載中。

【例 3】有一串激式電動機的電流為10A，產生的轉矩為50牛頓-米，試求：

⑴若此時磁通尚未飽和，當電流增至15A時，電動機的轉矩為若干？

⑵電流增至20A，由於電流的增加，使磁通量增加60%，電動機的轉矩為若干？

【解】 ⑴$T=KI_a\phi=K'I_a{}^2$

$$\therefore T=\left(\frac{15}{10}\right)^2\cdot 50=112.5(\text{牛頓-米})$$

⑵$\mathrm{T}=\mathrm{K}I_a\phi$

$$\therefore T=\left(\frac{20}{10}\right)\cdot\left(\frac{1.6}{1}\right)\cdot 50=160(\text{牛頓-米})$$

【例 4】有一600V的串激電動機，串激場電阻為0.3Ω，電樞電阻為0.1Ω，在額定電壓及負載電流50A時，得轉速為1000rpm，假設在此電樞電流範圍之磁化曲線為一直線且電樞反應不計，試求負載電流為65A時之轉速n與電磁轉矩T_e。

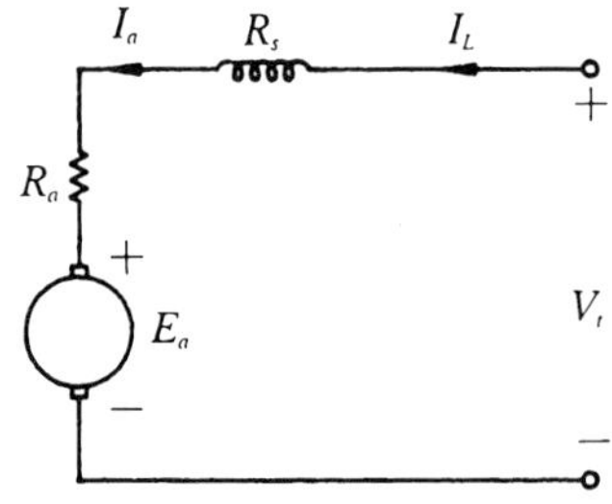

【解】　$V_t = 600\text{V}$、$R_s = 0.3\,\Omega$、$R_a = 0.1\,\Omega$、$I_L = I_a = 50\text{A}$、$n = 1000$ rpm。

設負載電流$I_L = 50\text{A}$時，反電勢E_a為

$$E_a = V_t - I_a(R_a + R_s) = 600 - 50(0.1 + 0.3) = 580(\text{V})$$

當負載電流$I_L' = 65\text{A}$時，反電勢E_a'為

$$E_a' = V_t - I_a'(R_a + R_s) = 600 - 65(0.1 + 0.3) = 574(\text{V})$$

$$\because E_a = Kn\,\phi$$

$$\frac{E_a}{E_a'} = \frac{n}{n'} \cdot \frac{\phi}{\phi'}$$

$$\frac{580}{574} = \frac{1000}{n'} \cdot \frac{50}{65}$$

$$\therefore n' = 761.27(\text{rpm})$$

電磁轉矩

$$T_e = \frac{P}{\omega} = \frac{E_a' I_a'}{2\pi \dfrac{n'}{60}}$$

$$= \frac{574 \times 65}{2\pi \dfrac{761.27}{60}} = 468(\text{牛頓-米})$$

6-6 複激式電動機的特性及用途

所謂複激式電動機，其激磁繞組有二組，一為分激場繞組，另一為串激場繞組。串激場的磁通方向與分激場的磁通方向相同者，稱為積複激電動機，如圖6-10所示。串激場的磁通方向與分激場的磁通方向相反者，稱為差複激電動機，如圖6-11所示。

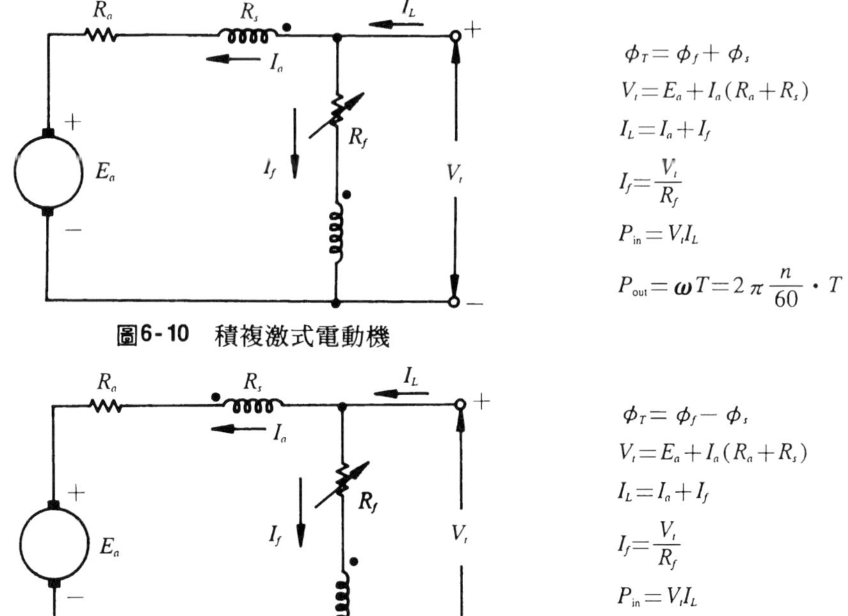

圖6-10　積複激式電動機

圖6-11　差複激式電動機

(一)複激式電動機的轉速特性

⑴積複激式

積複激式電動機的場磁通爲 $\phi_T=\phi_f+\phi_s$，轉速公式可描述爲：

$$n=\frac{E_a}{K\phi_T}=\frac{V_t-I_a(R_a+R_s)}{K(\phi_f+\phi_s)} \tag{6-8}$$

當無載或輕載時，I_a很小，$I_a(R_a+R_s)$可以視爲不計(且 $\phi_s\doteqdot 0$)，所以無載速率幾乎和分激式相同，當負載加重後，I_a上昇，ϕ_s亦隨之上昇，由公式(6-8)得知，速率降得比分激式快。所以又稱爲調速電動機。如圖6-12所示。

⑵差複激式

差複激式電動機的場磁通爲 $\phi_T=\phi_f-\phi_s$，轉速公式可描述爲：

$$n=\frac{E_a}{K\phi_T}=\frac{V_t-I_a(R_a+R_s)}{K(\phi_f-\phi_s)} \tag{6-9}$$

當無載或輕載時，I_a很小，$I_a(R_a+R_s)$可以視爲不計(且$\phi_s \doteqdot 0$)，所以無載速率幾乎和分激式相同，當負載加重後，I_a上昇，ϕ_s亦隨之上昇，由公式(6-9)得知，分母$(\phi_f-\phi_s)$變小，而且分子也變小，由於分母變化比分子更激烈，所以轉速反而隨負載增加而上昇。如圖6-12所示。

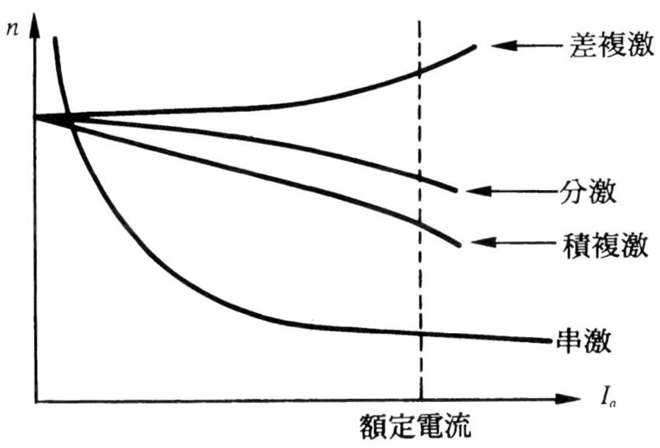

圖6-12　直流電動機的速率-負載特性曲線

(二)複激式電動機的轉矩特性

⑴積複激式

積複激式的轉矩公式可寫爲

$$T=KI_a\phi_T=KI_a(\phi_f+\phi_s) \tag{6-10}$$

當無載或輕載時，$\phi_s \doteqdot 0$，所以特性和分激式電動機相似。加重負載後，I_a上昇，ϕ_s亦隨之上昇。由公式得知，其轉矩大於分激式。如圖6-13所示。

⑵差複激式

差複激式的轉矩公式可寫爲

$$T=KI_a\phi_T=KI_a(\phi_f-\phi_s) \tag{6-11}$$

當無載或輕載時，$\phi_s \doteqdot 0$，所以特性和分激式電動機相似。加重負擔後，I_a上昇，ϕ_s亦隨之上昇。則$\phi_T=\phi_f-\phi_s$反而減少，轉矩為上昇之電樞電流和下降的場磁通的乘積成正比(如圖6-13所示。如果ϕ_s太強，將造成轉矩反向。

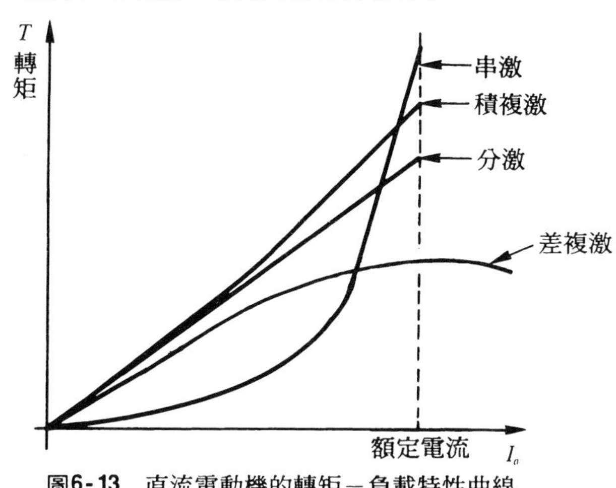

圖6-13 直流電動機的轉矩－負載特性曲線

(三)複激式電動機的用途

⑴積複激式

積複激式電動機在負載突增時，將產生甚大之轉矩，且在無載時有一定的速率，不必擔心離心力太大會造成危險。可適用於突然加以重載之鑿孔機及滾壓機等，以及在串激電動機不適用之升降機及起重機等。

⑵差複激式

差複激式電動機可以稱為定速電動機，但其轉矩特性太差，目前幾乎已不使用。

【例 5】一部積複激式電動機，若將串激場短路，使成為分激式電動機運轉，每極磁通量為0.02韋伯，若電樞電流為100A時，產生轉矩爲110牛頓-米。若將直流電動機重新接成積複激式電動機，電樞電流不變情況下，產生的轉矩爲120牛頓-米，試求：

⑴串激場繞組所增加磁通的百分比。

⑵當積複激電動機的電樞電流增加20%時，所產生的轉矩爲若干？（設分激場繞組所產生的磁通與負載無關，且磁化曲線尚未飽和。）

【解】 ⑴分激電動機時$I_a=100$A、$T=110$ 牛頓-米、$\phi=\phi_f=0.02$韋伯，積複激電動機時$I_a'=100$A、$T'=120$牛頓-米、$\phi_T'=\phi_f+\phi_s=$？

$$\because T=KI_a\phi$$

$$\frac{T}{T'}=\frac{I_a}{I_a'}\cdot\frac{\phi}{\phi_T'}$$

$$\frac{110}{120}=\frac{100}{100}\cdot\frac{0.02}{\phi_T'}$$

$$\therefore \phi_T'=0.0218(\text{韋伯})$$

串激場繞組所增加磁通的百分比

$$\frac{\phi_s}{\phi_f}\times 100\%=\frac{\phi_T'-\phi_f}{\phi_f}\times 100\%=\frac{0.0218-0.02}{0.02}\times 100\%$$

$$=9\%$$

⑵當負載增加時，$I_a''=100\times 1.2=120$A，$\phi_T''=\phi_f+\phi_s\times 1.2$，求$T''$？

$$\phi_T''=\phi_f+\phi_s\times 1.2=0.02+(0.0218-0.02)\times 1.2$$

$$=0.0222(\text{Wb})$$

$$\because T=KI_a\phi$$

$$\frac{T'}{T''}=\frac{I_a'}{I_a''}\cdot\frac{\phi_T'}{\phi_T''}$$

$$\frac{120}{T''}=\frac{100}{120}\cdot\frac{0.0218}{0.0222}$$

$T'' = 146.64$(牛頓-米)

6-7 速率調整率

電動機在額定電壓、場流下運轉時，若負載變動將造成轉速的變化。速率調整率是指電動機在負載變動下，其速率變化之程度。速率調整率的定義爲

$$\text{速率調整率} = \frac{\text{無載速率} - \text{滿載速率}}{\text{滿載速率}} \times 100\% \tag{6-12}$$

即

$$SR(\%) = \frac{n_0 - n_f}{n_f} \times 100\% \tag{6-13}$$

由圖6-12得知，外激式、分激式、串激式及積複激式電動機的速率調整率爲正值，差複激式電動機的速率調整率爲負值。

【例 6】 有一電動機其額定轉速爲1600rpm，在額定條件下，由無載調整至滿載時，其速率調整率爲8%，則滿載時電動機每分鐘轉速爲若干？

【解】 $SR(\%) = \frac{n_0 - n_f}{n_f} \times 100\%$

$0.08 = \frac{n_0 - 1600}{1600}$

$\therefore n_0 = 1728(\text{rpm})$

【例 7】 有一220V的分激式電動機，其電樞電阻爲0.1Ω，滿載時電樞電流爲60A，此時每分鐘轉速爲1500轉，若不考慮激磁電流及電樞反應，試求⑴無載時的反電勢⑵速率調整率

【解】 ⑴無載時：$I_a \fallingdotseq 0\text{A}$

$E_a = V - I_a R_a \doteqdot V = 220\text{V}$

⑵滿載時：$I_a' = 60\text{A}$

$E_a' = V - I_a R_a = 220 - 60 \times 0.1 = 214(\text{V})$

$\because E_a = Kn\,\phi$

$\dfrac{E_a}{E_a'} = \dfrac{n}{n'}$

$\dfrac{220}{214} = \dfrac{n}{1500}$

$\therefore$無載時轉速$n = 1542(\text{rpm})$

速率調整率

$$\text{S.R.} = \frac{n_o - n_f}{n_f} \times 100\%$$

$$= \frac{1542 - 1500}{1500} \times 100\%$$

$$= 2.8\%$$

6-8 直流電動機的啓動控制

何謂啓動？即電動機外加電壓，使電動機從靜止狀態加速旋轉至正常轉速爲止，這段過程稱爲啓動。由於電動機在啓動瞬間，其轉速n仍爲零狀態，所以反電勢$E_a = Kn\,\phi = 0$，其電樞電流I_a爲

$$I_a = \frac{V_t - E_a}{R_a} = \frac{V_t}{R_a} \tag{6-14}$$

式中，若啓動時端電壓V_t仍爲額定值，一般電樞電阻R_a很小，故電樞電流I_a可能達額定值十幾倍至數十倍。

【例 8】有一220V的直流電動機，其電樞電阻爲0.4Ω，滿載時電流爲40A，當電動機在額定電壓下啓動，試求⑴瞬間啓動電流爲若干？⑵啓動電流爲滿載電流的幾倍？

【解】 ⑴$\because$啓動瞬間$n = 0$

$\therefore E_a = K n \phi = 0$

啓動電流I_a為

$$I_a = \frac{V - E_a}{R_a} = \frac{V}{R_a} = \frac{220}{0.4} = 550(\text{A})$$

⑵啓動電流對滿載電流的倍數為

$$\frac{550}{40} = 13.75(\text{倍})$$

從上面的例題得知，啓動電流為滿載電流的13.75倍，如此大的啓動電流將會損害電樞繞組或換向器，故需限制啓動電流在合理範圍之內。

為了限制啓動電流，由公式6-14得知，可以採降低端電壓V_t及提高電阻R_a。若降低端電壓V_t，則場磁通ϕ就減少，轉矩T也跟著降低，不符合啓動要求。所以最好的方法，是在啓動之初電樞電路串接一啓動電阻器，限制啓動電流，啓動後速率增加，反電勢亦隨之增加，此時將外加啓動電阻分段移開，使電樞電流I_a增加，轉矩T亦隨之增加，使馬達加速至額定速率。

(一)加速電阻的計算

當電動機啓動時，為防止啓動電流太大，損壞電動機，故一般規定啓動電流為額定電流的1.5～3倍；啓動後轉速上昇，反電勢E_a亦隨之增加，造成電樞電流I_a減少，轉矩T亦隨之減少，為了獲得足夠的轉矩，啓動電流亦不可太小，一般啓動電流最小為額定電流0.8～1.5倍，所以起動電阻必須有幾個分接頭，以使在啓動過程中分段退出電樞電路，如圖6-14所示。

設最大啓動電流限制為I_{max}，最小為I_{min}，即電樞電流降為I_{min}電流時，將末段的電阻器予以短路。有關各階段電流對時間的關係曲線，如圖6-15所示，電動機的反電勢對時間曲線，如圖6-16所示。

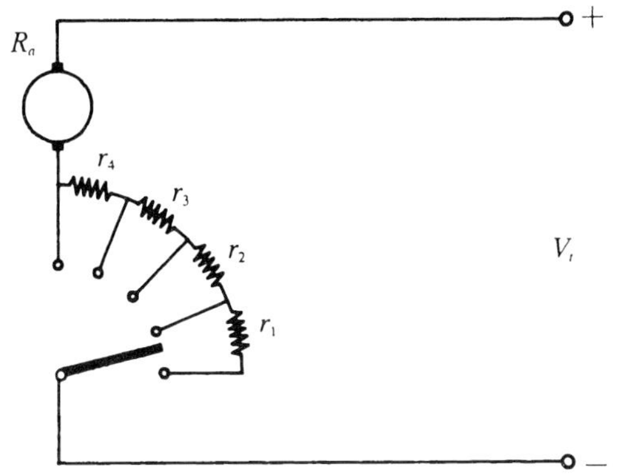

圖6-14　加速(啓動)電阻與電樞電路

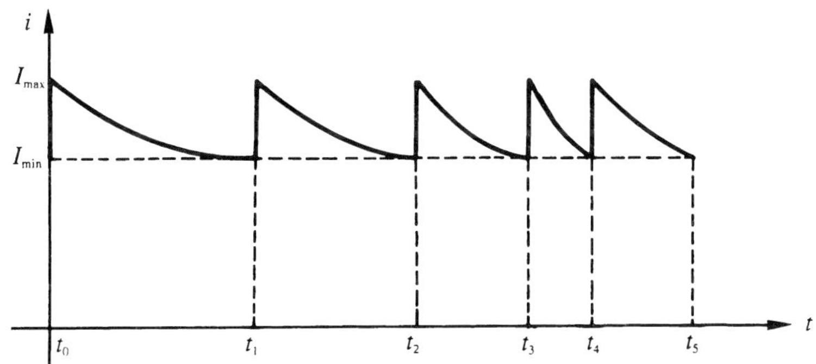

圖6-15　電流－時間曲線

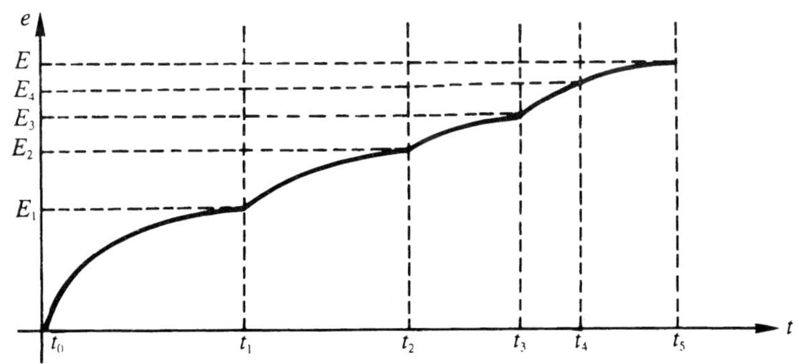

圖6-16　反電勢－時間曲線

加速電阻的計算

圖6-17所示爲一直流電動機有n個加速電阻，$(n+1)$個啓動步驟。

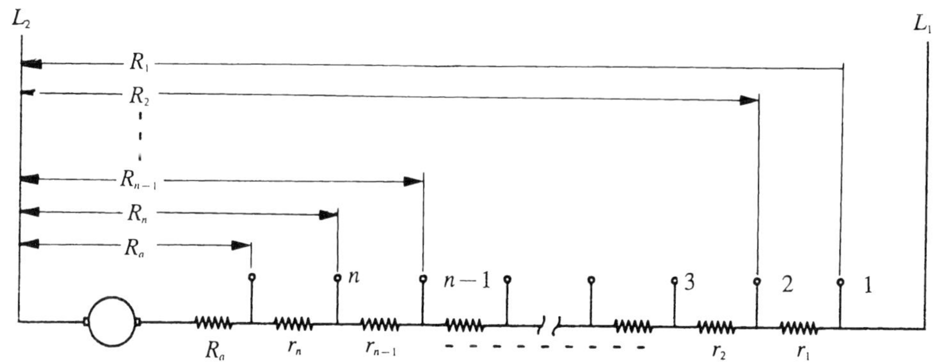

圖6-17 n個加速電阻，$(n+1)$個啓動步驟

設R_i：起動器在i點時，電樞電路的總電阻

I_{max}＝最大啓動電流

I_{min}＝最小啓動電流

則每一階段的電樞電路電阻計算如下

啓動臂在x點穩定後的反電勢E_a為

$$E_a = V_t - I_{min} R_x \tag{6-15}$$

啓動臂在x點移至$x+1$點之瞬間電流，將立即上昇至I_{max}，此時反電勢E_a'為

$$E_a' = V_t - I_{max} R_{x+1} \tag{6-16}$$

由於機械的慣性作用，所以電動機的轉速無法瞬間改變，即$E_a = E_a'$。由(6-15)及(6-16)式可得

$$\frac{R_x}{R_{x+1}} = \frac{I_{max}}{I_{min}} \tag{6-17}$$

按上述方法逐次計算，則各段電樞電路電阻的關係為

$$\boxed{\frac{R_1}{R_2} = \frac{R_2}{R_3} = \frac{R_3}{R_4} = \cdots\cdots = \frac{R_{n-1}}{R_n} = \frac{R_n}{R_a} = \frac{I_{max}}{I_{min}}} \tag{6-18}$$

由上述方程式解聯立，可得

$$
\begin{aligned}
r_1 &= R_1 - R_2 \\
r_2 &= R_2 - R_3 \\
&\vdots \\
&\vdots \\
r_{n-1} &= R_{n-1} - R_n \\
r_n &= R_n - R_a
\end{aligned}
\qquad (6\text{-}19)
$$

(二)起動控制法

加速電阻在啓動過程中，須逐漸分段切離電路，其切離方法可分爲手動及自動兩種：

⑴人工手動控制：可分爲三點式及四點式兩種。

⑵自動啓動控制：

①限時型：利用時間電驛或機械方法來控制。

②限流型：利用電流電驛來控制。

③反電勢型：利用電壓電驛來控制。

【例 9】 有一分激電動機，端電壓爲220V，電樞電阻爲0.4Ω，在額定負載時，電樞電流爲100A，若啓動最大電流限制在滿載電流的1.5倍，且當電流降至滿載電流的1.1倍才將各段電阻切離，求啓動電阻應分爲幾段？各段的電阻大小爲若干？

【解】

$$\frac{R_1}{R_2}=\frac{R_2}{R_3}=\frac{R_3}{R_4}=\cdots\cdots=\frac{R_{n-1}}{R_n}=\frac{R_n}{R_a}=\frac{I_{max}}{I_{min}}$$

$$I_{max}=100\times1.5=150(\text{A})$$

$$I_{min}=100\times1.1=110(\text{A})$$

$$R_1=\frac{V_t}{I_{max}}=\frac{220}{150}=1.47\,\Omega$$

$$\frac{R_1}{R_2}=\frac{I_{max}}{I_{min}}\Rightarrow\frac{1.47}{R_2}=\frac{150}{110}\text{，}R_2=1.078(\Omega)$$

$$\frac{R_2}{R_3}=\frac{I_{max}}{I_{min}}\Rightarrow\frac{1.078}{R_3}=\frac{150}{110}，R_3=0.79(\Omega)$$

$$\frac{R_3}{R_4}=\frac{I_{max}}{I_{min}}\Rightarrow\frac{0.79}{R_4}=\frac{150}{110}，R_4=0.579(\Omega)$$

$$\frac{R_4}{R_5}=\frac{I_{max}}{I_{min}}\Rightarrow\frac{0.579}{R_5}=\frac{150}{110}，R_5=0.424(\Omega)$$

$$\frac{R_5}{R_6}=\frac{I_{max}}{I_{min}}\Rightarrow\frac{0.424}{R_6}=\frac{150}{110}，R_6=0.311(\Omega)$$

由於$R_6<R_a$，所以應分為五段啓動電阻與六個步驟操作，如下圖所示

$$r_1=R_1-R_2=1.47-1.078=0.392(\Omega)$$

$$r_2=R_2-R_3=1.078-0.79=0.288(\Omega)$$

$$r_3=R_3-R_4=0.79-0.579=0.211(\Omega)$$

$$r_4=R_4-R_5=0.579-0.424=0.155(\Omega)$$

$$r_5=R_5-R_a=0.424-0.4=0.024(\Omega)$$

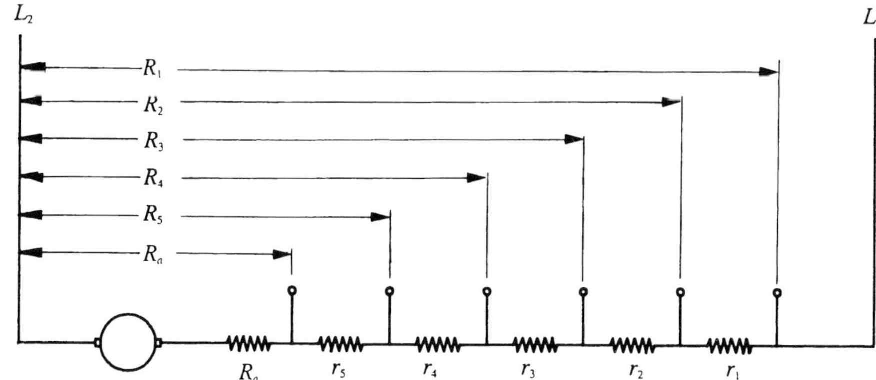

6-9 直流電動機的轉速控制

由轉速公式

$$n=\frac{E_a}{K\phi}=\frac{V_t-I_aR_a}{K\phi} \tag{6-20}$$

所以直流電動機轉速控制方法有：①改變場磁通 ϕ ②改變電樞電壓E_a③改變電樞電阻R_a。

(一)改變場磁通 ϕ

改變場磁通 ϕ 大小來控制速率。在分激式電動機，場電阻器串接於分激場上，如圖6-18(a)所示。在串激式電動機，場電阻器並聯於串激場上，如圖6-18(b)所示。

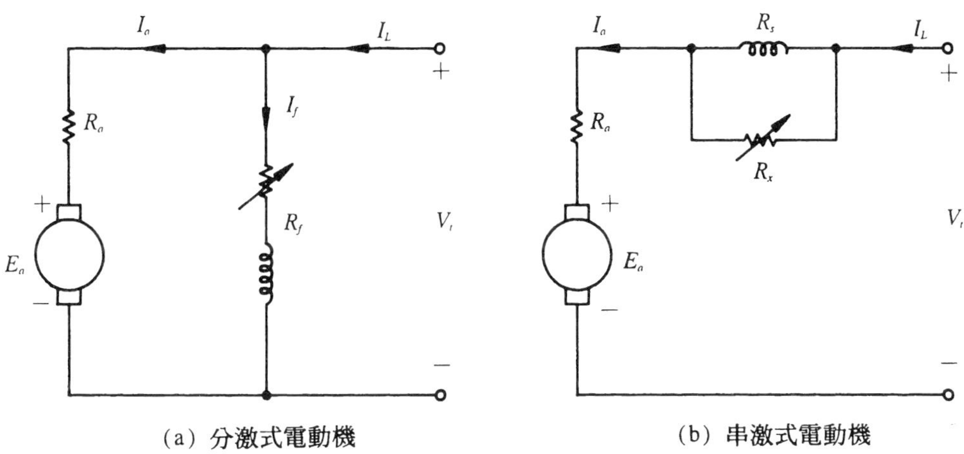

(a) 分激式電動機　　(b) 串激式電動機

圖6-18　利用場磁通 ϕ 控制電動機速率

當磁場電阻R_f改變時對分激式電動機的轉速n與轉矩T的影響為何？若磁場電阻R_f增加，分激電動機內部參數變化如下：

(1)$R_f\uparrow$，$\because I_f=\dfrac{V_t}{R_f}$，$I_f\downarrow$

(2)$I_f\downarrow$，$\because I_f$與 ϕ 成正比，$\phi\downarrow$

(3) $\phi\downarrow$，$\because E_a=Kn\phi$，$E_a\downarrow$

(4)$E_a\downarrow$，$\because I_a=\dfrac{V_t-E_a}{R_a}$，$I_a\uparrow$

(5)$I_a\uparrow$，$\because T_{ind}=KI_a\phi$ (I_a增加的比例較 ϕ 減少的大，請參考下面例題)，$T_{ind}\uparrow$

(6)$T_{ind}\uparrow$，$\because T_{ind}>T_{load}$ $\therefore$馬達加速，$n\uparrow$

(7) $n\uparrow$，$E_a=Kn\phi$，$E_a\uparrow$

(8) $E_a\uparrow$，$\because I_a=\dfrac{V_t-E_a}{R_a}$，$I_a\downarrow$

(9) $I_a\downarrow$，$T_{\text{ind}}=KI_a\phi$，$T_{\text{ind}}\downarrow$

(10) T_{ind}減少，直到$T_{\text{ind}}=T_{\text{load}}$為止，電動機將穩定運轉且轉速較原先為高

【例10】有一部220V的分激電動機，其電樞電阻為0.2Ω，若電樞電流I_a為30A，試求：

(1)反電勢E_a為若干？

(2)若磁通降低1%，其電樞電流I_a'增加的比例為若干？

【解】

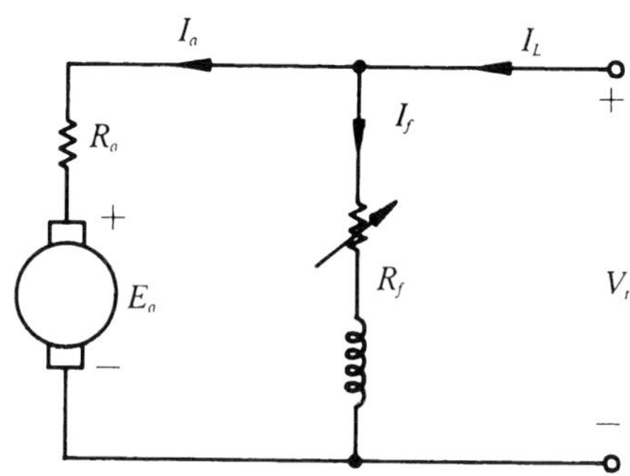

(1)反電勢E_a為

$$E_a=V_t-I_aR_a=220-30\times0.2=214(\text{V})$$

(2) $\because E_a=Kn\phi$

磁通降低1%，則反電勢E_a'亦隨之降低1%

$$E_a'=0.99\times214=211.86(\text{V})$$

$$I_a'=\frac{V_t-E_a'}{R_a}=\frac{220-211.86}{0.2}=40.7(\text{A})$$

$$\frac{I_a'}{I_a}=\frac{40.7}{30}=1.36$$

∴當磁通降低1%時，電樞電流增加36%，此結果將使電動機轉矩上昇。

如果電動機在額定電壓、額定場流及額定電樞電流下操作，此時電動機的轉速稱爲額定速率或基本速率(Base speed)。電樞加額定電壓，若利用場電阻R_f來控制轉速n，僅能控制電動機在基本速率n_{base}以上，而不能控制在基本速率以下，係因控制轉速在基本轉速以下，場電流 I_f 將超過額定，則場繞組可能燒毀。

在電樞電壓維持額定下，利用場電阻R_f控制轉速於基本轉速n_{base}以上，磁通 ϕ 的減少造成速度n增加。爲了不使電樞電流超過額定值，所以馬達最大輸出功率爲額定值，因此轉矩T 隨速度的上昇而降低，如圖6-19(a)所示。由於 $P=T\omega=T\cdot 2\pi\dfrac{n}{60}$，且轉速與最大轉矩成反比，因此在場電阻控制轉速中，電動機的最大輸出功率爲一常數，如圖6-19(b)所示，可得定馬力控制。

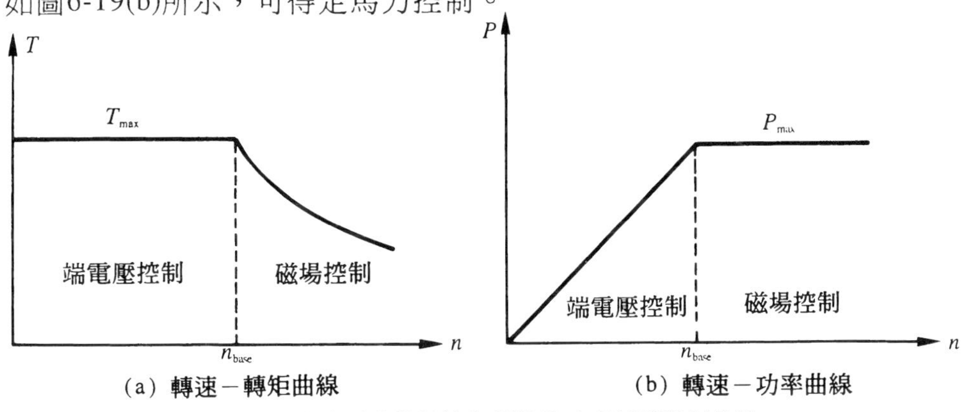

(a) 轉速－轉矩曲線　　(b) 轉速－功率曲線

圖6-19　直流電動機場控與樞控的功率轉矩限制曲線

磁場控制法由於調速所引起的功率損失不大、操作簡單、價格便宜、控速範圍寬廣，所以一般普遍採用。但在高速時，換向較爲困難，爲此方法之缺點。

(二)改變電樞電壓

此種控制速率方法是維持場磁通 ϕ 不變，而改變電樞兩端電壓來改變轉速，如圖6-20所示。在此方法中，較低的電樞電壓時，轉速較低；較高的電樞電壓時，其轉速較高。

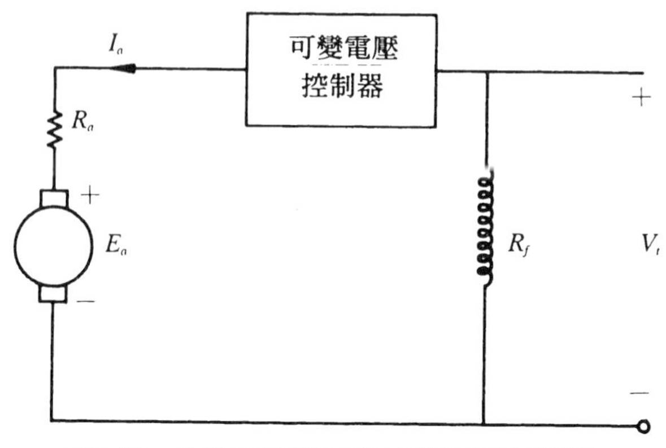

圖6-20 分激電動機利用電樞電壓控制轉速

電樞電壓控制方法僅能控制電動機在基本速率n_{base}以下，而不能控制在基本速率以上，如果控制速度在基本速率以上，則電樞電壓太大，可能對電樞電路造成損害。

在電樞電壓控制方法中，為了不要使電樞導體的溫度太高，故電樞電流I_a的大小不宜超過其額定值I_{ar}，且因電動機的磁通是固定值，所以電動機的最大轉矩T_{max}為

$$T_{max}=KI_{ar}\phi \tag{6-21}$$

上式中，最大轉矩與轉速無關，如圖6-19(a)，而電動機的輸出功率$P=T\omega$，因此最大輸出功率為

$$P_{max}=T_{max}\,\omega=T_{max}\cdot 2\pi\frac{n}{60} \tag{6-22}$$

上式中，最大輸出功率與電動機轉速成正比，如圖6-19(b)。

電樞電壓控速法，容許速度在較寬廣範圍作精密控制，且沒有磁場控制法所引起的換向困難。

(三)改變電樞電阻R_a

在電樞電路串聯一可變電阻，如圖6-21所示，利用電阻壓降來改變電樞電壓大小，進而控制速度快慢。此法特點為調速範圍廣，缺點

是損失大、效率低。由於控速成本很低，故對短時間或間斷的降速而言，可採用此法控制速度。

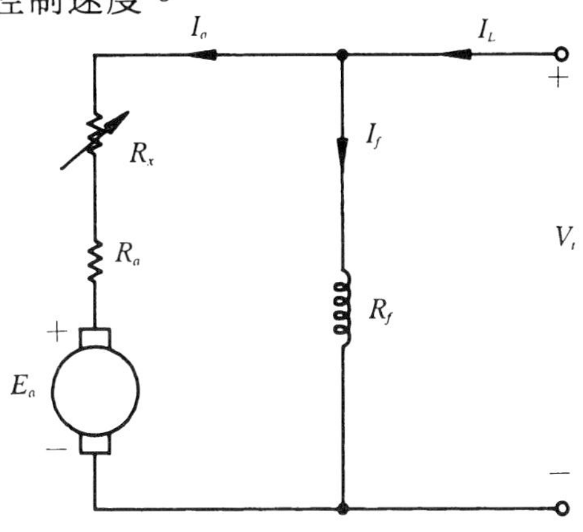

圖6-21　利用電樞電阻調整分激電動機轉速

摘　要

1. 各型電動機適合作爲何種負載的驅動，完全依據：(A)轉速特性(B)轉矩特性而決定。
2. 轉速特性曲線乃描述電動機轉速n與電樞電流I_a的關係。將電動機接於額定電壓，同時調整激磁電流與負載，使電動機在滿載情況下，能達到額定轉速，維持端電壓及激磁電流不變，而逐次調整負載，以電樞電流I_a爲橫座標、轉速n爲縱座標所繪製的特性曲線。
3. 各種直流電動機的轉速特性曲線，如圖6-12所示。
4. 轉矩特性曲線乃描述電動機轉矩T與電樞電流I_a的關係。將電動機的端電壓與場電流維持定值，逐次調節負載，以電樞電流I_a爲橫座標、轉矩T爲縱座標所繪製的特性曲線。
5. 各種直流電動機的轉矩特性曲線，如圖6-13所示。
6. 他激式與分激式電動機其轉速特性約爲恆定，可稱爲定速電動機。而轉矩T與電樞電流I_a成正比。

7. 串激式電動機在無載或輕載時，因磁通 ϕ 很小，轉速太快，轉子有飛脫的危險，當負載增加時，轉速急速下降，可稱爲變速電動機。

8. 串激電動機在輕載時(即鐵心未飽和)，轉矩T與電樞電流I_a之平方成正比。負載增加至鐵心飽和後，轉矩T與電樞電流I_a成正比。

9. 串激電動機具有向電源取恆定功率的特性，故具有低速高轉矩、高速低轉矩之特性。

10. 積複激式電動機在無載或輕載時，其速率特性幾乎和分激式相同，當負載增加，其轉速下降比分激式爲多，故可稱爲調速電動機。而其轉矩特性介於分激式與串激式之間。

11. 速率調整S.R.定義爲

$$\text{S.R.}=\frac{\text{無載速率}-\text{滿載速率}}{\text{滿載速率}}\times 100\%$$

$$=\frac{n_o-n_f}{n_f}\times 100\%$$

12. 直流電動機啓動時，由於$E_a=Kn\phi=0$，造成很大的啓動電流，可能燒毀電機，故必須在電樞電路上串聯啓動電阻來限制啓動電流。

13. 啓動電阻的計算：

$$\frac{R_1}{R_2}=\frac{R_2}{R_3}=\frac{R_3}{R_4}=\cdots\cdots=\frac{R_{n-1}}{R_n}=\frac{R_n}{R_a}=\frac{I_{\max}}{I_{\min}}$$

各串聯在電樞電路的電阻器，其大小如圖6-18所示。

14. 起動控制法：

⑴人工手動控制：①三點式②四點式。

⑵自動啓動控制：①限時型②限流型③反電勢型。

15. 由轉速公式$n=\frac{E_a}{K\phi}=\frac{V_t-I_aR_a}{K\phi}$，所以直流電動機控制轉速方法有三：(1)改變場磁通 ϕ(2)改變電樞電壓E_a(3)改變電樞電阻R_a。

習題六

1. 直流電動機，依激磁方式不同，如何分類？
2. 何謂直流電動機的轉速特性曲線？
3. 何謂直流電動機的轉矩特性曲線？
4. 試繪出各種直流電動機的轉速特性曲線。
5. 試繪出各種直流電動機的轉矩特性曲線。
6. 為何串激式電動機不能在無載或輕載下運轉？
7. 何種電動機可稱為①定速②調速③變速電動機，並說明其原因。
8. 何謂速率調整率？
9. 為何直流電動機啓動時，需串接啓動電阻？
10. 直流電動機如何改變轉速？
11. 有一9馬力，120V之直流分激電動機，滿載時負載電流為68A，轉速為1750r.p.m，若電樞電阻為0.2Ω，磁場電阻為240Ω，試求：(1)反電勢E_a(2)電磁轉矩T_e(3)效率？
12. 一部120V之分激式電動機，額定轉速為1500rpm，電樞電阻為0.1Ω，場電阻為120Ω，滿載時負載電流$I_L=30$A，電刷上壓降為2V，試求：(1)負載為60％滿載時的轉速(2)負載為110％滿載時的轉速？
13. 有一串激式電動機的電流為15A，產生的轉矩為30牛頓－米，試求：

(1)若此時的磁通尚未飽和，當電流增至20A時，電動機的轉矩為何？

(2)當電流增至30A，由於電流的增加，使磁通量增加70％，電動機的轉矩為若干？

14. 有一400V的串激電動機，串激場電阻為0.2Ω，電樞電阻為0.05Ω，在額定電壓及負載電流30A時，得轉速為1200rpm，假設鐵心尚未飽和且電樞反應不計，試求負載電流為40A時之轉速n與電磁轉矩T_e？

15. 一部積複激式電動機，若將串激場短路，使成為分激式電動機運轉，每極磁通量為0.04韋伯，若電樞電流為50A時，產生的轉矩為80牛頓-米。若將直流電動機重新接成積複激式電動機，電樞電流不變情況下，產生的轉矩為100牛頓-米，試求：
⑴串激場繞組所增加磁通的百分比？
⑵當積複激式電動機的電樞電流增加10%時，所產生的轉矩為若干？(設分激場繞組所產生的磁通與負載無關，且磁化曲線尚未飽和)

16. 有一電動機，無載時轉速為1800rpm，滿載時轉速為1700rpm，試求其速率調整率？

17. 有一120V之分激式電動機，其電樞電阻為0.05Ω，滿載時電樞電流為30A，此時每分鐘轉速為1200轉，若不考慮激磁電流及電樞反應，試求：⑴無載時的反電勢，⑵速率調整率？

18. 有一160V的直流電動機，其電樞電阻為0.1Ω，滿載電流為120A，當電動機在額定電壓下啓動，試求⑴啓動瞬間電流為若干？⑵啓動電流為滿載電流的幾倍？

19. 有一分激電動機，端電壓為120V，電樞電阻為0.1Ω，在額定負載時，電樞電流為80A，若啓動時最大電流限制在滿載電流的2倍，且當電流降至滿載電流時才將各段電阻切離，求啓動電阻應分為幾段？各段的電阻大小為若干？

20. 有一250V的分激電動機，其電樞電阻為0.1Ω，若電樞電流I_a為

40A，試求：⑴反電勢E_a爲若干？⑵若磁通降低1%，其電樞電流I_a'增加的比例爲若干⑶電動機的轉矩是否增加？

21. 有一部50HP、250V、1600rpm的分激式電動機，若電樞電阻爲0.06Ω，場電阻爲125Ω，若此電動機驅動一固定轉矩的負載，其線電流爲100A，場電流爲2A，轉速爲1200rpm，假設此電動機的磁化曲線爲直線，若忽略鐵心損失及機械損失，在外加端電壓仍爲250V的情況下，調整分激場電阻使場電流變爲1.6A，則馬達轉速應爲若干？

22. 有台10HP、160V之串激式電動機，電樞電阻爲0.1Ω、串激場電阻爲0.4Ω，當線路電流爲30A時轉速爲800rpm，假定飽和曲線爲一直線，且電樞反應不計，試求：⑴線路電流爲40A時之轉速⑵若以0.6Ω之電阻與串激場並聯，則線路電流爲40A時之轉速？

第七章 交流電機的基本概念

交流電機主要分爲同步機(Synchronous machine)與感應機(Induction machine)兩大類。同步機分爲同步發電機(或稱交流發電機)和同步電動機兩種，同步機的激磁場是由直流電源產生。感應型的電機分爲電動機與發電機，其激磁場是利用電磁感應原理(即變壓器原理)在轉子繞組產生磁場。

交流機和直流機不同處是直流機的電樞繞組置於轉子上，而磁場繞組置於定子上；交流機的電樞繞組大多置於定子，而磁場繞組置於轉子上。

交流發電機產生電壓的原理爲原動機帶動交流機轉子的磁場繞組，此轉子磁場將使定子的電樞繞組感應出三相交流電源。交流電動機運轉的原理爲當三相交流電源流入定子的電樞繞組，在定子產生一旋轉磁場，此旋轉磁場和轉子磁場相互作用，使轉子產生轉矩而旋轉。

7-1 旋轉磁場(Rotating magnetic field)

7-1-1 旋轉磁場的方向

若有一平衡三相電流，流入定子的電樞繞組，定子每相繞組在空間上各相差120°的電機角，則將產生一個大小一定的旋轉磁場，如圖7-1所示。

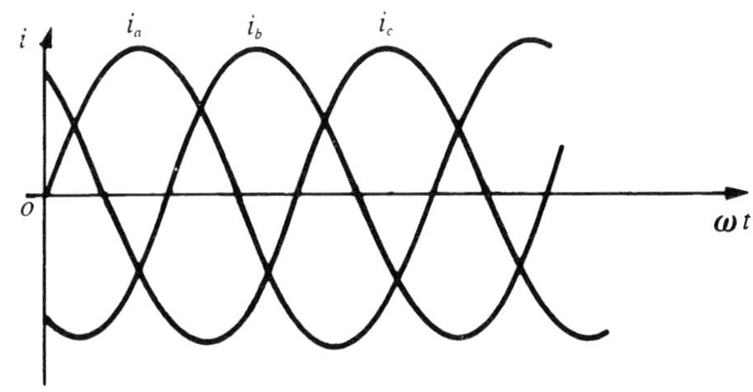

(a)平衡三相電源

圖7-1

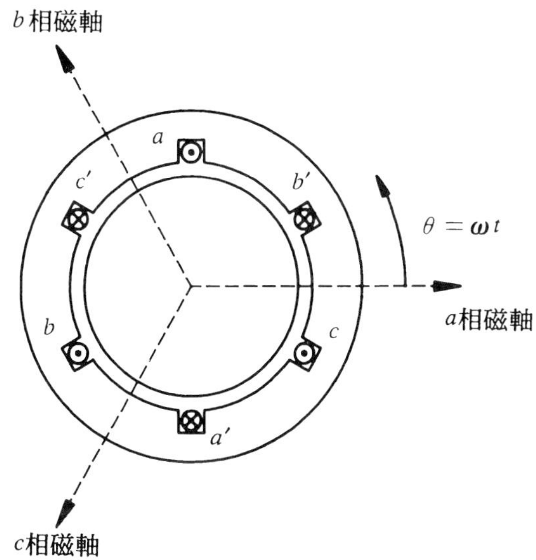

(b)簡單的二極三相定子

圖7-1　(續)

圖7-1所示為一簡單二極三相定子繞組，輸入三相平衡電流產生旋轉磁場的過程說明如下：假設流入定子繞組的平衡三相電流為

$$i_a(t) = I_m \sin \omega t \tag{7-1}$$

$$i_b(t) = I_m \sin(\omega t - 120°) \tag{7-2}$$

$$i_c(t) = I_m \sin(\omega t - 240°) \tag{7-3}$$

由於定子每相繞組在空間上各相差 120°的電機角，則各相產生的磁通密度為：

$$\vec{B}_a(t) = B_m \sin \omega t \angle 0° \tag{7-4}$$

$$\vec{B}_b(t) = B_m \sin(\omega t - 120°) \angle 120° \tag{7-5}$$

$$\vec{B}_c(t) = B_m \sin(\omega t - 240°) \angle 240° \tag{7-6}$$

由A、B及C相產生之磁通密度所合成之總磁通密度$\vec{B}_{net}$爲

$$\vec{B}_{net}(t)=\vec{B}_a(t)+\vec{B}_b(t)+\vec{B}_c(t)$$
$$=B_m\sin\omega t\angle 0^\circ+B_m\sin(\omega t-120^\circ)\angle 120^\circ$$
$$+B_m\sin(\omega t-240^\circ)\angle 240^\circ \tag{7-7}$$

此合成磁場利用X和Y分量表示如下：

$$\vec{B}_{net}(t)=B_m\sin\omega t\hat{X}$$
$$-\frac{1}{2}B_m\sin(\omega t-120^\circ)\hat{X}+\frac{\sqrt{3}}{2}B_m\sin(\omega t-120^\circ)\hat{Y}$$
$$-\frac{1}{2}B_m\sin(\omega t-240^\circ)\hat{X}-\frac{\sqrt{3}}{2}B_m\sin(\omega t-240^\circ)\hat{Y}$$
$$=\left[B_m\sin\omega t-\frac{1}{2}B_m\sin(\omega t-120^\circ)-\frac{1}{2}B_m\sin(\omega t-240^\circ)\right]\hat{X}$$
$$+\left[\frac{\sqrt{3}}{2}B_m\sin(\omega t-120^\circ)-\frac{\sqrt{3}}{2}B_m\sin(\omega t-240^\circ)\right]\hat{Y}$$
$$=\left[B_m\sin\omega t+\frac{1}{4}B_m\sin\omega t+\frac{\sqrt{3}}{4}B_m\cos\omega t+\frac{1}{4}B_m\sin\omega t-\frac{\sqrt{3}}{4}B_m\cos\omega t\right]\hat{X}$$
$$+\left[-\frac{\sqrt{3}}{4}B_m\sin\omega t-\frac{3}{4}B_m\cos\omega t+\frac{\sqrt{3}}{4}B_m\sin\omega t-\frac{3}{4}B_m\cos\omega t\right]\hat{Y} \tag{7-8}$$

$$\therefore \boxed{\vec{B}_{net}=1.5B_m\sin\omega t\hat{X}-1.5B_m\cos\omega t\hat{Y}} \tag{7-9}$$

在 $\omega t=0^\circ$ ⇨ $\vec{B}_{net}=-1.5B_m\hat{Y}=1.5B_m\angle 270^\circ$

$\omega t=90^\circ$ ⇨ $\vec{B}_{net}=1.5B_m\hat{X}=1.5B_m\angle 0^\circ$

$\omega t = 180^\circ \Rightarrow \vec{B}_{\text{net}} = 1.5B_m\hat{Y} = 1.5B_m \underline{/90^\circ}$

$\omega t = 270^\circ \Rightarrow \vec{B}_{\text{net}} = -1.5B_m\hat{X} = 1.5B_m \underline{/180^\circ}$

$\omega t = 360^\circ \Rightarrow \vec{B}_{\text{net}} = -1.5B_m\hat{Y} = 1.5B_m \underline{/270^\circ}$

由以上方程式知，圖7-1(b)爲三相二極電機的定子之淨磁場，此淨磁場以角速度 ω 沿逆時針方向旋轉，其大小固定且爲每相最大磁場 B_m的1.5 倍。

7-1-2　旋轉磁場的反向

若將三相線圈之任二相的電流交換，則旋轉磁場的方向將會相反。爲證明旋轉磁場反向，將圖7-1中的b相與c相電流交換，則總磁通密度B_{net}爲：

$$\begin{aligned}\vec{B}_{\text{net}}(t) &= \vec{B}_a(t) + \vec{B}_b(t) + \vec{B}_c(t) \\ &= B_m \sin \omega t \underline{/0^\circ} + B_m \sin(\omega t - 240^\circ) \underline{/120^\circ} \\ &\quad + B_m \sin(\omega t - 120^\circ) \underline{/240^\circ} \end{aligned} \tag{7-10}$$

此三個磁場利用X和Y分量表示：

$$\begin{aligned}\vec{B}_{\text{net}}(t) = & B_m \sin \omega t \hat{X} \\ & - \frac{1}{2}B_m \sin(\omega t - 240^\circ)\hat{X} + \frac{\sqrt{3}}{2}B_m \sin(\omega t - 240^\circ)\hat{Y} \\ & - \frac{1}{2}B_m \sin(\omega t - 120^\circ)\hat{X} - \frac{\sqrt{3}}{2}B_m \sin(\omega t - 120^\circ)\hat{Y} \\ = & \left[B_m \sin \omega t + \frac{1}{4}B_m \sin \omega t - \frac{\sqrt{3}}{4}B_m \cos \omega t + \frac{1}{4}B_m \sin \omega t + \frac{\sqrt{3}}{4}B_m \cos \omega t\right]\hat{X} \\ & + \left[-\frac{\sqrt{3}}{4}B_m \sin \omega t + \frac{3}{4}B_m \cos \omega t + \frac{\sqrt{3}}{4}B_m \sin \omega t + \frac{3}{4}B_m \cos \omega t\right]\hat{Y} \end{aligned} \tag{7-11}$$

$$\therefore \boxed{\vec{B}_{net}(t) = 1.5B_m \sin\omega t\hat{X} + 1.5B_m \cos\omega t\hat{Y}} \tag{7-12}$$

在 $\omega t = 0°$ ⇨ $\vec{B}_{net} = 1.5B_m\hat{Y} = 1.5B_m\angle -270°$

$\omega t = 90°$ ⇨ $\vec{B}_{net} = 1.5B_m\hat{X} = 1.5B_m\angle 0°$

$\omega t = 180°$ ⇨ $\vec{B}_{net} = -1.5B_m\hat{Y} = 1.5B_m\angle -90°$

$\omega t = 270°$ ⇨ $\vec{B}_{net} = -1.5B_m\hat{X} = 1.5B_m\angle -180°$

$\omega t = 360°$ ⇨ $\vec{B}_{net} = 1.5B_m\hat{Y} = 1.5B_m\angle -270°$

由以上方程式得知淨磁場是以角速度 ω 沿順時針方向旋轉，且淨磁場大小仍爲$1.5B_m$。上述可證明要改變交流機的旋轉磁場方向，只要改變定子上的任兩相電流即可。

7-1-3 電氣頻率與旋轉速度的關係

交流發電機一般是指同步發電機，圖7-2所示爲凸極型的兩極同步機。當轉子的場繞組受到激磁時，將產生一磁場，其磁力線自N極穿過空氣隙，分成兩迴路經定子的軛鐵，再穿過空氣隙回到S極進入轉子鐵心，構成兩個封閉迴路。爲獲得弦式波形之感應電勢，將轉子的磁極極面作適當整形，使環繞空氣隙之磁通密度分佈爲一弦式波形，如圖7-3(a)所示，在磁中性軸處的磁通爲零，愈接近磁軸中心的磁通愈强，愈離開磁軸中心的磁通愈弱。

如圖7-2所示的二極同步電機，設電樞導體的長度爲l，當轉子被原動機帶動，且以固定速度v旋轉時，磁通將掃過電樞導體a與a'，若氣隙的磁通密度B爲正弦波，則電樞導體將產生感應電勢$e = Blv$，因此每當轉子旋轉一週，aa'線圈所感應的電壓為一完整的正弦波。

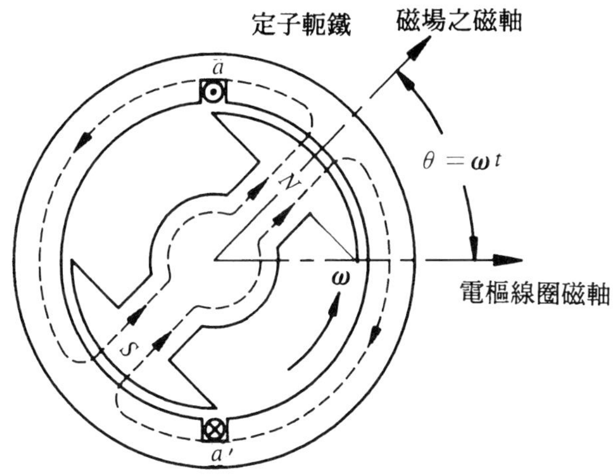

圖7-2　凸極型的二極同步機

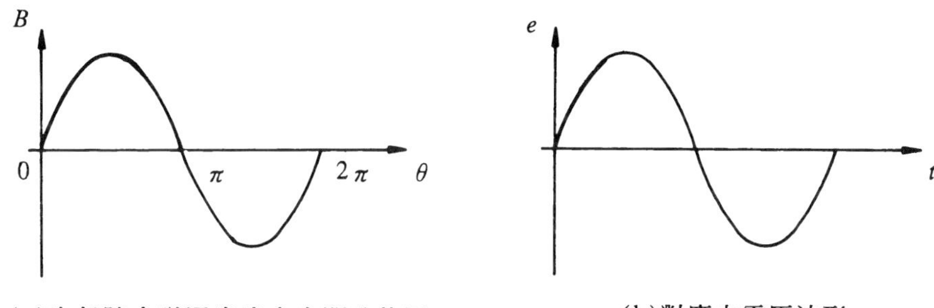

(a)空氣隙中磁通密度之空間分佈圖　　(b)對應之電壓波形

圖7-3

圖7-4所示為一凸極式之四極同步機，其主磁極是依照N–S–N–S交替排列，在定子上的電樞繞組有兩個線圈為a_1a_1'和a_2a_2'。當轉子旋轉一週，每一線圈所感應的電壓為二個完整的正弦波形，故感應電勢的頻率為轉子每秒轉數的兩倍，如圖7-5所示。

$$f_e = 2f_m \qquad \text{(四極)} \tag{7-13}$$

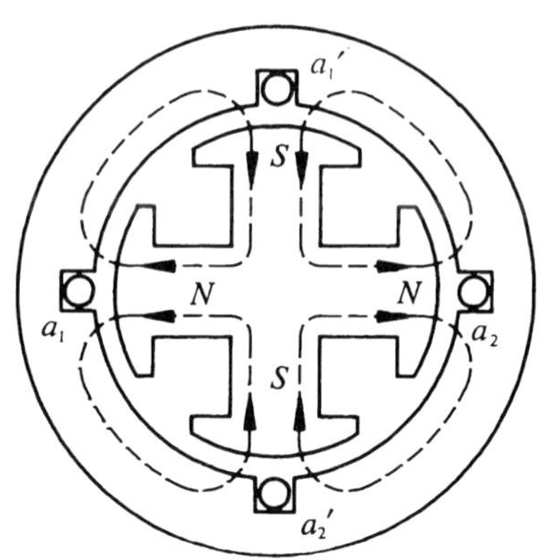

圖7-4 四極同步發電機

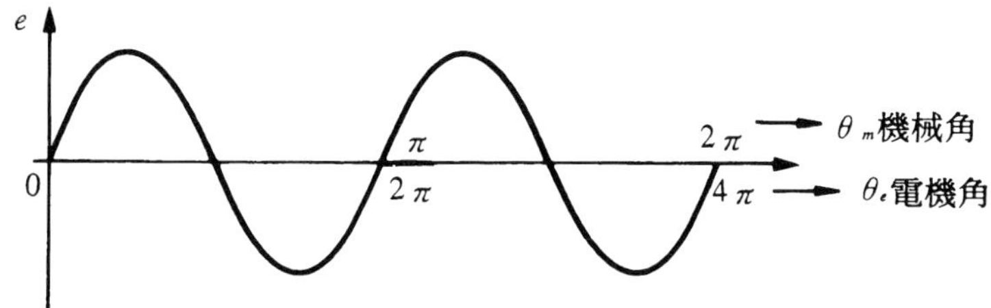

圖7-5 線圈 a_1a_1'感應的電勢波形

當電機超過兩極時，爲了討論方便，常先探討一電機爲二極時的電、磁、機械……等情形，再將其他每對磁極的特性，視爲和所探討的二極情形相似，因此我們將角度分爲機械角 θ_m與電機角 θ_e(Electrial degree)。所謂機械角，即一般定義一圓週爲360°；電機角則與極數有關，將一對磁極之磁通分佈視爲360°電機角，因此在P極之電機，轉子每旋轉一週產生$\frac{P}{2}$個完整的波形，即

$$\boxed{\theta_e=\frac{P}{2}\,\theta_m} \tag{7-14}$$

式中　　θ_e：電機角

　　　　θ_m：機械角

同理在P極之電機，轉子每旋轉一週，每一線圈的感應電勢便產生$\frac{P}{2}$個完整波形。

$$\boxed{f=\frac{P}{2}f_m} \tag{7-15}$$

式中　　f：電氣速率以赫芝為單位

　　　　f_m：每秒之機械轉速以轉／秒為單位

$$\boxed{\omega_e=\frac{P}{2}\omega_m} \tag{7-16}$$

式中　　ω_e：電氣角速度以徑／秒為單位

　　　　ω_m：機械角速度以徑／秒為單位

當轉子每分鐘以N轉的均勻速度驅動，則每秒鐘的轉速為$\frac{N}{60}$，感應電勢頻率可改寫為

$$f=\frac{P}{2}f_m=\frac{P}{2}\frac{N}{60} \tag{7-17}$$

故同步機轉子每分鐘轉速N_s為：

$$\boxed{N_s=\frac{120f}{P}} \tag{7-18}$$

【例　1】 有一四極、60Hz的同步發電機，試求：⑴每分鐘轉速⑵感應電

勢之角速度(3)轉子之機械角速度。

【解】 (1)$N_s=\frac{120f}{P}=\frac{120\times 60}{4}=1800(\text{rpm})$

(2) $\omega_e=2\pi f=2\pi\times 60=377(\text{rad/sec})$

(3)$\because\ \omega_e=\frac{P}{2}\omega_m$

$\therefore\ \omega_m=\frac{2}{P}\omega_e=\frac{2}{4}\times 377=188.5(\text{rad/sec})$

7-2 交流電機的感應電壓

當原動機帶動同步機的磁場繞組旋轉，此轉子磁場將在定子上的電樞繞組產生電壓。本節將推導感應電壓的方程式，假設定子繞組爲集中繞組且線圈的跨距爲全節距，即各相的繞組(a和a'、b和b'、c和c')置於相距180°電機角之槽中，如圖7-6所示。

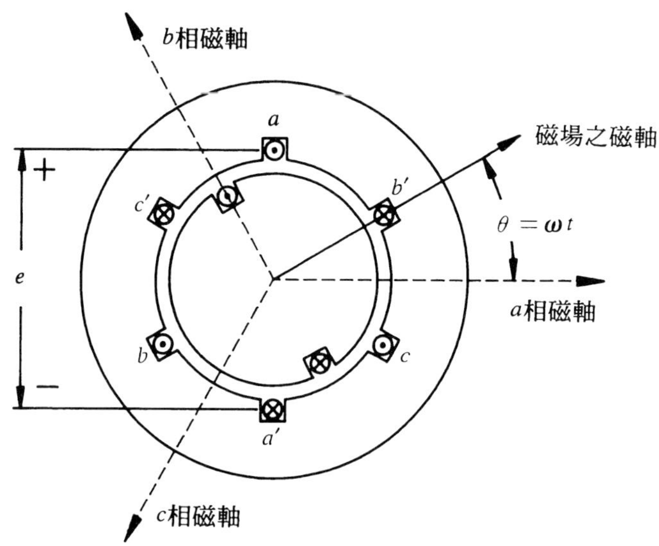

圖7-6 兩極三相的交流發電機簡圖

假設轉子上的磁場繞組所產生的磁通，能使空氣隙之磁通密度B的分佈為一弦式波形，且該轉子以固定之角速度ω旋轉。現以定子A相線圈的磁軸為參考軸，則磁通密度B為

$$B = B_{peak}\cos\theta \tag{7-19}$$

式中：B_{peak}為磁通密度之最大值，θ為a相磁軸與轉子磁軸的夾角，單位為電機角。對一台二極機，每極氣隙磁通ϕ為

$$\begin{aligned}\phi &= \int_{-\frac{\pi}{2}}^{\frac{\pi}{2}} B\,d\,A = \int_{-\frac{\pi}{2}}^{\frac{\pi}{2}} B_{peak}\cos\theta\; l\; r\; d\,\theta \\ &= 2B_{peak}lr \end{aligned} \tag{7-20}$$

式中：l為線圈之有效長度(即定子的軸向長度)，r為轉子半徑，如圖7-7所示。電樞表面微面積$d\,A = l\,d\,s = l\,r\,d\,\theta$。

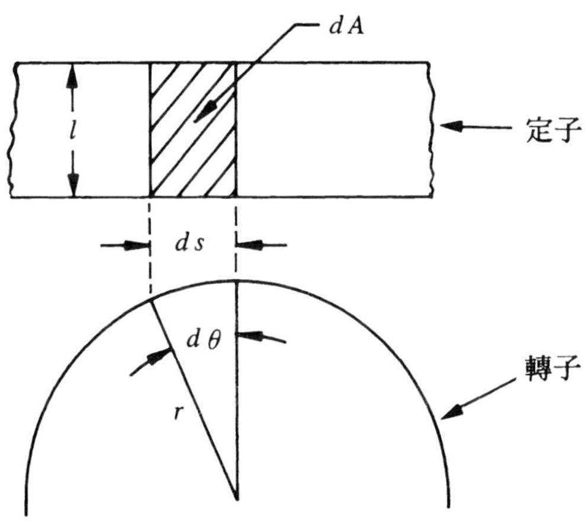

圖7-7　電樞表面微面積

對一P極機而言，P極機的極面積為二極機的$\dfrac{2}{P}$倍，所以P極機每極的磁通ϕ

$$\phi = \frac{2}{P} 2B_{\text{peak}}\, l\, r \tag{7-21}$$

由圖7-6 得知，定子的磁通鏈隨定子線圈之磁軸與轉子磁軸角的餘弦而變化，若轉子以恆定角速度 ω 旋轉，則與A相線圈相交鏈的磁鏈 λ 為

$$\lambda = N_P \phi \cos \omega t \tag{7-22}$$

依法拉第定律，A相線圈的感應電勢e為

$$e = -\frac{d\lambda}{dt} = \omega N_P \phi \sin \omega t - N_P \cos \omega t \frac{d\phi}{dt} \tag{7-23}$$

上式右側第一項為速度電壓(Speed voltage)，當氣隙磁通波形與定子線圈有相對運動時就會產生。第二項為變壓器電壓(Transformer voltage)，當磁通大小隨時間而變化，才會產生此項電壓。由於大多數的交流旋轉電機，在正常的穩態情況下，其氣隙磁通的振幅是固定的，所以第二項值為零。由於三相電機每相之線圈數相同，因此每相所發生之應電勢e為

$$e = \omega N_P \phi \sin \omega t = \omega N_P \frac{2}{P} 2B_{\text{peak}}\, l\, r \sin \omega t$$

$$= \frac{2}{P} \omega\, r(2lN_P) B_{\text{peak}} \sin \omega t \tag{7-24}$$

對一P極機，機械角$\omega_m = \frac{2}{P}\omega$，$2lN_P$為每相線圈邊導體之總有效長度，導體與磁場相對速度$v = r\omega_m$，$B_{\text{peak}} \sin \omega t$為圖7-6中$a$相線圈邊處之磁通密度$B_{\text{coil}}$。所以(7-23)式可改寫如下

$$e = \omega_m r(2lN_P) B_{\text{peak}} \sin \omega t = B_{\text{coil}}(2lN_P)v \tag{7-25}$$

(7-25)式之意義亦可解釋為每相線圈割切磁通密度為B_{coil}所產生的應電

勢，由(7-24)得感應電勢最大值：

$$E_{f\max}=\omega N_P\,\phi=2\,\pi\,f\,N_P\,\phi \tag{7-26}$$

而其有效值E_f為，

$$E_f=\frac{E_{f\max}}{\sqrt{2}}=\frac{2\,\pi}{\sqrt{2}}\,f\,N_P\,\phi=4.44\,f\,N_P\,\phi \tag{7-27}$$

發電機端子間之電壓值，視定子為Y接或△接而定。若Y接則$V_t=\sqrt{3}E_f$；若△接則$V_t=E_f$。

【例 2】有一簡單的兩極、Y接的同步發電機，若定子直徑40公分，線圈長為20公分，且每一繞組有20匝，轉子旋轉磁場的磁通密度為0.5Wb/m²，現用原動機以轉速1800rpm 驅動，求⑴相電壓最大值⑵相電壓有效值⑶端電壓有效值。

【解】　本機之磁通量ϕ為

$$\phi=AB=(2rl)B=2\times\frac{0.4}{2}\times0.2\times0.5=0.04(\mathrm{Wb})$$

轉子角速度ω

$$\omega=2\,\pi f=2\,\pi\frac{N_s}{60}=2\,\pi\frac{1800}{60}=188.5(\mathrm{rad/s})$$

⑴相電壓最大值為

$$E_{f\max}=\omega N_P\,\phi=188.5\times20\times0.04=150.8(V)$$

⑵相電壓有效值E_f為

$$E_f=\frac{E_{f\max}}{\sqrt{2}}=106.63(\mathrm{V})$$

⑶發電機為Y接，因此端電壓V_t為

$$V_t=\sqrt{3}E_f=\sqrt{3}\times106.63=184.69(\mathrm{V})$$

7-3　短節距線圈和分佈繞組的感應電勢

在前節公式(7-27)，其感應電壓爲假設全節距集中式繞組，即假設線圈的兩線圈邊相距一個極距(即180°電機角)，且線圈所有匝數皆集中在一對槽中。實際上同一線圈之兩線圈邊的跨距不一定恰好等於一個極距，且電樞繞組係分佈於定子表面槽中，所以(7-27)式所推導的感應電勢必須加予修正。

7-3-1　節距因數(Pitch-factor)

極距爲電機中相鄰兩磁極的距離。若定子線圈的跨距恰等於一個極距，稱爲全節距，如圖7-8所示，如果定子線圈的跨距小於一個極距，稱爲分數節距或短節距，如圖7-9所示。交流電機爲了改善電壓波形及節省線圈的用銅量，常採用短節距線圈。短節距的感應電勢較全節距的感應電勢低。

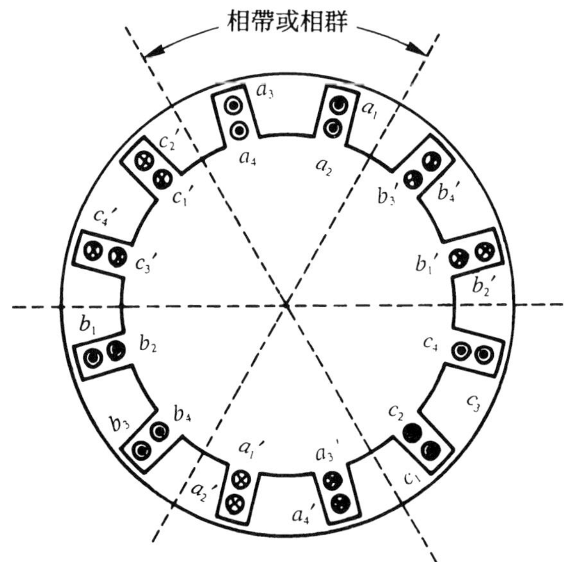

圖7-8　雙層全節距的分佈繞組

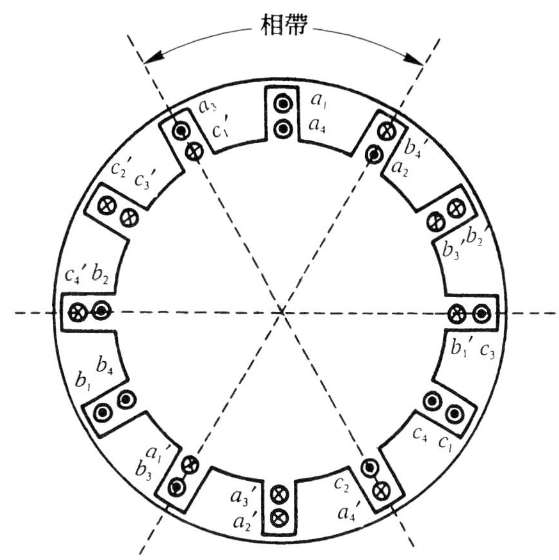

圖7-9　雙層短節距的分佈繞組

短節距線圈的感應電勢與全節距線圈感應電勢的比值，稱為節距因數，以K_p表示之。全節距線圈由於兩線圈邊處於相鄰磁極下相對稱的位置，所以線圈的感應電勢為兩線圈邊電勢的代數和。如圖7-10(a)所示。短節距由於兩線圈邊並不處於相鄰磁極下相對稱之位置，故兩線圈串聯之總電壓大小，如圖7-10(b)所示。

$$
\begin{aligned}
K_p &= \frac{\text{短節距線圈的感應電勢}}{\text{全節距線圈的感應電勢}} \\
&= \frac{\text{兩線圈邊感應電勢的相量和}}{\text{兩線圈邊感應電勢的代數和}} \\
&= \frac{2E\cos\frac{\beta}{2}}{2E} = \cos\frac{\beta}{2} = \cos\frac{180-\rho}{2} \\
&= \cos\left(90^\circ - \frac{\rho}{2}\right) \qquad (7\text{-}28)
\end{aligned}
$$

$$\therefore \boxed{K_p = \sin\frac{\rho}{2}} \tag{7-29}$$

式中　　ρ：線圈所跨之電機角度

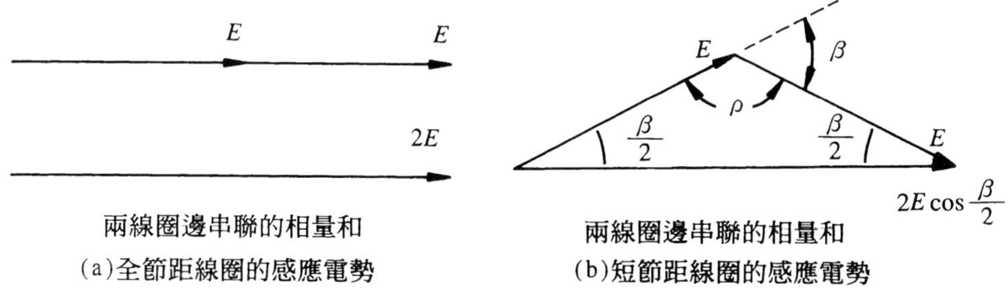

圖7-10　節距因數

短節距繞組除了可以節省用銅量，尚有消除高諧波之功能。因為第n次諧波的電機角是基本波頻率電機角的n倍，如果一線圈對基本頻率而言是跨了150°的電機角，則對第三次諧波是450°，對第五次諧波是750°……。所以諧波成份的線圈節距因數為

$$\boxed{K_p = \sin\frac{\nu\rho}{2}} \tag{7-30}$$

式中　　ν 為諧波數目

由於節距因數隨著諧波頻率不同而有所差異。故設計時可選擇適當的線圈節距將電壓中的諧波成份予以消除。

7-3-2　分佈因數(Distribution or belt factor)

實際電機其定子之電樞繞組係分佈於電樞表面槽中，如圖7-8所示。電樞上的每一線圈是由許多匝組成，每一匝的感應電壓非常小，

所以必須串聯很多匝才能獲得所需要的電壓。每相所需的總匝數通常被分為數個線圈且依等距離的方式分佈於電樞表面槽中。由於每個線圈所感應的電壓方向不同，因此每相總電壓為個別線圈電壓的相量和。

分佈繞組每相線圈所產生的應電勢與集中繞組每相線圈所產生的應電勢之比值，稱為分佈因數或帶幅因數，以K_d表示之。圖7-11所示為3個線圈的電壓以相量形式表示，其相差的角度α為相鄰兩槽所間隔的電機角度。若將圖7-11所示的線圈數目擴展至n個，則分佈因數K_d可表示為：

$$K_d=\frac{\text{分佈繞組每相線圈的應電勢}}{\text{集中繞組每相線圈的應電勢}}$$

$$=\frac{\text{每一相線圈電壓的相量和}}{\text{每一相線圈電壓的代數和}}$$

$$=\frac{\overline{ad}}{n\,\overline{ab}}=\frac{2\,\overline{oa}\sin\frac{n\alpha}{2}}{n\,2\,\overline{oa}\sin\frac{\alpha}{2}} \tag{7-31}$$

$$\therefore \boxed{K_d=\frac{\sin\frac{n\alpha}{2}}{n\sin\frac{\alpha}{2}}} \tag{7-32}$$

式中　　α：槽距，即相鄰兩槽之間隔，單位為電機角

n：每極每相所佔之槽數

節距因數K_p與分佈因數K_d的乘積稱為繞組因數，以K_w表示之，即

$$\boxed{K_w=K_p\,K_d} \tag{7-33}$$

交流電機的電樞繞組若採用短節距及分佈式繞組時，每相感應電勢(即公式7-27)，應修改為

$$E_f = 4.44 K_w f N_p \phi = 4.44 K_p K_d f N_p \phi \tag{7-34}$$

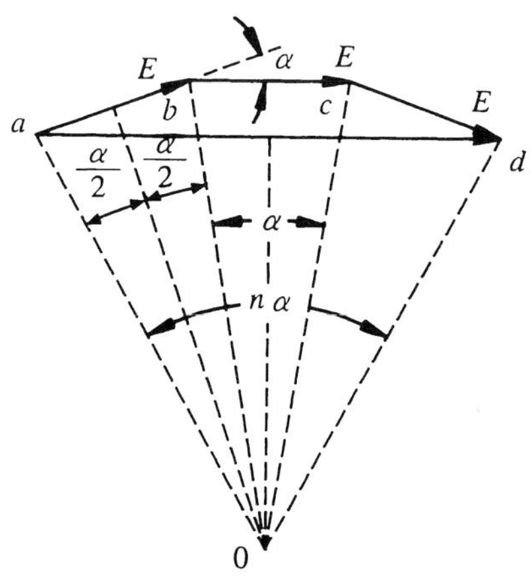

圖7-11　分佈因數的決定

【例　3】有一部四極計有96槽之電機，試求節距因數 ⑴採$\frac{13}{16}$分數節距 ⑵採$\frac{8}{9}$分數節距。

【解】　⑴$K_p = \sin\frac{\rho}{2} = \sin\frac{\frac{13}{16}\times 180°}{2} = \sin 73.1° = 0.957$

⑵$K_p = \sin\frac{\rho}{2} = \sin\frac{\frac{8}{9}\times 180°}{2} = \sin 80° = 0.985$

【例　4】有一部三相四極的同步機，當電樞有：⑴24槽　⑵84槽時，其分佈因數為若干。

【解】　⑴ α 為槽距(為電機角)

$$\alpha=\frac{p}{2}\frac{360°}{24}=\frac{4}{2}\frac{360°}{24}=30°$$

n為每極每相所佔之槽數

$$n=\frac{24}{3\times4}=2$$

$$K_d=\frac{\sin\frac{n\alpha}{2}}{n\sin\frac{\alpha}{2}}=\frac{\sin\frac{2\times30°}{2}}{2\sin\frac{30°}{2}}=0.966$$

(2) $\alpha=\frac{p}{2}\frac{360°}{84}=\frac{4}{2}\frac{360°}{84}=8.57°$

$$n=\frac{84}{3\times4}=7$$

$$K_d=\frac{\sin\frac{n\alpha}{2}}{n\sin\frac{\alpha}{2}}=\frac{\sin\frac{7\times8.57°}{2}}{7\times\sin\frac{8.57°}{2}}=0.956$$

【例 5】有一部三相四極的交流發電機，定子總槽數為72槽，採$\frac{8}{9}$分數節距，試求：(1)節距因數K_p (2)分佈因數K_d (3)繞組因數K_w？

【解】 (1) $K_d=\sin\frac{\rho}{2}=\sin\frac{180°\times\frac{8}{9}}{2}=0.985$

(2) α 為槽距

$$\alpha=\frac{p}{2}\frac{360°}{72}=\frac{4}{2}\times\frac{360°}{72}=10°$$

n為每極每相所佔之槽數

$$n=\frac{72}{3\times4}=6$$

$$K_d=\frac{\sin\frac{n\alpha}{2}}{n\sin\frac{\alpha}{2}}=\frac{\sin\frac{6\times10^\circ}{2}}{6\sin\frac{10^\circ}{2}}=0.956$$

(3)繞組因數K_w

$$K_w=K_d K_p=0.985\times0.956=0.942$$

【例 6】有一部三相、六極、Y接之交流電機，其電樞繞組共36槽，每槽內含兩個線圈邊，每一線圈有12匝，採用$\frac{5}{6}$分數節距，每極磁通量爲2.4×10^6線，轉速爲1200rpm，試求：(1)繞組因數 (2)每相之感應電勢 (3)端電壓？

【解】 (1)節距因數$K_p=\sin\frac{\rho}{2}=\sin\frac{\frac{5}{6}\times180^\circ}{2}=0.966$

槽距$\alpha=\frac{P}{2}\cdot\frac{360^\circ}{36}=\frac{6}{2}\times10^\circ=30^\circ$

每極每相之槽數$n=\frac{36}{3\times6}=2$

分佈因數$K_d=\frac{\sin\frac{n\alpha}{2}}{n\sin\frac{\alpha}{2}}=\frac{\sin\frac{2\times30^\circ}{2}}{2\sin\frac{30^\circ}{2}}=0.966$

繞組因數$K_w=K_p K_d=0.966\times0.966=0.933$

(2)因定子有36槽，每槽內有兩個線圈邊，所以定子繞組共有36個線圈。

每相之串聯線圈數$=\frac{總線圈數}{相數}=\frac{36}{3}=12$

每相串聯之匝數$=12\times12=144$(匝)

$\because N_s=\frac{120f}{p}$

電源頻率$f=\frac{PN_s}{120}=\frac{6\times 1200}{120}=60(\text{Hz})$

每相感應電勢$E_f=4.44K_w f N_p \Phi$

$=4.44\times 0.933\times 60\times 144\times 2.4\times 10^{-2}$

$=859(\text{V})$

(3)因爲Y接

端電壓$V_t=\sqrt{3}E_f=\sqrt{3}\times 859=1487.8(\text{V})$

7-4　交流電機所產生的轉矩

交流電機運轉時有兩個磁場存在，一個磁場是由定子電樞產生，另一個磁場是由轉子激磁產生。此兩個磁場相互作用就會產生轉矩。圖7-12所示，設定子產生的磁通密度爲$\vec{B}_s$，轉子產生的磁通密度爲$\vec{B}_R$，則此兩磁場在交流電機所產生的轉矩T_{ind}爲

$$T_{\text{ind}}=k\left|\vec{B}_R\times\vec{B}_S\right|=k\,B_R\,B_S\sin\delta_{SR} \tag{7-35}$$

式中　T_{ind}：感應轉矩(牛頓-米)

B_R：轉子的磁通密度 (韋伯／米^2)

B_S：定子的磁通密度 (韋伯／米^2)

δ_{SR}：$\vec{B}_R$與$\vec{B}_S$間的最小夾角

k：常數

淨磁場$\vec{B}_{\text{net}}$是定子磁場 $\vec{B}_S$ 和轉子磁場 $\vec{B}_R$ 的相量和。

$$\vec{B}_{\text{net}}=\vec{B}_S+\vec{B}_R \tag{7-36}$$

(7-35)式亦可改寫爲

$$T_{\text{ind}}=k\left|\vec{B}_R\times\vec{B}_S\right|$$

$$=k\ |\ \vec{B}_R\times(\overline{B}_{\text{net}}-\vec{B}_R)\ |$$

$$=k\ |\ \vec{B}_R\times\vec{B}_{\text{net}}\ |\ -k\ |\ \vec{B}_R\times\vec{B}_R\ | \tag{7-37}$$

因任意相量的本身叉積爲零，故

$$\boxed{T_{\text{ind}}=k\ |\ \vec{B}_R\times\vec{B}_{\text{net}}\ |\ =k\ B_R\ B_{\text{net}}\ \sin\delta} \tag{7-38}$$

式中　　δ ：$\vec{B}_R$與$\vec{B}_{\text{net}}$的夾角

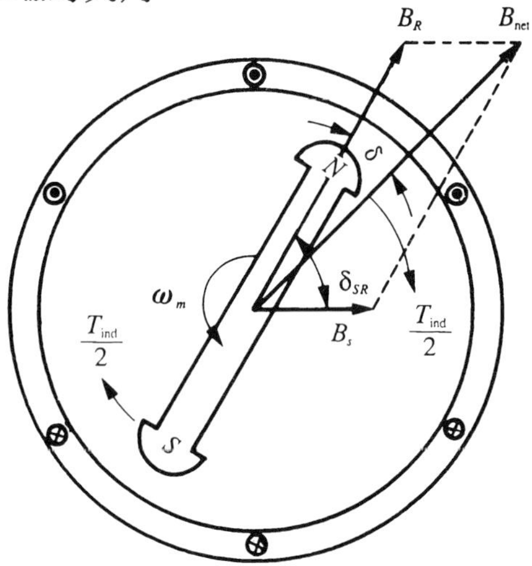

圖7-12　同步機的定子和轉子的磁場

圖7-12所示，若該同步機的旋轉方向爲逆時針，將佛萊明右手定則應用於方程式(7-38)，得知該同步機的感應轉矩方向爲順時針。由於旋轉方向與感應轉矩方向相反，故得知本同步機運作爲發電機。

摘　要

1. 交流電機主要分爲同步機與感應機兩大類。

2. 同步機的激磁場是由直流電源產生，感應機型的激磁場是利用電

磁感應原理產生。

3. 交流機的電樞繞組大部份置於定子，而磁場繞組置於轉子。

4. (1)若有一平衡三相電流，流入定子的電樞繞組，定子每相繞組在空間上各相差120°的電機角，則將產生一個大小一定的旋轉磁場。

$$\vec{B}_{\text{net}}=1.5B_m\sin\omega t\hat{X}-1.5B_m\cos\omega t\hat{Y}$$

(2)若將任二相的電流交換，則旋轉磁場的大小仍然不變，但旋轉方向將會相反。

$$\vec{B}_{\text{net}}=1.5B_m\sin\omega t\hat{X}+1.5B_m\cos\omega t\hat{Y}$$

5. 交流電機之極數為P，則電機角θ_e與機械角θ_m的關係為

$$\theta_e=\frac{P}{2}\theta_m$$

6. 交流電機之極數為P，則角速度ω_e與機械角速度ω_m的關係為

$$\omega_e=\frac{P}{2}\omega_m$$

7. 同步電機之極數為P，頻率為f，則每分鐘轉速為

$$N_s=\frac{120f}{P}$$

8. 電樞繞組採全節距的集中式，則每相感應電勢E_f為

$$E_f=4.44fN_P\Phi$$

9. 電樞繞組採短節距的分佈式繞組，則每相感應電勢E_f為

$$E_f=4.44K_pK_dfN_P\Phi=4.44K_wfN_p\Phi$$

10. 節距因數$K_p=\sin\frac{\rho}{2}$(ρ 爲極距，單位爲電機角)。

11. 分佈因數$K_d=\dfrac{\sin\frac{n\alpha}{2}}{n\sin\frac{\alpha}{2}}$

α 爲槽距，單位爲電機角。n爲每極每相所佔的槽數。

12. 繞組因數$K_w=K_p K_d$。

13. (1)當電樞繞組爲Y接，則端電壓$V_t=\sqrt{3}E_f$。

(2)當電樞繞組爲△接，則端電壓$V_t=E_f$。

14. (1)定子產生的磁通密度爲$\vec{B}_S$，轉子產生的磁通密度爲$\vec{B}_R$，則交流電機所產生的轉矩T_{ind}

$$T_{\text{ind}}=k\left|\vec{B}_R\times\vec{B}_S\right|=k\,B_R\,B_s\sin\delta_{SR}\ (\delta_{SR}\text{爲}\vec{B}_R\text{與}\vec{B}_S\text{間的夾角})$$

(2)淨磁場$\vec{B}_{\text{net}}=\vec{B}_R+\vec{B}_S$

$$T_{\text{ind}}=k\left|\vec{B}_R\times\vec{B}_{\text{net}}\right|$$

$$=k\,B_R\,B_{\text{net}}\sin\delta\ (\delta\text{ 爲}\vec{B}_R\text{與}\vec{B}_{\text{net}}\text{間的夾角})$$

習題七

1. 何謂分佈因數。
2. 若α爲槽距(電機角)，n爲每極每相所佔的槽數，試證分佈因數

$$K_d=\frac{\sin\frac{n\alpha}{2}}{n\sin\frac{\alpha}{2}}$$

3. 何謂節距因數。

4. 若ρ 為極距，試證節距因數$K_p = \sin \dfrac{\rho}{2}$。

5. 若有一平衡的三相電流，流入定子的電樞繞組，且定子每相繞組在空間上各相差120°　的電機角，試證定子將產生一個大小一定的旋轉磁場。

6. 同上題，若將任二相的電流交換，試證旋轉磁場的大小仍然不變，但旋轉方向將會相反。

7. 有一六極、50Hz的同步發電機，試求(1)每分鐘轉速 (2)感應電勢之角速度 (3)轉子之機械角速度。

8. 有一簡單的兩極、△接的同步發電機，若定子直徑30公分，線圈長20公分，且每一繞組有30匝，轉子旋轉磁場的磁通密度為0.3 Wb/m^2，現用原動機以轉速1200rpm 驅動，求(1)相電壓最大值 (2)相電壓有效值 (3)端電壓有效值？

9. 有一部三相、四極、36槽之電機，試求節距因數(1)採$\dfrac{7}{9}$分數節距 (2)採$\dfrac{17}{18}$分數節距。

10. 有一部三相12極的同步機，當電樞為(1)108槽 (2)180槽時，其分佈因數為若干？

11. 有一部三相四極的同步發電機，定子總槽數為48槽，採$\dfrac{13}{18}$分數節距，試求(1)節距因數K_p (2)分佈因數K_d (3)繞組因數K_w？

12. 有一部三相、四極、Y接之同步機，其電樞繞組共84槽，每槽內含兩個線圈邊，每一線圈有10匝，採$\dfrac{8}{9}$分數節距，每極磁通量為0.02韋伯，轉速為1800rpm ，試求(1)繞組因數 (2)每相之感應電勢(3)端電壓？

13. 三相、四極、Y接的同步電機，其電樞槽數共96槽，每線圈邊為

16個導體，每極磁通量爲0.01韋伯，線圈節距爲19槽做成雙層疊繞，若轉子轉速1800rpm ，試求：⑴繞組因數K_w ⑵每相感應電勢⑶端電壓？

14. 有部一三相、兩極、△聯接的同步發電機，電樞槽數共12槽，每相有四個線圈，每個線圈有12匝，每極磁通量爲0.02韋伯，轉子轉速每分鐘3600轉，繞組節距爲150° ，試求：

⑴定子的槽距爲多少機械角？多少電機角？

⑵定子線圈跨過多少槽？

⑶定子每相感應電勢爲若干？

⑷端電壓爲若干？

⑸分數節距對五次諧波、七次諧波各抑制多少？

第八章

同步發電機

同步發電機是將機械能轉變爲交流電能，其轉速、頻率及極數的關係爲$N_s=\frac{120f}{p}$。

本章首先介紹同步電機的構造、分類、分析圓柱型轉子(Cylindrical rotor)同步電機穩態時之功率、轉矩特性，再推展到凸極形(Salient pole type)轉子同步電機的雙電抗理論。

8-1 同步發電機的構造

8-1-1 同步發電機的分類

同步發電機依轉子型式、驅動部份的原動機、相數及通風方式可分成下列幾類：

(一)依轉子之分類

(1)旋轉電樞式(轉電式)：電樞繞於轉子，磁場繞於定子，如圖8-1所示。此種型式只適用於低電壓的小型電機。

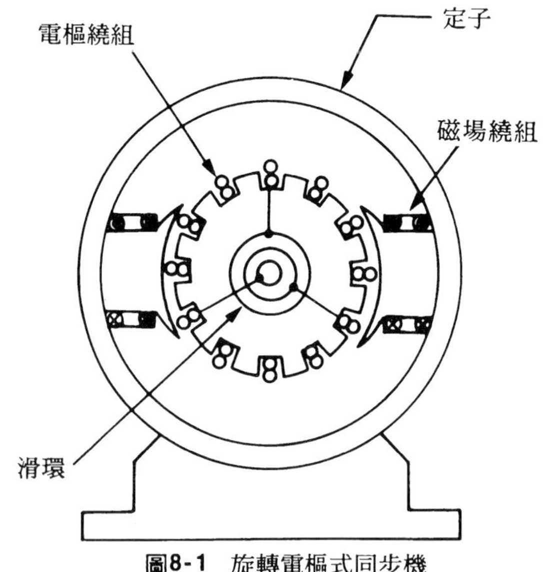

圖8-1 旋轉電樞式同步機

⑵旋轉磁場式(轉磁式)：磁場繞於轉子，電樞繞於定子，如圖8-2所示。此種型式爲一般同步機所採用。

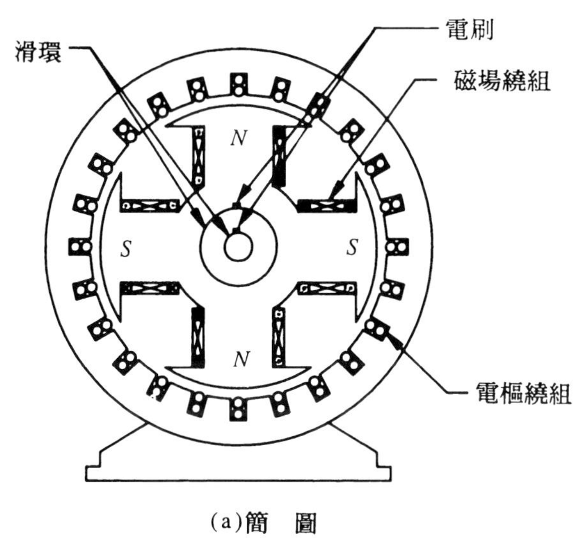

(a)簡　圖

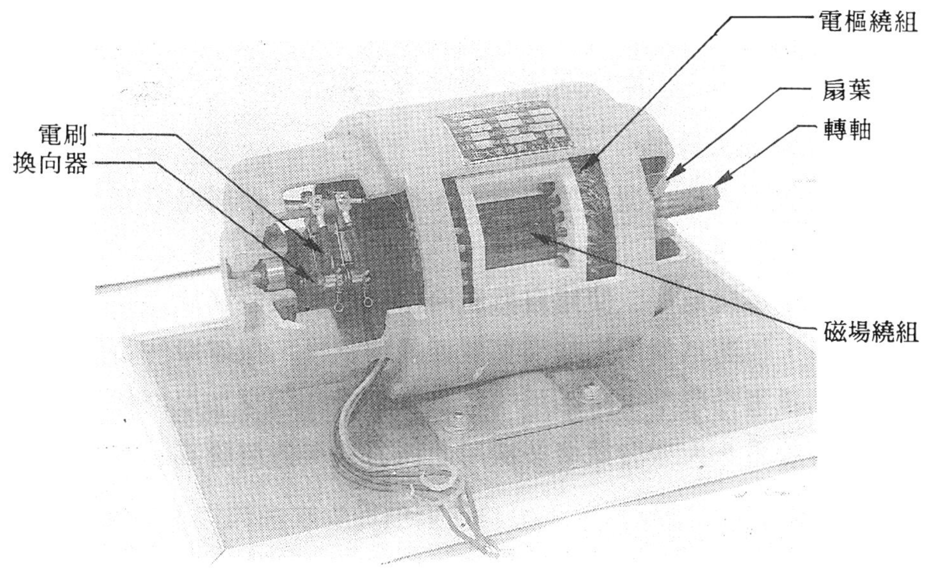

(b)實體解剖圖

圖8-2　旋轉磁場式同步機

①同步發電機不必換向，所以使用轉磁式。

②電樞絕緣比較方便：電樞繞組在定部，高電壓引接容易，不必使用滑環、電刷等接觸裝置；定部的空間比轉部大，每槽的絕緣較有充份的空間。

③散熱比較容易：在電樞繞組中，電壓愈高絕緣愈厚，且定部比轉部有較大的空間，散熱較佳。

④由於定子有較寬廣的空間，可容納較多的線圈，產生較高的電壓。

⑤電樞繞組置於定子，可不受離心力及旋轉時震動等不良影響。

8-2 同步發電機的電樞反應與等效電路

在第七章中，電樞繞組若採短節距的分佈式繞組，則每相感應電勢為

$$E_a = \frac{2\pi}{\sqrt{2}} k_W f N_p \phi = \frac{N_p k_W}{\sqrt{2}} \phi \omega_e \tag{8-1}$$

$$\boxed{E_a = K\phi\omega_e} \qquad \left(令K = \frac{N_p k_W}{\sqrt{2}}\right) \tag{8-2}$$

感應電勢大小與磁通量ϕ、頻率f或轉速成正比。磁通ϕ與激磁電流I_f的關係，如圖8-3所示，初期激磁電流I_f與磁通ϕ成正比，當鐵心飽和時，激磁電流I_f雖繼續作線性的增加但磁通ϕ的變化已趨於緩慢。若發電機轉速固定(即ω_e固定)，則激磁電流I_f與感應電勢E_f的關係，如圖8-4所示。此圖為同步發電機的磁化曲線或稱為開路特性曲線。

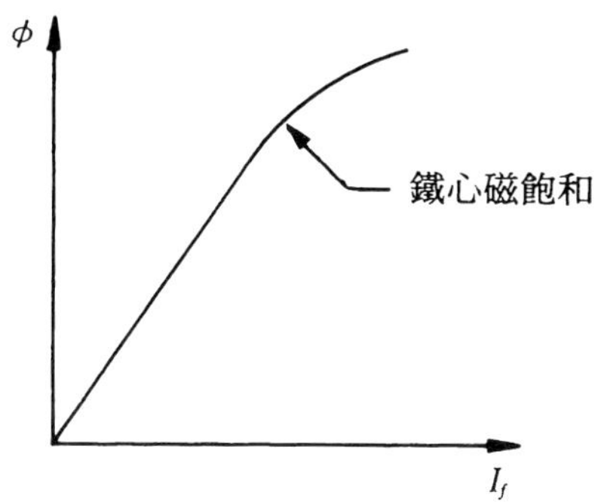

圖8-3　同步發電機激磁電流 I_f 對磁通 ϕ 的關係

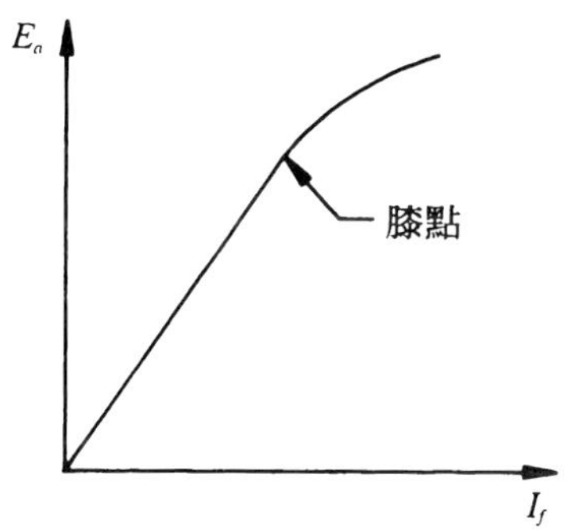

圖8-4　同步發電機激磁電流 I_f 對感應電勢 E_a 的關係

8-2-1　電樞反應

同步發電機加負載後，由於電樞導體流通三相負載電流，將在氣隙中產生一旋轉磁場，此磁場將干擾主磁場，使主磁場產生畸變的現象，稱為電樞反應。

在直流電機中電樞反應的性質與電刷的位置有關，且電樞反應與電樞電流大小成正比。在同步機中電樞反應的性質與電樞電流及功率因數(即電壓與電流相位差)有關，且電樞反應的大小與電樞電流成正比。

同步發電機因各種負載不同，其電樞反應如下：

(一)負載為純電阻性(即$\cos\theta=1$)

如圖8-5 所示，電樞電流與感應電勢同相，電樞線圈的兩線圈邊相隔180°電機角，電流方向爲A邊流入紙面，B邊流出紙面，依據安培右手定則，電樞電流所產生之電樞磁場，使得主磁極之前極尖磁通增強，後極尖之磁通減弱。由於發電機一般設計於膝點，如圖8-4所示，故減弱的磁通量比增强磁通量大，致總磁通量仍爲減低，且氣隙中磁通分佈亦發生畸變的現象。由於電樞磁場與主磁場成垂直，故稱爲正交磁化作用或橫軸作用。

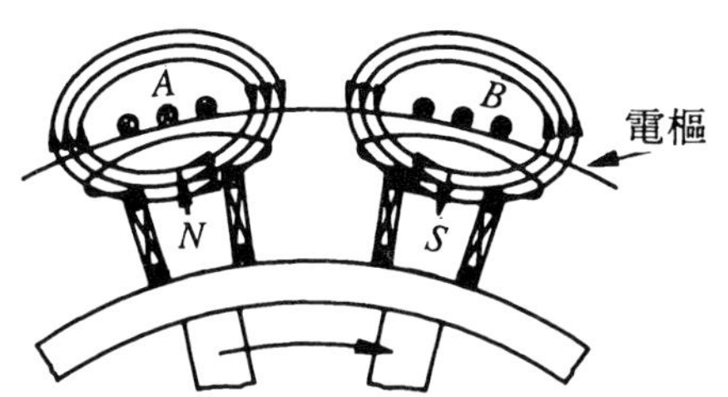

圖8-5 $\cos\theta=1$時(僅有正交磁化作用)

(二)負載為純電感性(即$\cos\theta=0$滯後)

如圖8-6 所示，電樞電流滯後感應電勢90°電機角，電樞電流所產生磁場的場軸與主磁極之磁軸平行，故稱爲直軸反應，且電樞磁場的方向與主磁場方向相反，有減弱主磁場之作用，因此稱爲去磁效應。

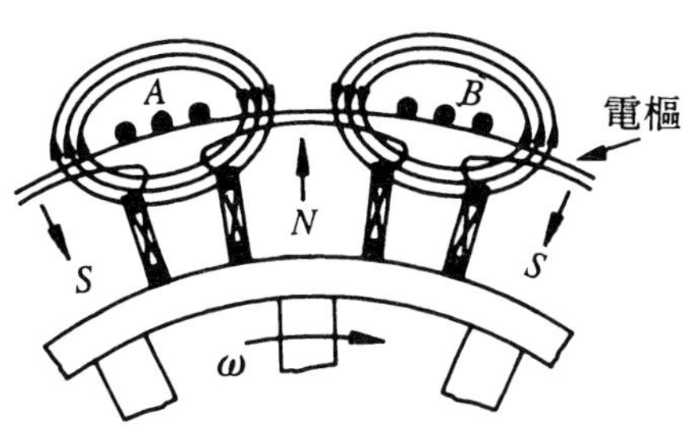

圖8-6 $\cos\theta=0$滯後時所造成直軸(去磁)效應

(三)負載為純電容性(即$\cos\theta=0$領先)

如圖8-7 所示，電樞電流領先感應電勢90°電機角，電樞電流所產生磁場的場軸與主磁極之磁軸平行，故稱爲直軸反應，但其方向與主磁軸方向相同，有增强主磁場的作用，故稱爲增磁效應。

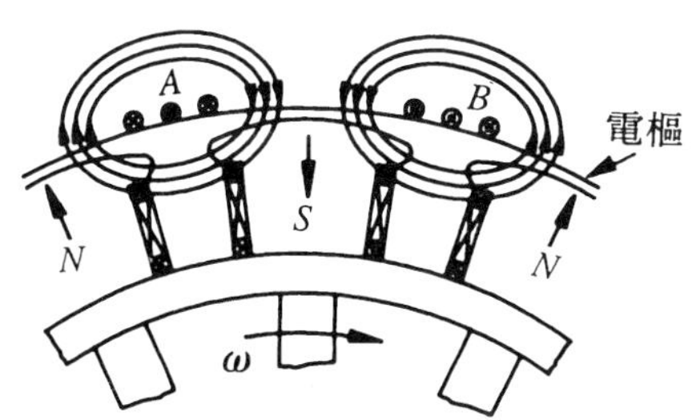

圖8-7 $\cos\theta=0$領先時所造成直軸(增磁)效應

(四)負載為電感性(即$0<\cos\theta<1$落後)

其效應爲上述第一、二項的綜合。如圖8-8 所示，電樞電流滯後感應電勢θ電機角，電樞電流I_a可分爲$I_a\cos\theta$及$I_a\sin\theta$兩部份，前者爲正交磁化效應(簡稱交磁)，後者爲去磁效應。

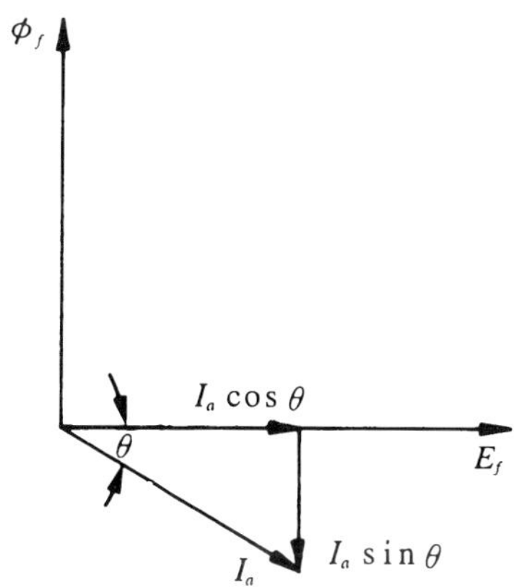

圖8-8 $0<\cos\theta<1$ 落後時($I_a\cos\theta$爲交磁效應，$I_a\sin\theta$爲去磁效應)

(五)負載為電容性(即$0<\cos\theta<1$領先)

其效應爲上述第一、三項的綜合。如圖8-9 所示，電樞電流領先感應電勢θ電機角，電樞電流I_a可分爲$I_a\cos\theta$及$I_a\sin\theta$兩部份，前者爲正交磁化效應，後者爲增磁效應。

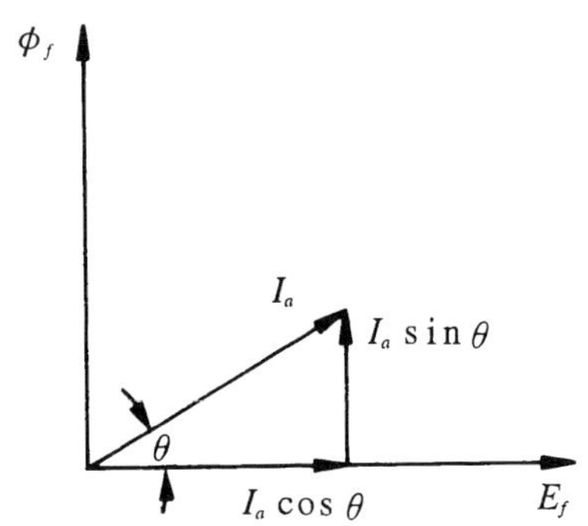

圖8-9 $0<\cos\theta<1$ 領先時($I_a\cos\theta$爲交磁效應，$I_a\sin\theta$爲增磁效應)

8-2-2 同步發電機的等效電路

同步發電機的內部感應電勢E_f並不等於輸出端子的相電壓V_t，導致兩者間之差異有下列因素：

(1)電樞反應所產生的電抗壓降。

(2)電樞線圈的漏磁電抗所產生的電壓降。

(3)電樞線圈的電阻所產生的電阻壓降。

對於上述各壓降之意義可分別說明如下：

若發電機輸出端接上負載時，電樞繞組將會有電樞電流流通，此電流將在電樞本身產生一磁場，此電樞磁場干擾原有激磁場，將使發電機的端電壓改變，此效應稱爲電樞反應。電樞磁場在等效電路中可以用一電抗X_φ描述其電樞反應，因此I_aX_φ即爲電樞反應電抗壓降。

電樞電流所產生的磁通大部份與主磁場相互作用，而產生電樞反應。另有少部份磁通僅與電樞導體本身交鏈，並未與主磁場相互作用，稱爲漏磁通，如圖8-10所示，此電樞漏磁通於電路中可用一電抗X_l來描述，稱爲電樞漏磁電抗。若電樞電阻爲r_a，則E_f與V_t間的關係爲

$$\vec{V}_t = \vec{E}_f - j\vec{I}_a X_\varphi - j\vec{I}_a X_l - \vec{I}_a r_a \tag{8-3}$$

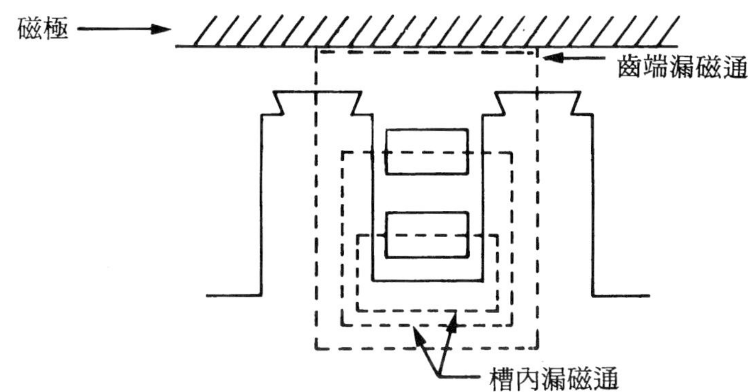

圖8-10　電樞漏磁通

由(8-3) 式可繪出圓柱形發電機一相之等效電路，如圖8-11所示。

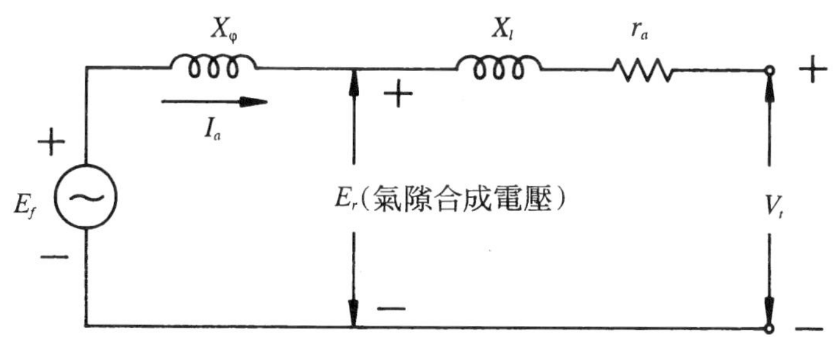

圖8-11　同步發電機之一相等效電路

將電樞反應效應X_φ與電樞漏磁電抗X_l加以合併所得之值，稱爲同步電抗X_s

$$X_s = X_\varphi + X_l \tag{8-4}$$

$$\vec{V}_t = \vec{E}_f - j\vec{I}_a X_s - \vec{I}_a r_a = \vec{E}_f - \vec{I}_a (r_a + jX_s) \tag{8-5}$$

$$\vec{V}_t = \vec{E}_f - \vec{I}_a \vec{Z}_s \quad (\text{一般} X_s \gg r_a) \tag{8-6}$$

$\vec{Z}_s = r_a + jX_s$，$\vec{Z}_s$稱爲同步阻抗。

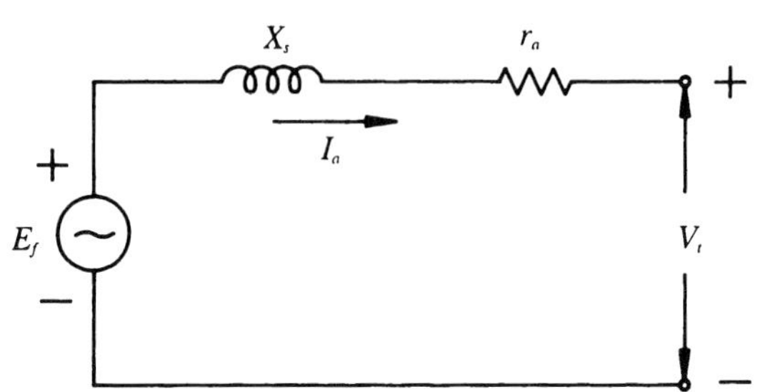

圖8-12 同步發電機之每相等效電路圖

【例 1】 有一三相Y接線、2300V、1500kVA、四極、1800rpm之汽輪發電機，其同步電抗爲 2Ω，若轉速固定於額定轉速，激磁電流調整至滿載時，功率因數爲1.0，試求：(1)滿載時，激磁電壓E_f爲若干？(2)若漏電抗X_l爲同步電抗X_s的十分之一，則氣隙電壓E_r爲若干？

【解】 額定電樞電流I_a

$$I_a = \frac{S}{\sqrt{3}V_t} = \frac{1500 \times 10^3}{\sqrt{3} \times 2300} = 376.53(\text{A})$$

電樞爲Y接，額定相電壓V_p爲

$$V_p = \frac{2300}{\sqrt{3}} = 1327.9(\text{V})$$

(1) $\vec{E}_f = \vec{V}_p + j\vec{I}_a X_s = 1327.9\angle 0^\circ + j376.53\angle 0^\circ \times 2$

$= 1327.9 + j753.06 = 1526.57\angle 29.55^\circ$ (V/相)

滿載時激磁電壓E_f爲1526.57 V/相。

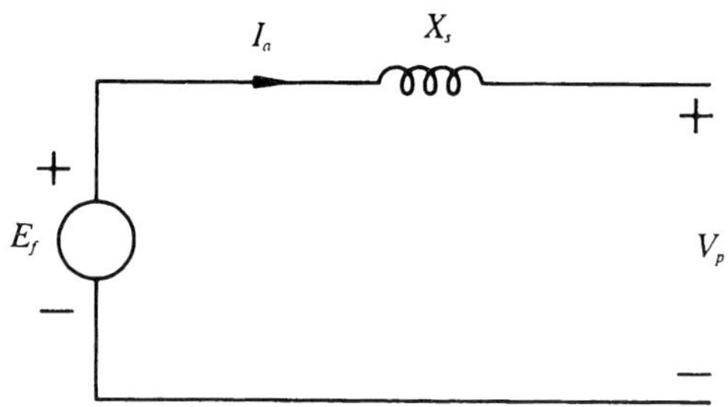

(2)漏電抗 X_l 爲同步電抗的$\frac{1}{10}$，則$X_l=2\times0.1=0.2$

$$\vec{E}_r=\vec{V}_p+j\vec{I}_aX_l=1327.9\angle 0^\circ+j376.53\angle 0^\circ\times0.2$$

$$=1327.9+j75.31=1330\angle 3.25^\circ\ (\text{V/相})$$

氣隙電壓E_r爲1330 V/相。

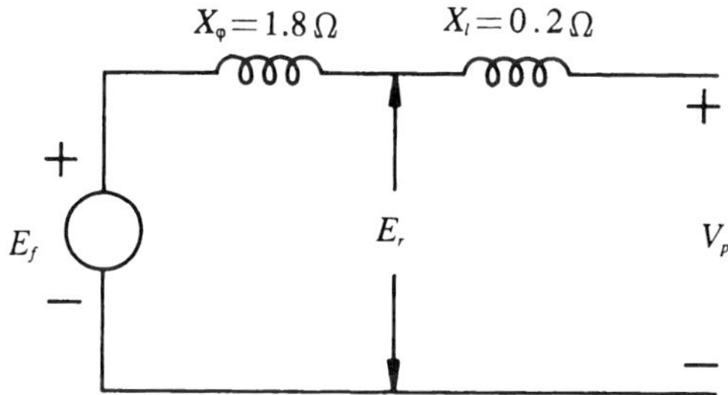

8-3　開路試驗及短路試驗(Open circuit test and short circuit test)

同步機的同步阻抗可利用開路試驗及短路試驗的結果求得。同時可利用開路試驗測出無載旋轉損失(No-load rotational losses)，並由短路試驗測出短路負載損失(Short-circuit load loss)。

8-3-1　電樞電阻的測量

使用電橋法或直流電壓降法，可測出電樞電阻，在此對直流壓降法測量電樞電阻提出說明：

(1)同步機的電樞繞組，若爲Y連接，如圖8-13所示。

∴ 每相電樞電阻r_a

$$r_a=\frac{V}{2I_A} \tag{8-8}$$

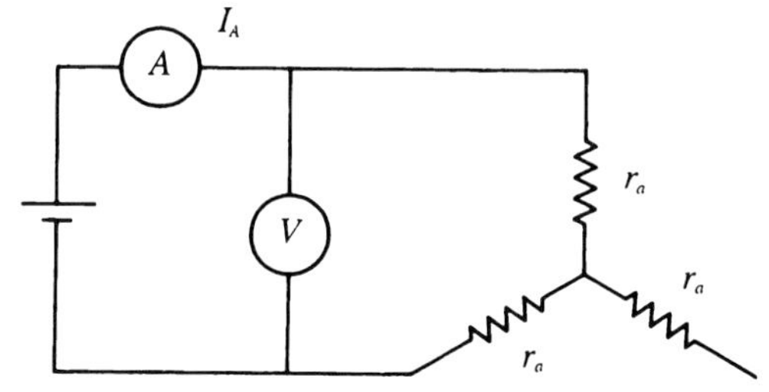

圖8-13 電樞繞組爲Y連接

(2)同步機的電樞繞組，若爲△連接，如圖8-14所示。

$$\frac{V}{I_A}=\frac{r_a\cdot 2r_a}{r_a+2r_a}=\frac{2}{3}r_a \tag{8-9}$$

∴ 每相電樞電阻r_a

$$r_a=\frac{3}{2}\frac{V}{I_A} \tag{8-10}$$

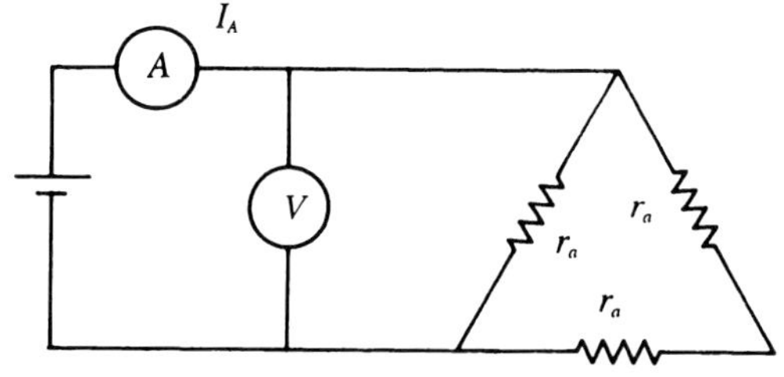

圖8-14 電樞繞組爲△連接

由於交流電流對電樞電阻的集膚效應，導致交流電阻大於直流電阻

$$r_{a,\text{ac}} = k r_{a,\text{dc}} \tag{8-11}$$

上式k值約在1.2～1.8間，在實際應用上k值常取1.5。

8-3-2　開路試驗及無載旋轉損失

如圖8-15所示，同步機以同步速度做無載運轉，將場電流I_f從零緩慢增加，同時測量其端電壓V_t，所得之關係曲線，如圖8-16所示，稱爲無載飽和曲線，或稱爲開路特性曲線(Open circuit characteristic)，簡稱OCC。

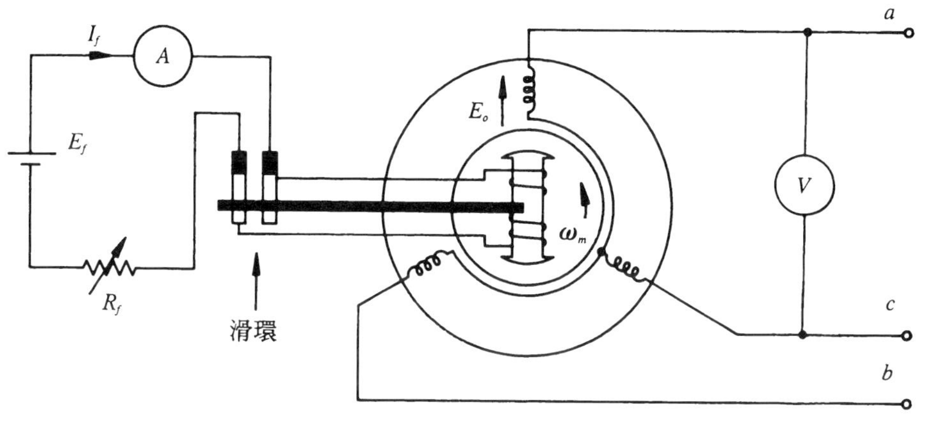

圖8-15　同步電機的開路試驗

開路特性曲線剛開始時場電流I_f與端電壓成正比，爾後場電流I_f繼續增加，將產生磁飽和現象，此時端電壓的增量與場電流的增量間的關係已呈非線性關係。若不考慮飽和效應，則得氣隙線 (Air gap line)。氣隙線可由原點作OCC特性曲線的切線而得，其情形如圖8-16所示。

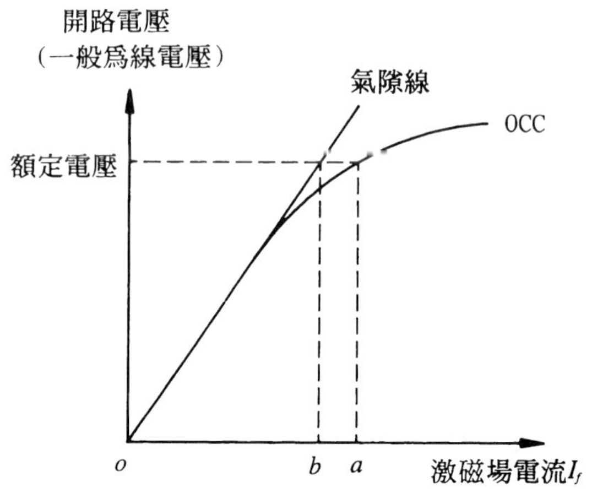

圖8-16 開路特性曲線

在做開路試驗(同步轉速且加激磁)時，驅動同步機所需要的機械功率，即爲無載旋轉損失，此損失包括摩擦損、風損及鐵損。在同步速度下，摩擦損與風損均爲常數，鐵損則爲磁通量的函數，且磁通量與開路電壓成正比，因此在不同電壓下所測得之鐵損必不相同。

在相同轉速且不加激磁情況下，驅動同步機所需要的機械功率，則爲摩擦損及風損。因此有加激磁時所測得之機械功率減去不加激磁時所測得之機械功率，即爲開路鐵損，如圖8-17所示。鐵損亦可由下述的方法求知：

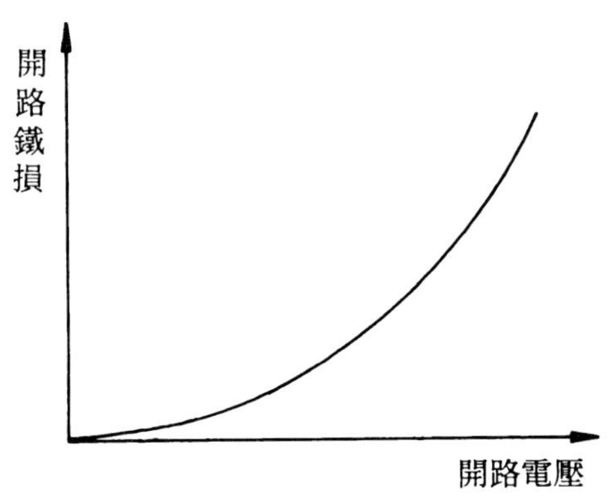

圖8-17 開路鐵損曲線

同步轉速且加激磁所需要之機械功率包括：摩擦損、風損、鐵損(A)
同步轉速且不加激磁所需要之機械功率包括：摩擦損、風損………(B)

(A)－(B)＝鐵損

8-3-3　短路試驗及短路負載損失

如圖8-18所示，同步機短路並以同步速度運轉，將場電流I_f從零緩慢增加至電樞電流最大安全值爲止，所得之關係曲線，如圖8-19所示，稱爲短路特性曲線(Short circuit characteristic)，簡稱SCC。圖8-20是將開路特性與短路特性曲線繪於相同的座標軸。

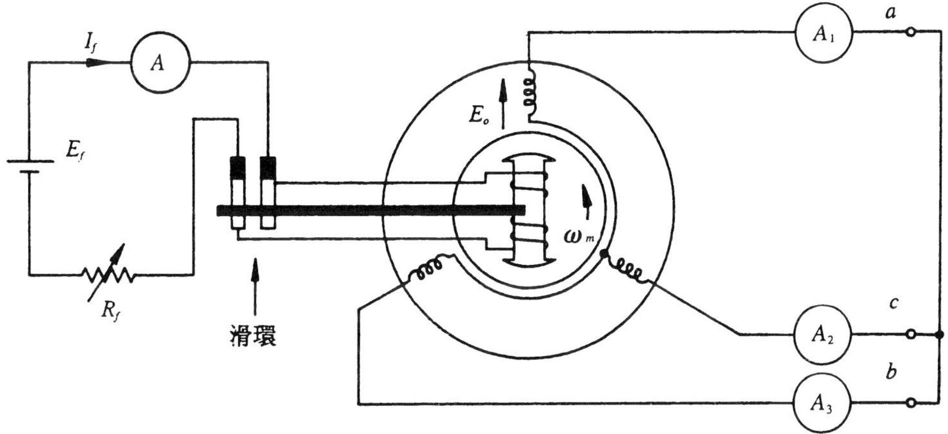

圖8-18　同步電機的短路試驗

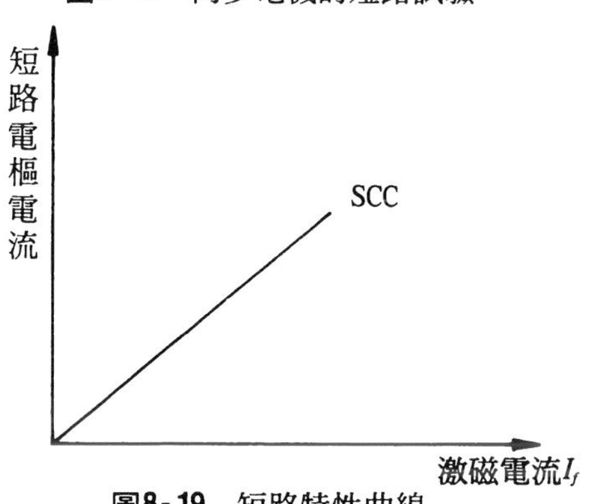

圖8-19　短路特性曲線

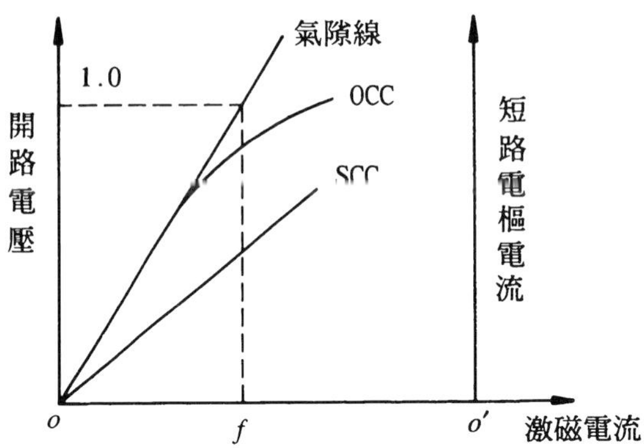

圖8-20 開路與短路特性曲線

激磁電壓E_f與穩態電樞電流I_a之相量關係，在短路情況下($V_t=0$)爲

$$\vec{E}_f=\vec{I}_a(r_a+jX_s)\doteqdot j\vec{I}_aX_s \tag{8-12}$$

由於X_s》r_a，所以電樞電流比激磁電壓E_f滯後幾近90°，此滯後電流產生去磁效應使磁通減少(請參考8-2-1節，$\cos\theta=0$落後所引起的電樞反應)，所以不會引起鐵心的磁性飽和，在短路情形之等效電路圖如圖8-21(a)所示，其相量圖如圖8-21(b)所示。

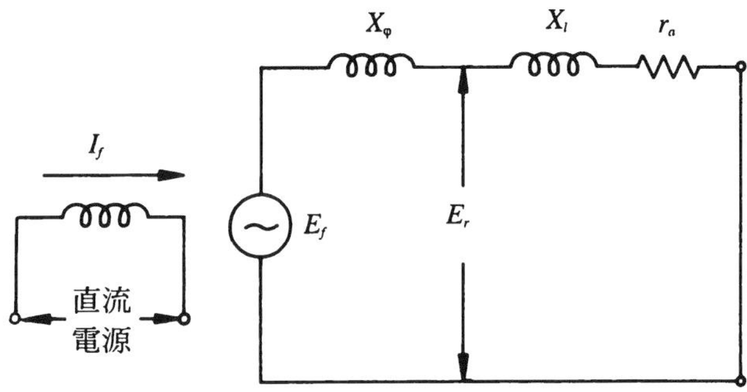

(a)短路試驗的等效電路圖

圖8-21

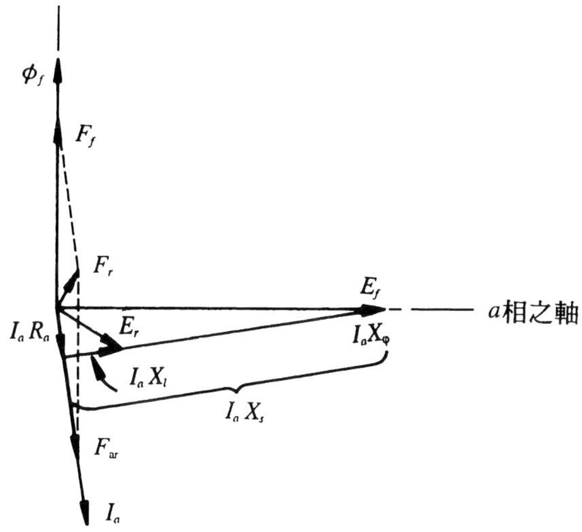

(b)圓柱型發電機在短路狀況下的相量圖

圖8-21　(續)

由短路電樞電流產生的損失，稱爲短路負載損失(Short-circuit load loss)，如圖8-22所示。短路負載損可利用短路試驗求得，短路試驗時其輸入的機械功率包括摩擦損、風損及電樞電流所引起的損失(即短路負載損)。故

短路負載損＝短路試驗測得之輸入功率－(摩擦損＋風損)

＝短路試驗測得之輸入功率－開路試驗不加激磁所需要之機械功率

短路負載損包含：(1)電樞繞組之銅損(2)電樞漏磁通所引起之局部鐵損(3)合成磁通所引起之微小鐵損。

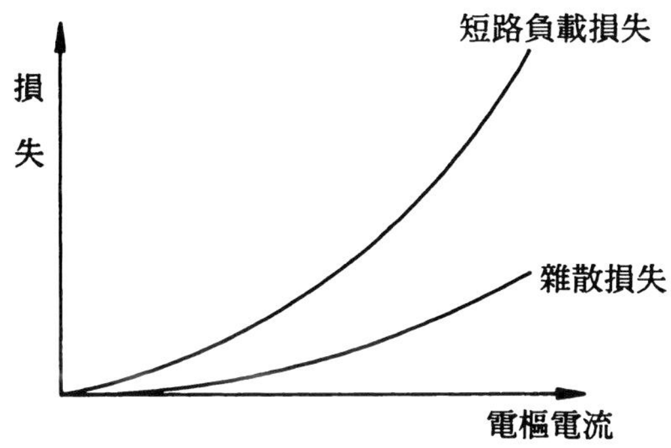

圖8-22　短路負載損失與雜散損失曲線

直流電阻損失計算方法可先測出電樞的直流電阻，再將其值修正爲同步機在正常使用下的溫度。銅線因溫昇所引起電阻值的改變爲

$$\frac{r_T}{r_t}=\frac{234.5+T}{234.5+t} \tag{8-13}$$

式中　r_t：攝氏t度時所測得之電阻

t：室溫

r_T：攝氏T度時之電阻

T：同步機在正常使用下之溫度(通常爲75℃)

短路負載損失減去直流電阻損失，其差值即所謂"雜散損失"，如圖8-22所示。雜散損失包含：(1)由集膚效應所引起的損失 (2)電樞漏磁通所引起之局部鐵損 (3)合成磁通所引起之微小鐵損。

$$P_{s1}=P_s-I_a^2 r_{a(dc)} \tag{8-14}$$

式中　P_{s1}：雜散負載損失

P_s：短路負載損失

$I_a^2 r_{a(dc)}$：直流電阻損失

電樞的有效電阻(Effective resistance)等於電樞電流所引起之功率損失除以電樞電流的平方。即

$$r_{a(\text{eff})}=\frac{\text{短路負載損}}{(\text{短路電樞電流})^2}=\frac{P_s}{I_a^2} \tag{8-15}$$

式中　$r_{a(\text{eff})}$：交流有效電阻

8-3-4 同步阻抗的計算

短路實驗時，發電機的端子直接連在一起，因此整個迴路的阻抗壓降，即爲同步阻抗壓降，將開路時每相的電壓除以短路時每相的電

樞電流，即可求得同步阻抗Z_s。同步阻抗計算方式有兩種：(1)在未飽和條件下所求得稱爲未飽和同步電抗$Z_{s,\mathrm{ag}}$ (2)在飽和條件下所求得，稱爲飽和同步電抗Z_s。

(一)未飽和同步電抗$Z_{s,ag}$

在相同場流下，由氣隙線所得之氣隙電壓除以由SCC特性曲線所對應之電樞電流，其商稱爲未飽和同步電抗，若發電機爲Y連接，則由圖8-23可得未飽和同步阻抗$Z_{s,\mathrm{ag}}$爲

$$Z_{s,\mathrm{ag}}=\frac{E_{f,\mathrm{ag}}/\sqrt{3}}{I_a'} \tag{8-16}$$

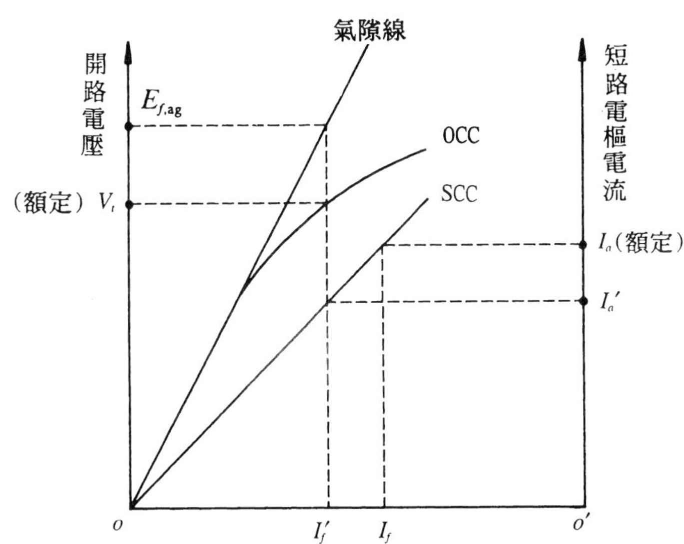

圖8-23　利用開路及短路特性求同步阻抗

(二)飽和同步阻抗

飽和表鐵心的磁通隨磁勢增加而呈緩慢的變化。將額定電壓除以其相對應的電樞電流I_a'，由於此時發電機已在飽和狀態下，因此求得

的阻抗稱爲飽和同步阻抗Z_s，如圖8-23所示。

$$Z_s=\frac{V_t/\sqrt{3}}{I_a'} \tag{8-17}$$

式中 Z_s：飽和同步阻抗

V_t：額定電壓

I_a'：產生額定電壓V_t之激磁電流I_f'，所對應於SCC特性曲線之電樞電流

8-3-5 短路比(Short-circuit ratio)

短路比(SCR)定義爲

$$\begin{aligned} SCR&=\frac{\text{開路試驗時產生額定電壓所需之場電流}}{\text{短路試驗時產生額定電流所需之場電流}}\\ &=\frac{I_f'}{I_f} \end{aligned} \tag{8-18}$$

若以發電機之額定電壓和額定電流爲基值(Base)，則SCR正好爲飽和同步阻抗標么值的倒數。

$$\begin{aligned} Z_{s,pu}&=\frac{Z_s}{V_t/I_a}=\frac{V_t/I_a'}{V_t/I_a}\\ &=\frac{I_a}{I_a'}=\frac{I_f}{I_f'}=\frac{1}{SCR} \end{aligned} \tag{8-19}$$

$$SCR=\frac{1}{Z_{s,pu}} \tag{8-20}$$

短路比可用來表示同步機電樞反應的强弱，若比值愈大，其同步阻抗愈小，故電壓調整率愈小。一般水輪發電機，其短路比約在0.9～1.2之間，汽輪發電機，其短路比約在0.6～1.0之間。

【例 2】 有一部30kVA、220V、4極、60Hz，Y接之三相同步發電機，作開路實驗及短路實驗，獲得數據如下：

開路實驗		短路實驗	
由OCC曲線	線電壓＝220V 場電流＝2.7A	由SCC曲線	電樞電流＝90(A) 場電流＝2.7(A)
由a-g曲線	線電壓＝200V 場電流＝2.36A		電樞電流＝78.73(A) 場電流＝2.36(A)

試計算：

⑴未飽和的同步阻抗？

⑵在額定電壓下的同步阻抗？

⑶短路比？

【解】 ⑴求未飽和同步電抗

在場流爲2.36A時，氣隙線上的相電壓爲

$$E_{f,\text{ag相}}=\frac{200}{\sqrt{3}}=115.5(\text{V})$$

相同的場流下，短路的電樞電流I_a爲

$$I_{a,\text{sc}}=78.73(\text{A})$$

每相未飽和同步電抗$Z_{s,\text{ag}}$

$$Z_{s,\text{ag}}=\frac{E_{f,\text{ag相}}}{I_{a,\text{sc}}}=\frac{115.5}{78.73}=1.47(\Omega/\text{相})\cdots\cdots\cdots\cdots(\text{A})$$

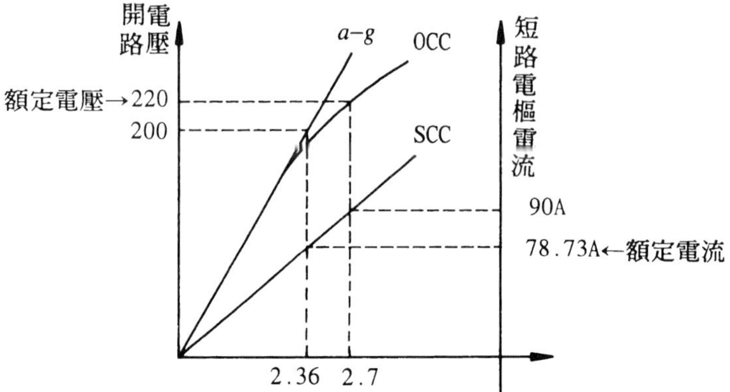

⑵求飽和同步電抗

每相端電壓$\frac{220}{\sqrt{3}}=127$V，此電壓所需的場流爲2.7A，其所對應的電樞短路電流$I_{a,sc}'=90$A。

$$Z_s=\frac{V_{t相}}{I_{a,sc}'}=\frac{127}{90}=1.41(\Omega)\cdots\cdots\cdots\cdots(B)$$

⑶求短路比

$$\text{SCR}=\frac{\text{開路試驗時產生額定電壓所需之場電流}}{\text{短路試驗時產生額定電流所需之場電流}}$$

$$=\frac{2.7}{2.36}=1.14$$

【例 3】同上題，以電機的額定爲基準值，改用標么值計算，並驗證答案是否正確。

【解】 以電機的額定容量與電壓爲基準值，即電壓基值爲220V，容量基值爲30kVA，電樞的額定電流I_{ar}或電流基值爲I_{base}

$$I_{ar}=I_{base}=\frac{30\times10^3}{\sqrt{3}\times220}=78.73(\text{A})$$

阻抗基值Z_{base}爲

$$Z_{base}=\frac{V_{base，相}}{I_{base，相}}=\frac{220/\sqrt{3}}{78.73}=1.61(\Omega)$$

⑴求未飽和同步電抗

氣隙電壓　$E_{f,ag}=\dfrac{200}{220}=0.91\text{pu}$

電樞電流　$I_{a,sc}=\dfrac{78.73}{78.73}=1\text{pu}$

同步阻抗　$Z_{s,ag}=\dfrac{E_{f,ag}}{I_{a,sc}}=\dfrac{0.91}{1}=0.91\text{pu}$

驗證：同步阻抗的實際值

$Z_{s,ag}=1.61\times0.91=1.47(\Omega)$………與(A)計算相同

⑵求飽和同步電抗

$V_t=\dfrac{220}{220}=1\text{pu}$

$I'_{a,sc}=\dfrac{90}{78.73}=1.143\text{pu}$

同步阻抗　$Z_s=\dfrac{V_t}{I'_{a,sc}}=\dfrac{1}{1.143}=0.875\text{pu}$

驗證：同步阻抗的實際值

$Z_s=1.61\times0.875=1.41(\Omega)$………與(B)計算相同

⑶求短路比

$\text{SCR}=\dfrac{1}{Z_{s,pu}}=\dfrac{1}{0.875}=1.14$

【例 4】有一部三相45kVA、220V、60Hz、Y接的同步機，在室溫25℃及額定電流下，三相總短路負載損失爲1.5kW，試計算：

⑴25℃時之電樞有效電阻。

⑵改用標么值計算，並驗證答案是否正確？

【解】　⑴每相短路負載損失爲

$\dfrac{1.5\times10^3}{3}=500(\text{W})$

額定電樞電流I_{ar}爲

$$I_{ar}=\frac{S}{\sqrt{3}V_t}=\frac{45\times 10^3}{\sqrt{3}\times 220}=118(\text{A})$$

電樞有效電樞電阻

$$r_{a(\text{eff})}=\frac{P_s}{I_a^2}=\frac{500}{118^2}=0.036(\Omega/\text{相})\cdots\cdots\cdots\cdots\cdots\cdots(\text{A})$$

(2)以電機的額定值爲基準值，即容量基值爲45kVA，電壓與電流基值分別爲220V及118A。

$$Z_{\text{base}}=\frac{220^2}{45\times 10^3}=1.08(\Omega)$$

以標么值表示的短路負載損失爲

$$\frac{1.5\times 10^3}{45\times 10^3}=\frac{1}{30}pu$$

∵　電樞電流爲額定電流

∴　$I_a=1\text{pu}$

$$r_{a(\text{eff})}=\frac{\frac{1}{30}}{1^2}=\frac{1}{30}\text{pu}$$

驗證：電樞電阻實際值爲

$$r_{a(\text{eff})}=\frac{1}{30}\times 1.08=0.036(\Omega/\text{相})\cdots\cdots\cdots\text{與(A)計算相同}$$

【例 5】有一部三相100kVA、480V、60Hz、Y接的同步發電機，其試驗結果如下：

開路試驗：線電壓＝480V，場電流＝6A

短路試驗：電樞電流＝130A，場電流＝6A

電樞電阻測量：$V_{DC}=20\text{V}$，$I_{DC}=50\text{A}$

試求該電機：(1)電樞電阻(2)同步阻抗(3)同步電抗。

【解】　(1)發電機採Y接，所以電樞電阻爲

$$r_a=\frac{V_{DC}}{2I_{DC}}=\frac{20}{2\times 50}=0.2\ (\Omega/\text{相})$$

⑵同步阻抗爲

$$Z_s=\frac{V_{t,相}}{I_{a,sc}}=\frac{480/\sqrt{3}}{130}=2.13\ (\Omega/相)$$

⑶同步電抗爲

$$X_s=\sqrt{Z_s^2-r_a^2}=\sqrt{2.13^2-0.2^2}=2.12\ (\Omega)$$

由此例題得知$X_s \doteqdot Z_s$

【例 6】有一部三相45kVA、220V、Y接之同步機，磁場電流$I_f=5\text{A}$，負載之功率因數爲1，其試驗結果如下：

⑴測得場電阻$r_f=30\,\Omega$(在25℃)。

⑵由開路試驗，求得無載旋轉損失爲1.5仟瓦。

⑶由短路試驗，在額定電流下求得短路負載損失爲1.8仟瓦。

試求在額定輸出容量且同步機溫度爲攝氏75℃下同步機之效率？

【解】　場繞組電阻r_f從25℃變爲75℃之修正值爲

$$\frac{r_{fT}}{r_{ft}}=\frac{234.5+T}{234.5+t}$$

$$\frac{r_{fT}}{30}=\frac{234.5+75}{234.5+25}$$

$$\therefore\quad r_{fT}=35.78(\Omega)$$

場繞組在75℃所消耗之銅損爲

$$I_f^2 r_{fT}=5^2\cdot 35.78=894.5\text{W}=0.89\text{kW}$$

同步機全部損失$=0.89+1.5+1.8=4.19(\text{kW})$

輸出功率$=45\text{kW}(\because \cos\theta=1)$

輸入功率$=$輸出功率$+$全部損失$=45+4.19$

$=49.19(\text{kW})$

效率η爲

$$\eta=\frac{\text{輸出功率}}{\text{輸入功率}}\times 100\%=\frac{45}{49.19}\times 100\%=91.48\%$$

8-4 同步發電機的穩態特性

同步機的主要運轉特性是場電流 I_f、電樞電流 I_a、功率因數及端電壓V_t等的相互關係。本章節將介紹同步機在應用上有關的特性曲線。

8-4-1 同步發電機的伏安特性曲線

所謂伏安特性曲線，乃同步發電機在固定轉速N與激磁電流I_f之下，電樞電流 I_a 的變化對端電壓V_t之影響。如公式(8-5)所示

$$\vec{E}_f=\vec{V}_t+\vec{I}_a(r_a+jX_s)\approx\vec{V}_t+j\vec{I}_aX_s \quad (\because X_s \gg r_a) \tag{8-21}$$

由$E_f=k\,\omega\,\phi$ 可知，若發電機保持固定轉速N及激磁電流I_f，則E_f維持定值。當負載增加，即增大電樞電流I_a，將造成V_t隨之變化，依功因不同，分別敘述如下：

(1)功率因數落後：如圖8-24(a)所示，負載上昇，造成電樞反應壓降jI_aX_s增加，但相角 θ 與E_f 不變。觀察上述條件，可由圖看出，當電樞電流I_a增加，端電壓V_t將急速的降低，V_t與I_a之曲線如圖8-25中功率因數爲落後的曲線。

(2)功率因數爲1：如圖8-24(b)所示，當電樞電流I_a增加，端電壓V_t降低的速度較慢，V_t與I_a之曲線如圖8-25中功率因數爲1的曲線。

(3)功率因數領先：如圖8-24(c)所示，當電樞電流I_a增加，端電壓V_t有上昇的趨勢，但電樞電流I_a增加至某一程度後，端電壓V_t反而下降，V_t與I_a之曲線如圖8-25中功率因數爲領先的曲線。

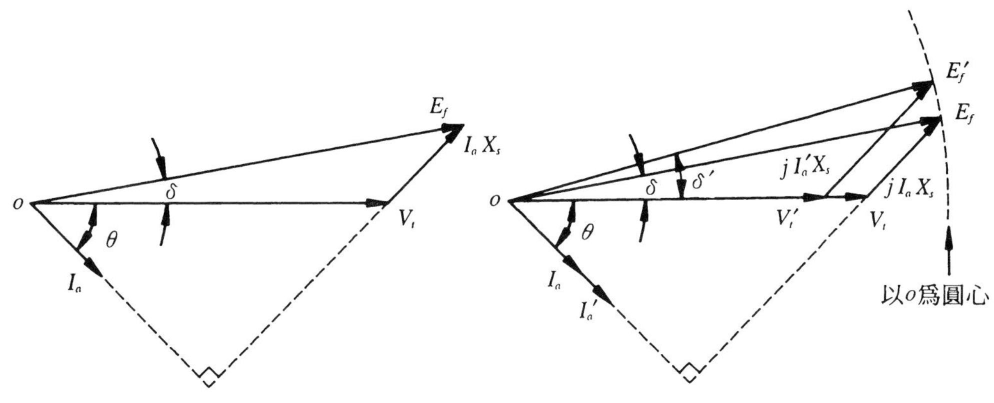

(a)功率因數落後

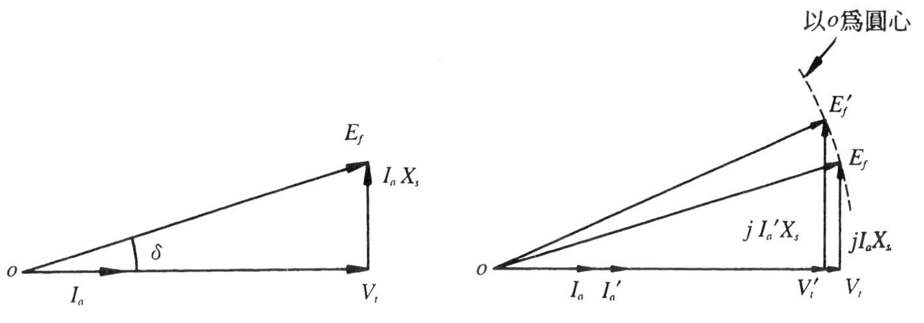

(b)單位功因

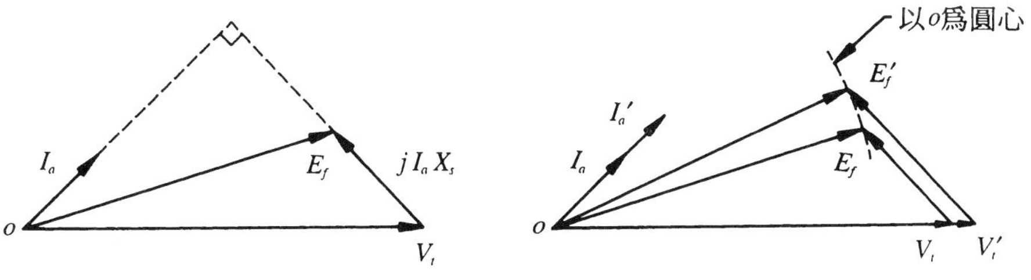

(c)功率因數領先

圖8-24　功率因數不變，增加發電機負載對端電壓之效應

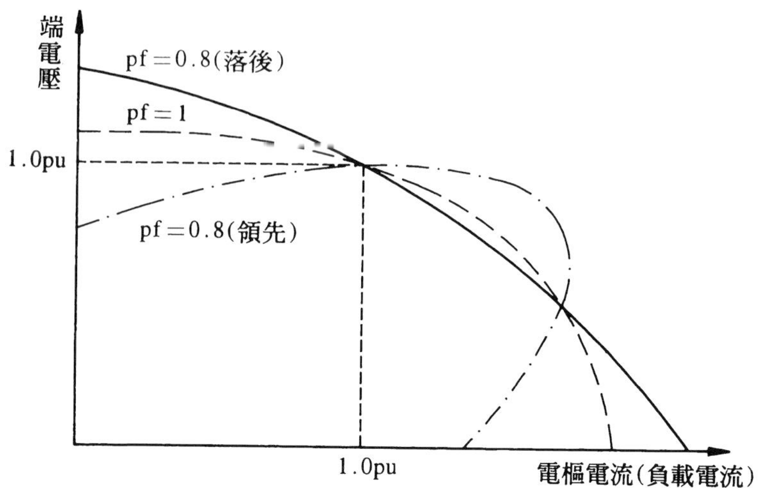

圖8-25 激磁電流不變時，發電機之伏安特性曲線

伏安特性曲線亦可利用8-2 節電樞反應解釋。要比較兩部發電機端電壓隨負載變動的情形，可由其電壓調整率得知。若在激磁電流I_f不變下且使負載為額定，此時可測得其滿載電壓V_{FL}，保持功率因數為定值，逐漸減少負載，即可測得無載端電壓V_{NL}，電壓調整率V.R.定義為無載電壓與滿載電壓的差除以滿載電壓，即

$$V.R.(\%)=\frac{V_{NL}-V_{FL}}{V_{FL}}\times 100\% \tag{8-22}$$

式中：V_{NL}為發電機無載端電壓，V_{FL}為發電機滿載端電壓。

8-4-2 同步發電機的複合特性曲線 (Compound characteristic curve)

將一發電機連接至負載，若欲使負載的電壓在負載變動時仍可維持在一穩定值，一般可改變E_f的電壓來補償負載變動時，在發電機內部阻抗所產生的壓降。由$E_f=k\omega\phi=k2\pi f\phi$知供電系統的頻率若維持不變，則需改變激磁電流$I_f$來控制$E_f$。

所謂複合特性曲線，乃同步發電機在恆定功率因數下，負載改變時，若欲維持額定端電壓V_t，則激磁電流 I_f 隨電樞電流I_a變動的曲線圖，如圖8-26所示。依功因不同分別敘述如下：

⑴功率因數滯後：當負載增加，為維持端電壓V_t不變，則其場激磁電流 I_f 需增加。對相同的負載增量，所需增加的場流較單位功因所需增加的場流為大。

⑵功率因數為1：當負載增加，為維持端電壓V_t不變，則激磁電流I_f需增加，但增加比例較滯後功因少。

⑶功率因數領先：當負載增加時，為維持端電壓V_t不變，則激磁電流 I_f 須稍為降低，但負載繼續增加，I_f 反需增加。對相同的負載增量，所需減少的場流較單位功因所需增加的場流為小，故稱為欠激。

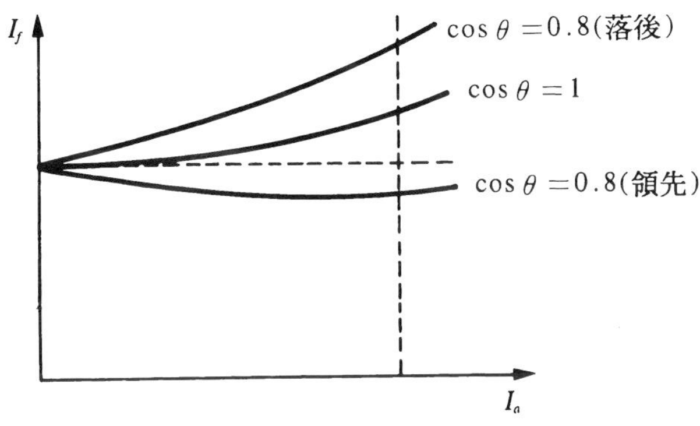

圖8-26　同步發電機之複合特性曲線

8-5　圓柱型發電機的穩態功率－角特性

一台同步機所能傳送的最大功率，需由在不失同步情況下之最大轉矩來決定。此最大功率或轉矩的限制，除發電機本身阻抗外，且與外加的負載阻抗有關。

當發電機接有負載時，其每相的等效電路如圖8-27所示。一台三相發電機之總輸出功率P為

$$P = 3V_t I_a \cos\theta \tag{8-23}$$

式中　V_t：每相之端電壓

I_a：每相之電樞電流

$\cos\theta$：負載之功率因數

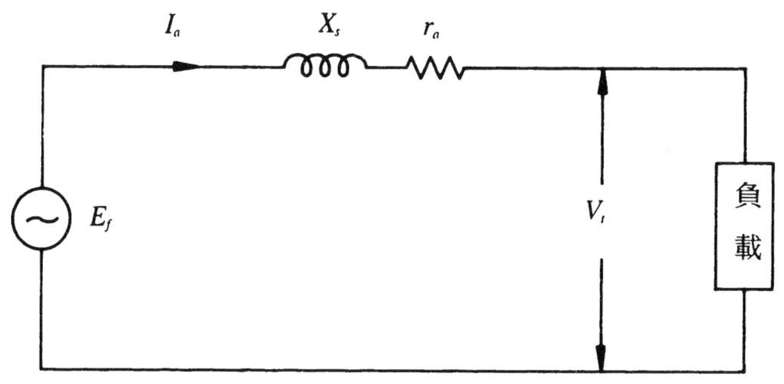

圖8-27　發電機每相等效電路圖

$$\vec{E}_f = \vec{V}_t + \vec{I}_a(r_a + jX_s) \approx \vec{V}_t + j\vec{I}_a X_s \quad (\because X_s \gg r_a) \tag{8-24}$$

由上述公式可繪出相量圖，如圖8-28所示。端電壓V_t與感應電勢E_f之夾角δ，稱為功率角或轉矩角，可用來計算功率與轉矩。端電壓V_t與電樞電流I_a之夾角θ稱為功因角，此角由負載特性所決定。

由圖知$\overline{bc}$線段為

$$\overline{bc} = E_f \sin\delta = I_a X_s \cos\theta \tag{8-25}$$

$$\therefore I_a \cos\theta = \frac{E_f \sin\delta}{X_s} \tag{8-26}$$

代入公式(8-23)可得

$$P = 3\frac{E_f V_t}{X_s}\sin\delta \tag{8-27}$$

當 $\delta = 90^\circ$ 時，發電機所產生之功率最大，即P_{max}為

$$P_{max} = 3\frac{E_f V_t}{X_s} \tag{8-28}$$

因同步機以同步轉速運轉，故其最大轉矩T_{max}為

$$T_{max} = \frac{P_{max}}{\omega_s} \tag{8-29}$$

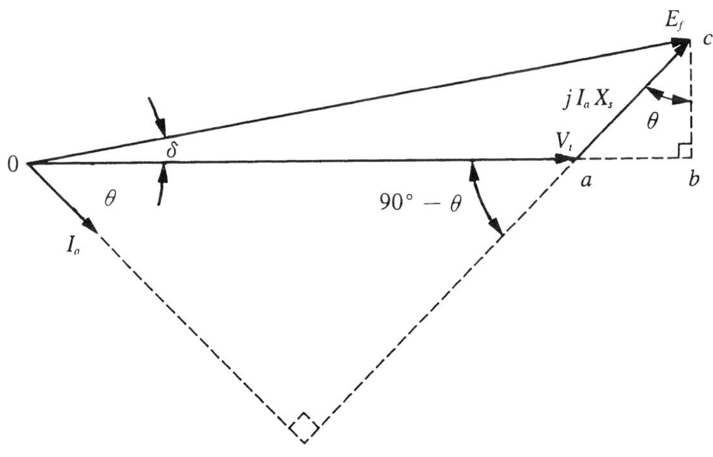

圖8-28　發電機忽略電樞電阻之相量圖

【**例 7**】有一部1500kVA、2300V、四極、60Hz、Y接的三相同步發電機，其每相同步電抗為2.5歐姆，功率因數為1，試求：

(1) $\delta=20°$ 時之輸出功率爲多少？
(2)發電機之最大輸出功率爲若干？
(3)發電機之最大感應轉矩爲若干？

【解】 因爲Y接，故每相輸出端電壓V_t爲

$$V_t=\frac{2300}{\sqrt{3}}=1328(\text{V})$$

$$I_a=\frac{S}{\sqrt{3}V_t}=\frac{1500\times10^3}{\sqrt{3}\times2300}=376.53(\text{A})$$

$$\vec{E}_f=\vec{V}_t+jI_aX_s=1328+j376.53\times2.5$$

$$=1328+j941.33=1627.79\angle 35.33°\ (\text{V})$$

(1) $$P=3\frac{E_fV_t}{X_s}\sin\delta=3\frac{1627.79\times1328}{2.5}\sin20°$$

$$=887216(\text{W})=887.2(\text{kW})$$

(2) $$P_{\max}=3\frac{E_fV_t}{X_s}=3\frac{1627.79\times1328}{2.5}$$

$$=2594046(\text{W})=2594.05(\text{kW})$$

(3) $$T_{\max}=\frac{P_{\max}}{\omega_s}=\frac{2594.05\times10^3}{\frac{4}{P}\pi f_e}=\frac{2594.05\times10^3}{\frac{4}{4}\pi\times60}$$

$$=13761.86(\text{牛頓-米})$$

【例 8】圖8-29(a)爲同步電機的等效電路，E_1爲輸入端電壓，E_2爲輸出端電壓，Z爲同步阻抗與線路阻抗的和，I爲線路上電流，其相量圖如圖8-29(b)所示，試導出最大輸出功率。

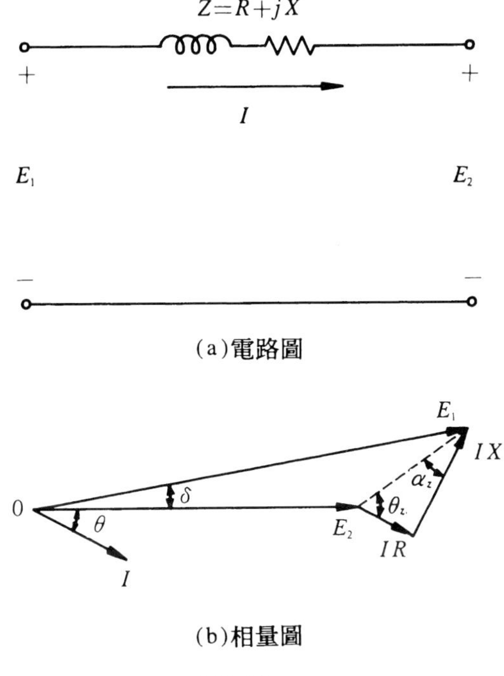

(a)電路圖

(b)相量圖

圖8-29

【解】　負載端之輸出功率P_2爲

$$P_2 = E_2 I \cos\theta \tag{8-30}$$

線路電流I爲

$$\vec{I} = \frac{\vec{E}_1 - \vec{E}_2}{\vec{Z}} = \frac{E_1\angle\delta - E_2\angle 0^\circ}{Z\angle\theta_z}$$

$$= \frac{E_1}{Z}\angle\delta - \theta_z - \frac{E_2}{Z}\angle -\theta_z \tag{8-31}$$

電流I之實數部份$I\cos\theta$，係爲電流I在電壓E_2的分量

$$I\cos\theta = \frac{E_1}{Z}\cos(\delta - \theta_z) - \frac{E_2}{Z}\cos\theta_z \tag{8-32}$$

$$= \frac{E_1}{Z}\cos(\delta - \theta_z) - \frac{E_2}{Z}\cdot\frac{R}{Z} \tag{8-33}$$

將上式代入(8－30)中，且$\theta_z = 90^\circ - \alpha_z$

$$P_2=\frac{E_1E_2}{Z}\cos(\delta-90°+\alpha_z)-\frac{E_2^2R}{Z^2}$$

$$-\frac{E_1E_2}{Z}\sin(\delta+\alpha_z)-\frac{E_2^2R}{Z^2} \tag{8-35}$$

同理，電源端E_1的輸出功率P_1為

$$P=\frac{E_1E_2}{Z}\sin(\delta-\alpha_z)+\frac{E_1^2R}{Z^2} \tag{8-36}$$

由於$X \gg R$，將電阻R忽略，則$\alpha_z=0$，因此每相之功率可表示為

$$P_1=P_2=\frac{E_1E_2}{X}\sin\delta \tag{8-37}$$

當$\delta=90°$，可得最大輸出功率P_{max}

$$P_{max}=\frac{E_1E_2}{X} \tag{8-38}$$

式中僅代表一相的功率，若為三相則須乘上3倍。

8-6 凸極式發電機的雙電抗理論

圓柱型發電機，轉子與定子間因具有等寬的氣隙，所以電樞磁動勢所產生的磁通和轉子轉動的位置無關。凸極式電機，因具有凸出的場磁軸，如圖8-30所示，轉子與定子間之氣隙並不均勻，使得電樞磁動勢所產生的磁通無法處處均等，在直軸(Direct axis)方向磁阻最小，即磁導最大；而在交軸(Quadrature axis)方向磁阻最大，即磁導最小。

在凸極機中，因電樞磁動勢所產生的磁通與轉子的位置有關，因此電樞反應所引起的電樞電抗X_φ並非定值，最簡單的分析方法係將電樞磁動勢或電樞電流分解為直軸成份及交軸成份。

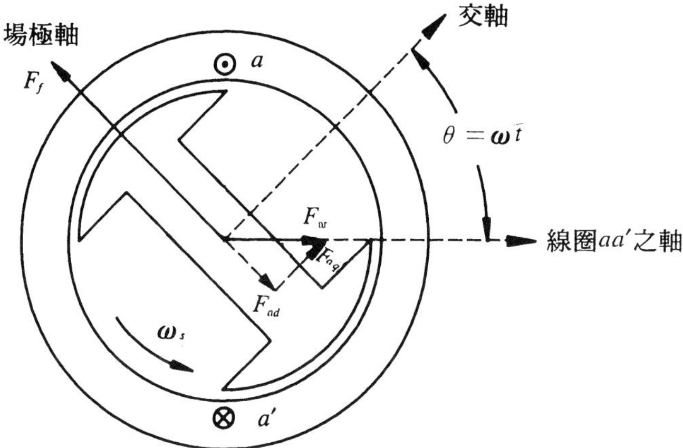

圖8-30　凸極式同步機的電樞反應

(1)直軸成份：圖8-31所示為凸極同步機中之直軸方向磁通，場磁通ϕ_f切割電樞導體產生激磁電勢E_f，且E_f落後ϕ_f 90°電機角，若負載為純電感性，電樞電流I_a將落後E_f 90°電機角，由於電樞反應磁通ϕ_{ar}與電樞電流I_a同相，所以場磁通ϕ_f與電樞反應磁通ϕ_{ar}同位於極軸，但相位互差180°。

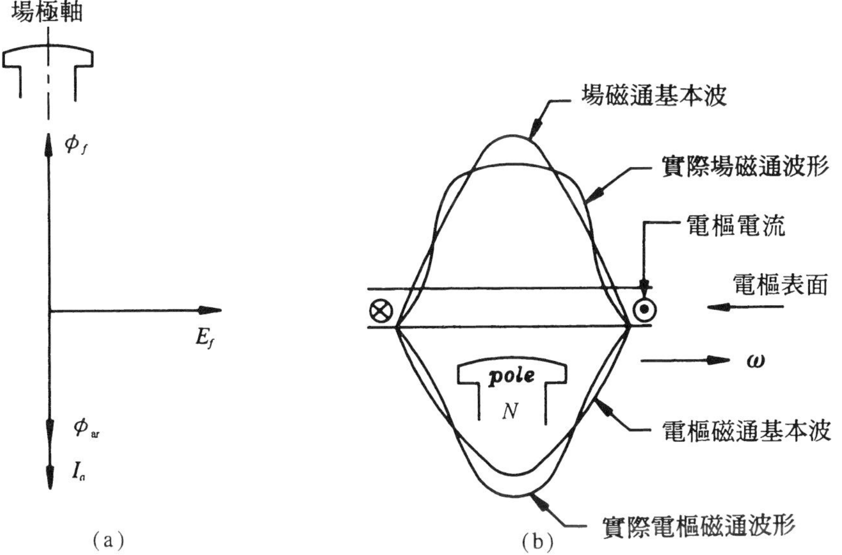

圖8-31　凸極同步機之直軸氣隙磁通

⑵交軸成份：圖8-32所示，由於電樞電流I_a與激磁電勢E_f同相，故電樞反應磁通ϕ_{ar}落後場磁通ϕ_f 90°電機角。且由於交軸方向的磁路氣隙較大，造成磁阻增大，使電樞反應磁通波變形，它包含主要的基本波及三次諧波等。此三次諧波將在每相的電樞繞組上產生三次諧波電壓，若電樞繞組採用Y接時，各線端之電壓因三次諧波成份相互抵消，而不會出現。

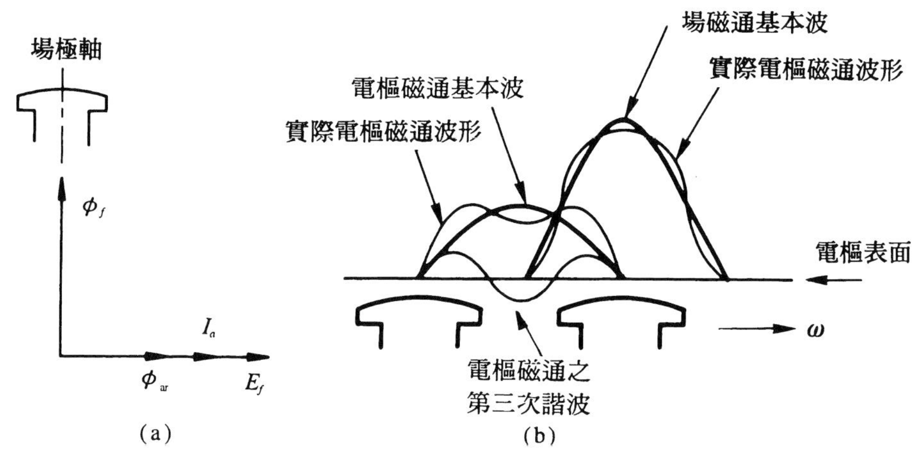

圖8-32　凸極同步機之交軸氣隙磁通

由於電樞反應在交軸方向的磁阻較高，因此電樞反應所產生的電樞磁通波在直軸方向的分量將比交軸方向的分量大，即直軸磁化電抗X_d大於交軸磁化電抗X_q。

爲了分析容易，凸極效應可將電樞電流I_a分解成直軸分量電流I_d及交軸分量電流I_q，如圖8-33所示。直軸分量電流I_d所產生的電樞反應磁通ϕ_{ad}與激磁電勢E_f相位差90°；交軸分量電流I_q所產生的電樞反應磁通ϕ_{aq}與激磁電勢E_f同相位。對未飽和的凸極機而言，電樞反應磁通ϕ_{ar}是ϕ_{ad}與ϕ_{aq}的相量和；氣隙合成磁通ϕ_r是電樞反應磁通ϕ_{ar}與主磁通ϕ_f的相量和。用相量式表示，電樞反應磁通$\overrightarrow{\phi_{ar}}$爲

$$\vec{\phi}_{ar}=\vec{\phi}_{ad}+\vec{\phi}_{aq} \tag{8-39}$$

氣隙合成磁通$\vec{\phi}_r$

$$\vec{\phi}_r=\vec{\phi}_{ar}+\vec{\phi}_f \tag{8-40}$$

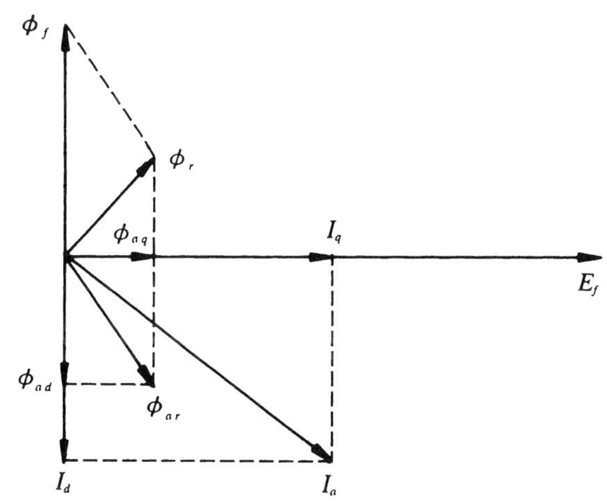

圖8-33　凸極同步發電機之相量圖

電樞反應電抗的分量為直軸電抗$X_{\varphi d}$及交軸電抗$X_{\varphi q}$。因此同步電抗亦可分解為直軸同步電抗X_d及交軸同步電抗X_q；X_d與X_q分別定義為

$$X_d=X_l+X_{\varphi d} \tag{8-41}$$

$$X_q=X_l+X_{\varphi q} \tag{8-42}$$

式中X_l為電樞漏磁電抗，並假設對直軸與交軸而言皆相同。因為交軸的氣隙磁阻比較大，所以X_q比X_d小，通常X_q約為X_d的0.6至0.7倍之間。

同步電抗壓降之分量為jI_dX_d與jI_qX_q，他們表示電樞電流所產生的基本磁通波的電感效應，包括電樞漏磁通與電樞反應磁通。激磁電壓E_f等於端電壓V_t加上電樞電阻壓降I_ar_a及同步電抗分量之壓降$jI_dX_d+jI_qX_q$之和。即

$$\vec{E}_f = \vec{V}_t + \vec{I}_a r_a + j\vec{I}_d X_d + j\vec{I}_q X_q \tag{8-43}$$

相量圖如圖8-34所示。

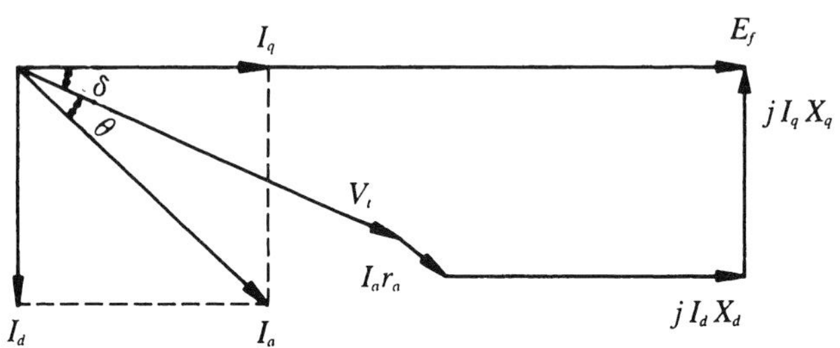

圖8-34　凸極式同步發電機的相量圖

使用圖8-34求激磁電勢E_f時，係將電樞電流I_a分解爲I_d與I_q，如此分解是假設$\theta+\delta$角爲已知，但一般電機中功率因數角θ爲已知，但功率角δ需另外求解，故改用圖8-35解決此問題。首先自o'點作$o'a'$垂直於I_a，則$\triangle o'a'b'$與$\triangle oab$的對應邊互相垂直，由幾何學得知$\triangle o'a'b'$與$\triangle oab$爲相似三角形，則

$$\frac{o'a'}{oa} = \frac{a'b'}{ab} \tag{8-44}$$

即
$$o'a' = \frac{a'b'}{ab}oa = \frac{jI_qX_q}{I_q}I_a \tag{8-45}$$

$$\boxed{o'a' = jI_aX_q} \tag{8-46}$$

$$\frac{o'b'}{ob} = \frac{o'a'}{oa} \tag{8-47}$$

$$\frac{o'b'}{I_d} = \frac{jI_aX_q}{I_a} \tag{8-48}$$

$$o'b'=jI_dX_q \tag{8-49}$$

$$a'c=b'b''=o'b''-o'b'=jI_dX_d-jI_dX_q \tag{8-50}$$

$$\boxed{a'c=jI_d(X_d-X_q)} \tag{8-51}$$

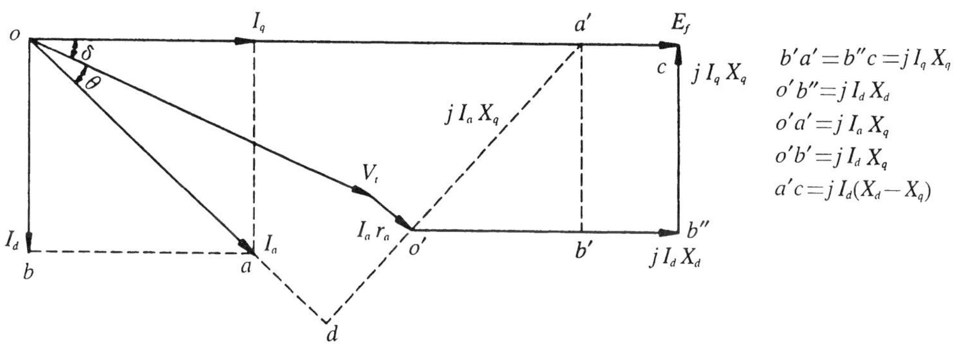

圖8-35　凸極式發電機各電壓分量的關係

依圖8-35中，$\vec{V}_t+\vec{I}_ar_a+j\vec{I}_aX_q$的相量和可定出激磁電壓$E_f$的相位，因此可定出$d$軸與$q$軸的方向。對於$E_f$的大小可由下列計算得之：

$$E_f=oa'+a'c \tag{8-52}$$

$$\boxed{E_f=|\vec{V}_t+\vec{I}_ar_a+j\vec{I}_aX_q|+I_d(X_d-X_q)} \tag{8-53}$$

【例 9】有一凸極型的同步發電機，若電樞電阻不計，其直軸同步電抗爲0.9pu，交軸同步電抗爲0.6pu，在額定電壓下輸出額定容量，試求該發電機之激磁電勢E_f爲若干？

⑴在功率因數爲1 。

⑵在功率因數爲0.8 落後

【解】 因為在額定電壓下輸出額定容量，故設額定端電壓$V_t=1.0$ pu，額定電樞電流$I_a=1.0$pu。解答步驟必須先找出E_f的相角，然後才能將I_a分解成I_d及I_q。

(1)$\cos\theta=1$，$\therefore\theta=0°$，若以E_f為參考角，其相量圖如圖8-36(a)所示，為了計算方便改以V_t為參考角，如圖8-36(b)所示。

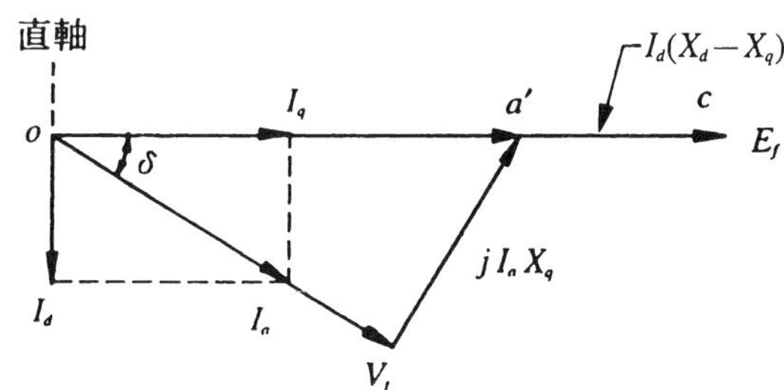

(a)以E_f為參考數

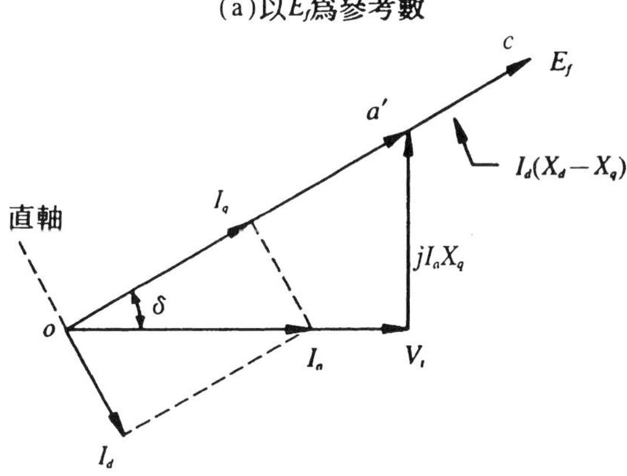

(b)以V_t為參考數

圖8-36

$\because\quad oa'=V_t+jI_aX_q=1.0+j1.0\times0.6=1.166\angle 30.96°$

$\therefore\quad\delta=30.96°$

$I_d=I_a\sin(\delta+\theta)=I_a\sin\delta=1\times\sin 30.96°=0.514$

$E_f=oa'+a'c=1.166+I_d(X_d-X_q)$

$= 1.166 + 0.514(0.9 - 0.6) = 1.32(pu)$

(2) $\cos\theta = 0.8$，$\therefore \theta = \cos^{-1}0.8 = 36.87°$，其相量圖如8-37所示。

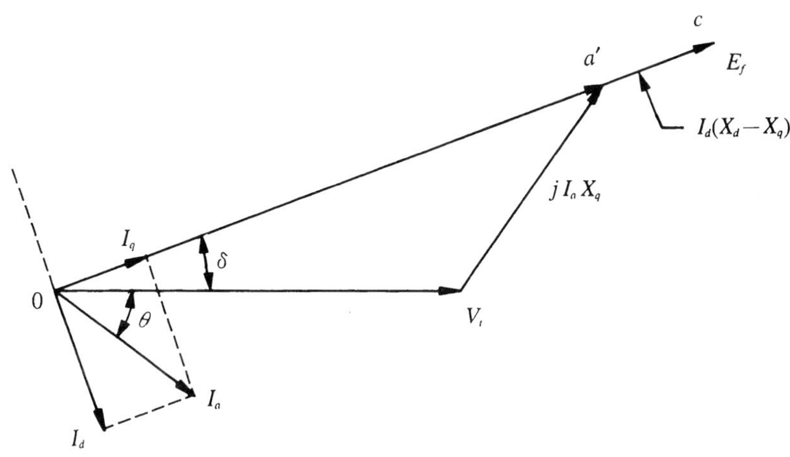

圖8-37

$$oa' = V_t + jI_aX_q = 1.0 + 1\angle -36.87° \times 0.6\angle 90°$$

$$= 1 + 0.6\angle 53.13° = 1.442\angle 19.44°$$

$$\therefore \delta = 19.44°$$

令 $\phi = \delta + \theta = 19.44° + 36.87° = 56.31°$

$$I_d = I_a \sin\phi = 1 \times \sin 56.31° = 0.832$$

$$E_f = oa' + a'c = 1.442 + I_d(X_d - X_q)$$

$$= 1.442 + 0.832(0.9 - 0.6) = 1.69(pu)$$

【例10】 有一部凸極型之交流發電機45kVA、220V、60Hz、三相Y接，若電樞電阻不計，其直軸同步電抗$X_d = 1.2\Omega$/相，交軸同步電抗$X_q = 0.8\Omega$/相。在額定端電壓下輸出額定容量，若負載功率因數為0.8滯後，試求激磁電勢為多少？

【解】 每相端電壓V_t為

$$V_t=\frac{220}{\sqrt{3}}=127(伏／相)$$

額定電樞電流I_a為

$$I_a=\frac{S}{\sqrt{3}\,V_l}=\frac{45\times10^3}{\sqrt{3}\times220}=118(A)$$

$\because \cos\theta=0.8 \qquad \therefore \quad \theta=36.87^\circ$

其相量圖如圖8-38所示。

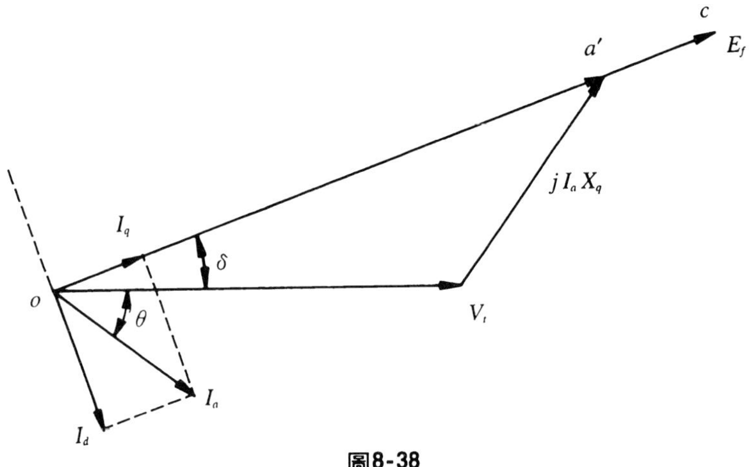

圖8-38

$$oa'=\vec{V}_t+jI_aX_q=127+118\angle-36.87^\circ\times0.8\angle90^\circ$$

$$=127+94.4\angle53.13^\circ=198.56\angle22.35^\circ\ (V)$$

$\therefore \delta=22.35^\circ$

令 $\phi=\delta+\theta=22.35^\circ+36.87^\circ=59.22^\circ$

$$I_d=I_a\sin\phi=118\times\sin59.22^\circ=101.38(A)$$

$$E_f=oa'+a'c=198.56+I_d(X_d-X_q)$$

$$=198.56+101.38(1.2-0.8)=239.112(伏／相)$$

$\therefore$ 線路間之激磁電勢E_f為

$$\sqrt{3}\times239.112=414.15(V)$$

8-7　凸極式發電機的功率一角特性

圖8-39(a)為一部凸極式的同步發電機，以一個串聯電抗X_e連接至電壓為E_e的無限匯流排上。因同步機的電樞電阻r_a甚小，故忽略不計。則此發電機的相量圖如圖8-39(b)所示。

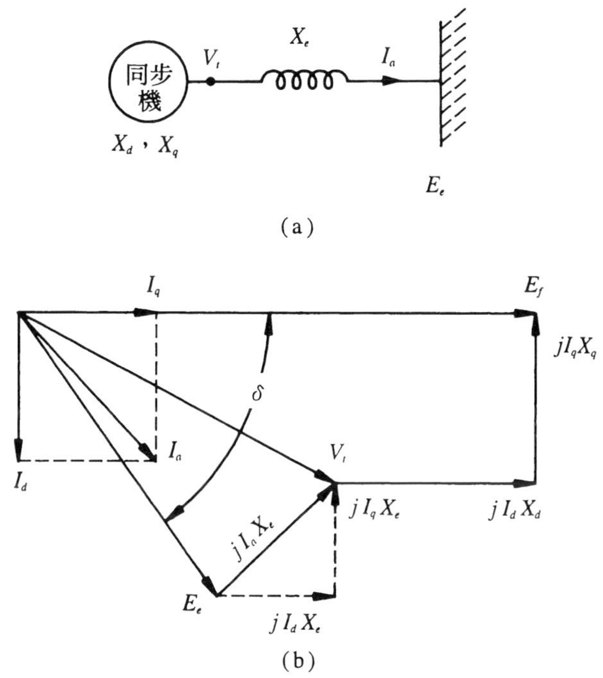

圖8-39　凸極式同步機之單機系統

考慮外部線路電抗X_e之效應，須要將線路電抗分別加至電機直軸與交軸的電抗，因此E_f與E_e間的直軸與交軸的等效電抗為

$$X_{dT}=X_d+X_e \tag{8-54}$$

$$X_{qT}=X_q+X_e \tag{8-55}$$

將匯流排電壓E_e分解為$E_e\sin\delta$與$E_e\cos\delta$兩分量，使分別與I_d、I_q同相，則匯流排每相吸收的功率P為

$$P = I_d E_e \sin\delta + I_q E_e \cos\delta \tag{8-56}$$

由圖8-39(b) 之相量圖，得

$$E_f - E_e \cos\delta = I_d X_e + I_d X_d \tag{8-57}$$

$$E_e \sin\delta = I_q X_e + I_q X_q \tag{8-58}$$

故

$$I_d = \frac{E_f - E_e \cos\delta}{X_{dT}} \tag{8-59}$$

$$I_q = \frac{E_e \sin\delta}{X_{qT}} \tag{8-60}$$

將(8-59)式及(8-60)式代入(8-56)式，得

$$P = \frac{E_f - E_e \cos\delta}{X_{dT}} E_e \sin\delta + \frac{E_e \sin\delta}{X_{qT}} E_e \cos\delta \tag{8-61}$$

$$= \frac{E_f E_e}{X_{dT}} \sin\delta + \left(\frac{E_e^2}{X_{qT}} - \frac{E_e^2}{X_{dT}}\right) \sin\delta \cos\delta \tag{8-62}$$

$$\boxed{P = \frac{E_f E_e}{X_{dT}} \sin\delta + E_e^2 \frac{X_{dT} - X_{qT}}{2X_{dT} X_{qT}} \sin 2\delta \ \text{(V/相)}} \tag{8-63}$$

上式中，E_f、E_e為相電壓，即所求得之P為一相之功率，若求三相總功率，則P需乘以3；若E_f、E_e均使用線電壓表示，則所求得P即為三相之功率。

(8-63)式之右邊第一項為電磁功率，他與圓柱型同步機所獲得結果相同。右邊第二項為磁阻功率，與激磁電勢E_f無關，但與端電壓(或匯流排電壓E_e)有關，且磁阻功率的功率角恰為電磁功率的功率角的兩倍，當$X_{dT} = X_{qT}$時，則(8-63)式的第二項為零，即磁阻功率為零。利用(8-63)式可繪出如圖8-40所示之功率角特性曲線。

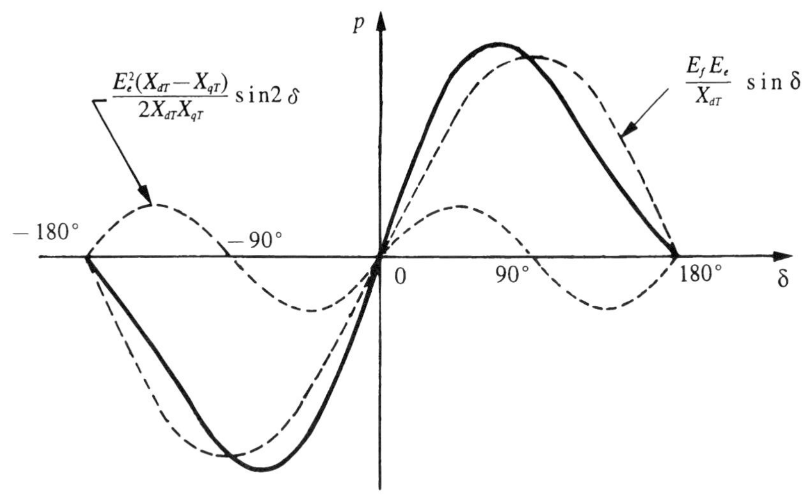

圖8-40　凸極同步機之功率角特性

如圖8-40所示，最大功率發生在功率角爲$45°<\delta<90°$。同步機爲發電機運轉時E_f領先E_e，反之若爲電動機運轉時E_f滯後E_e。凸極機由於具有磁阻轉矩，所以其較圓柱形電機更具韌性。

【例11】有一部凸極型之交流發電機45kVA、220V、60Hz、三相Y接，若電樞電阻不計，其直軸同步電抗$X_d=1.2\Omega$/相，交軸同步電抗$X_q=0.8\Omega$/相。在額定電壓下輸出額定容量，若負載功因爲1.0，試求：

(1)激磁電壓E_f爲若干？

(2)$\delta=90°$時所產生之功率。

(3)$\delta=30°$時所產生之功率。

(4)發電機所能產生的最大功率爲若干？

【解】　每相端電壓V_t爲

(1)$V_t=\dfrac{220}{\sqrt{3}}=127$(V/相)

額定電樞電流I_a爲

$$I_a = \frac{S}{\sqrt{3}V_l} = \frac{45\times10^3}{\sqrt{3}\times220} = 118(\text{A})$$

凸極效應之相量圖如圖8-41所示。

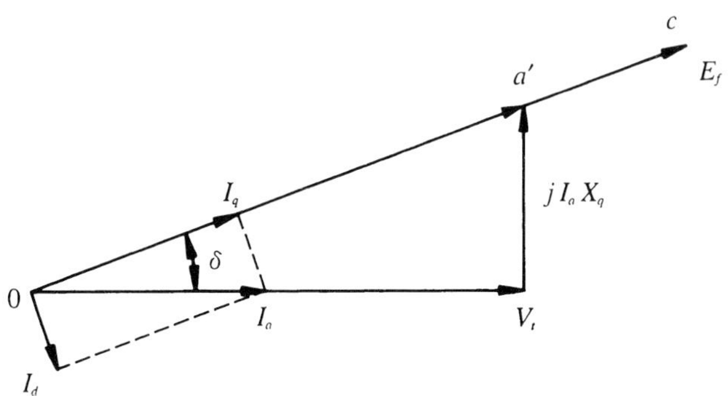

圖8-41

$$oa' = \vec{V}_t + j\vec{I}_a X_q = 127 + j118\times0.8 = 127 + j94.4$$

$$= 158.24\angle 36.6° \ (\text{V})$$

$$I_d = I_a \sin\delta = 118\times\sin 36.6° = 70.35(\text{A})$$

$$E_f = oa' + a'c = oa' + I_d(X_d - X_q)$$

$$= 158.24 + 70.35(1.2 - 0.8) = 186.38(\text{V/相})$$

則線間激磁電勢E_{fl}

$$E_{fl} = \sqrt{3}\times186.38 = 322.82(\text{V})$$

(2) $P = \dfrac{E_f V_t}{X_d}\sin\delta + V_t^2 \cdot \dfrac{X_d - X_q}{2X_d X_q}\sin 2\delta$

$$= \frac{186.38\times127}{1.2}\sin\delta + 127^2\cdot\frac{1.2-0.8}{2\times1.2\times0.8}\sin 2\delta$$

$$= 19725.2\sin\delta + 3360.2\sin 2\delta \ (\text{W/相})$$

$P = 59175.6\sin\delta + 10080.6\sin 2\delta$ (W/三相)

$\delta = 90°$時

$P = 59175.6$ (W)

(3) $\delta = 30°$時

$P = 38317.86\ (\text{W})$

⑷發電機產生最大功率時$\dfrac{dP}{d\delta} = 0$

$$\frac{dP}{d\delta} = 59175.6\cos\delta + 20161.2\cos 2\delta = 0$$

$$\because \cos 2\delta = 2\cos^2\delta - 1$$

$$40322.4\cos^2\delta + 59175.6\cos\delta - 20161.2 = 0$$

$$\cos\delta = 0.285 \qquad \therefore \delta = 73.44^\circ$$

$$P_{max} = 59175.6\sin 73.440^\circ + 10080.6\sin(2\times 73.44^\circ)$$

$$= 62229.1\ (\text{W/三相})$$

8-8　交流發電機的並聯運轉

在電力供電系統中，很少僅由單獨一部發電機供應負載(緊急發電機除外)，通常採用兩部或兩部以上的交流發電機並聯供應電力至負載，如圖8-42所示。例如：美國的電力網路是由數千部發電機並聯而成，共同分擔系統的負載。組成並聯的電力系統之主要原因為能提供連續性服務且對發電廠之投資及運轉成本都比較經濟。交流發電機並聯使用的優點如下：

⑴多部機比單機能供應更大的負載。

⑵多部機運轉能提高電力系統的可靠度，因為任何一機發生故障，不會造成整個負載無法供電。

⑶多部機並聯運轉系統，可允許其中一部或更多部機組移開，停機作預防維護保養。

⑷多機並聯運轉效率較高。單機運轉時若未接近滿載，其效率較低；若改採用幾部容量較小的發電機並聯，使每部接近滿載情況下運轉，則會有較高的效率。

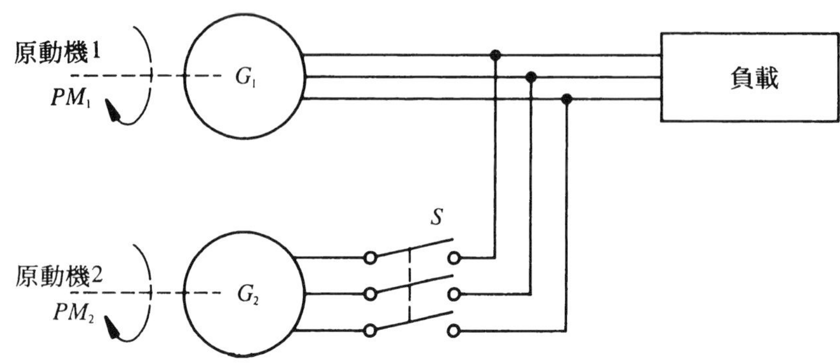

圖8-42 發電機和系統並聯運轉

8-8-1 並聯運轉的條件

欲使二部以上的同步發電機能穩定的並聯運轉，則發電機及其驅動的原動機應具備下列的條件：

(一)交流發電機應具備的條件：

(1)電壓的大小須相等。

(2)電壓的相位角須相同。

(3)電壓的相序須相同。

(4)電壓的頻率須相同。

下面就發電機並聯條件，逐一說明。

(1)電壓的大小須相等

假設有兩部交流發電機連接於匯流排作並聯運轉，如圖8-43所示。

若$E_1 = E_2$時，則兩發電機無循環電流；若電壓之大小不相等時，假設$E_1 > E_2$，則將有一循環電流I_c流通

$$\bar{I}_c = \frac{\bar{E}_1 - \bar{E}_2}{\bar{Z}_1 + \bar{Z}_2} \tag{8-64}$$

假設$\overline{Z}_1=\overline{Z}_2=\overline{Z}_s$，且$X_S \gg r_a$，則$\overline{Z}_s \doteqdot jX_s$，故上式可改寫為

$$\overline{I}_c \doteqdot \frac{\overline{E}_1-\overline{E}_2}{j2X_s} \tag{8-65}$$

由上式得知，環流I_c對E_1約滯後90°，I_c對E_2約超前90°。因環流I_c對發電機G_1為滯後電流，故電樞反應為去磁效應；因環流I_c對發電機G_2為超前電流，故電樞反應為增磁效應，此環流I_c將使兩發電機之端電壓趨於相等，且使供應環流之發電機的電樞損失增大，導致發電機之溫度升高及效率降低等現象。

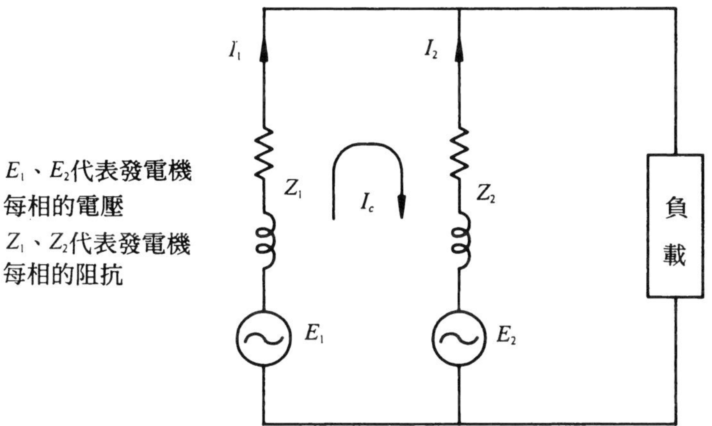

圖8-43　兩部交流發電機並聯運轉之等效電路

(2)電壓的相位角須相同

電壓的相位角若不相同，如圖8-44所示，相位差太大，將在兩發電機間產生很大的環流。若電壓的相位差非常小，則產生的環流不大，且電樞反應作用將使兩發電機之電壓相位趨於相等。

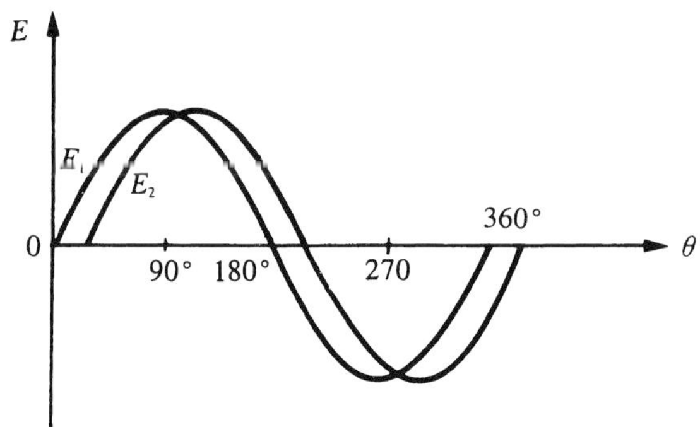

圖8-44 兩並聯發電機電壓相位角不相等的情形

(3)電壓的相序須相同

所謂相序就是各相的順序，圖8-45所示爲相序A–B–C的發電機與相序爲A'–C'–B'的發電機並聯運轉，雖然$A-A'$相電壓大小與相角一致，但$B-B'$與$C-C'$相差120° ，所以將會產生極大的循環電流。

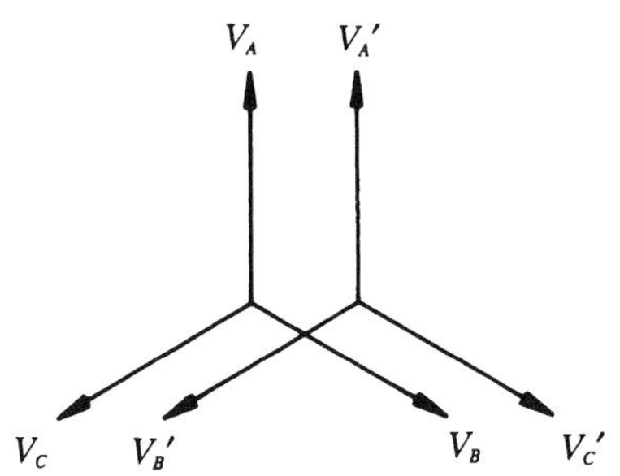

圖8-45 兩發電機相序不相同

(4)電壓的頻率須相同

頻率不同時，則兩部發電機瞬間將發生極大的循環電流，這比二機電壓不同的情況更爲不好。因電壓稍有不同時，只是將電機電壓差值作用於兩機間的電路上，產生較小的循環電流。頻率稍有不同時，如圖8-46，則必有一瞬間兩部發電機電壓的和作用於二機間，而產生甚大的循環電流。

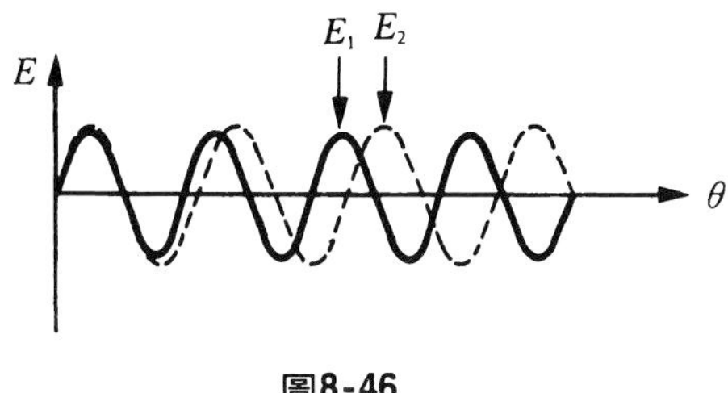

圖8-46

(二)原動機應具備的條件

⑴須具有相同的角速度

原動機須有相同的角速度，發電機產生的頻率才會一致。且原動機之轉速不可以忽快忽慢，因轉速不均勻將使發電機輸出電壓的大小、相位有所變動，無法順利並聯運轉。

⑵須有相同轉速－負載下降特性

各原動機須具有依負載增加而轉速下降的特性。否則，各發電機將無法依容量的比例來分擔負載。

8-8-2　並聯運轉的整步

如圖8-42所示，發電機G_2欲與運轉中的發電機G_1完成並聯，須完成下列整步步驟：

⑴調整發電機G_2的激磁電流使G_2的端電壓等於系統的端電壓。

⑵檢查欲並聯的發電機與系統的相序是否相同。檢查相序的方法有同步燈、相序指示器或小型三相感應電動機的轉向加以判定。

⑶檢查欲並聯的發電機與系統的頻率及相位是否相同。檢查方法有同步燈、同步儀。

⑷確認電壓大小、相位角、相序及頻率等皆相同時，即可進行並聯運轉。

利用燈泡(同步燈)檢查兩台單相同步發電機之並聯條件(如圖8-47

所示）：

⑴若發電機產生的電壓分別為E_1、E_2，當電壓相同、相位相同、頻率相同等條件成立時，$E_R=0$，兩燈泡不亮。

⑵若兩機之頻率稍有不同，若$f_1>f_2$，如圖8-46，則環路內合成電壓的合成波形將形成忽大忽小的循環週期，則環路內的兩只燈泡將發生固定頻率的閃爍現象。

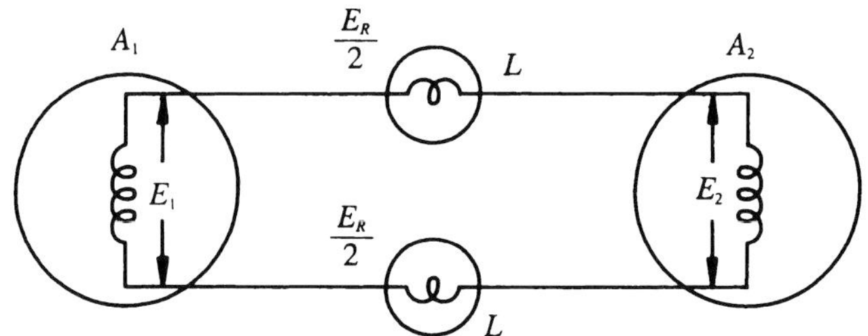

圖8-47　單相同步發電機之並聯運用

利用同步燈檢查三相同步發電機之並聯條件：

⑴暗燈法：如圖8-48所示，若兩機同步時，三燈皆不亮。此法有兩個缺點，故不常被採用：①對電壓大小與相位敏感性較差。②燈泡雖不亮，但過一段時間可能因頻率差異又逐漸發亮，操作者無法判斷何時投入開關較佳。

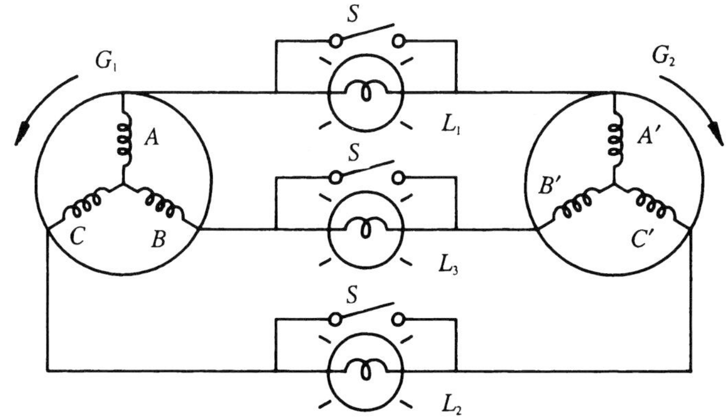

圖8-48　暗燈指示法

⑵明燈法：如圖8-49所示，若兩機同步時，三燈同時明亮。

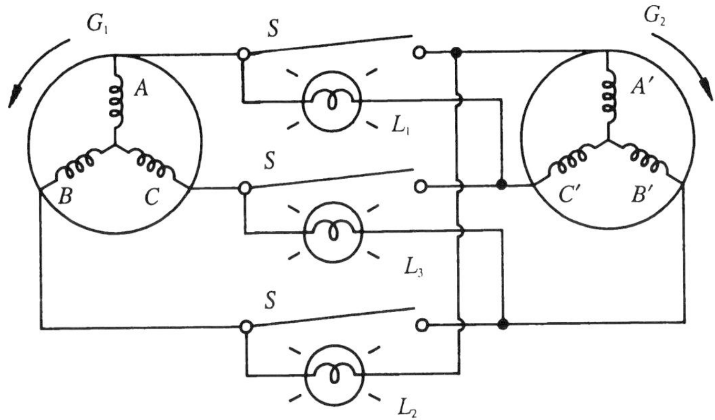

圖8-49　明燈指示法

⑶二明一滅法(又稱旋轉燈法)：如圖8-50所示。此法由於可同時藉由三個燈泡來判斷同步機並聯運轉的各種情況，如表8-1 所示，故最常被採用。當完全符合並聯運轉條件時，L_1和L_2全亮，L_3全暗，即二明一滅，表兩機同步。

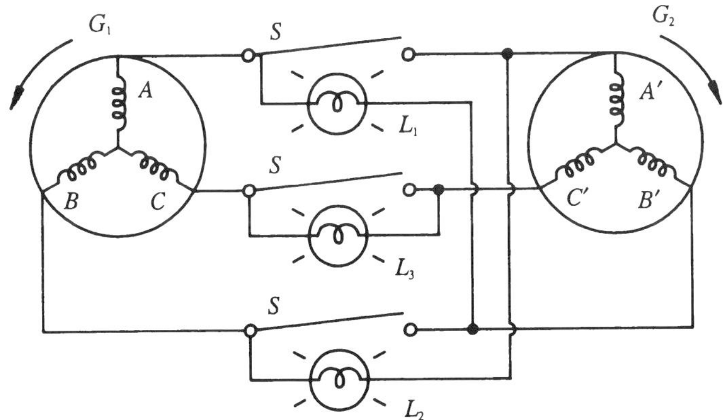

圖8-50　二明一滅指示法(又稱旋轉燈法)

表8-1 同步燈作用表(二明一滅法)

情　況	相　序	頻　率	電壓大小	$C-C'$時相	現　　象
1	相　同	一　致	相　等	一　致	二明一滅
2	相　同	一　致	稍　異	稍　異	二明一暗
3	相　同	稍　異	相　等	不　定	三燈輪流明滅
4	相　同	稍　異	稍　異	不　定	三燈輪流明暗
5	不　同	一　致	相　等	一　致	三燈皆滅
6	不　同	一　致	稍　異	稍　異	三燈皆暗

利用同步儀測量兩機是否同相位：同步儀是一種儀表，可用來測量兩機的a相間的相角差。同步儀的正面如圖8-51所示，刻度用來表示相位角，0°(即同相)在上面，180°在底部。若兩機頻率差很少，則儀表上的相角改變很慢。若欲並聯發電機(G_2)比現行系統(G_1)快，則相角超前，同步儀指針朝順時針方向旋轉。若欲並聯發電機(G_2)比現行系統(G_1)慢，則相角落後，同步儀指針朝逆時針方向旋轉。當同步儀指針在垂直位置，表a相電壓同相位。注意：同步儀僅檢查一相的相位關係，與相序無關。

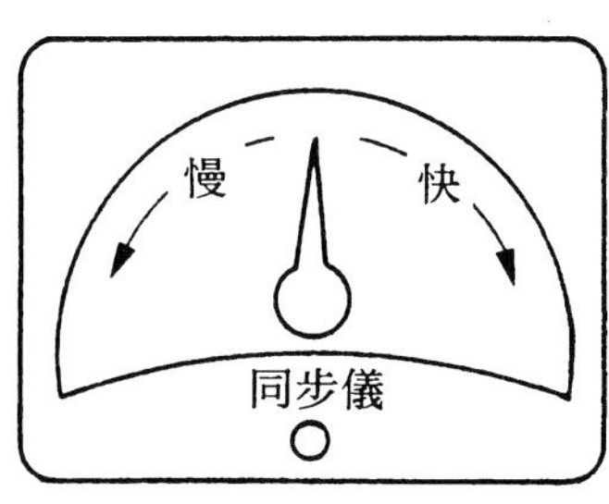

圖8-51 同步機

8-8-3　負載的分配

交流發電機並聯運轉，可控制原動機的速度，來改變系統的頻率及負載有效功率的分配。控制發電機的激磁，可改變端電壓大小及負載無效功率的分配。

(一)負載有效功率的分配

圖8-52所示爲原動機的速度(或發電機的頻率)對發電機輸出功率的關係曲線。圖中斜的實線PM_1及PM_2分別代表原動機未變動前的速度－功率特性曲線。發電機的輸出功率分別爲P_1及P_2，負載功率$P_L=P_1+P_2$用水平實線AB代表。

(1)假設PM_2之節流閥擴大，原動機之速度增快，使其速度－功率特性曲線上昇至PM_2'之虛線。

(2)由於負載功率P_L沒有變動，所以特性曲線由AB上移至$A'B'$之水平虛線($A'B'=AB$)。

(3)此時發電機G_1的輸出功率由P_1降至P_1'，G_2的輸出功率由P_2升至P_2'，且系統頻率上昇。

若要使系統頻率恢復至原來狀態，須將原動機的速度作一調整。

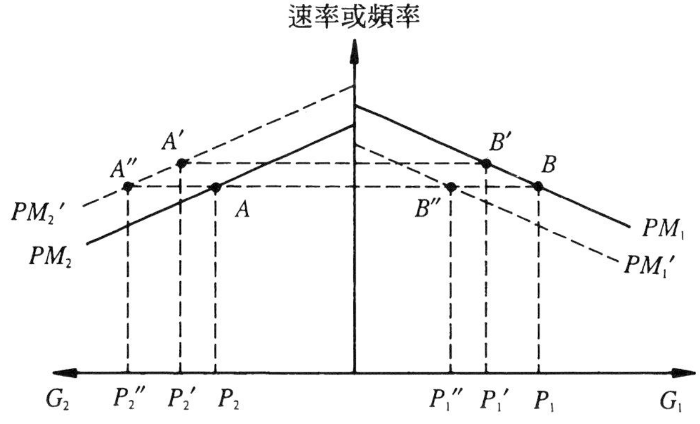

圖8-52　原動機的速率－功率特性曲線

⑴將PM_1之節流閥關小，使其速率－功率特性曲線下降至PM_1'之虛線。

⑵由於負載功率P_L沒有變動，所以特性曲線由$A'B'$下降至$A''B''$之水平虛線，即$A''B''=A'B'$。

⑶此時兩發電機之輸出功率分別為P_1''及P_2''。且系統頻率恢復至原狀態。故可控制原動機的速度，來改變系統的頻率及負載有效功率的分配。

(二)負載無效功率的分配

控制發電機的激磁，可改變端電壓及負載無效功率的分配。圖8-53所示，為兩部相同特性的發電機於並聯運轉時，改變激磁所生之效應。圖中實線：V_t為端電壓，I_a為每一發電機之電樞電流，I_L為負載電流，每一發電機的同步電抗壓降為jI_aX_s(電樞電阻壓降不計)，E_f為激磁電勢。

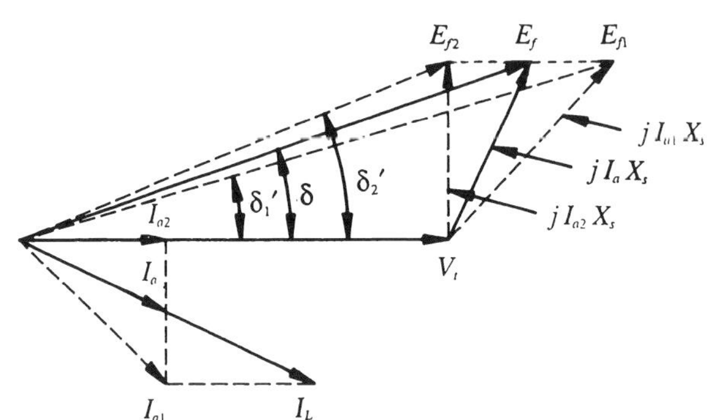

圖8-53　兩部相同的發電機於並聯運轉時，改變激磁所生的效應

現假設增加發電機G_1的激磁電流，則匯流排電壓V_t將會增加，於是可藉降低發電機G_2的激磁電流而恢復正常電壓。最後情形如圖8-53虛線所示，其端電壓V_t、負載電流I_L及負載功率因數皆沒有改變。由於激磁電壓E_{f1}及E_{f2}係在同一水平線上移動，所以$E_f\sin\delta$維持不變，如圖8-53中虛線所示。發電機G_1現在分擔了全部的無效功率，而發電機G_2的功率因數等於1.0。故控制發電機的激磁，可改變負載無效功率的分配。

【例12】有兩部發電機，每部額定輸出爲45kVA、220V、功率因數爲0.8落後，假設在額定情況下作並聯運轉。若負載維持不變，當發電機G_2的激磁減少，使其功率因數提高至1.0時，試求：

(1)發電機G_1的功率因數爲若干？

(2)G_1、G_2的輸出電流爲若干？

【解】 (1)兩部發電機所供應的視在功率S_T爲

$$S_T=45\times 2=90(\text{kVA})$$

兩部發電機所供應的有效功率P_T爲

$$P_T=S_T\times\cos\theta=90\times 0.8=72(\text{kW})$$

兩部發電機所供應的無效功率Q_T爲

$$Q_T=\sqrt{S_T^2-P_T^2}=\sqrt{90^2-72^2}=54(\text{kVAR})$$

由於負載不變，當發電機G_2的激磁減少，使其$\cos\theta_2=1$，全部的無效功率轉由G_1供應，但有效功率分擔不變。

	G_1	G_2
有效功率	36kW	36kW
無效功率	54kVAR	0

$$\cos\theta_1=\frac{P_1}{S_1}=\frac{36}{\sqrt{36^2+54^2}}=0.555$$

(2)G_1的輸出電流爲I_{l1}爲

$$I_{l1}=\frac{P_1}{\sqrt{3}\times V_l\times\cos\theta_1}=\frac{36\times 10^3}{\sqrt{3}\times 220\times 0.555}=170.2(\text{A})$$

G_2的輸出電流I_{l2}爲

$$I_{l2}=\frac{P_2}{\sqrt{3}\times V_l\times\cos\theta_2}=\frac{36\times10^3}{\sqrt{3}\times220\times1}=94.5(A)$$

【例13】有兩部相同額定的發電機並聯運轉，其頻率－功率圖如圖8-54所示，其端電壓－電抗功率圖如圖8-55所示。試問如何調整各部機之節速閥，與場電流以完成下述的工作：

⑴調整有效功率分配而不影響頻率。

⑵調整系統頻率而不影響有效功率分配。

⑶調整無效功率分配而不影響端電壓。

⑷調整系統的端電壓而不影響無效功率的分配。

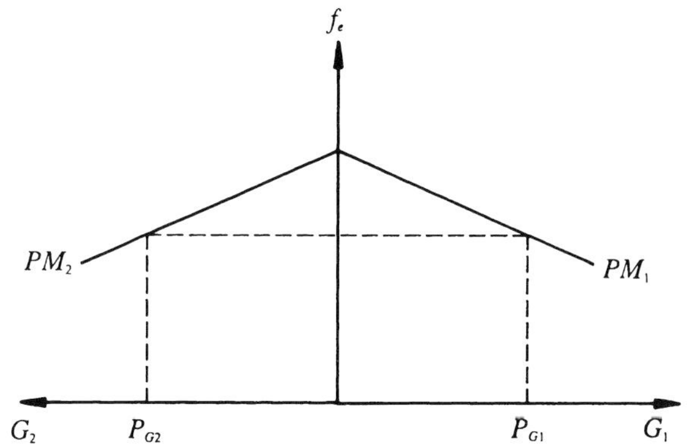

圖8-54　頻率－功率圖

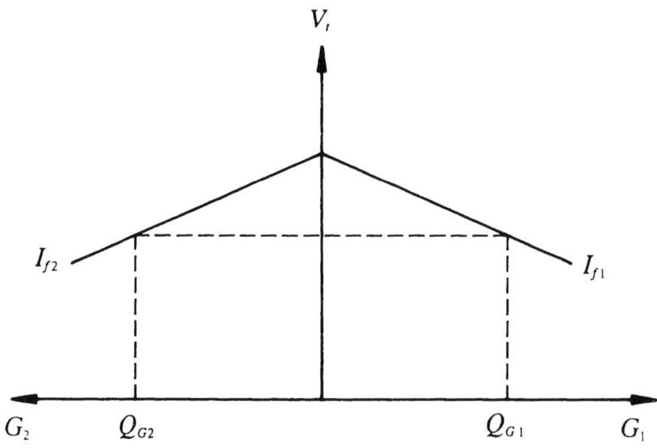

圖8-55　端電壓－電抗功率圖

【解】 ⑴可將其中一部機的節速閥設定點提高，同時降低另一機節速閥的設定點，由圖知可得$P_1+P_2=P_1'+P_2'$，且頻率維持不變，如圖8-56所示。

⑵須同時提高或降低兩部機節速閥設定點，如圖8-57所示。

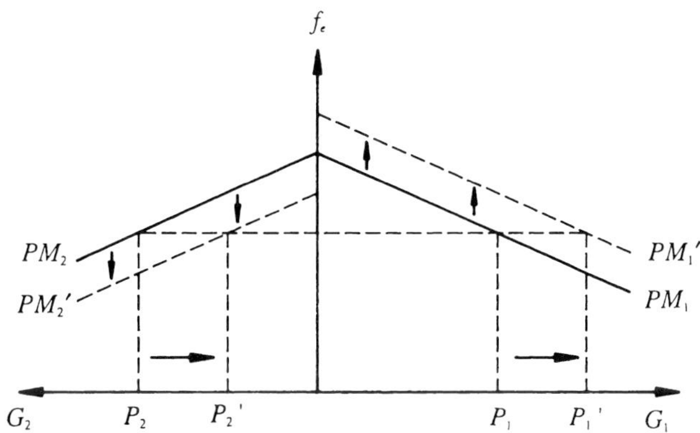

圖8-56

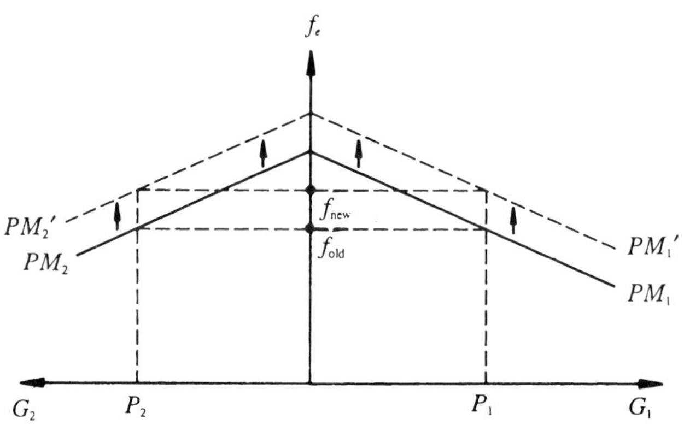

圖8-57

⑶增加一部機的場電流，同時降低另一部的場電流，由圖中可得$Q_1+Q_2=Q_1'+Q_2'$，且端電壓維持不變，如圖8-58所示。

⑷須同時增加或降低兩部機的場電流，如圖8-59所示。

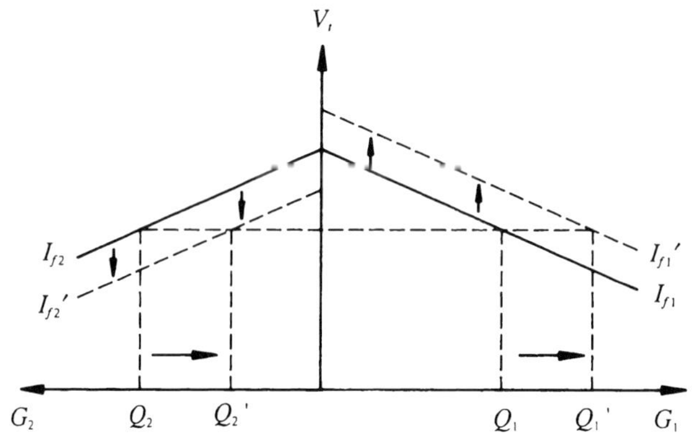

圖8-58

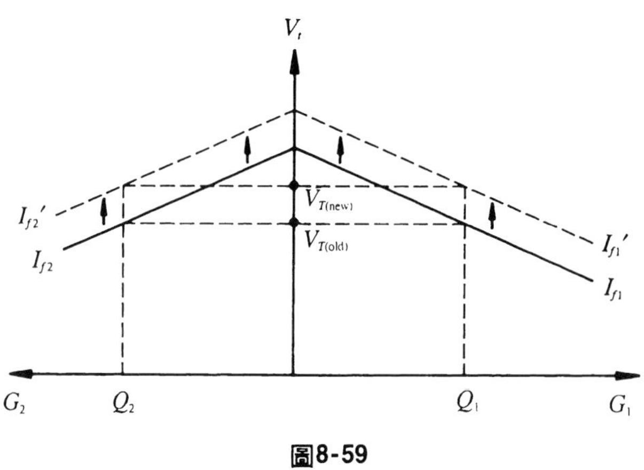

圖8-59

摘　要

1. 同步機的分類：

⑴依轉子之分類：

①旋轉電樞式 ②旋轉磁場式。

⑵依原動機型式分類：

①水輪發電機 ②汽輪發電機 ③引擎發電機。

⑶依相數分類：

①單相發電機 ②多相發電機。

⑷依通風方式分類：

①開放型 ②閉鎖風道換氣型 ③閉鎖風道循環型 ④氫氣冷卻方式。

2. 同步發電機的構造，依轉子之分類可分為：

⑴旋轉電樞式(又稱轉電式)：電樞繞於轉子，磁場繞於定子，只適用於小型電機。

⑵旋轉磁場式(又稱轉磁式)：磁場繞於轉子，電樞繞於定子，同步機大部份採用此方式。

3. 同步發電機因負載之不同，其電樞反應如下：

⑴負載為純電阻性：電樞磁場與主磁場垂直，稱為橫軸反應，總磁通量略為減低。

⑵負載為純電感性：電樞磁場與主磁場平行，稱為直軸反應，產生去磁效應。

⑶負載為純電容性：電樞磁場與主磁場平行，稱為直軸反應，產生增磁效應。

⑷負載為R-L 特性：其效應為⑴、⑵項的綜合。

⑸負載為R-C 特性：其效應為⑴、⑶項的綜合。

4. 同步電機的等效電路，如圖8-12所示。

$X_s = X_\varphi + X_l$

同步電抗＝電樞反應電抗＋電樞漏磁電抗

$\vec{Z}_s = r_a + jX_s \fallingdotseq jX_s$

$\vec{E}_f = \vec{V}_t \pm \vec{I}_a(r_a + jX_s)$

＋：發電機；－：電動機

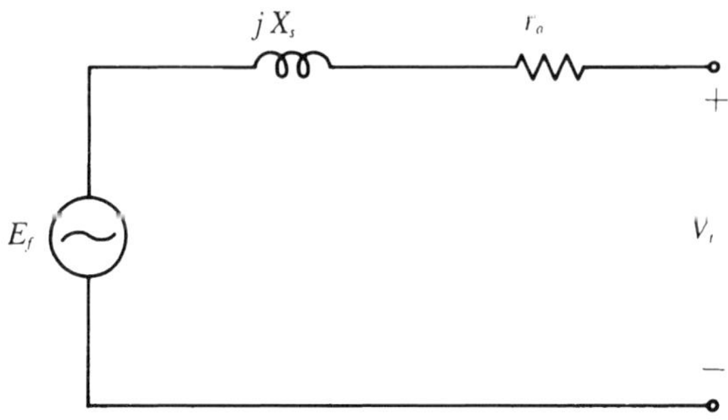

5. 同步阻抗可利用開路試驗及短路試驗求得。開路試驗可測出無載旋轉損；短路試驗可測出短路負載損失。
6. 同步機以同步速度做無載運轉，其端電壓V_t與場電流I_f之關係曲線，稱爲無載飽和曲線，或稱爲開路特性曲線(OCC)。若不考慮飽和效應，則得氣隙線(a−g)。
7. 同步機短路並以同步速度運轉，其電樞電流I_a與場電流I_f之關係曲線，稱爲短路特性曲線(SCC)。
8. 未飽和同步阻抗$Z_{s(\mathrm{ag})}$爲

$$Z_{s,\mathrm{ag}}=\frac{E_{f,\mathrm{ag}}/\sqrt{3}}{I_a'}$$

9. 飽和同步阻抗Z_s爲

$$Z_s=\frac{V_t/\sqrt{3}}{I_a'}$$

10. 短路比SCR爲

$$\mathrm{SCR}=\frac{\text{開路試驗時產生額定電壓所需之場電流}}{\text{短路試驗時產生額定電流所需之場電流}}=\frac{1}{Z_{s,\mathrm{pu}}}$$

11. 同步機的伏安特性曲線：乃同步機在固定轉速N與激磁電流I_f下，電樞電流I_a的變化對端電壓V_t之影響，以曲線表示之，如圖8-21所示。

12. 電壓調整率V.R.定義爲

$$\text{V.R.}=\frac{V_{NL}-V_{FL}}{V_{FL}}\times 100\%$$

13. 複合特性曲線：乃同步發電機在恆定功率因數下，負載改變時，若欲維持額定端電壓V_t，其激磁電流I_f與電樞電流I_a變化的情形，以曲線表示之，如圖8-22所示。

14. 轉子爲圓筒形的三相同步電機，在穩態時其總輸出功率爲

$$P=3\,\frac{E_fV_t}{X_s}\sin\delta$$

15. 轉子爲圓筒形的三相同步機，$\delta=90°$ 時

(1)最大輸出功率

$$P_{\max}=3\,\frac{E_fV_t}{X_s}$$

(2)最大轉矩，

$$T_{\max}=\frac{P_{\max}}{\omega_s}=\frac{P_{\max}}{\frac{4}{P}\pi f_e}$$

16. 凸極式同步電機之磁阻在直軸方向最小，在交軸方向最大。故最簡單的分析方法係將電樞磁動勢或電樞電流分解爲直軸成份及交軸成份。

17. 凸極式發電機的激磁電勢E_f爲(電壓相量圖如圖8-31所示)：

$$E_f=\left|\vec{V}_t+\vec{I}_ar_a+j\vec{I}_aX_q\right|+I_d(X_d-X_q)$$

18. 凸極式同步機之每相功率爲

$$P=\frac{E_fE_e}{X_{dT}}\sin\delta+E_e^2\frac{X_{dT}-X_{qT}}{2X_{dT}X_{qT}}\sin 2\delta$$

19. 交流發電機並聯使用的優點：

⑴多部機比單機能供應更大的負載。

⑵提高電力系統的可靠度。

⑶修理、維護時，仍可正常供電。

⑷運轉效率較高。

20. 交流發電機並聯運轉，所需具備之條件：

⑴發電機方面：

①電壓的大小須相等。

②電壓的相位角須相同。

③電壓的相序須相同。

④電壓的頻率須相同。

⑵原動機方面：

①須具有相同的角速度。

③須有相同轉速－負載下降特性。

21. 交流發電機並聯運轉：

⑴可控制原動機速度，來改變系統的頻率及負載有效功率的分配。

⑵控制發電機的激磁，可改變端電壓大小及負載無效功率的分配。

習題八

1. 試述同步電機之分類。
2. 轉電式與轉磁式同步機在構造上及應用上有何不同？
3. 同步發電機依其使用原動機種類，可分為那幾種？
4. 試繪出圓柱型同步機的等效電路。
5. 試述同步機之開路試驗，為何所求得曲線為非線性？
6. 試述同步機之短路試驗，為何所求得曲線為一直線？
7. 如何利用開路試驗及短路試驗求得同步阻抗？

8. 何謂短路比？
9. 如何利用開路試驗測出無載旋轉損？
10. 如何利用短路試驗測出短路負載損失？
11. 試述伏安特性曲線之特性？
12. 試述複合特性曲線之特性？
13. 交流發電機接上電感性負載時，爲何電壓會明顯下降？
14. 交流發電機接上電容性負載時，爲何電壓會上昇？
15. 試述凸極式交流發電機之雙電抗理論？
16. 試繪出凸極同步發電機之功率－角特性曲線？
17. 試問交流發電機採並聯運轉的優點？
18. 試問交流發電機採並聯運轉時，應具備那些條件？
19. 有一部三相Y接線220V、45kVA、4極、60Hz之汽輪發電機，其同步電抗爲1.2歐姆，若轉速固定於額定值，激磁電流調整至滿載時，功率因數爲0.8落後，試求：(1)滿載時，激磁電壓E_f爲若干？(2)若漏電抗X_l爲0.15歐姆／相，則氣隙電壓E_r爲若干？
20. 有一部45kVA、220V、4極、50Hz、Y連接之三相同步發電機，作開路實驗及短路實驗，獲得數據如下：

開路實驗		短路實驗	
由OCC曲線	線電壓＝220V 場電流＝2.6A	由SCC曲線	電樞電流＝153.4A 場電流＝2.6A
由a.g曲線	線電壓＝195V 場電流＝2.0A		電樞電流＝118A 場電流＝2.0A

試計算：

(1)未飽和同步電抗值。

(2)在額定電壓下的同步電抗值。

(3)短路比。

21. 同上題，以電機的額定值為基準值，改用標么值計算，並驗證答案是否正確。

22. 有一部三相30kVA、220V、60Hz、Y接的同步機，在室溫25℃及額定電流下，三相總短路負載損失為1.2kW，試計算：

(1)25℃時之電樞有效電阻。

(2)改用標么值計算，並驗證答案是否正確？

23. 有一部三相200kVA、480V、60Hz、Y接的同步發電機，其試驗結果如下：

開路試驗：線電壓540V，場電流5A。

短路試驗：電樞電流300A，場電流5A。

電樞電阻試驗：$V_{DC}=5$V，$I_{DC}=12.5$A。

試求該發電機：(1)電樞電阻 (2)同步阻抗 (3)同步電抗。

24. 有一部三相100kVA、480V、60Hz、Y接之同步機，磁場電流$I_f=$4A，負載之功率因數為0.8，其試驗結果如下：

(1)測得場電阻$r_f=20\,\Omega$(在25℃)。

(2)由開路試驗，求得無載旋轉損失為1.2kW。

(3)由短路試驗，在額定電流下求得短路負載損失為5.5kW。

試求在額定輸出容量且同步機溫度為攝氏75℃下同步機之效率？

25. 有一部1750kVA、2300V、2極、60Hz、Y連接的三相同步發電機，其每相同步電抗為2.8Ω，功率因數為1，試求：

(1) $\delta=15°$時之輸出功率為多少？

(2)發電機之最大輸出功率為若干？

(3)發電機之最大輸出轉矩為若干？

26. 有一凸極型的同步發電機，若電樞電阻不計，其直軸同步電抗為0.7pu，交軸同步電抗為0.5pu，在額定電壓下輸出額定容量，試求在下列情況下該發電機之激磁電勢E_f為若干？

⑴在功率因數爲1。

⑵在功率因數爲0.8 落後。

27. 有一部凸極型之交流發電機45kVA、220V、60Hz、三相Y接，若電樞電阻不計，其直軸同步電抗$X_d=1.4\Omega$/相　，交軸同步電抗$X_q=0.9\Omega$/相。在額定端電壓下輸出額定容量，若負載功率因數爲1及0.8滯後，試求激磁電勢爲若干？

28. 有一部凸極型之交流發電機45kVA、118A、220V、60Hz、4極、三相Y接，若電樞電阻不計，其直軸同步電抗$X_d=1.2\Omega$/相，交軸同步電抗$X_q=0.72\Omega$/相。在額定電壓下輸出額定容量，若負載功因爲0.8，試求：

⑴激磁電壓E_f爲若干？

⑵ $\delta=90°$時所產生的功率？

⑶ $\delta=20°$時所產生的功率？

⑷發電機所能產生的最大功率爲若干？

29. 有兩部發電機，每部額定輸出爲45kVA、220V、功率因數爲0.7落後，假設在額定情況下作並聯運轉。若負載維持不變，當發電機G_2的激磁減少，使G_2的功率因數提高至0.9時，試求：

⑴發電機G_1 的功率因數爲若干？

⑵G_1、G_2的輸出電流爲若干？

30. 有一單相交流發電機50kVA、550V，當斷路電壓爲320V時，激磁電流12A，用電流表將發電機短路，激磁電流仍保持12A，測得電樞電流爲160A，二端間之直流電樞電阻爲0.14Ω，有效電阻與直流電阻之比爲1.2。試求：⑴此機之同步阻抗 ⑵同步電抗 ⑶功率因數爲0.8落後，滿載時之電壓調整率？

31. 有一三相的交流發電機，開路時線與線間電壓爲120V，當每線輸出40A電流至某一平衡電阻性負載時，發電機的線與線間端電壓降為116V，假設此機之電樞電阻$r_a = 0.03\,\Omega$/相，試求：(1)同步電抗X_s (2)同步電阻Z_s。

32. 有　圓柱型轉了的同步發電機，其同步電阻抗X_s為1pu，無載端電壓E_f為1.2pu，若負載電阻為2pu

(1)繪出等效電路及向量圖。

(2)求穩態時的負載電流及此時之功率角δ。

(3)若要使負載端電壓為0.9pu，除原動機輸出功率要調整外，發電機之激磁電壓E_f應調整為若干？

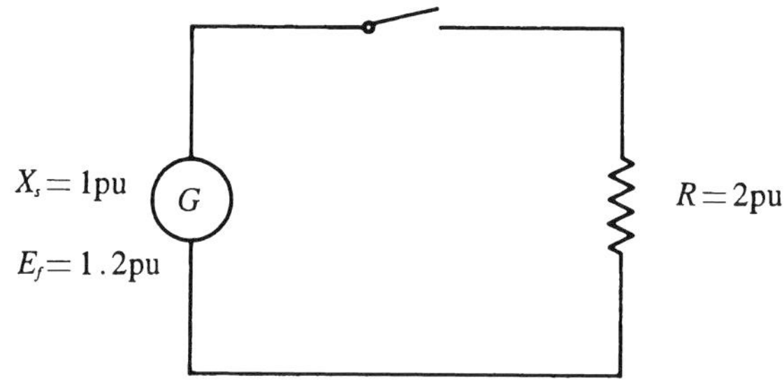

33. 有兩台1000kVA之同步發電機並聯運轉，兩機之轉速特性為自無載至1000kW滿載時，A機頻率由60.5Hz均勻降至58.5Hz，B機頻率由60.5Hz均勻降至59Hz，若負載總輸出為1200kW，試求：

(1)各機分擔的負載為若干？頻率為若干？

(2)當功率因數為1時，兩機在不過載的情況下，所能擔任的負載為若干？

第九章 同步電動機

9-1 同步電動機的構造與原理

9-1-1 同步電動機的構造與原理

基本上，同步電動機的構造與同步發電機相同，簡敘如下：

(一)定部：

定部或稱爲電樞，繞有三相繞組，外加交流電源即產生同步速率的旋轉磁場，定子磁極數目與轉子磁極數目完全相同。

(二)轉部：

⑴轉部裝有磁場繞組，加上直流電源時，即成爲有形的磁極，除特殊高速之兩極外，通常爲凸極式，如圖9-1(a)所示。

⑵爲產生啓動轉矩及避免追逐現象，在極面與軸平行的槽中，另裝有阻尼繞組。阻尼繞組的構造類似感應機之鼠籠式繞組，由埋在轉子極面的銅條所組成，並用短路環將銅條兩端短路，如圖9-1所示。

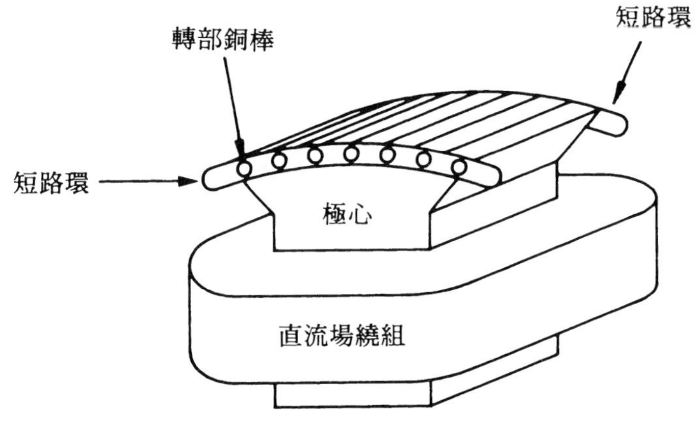

(a)交流同步電動機的磁極

圖9-1 含阻尼繞組之轉子構造

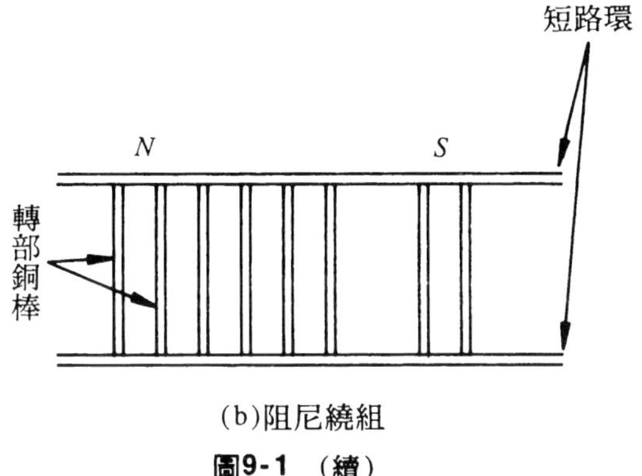

(b)阻尼繞組

圖9-1 (續)

9-1-2 同步電動機的原理

同步電動機之定子繞組爲一三相平衡繞組，通以三相交流電源時，將產生一旋轉磁場，其同步速率N_s爲

$$N_s = \frac{120f}{P} \tag{9-1}$$

當轉子的轉速接近同步速率時，將其場繞組給予激磁，轉子將產生固定極性的磁極，藉旋轉磁場與轉子磁場間的吸引力以產生轉矩，使轉子以同步速率和旋轉磁場同方向轉動。圖9-2所示爲兩極同步電動機，B_s爲旋轉磁場，B_f爲轉子磁場，B_s與B_f這兩個磁場正如兩塊放的很近的磁鐵會互相吸引，由於定子磁場不斷的旋轉，因此轉子磁場或轉子本身將緊隨定子磁場而旋轉。

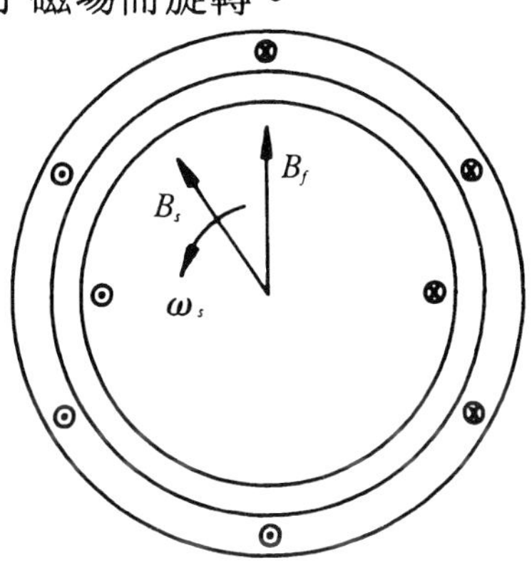

圖9-2 兩極的同步電動機

同步電動機將依同步速度旋轉，若轉部非同步速度時，則同步電動機將失去轉矩而停下來。圖9-3所示為同步電動機在穩態操作時之轉矩　速度特性曲線，從無載到最大轉矩(脫出轉矩)$T_{pull,out}$間，同步馬達的穩態轉速皆為同步速率。

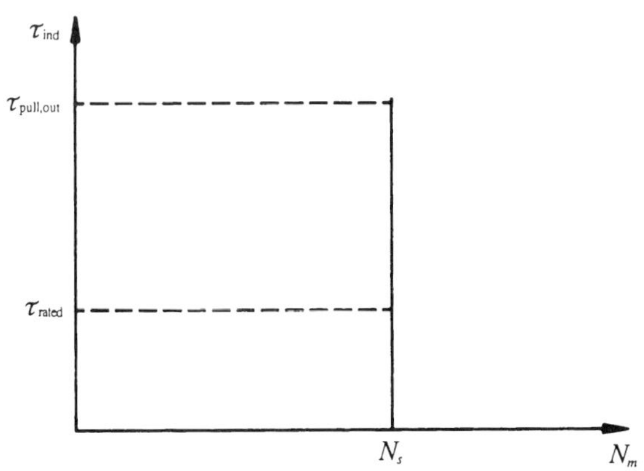

圖9-3　同步馬達的轉矩—速度特性曲線

9-2　同步電動機的啓動方式

同步電動機本身無自行啓動之能力，其原因乃定子繞組上所加為交流電源(頻率為f)，故定子旋轉磁場將以交流頻率變化其極性，即每秒變化f次，而同步電動機在啓動時，轉子處於靜止狀態，每秒將被不同方向之磁場牽引f次，因此淨轉矩為零，如圖9-4所示。由於無法克服本身的慣性，故同步電動機無自行啓動之能力。

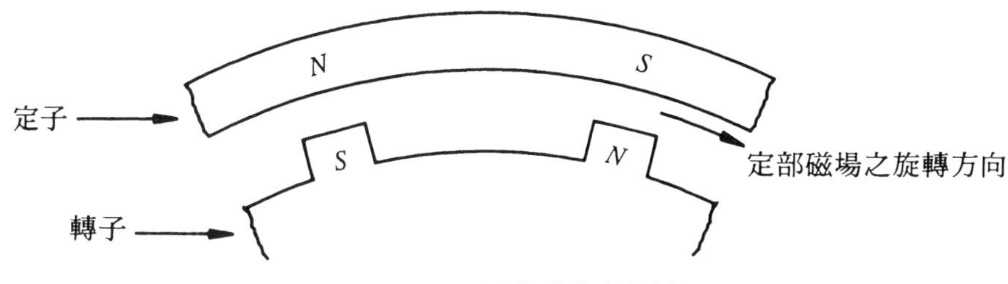

圖9-4　同步電動機之運轉原理

同步電動機本身無法產生啓動轉矩，一般啓動方法是先帶動同步電動機之轉子接近同步轉速時，再加入直流激磁，則所生的激磁場將追隨定子旋轉磁場而達到同步。同步電動機的啓動方法有：

(一)將激磁機當作電動機啟動法：

連接於同一軸上供應同步電動機激磁用的直流發電機或稱爲激磁機，首先外加直流電源，使激磁機成爲直流電動機帶動同步電動機。當同步電動機的轉速接近同步速度時，於定部接入交流電源並切斷激磁機的直流電源，使其成爲直流發電機供應同步電動機場繞組的電源，如此轉子磁極將隨定子旋轉磁場以同步速度旋轉。

(二)電動機帶動啟動法：

將同步電動機的轉子場繞組先予短路，用同容量的感應電動機帶動同步電動機，當同步電動機的轉速接近同步轉速時，將交流電源及直流電源同時分別加入定子及轉子，即可產生轉矩使同步電動機以同步速度運轉。

(三)感應型啟動法(最常採用)

在同步電動機極面槽內置入裸銅條，兩端用端環短接，形成類似鼠籠式電動機的結構，此短路繞組稱爲阻尼繞組。啓動時先將轉子磁場繞組短路，定部加入三相交流電源，使轉子依感應電動機原理啓動，待轉速接近同步速度時，轉子的場繞組加入直流電源，藉定部的無形磁極與轉部的有形磁極產生電磁轉矩，使同步電動機依同步速度旋轉。

(四)降頻啟動法：

同步電動機定子磁場的旋轉速度降得很低，使轉子磁場毫無問題的加速並鎖住定子磁場，接著將電源頻率緩慢增加到正常操作頻率。

阻尼繞組對同步電動機的穩定效應

阻尼繞組除了能幫助同步電動機啓動外，並能增加電動機運轉的穩定性。同步電動機定子的旋轉磁場爲固定的同步速度，當轉子以同步速度運轉時，阻尼繞組上無感應電壓。當負載突增瞬間，轉子的轉速將低於同步速度，轉子與定子旋轉磁場間將有相對速度產生，將在阻尼繞組上感應電壓，阻尼繞組內有電流流通並建立磁場，此磁場將使轉子產生加速的正向轉矩，使轉子加速至同步速度。反之，當負載突減瞬間，轉子的轉速將高於同步速度，阻尼繞組將產生使轉子減速的反向轉矩，使轉子減速至同步速度。因此阻尼繞組可提高同步電動機運轉的穩定性。

9-3 同步電動機之電樞反應及等效電路

9-3-1 同步電動機之電樞反應

(一)負載為純電阻性(即$\cos\theta = 1$)

如圖9-5所示(與圖8-5方向相反)，電樞電流與感應電勢同相，電樞電流A邊流出紙面，B邊流入紙面，故電樞反應磁通與主磁場成垂直，故稱爲正交磁化作用或橫軸反應

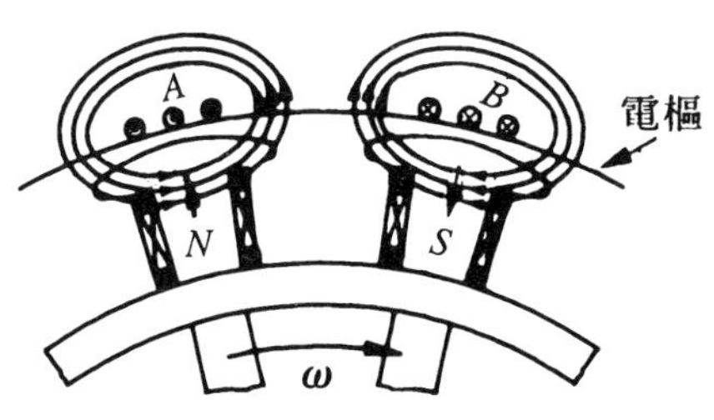

圖9-5 $\cos\theta = 1$

(二)負載為純電感性(即$\cos\theta = 0$滯後)

如圖9-6所示，電樞電流滯後感應電勢90°電機角，電樞反應磁通與主磁場平行為一直軸反應，且電樞磁場方向與主磁場方向相同，為增磁效應。

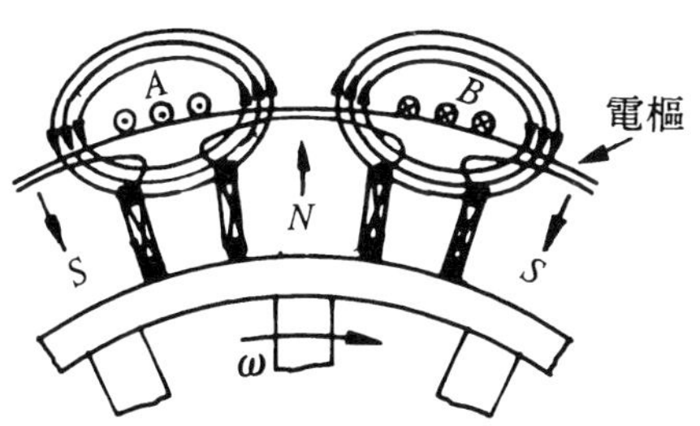

圖9-6　$\cos\theta = 0$ 滯後

(三)負載為純電容性(即$\cos\theta = 0$領先)

如圖9-7所示，電樞電流領先感應電勢90°電機角，電樞反應磁通與主磁場平行為一直軸反應，但電樞磁場方向與主磁場方向相反，為去磁效應。

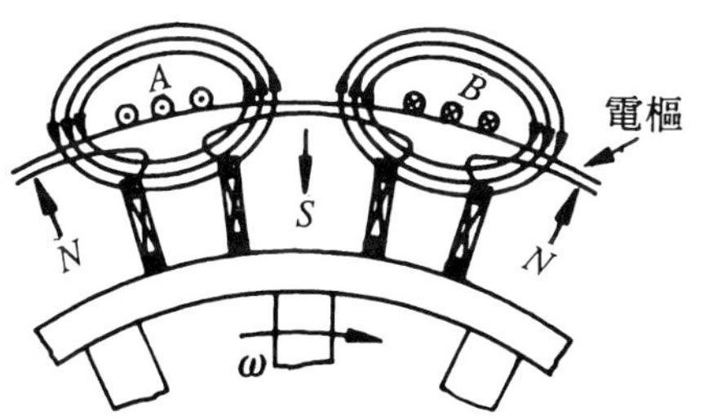

圖9-7　$\cos\theta = 0$ 領先

(四)負載為電感性(即$0 < \cos\theta < 1$滯後)

其效應為上述第一、二項的綜合。如圖9-8所示，電樞電流滯後感應電勢θ電機角，電樞電流可分為$I_a \cos\theta$及$I_a \sin\theta$兩部份，前者為正交磁化效應(簡稱交磁)，後者為增磁效應。

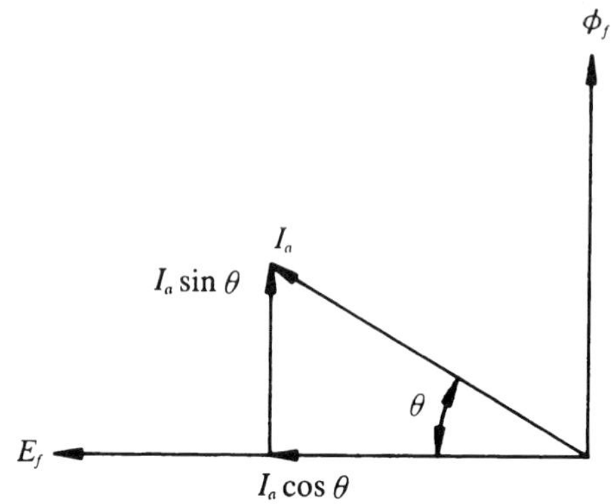

圖9-8 $0 < \cos\theta < 1$滯後

(五)負載為電容性(即$0 < \cos\theta < 1$領先)

其效應爲上述第一、三項的綜合。如圖9-9所示，電樞電流領先感應電勢θ電機角，電樞電流可分爲$I_a \cos\theta$及$I_a \sin\theta$兩部份，前者爲正交磁化效應，後者爲去磁效應。

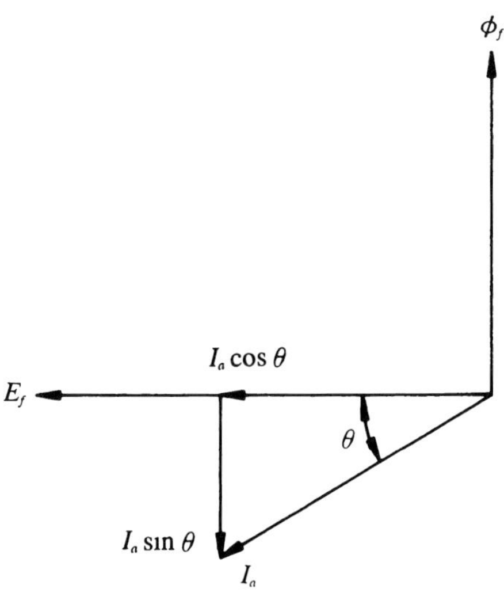

圖9-9 $0 < \cos\theta < 1$領先

9-3-2　同步電動機之等效電路

同步電動機之等效電路與同步發電機相同，惟其電樞電流方向相反，如圖9-10所示。

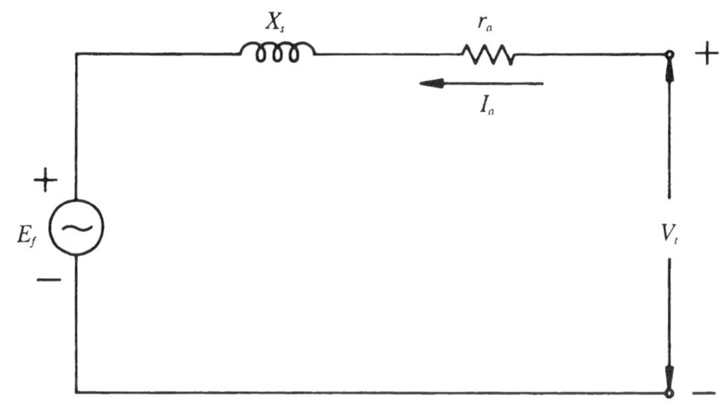

圖9-10　圓柱型同步電動機之等效電路

等效電路的特性方程式為

$$\boxed{\vec{V}_t = \vec{E}_f + \vec{I}_a \vec{Z}_s} \tag{9-2}$$

$\vec{Z}_s = r_a + j\,X_s$，$\vec{Z}_s$稱為同步阻抗

通常$X_s \gg r_a$

9-4　同步電動機輸出功率及輸出轉矩

9-4-1　圓柱型同步電動機的輸出功率與輸出轉矩

圖9-11所示為圓柱型同步電動機在欠激磁時的相量圖。

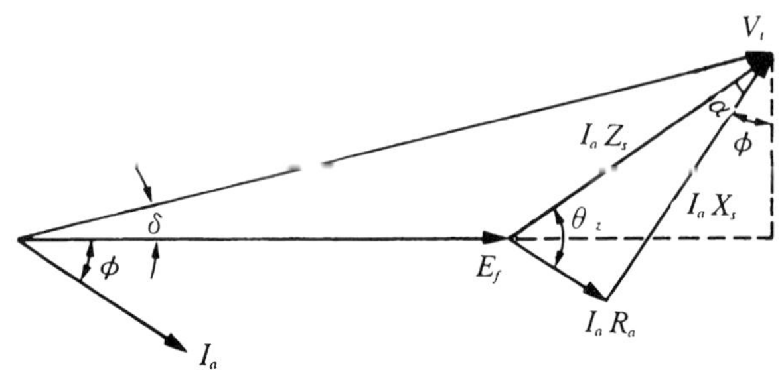

圖9-11 圓柱型同步電動機的相量圖

三相同步電動機的輸出功率P_M為

$$P_M = 3E_f I_a \cos\phi$$

且 $$\vec{I}_a = \frac{\vec{V}_t - \vec{E}_f}{\vec{Z}} = \frac{V_t\angle\delta - E_f\angle 0^\circ}{Z\angle\theta_z} \tag{9-3}$$

其方程式的推導如同步發電機，即

$$P_M = 3\frac{E_f V_t}{Z_s}\sin(\delta+\alpha) - 3\frac{E_f^2}{Z_s}\sin\alpha \tag{9-4}$$

$$\alpha = \tan^{-1}\frac{R_a}{X_s}$$

若$X_s \gg R_a$，則$\alpha \approx 0$

$$\boxed{P_M = 3\frac{E_f V_t}{X_s}\sin\delta} \tag{9-6}$$

三相同步電動機的轉矩T為

$$\boxed{T = \frac{P_M}{\omega_s} = \frac{P_M}{\frac{4}{P}\pi f}} \tag{9-7}$$

當 $\delta=90°$時，同步電動機的輸出轉矩爲最大，此時的轉矩稱爲脫出轉矩(Pull out torque)。同步電動機可安定連續運轉的功率角 δ 範圍爲0°～70°，滿載時 δ 一般約爲20°左右。

9-4-2　凸極式同步電動機的輸出功率與輸出轉矩

凸極式同步電動機的輸出功率P_M爲

$$P_M=3\frac{V_t E_f}{X_d}sin\,\delta+3V_t^2\frac{X_d-X_q}{2X_d X_q}sin2\,\delta \tag{9-8}$$

(9-8)式右邊第一項爲電磁功率，他與圓柱型同步機所獲得結果相同。右邊第二項爲磁阻功率，他與激磁電勢E_f無關，但與端電壓V_t有關。磁阻功率爲凸極同步機的特色，因此有些特殊的凸極式同步機，雖轉部場繞組不加激磁，在電樞有外加交流電壓時，可由磁阻功率達成同步電動機的任務。

位移角(轉矩角)

同步電動機在無載或加載運轉皆須維持同步速度運轉。無載時轉子磁極與其對應之旋轉磁場的無形磁極間的位移角 δ 很小，如圖9-12(a)所示，由(9-6)、(9-8)式得知產生的輸出功率P_M較小。當負載增加時，轉子速度不變，但轉子的磁極須向後退了一些角度如圖9-12(b)所示，因此能由電源引進較大的功率，以提供較大的轉矩來帶動負載。

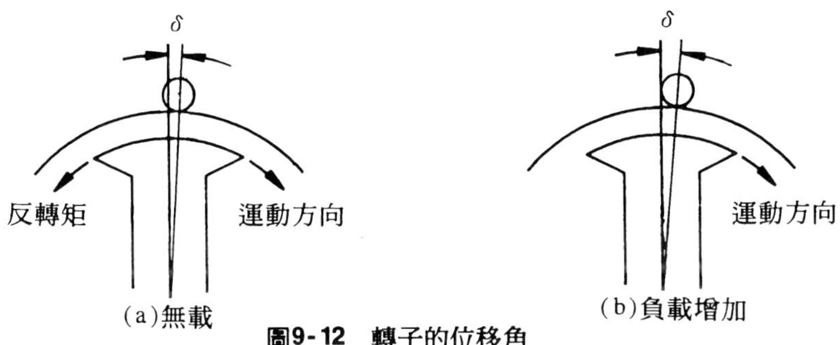

圖9-12　轉子的位移角

【例 1】有一部45KVA、208V、△連接、60HZ的同步電動機，其同步阻抗爲2Ω，鐵心損失爲0.8kW，摩擦損和風損爲1.2kW，可忽略電樞電阻。此部電動機供應20HP的功率給負載，其功率因數爲0.8超前，試回答下列問題：

⑴求I_a、I_l及E_f值，並繪出電動機的相量圖？

⑵設軸上負載增加至40HP求I_a、I_l及E_f值，並繪出相量圖變化的情形？

【解】 ⑴$P_{out}=20\times 0.746=14.92(\text{kW})$

$P_{in}=14.92+0.8+1.2=16.92(\text{kW})$

線路電流I_l爲

$$I_l=\frac{P_{in}}{\sqrt{3}\,V_l\cos\theta}=\frac{16.92\times 10^3}{\sqrt{3}\times 208\times 0.8}=58.71(\text{A})$$

$$\theta=\cos^{-1}0.8=36.87^\circ$$

∵△接線，電樞電流I_a爲

$$\vec{I}_a=\frac{58.71}{\sqrt{3}}\angle 36.87^\circ=33.90\angle 36.87^\circ\ (\text{A})$$

$$\vec{E}_f=\vec{V}_t-j\vec{I}_aX_s$$

$$=208\angle 0^\circ-33.9\angle 36.87^\circ\times 2\angle 90^\circ$$

$$=254.53\angle -12.3^\circ\ (\text{V})$$

負載爲20HP時，相量圖如圖9-13所示。

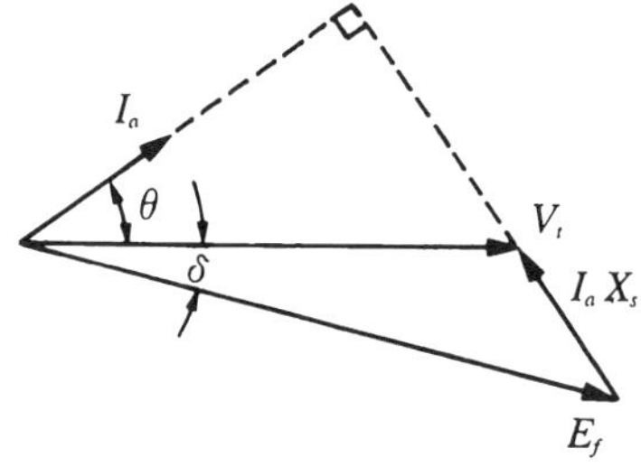

圖9-13 負載爲20HP時的相量圖

(2)當負載加至40HP時，電動機的輸入功率P_{in}為

$$P_{in}=40\times 0.746+0.8+1.2=31.84(kW)$$

由$P_{in}=3\dfrac{E_f V_t}{X_s}\sin\delta'$

$$31.84\times 10^3=3\frac{254.53\times 208}{2}\sin\delta'$$

$$\therefore \sin\delta'=0.4 \qquad \therefore \delta'=23.58^\circ$$

相量圖如圖9-14所示。

$$\vec{I}_a'=\frac{\vec{V}_t-\vec{E}_f}{jX_s}=\frac{208\angle 0^\circ-254.53\angle -23.58^\circ}{2\angle 90^\circ}$$

$$=\frac{104.91\angle 103.94}{2\angle 90^\circ}=52.46\angle 13.94^\circ \text{ (A)}$$

$$I_l=\sqrt{3}\times 52.46=90.86(A)$$

新的功率因數 $\cos 13.94^\circ=0.97$

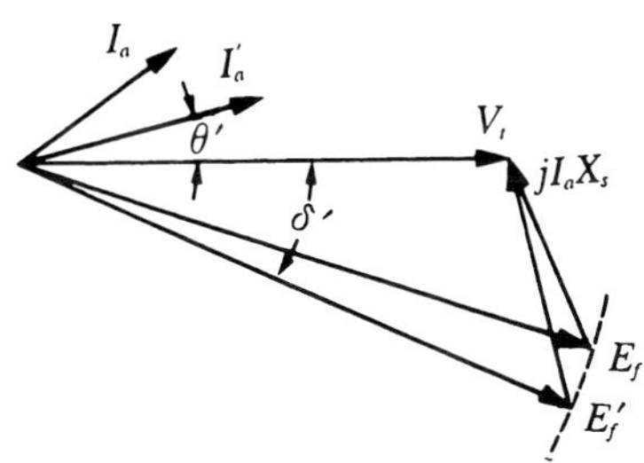

圖9-14　負載由20HP變化至40HP時的相量圖

【例 2】有一部45kVA、208V、△連接、60Hz的同步電動機，其同步阻抗為1.5Ω，鐵心損失為0.6kW，摩擦損及風損為1kW，若此同步機供應15HP的功率給負載，且功率因數為0.8落後，試回答下列問題：

(1)求I_a及E_f值，並繪出相量圖？

(2)若電動機的場磁通增加20%，試求I_a、E_f及功率因數，並

繪出新的相量圖？

【解】 ⑴$P_{in}=15\times0.746+0.6+1=12.79(kW)$

$$I_l=\frac{P_{in}}{\sqrt{3}\,V_l\,cos\,\theta}=\frac{12.79\times10^3}{\sqrt{3}\times208\times0.8}=44.38(A)$$

$$\theta=\cos^{-1}0.8=36.87°$$

∵△接線，電樞電流 I_a 爲

$$\vec{I}_a=\frac{44.38}{\sqrt{3}}\angle-36.87°=25.62\angle-36.87°(A)$$

$$\vec{E}_f=\vec{V}_t-j\,\vec{I}_a\,X_s=208\angle0°-25.62\angle-36.87°\times1.5\angle90°$$
$$=187.48\angle-9.4°\ (V)$$

其相量圖如圖9-15所示。

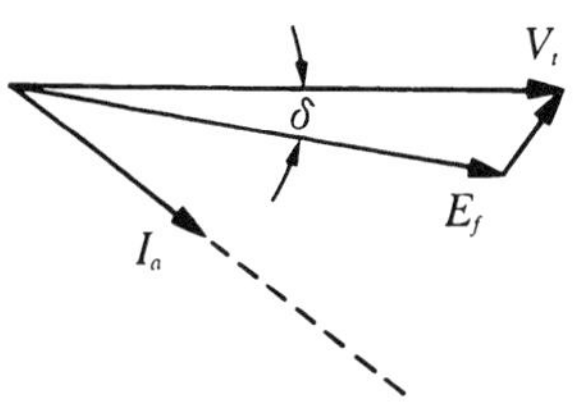

圖9-15

⑵由於供應負載的功率不變，因此$E_f\sin\delta$ 值須維持不變，即

$$E_f\sin\delta=E_f'\sin\delta'$$

$$\sin\delta'=\frac{E_f\sin\delta}{E_f'}=\frac{E_f\sin\delta}{1.2E_f}=\frac{\sin(-9.4°)}{1.2}=-0.136$$

$$\therefore\ \delta'=-7.8°$$

$$\vec{E}_f'=1.2\times187.48\angle-7.8°=224.98\angle-7.8°\ (A)$$

$$\vec{I}_a=\frac{\vec{V}_t-\vec{E}_f'}{j\,X_s}=\frac{208\angle0°-224.98\angle-7.8°}{1.5\angle90°}=\frac{33.97\angle116°}{1.5\angle90°}$$
$$=22.65\angle26°\ (A)$$

其相量圖如圖9-16所示。

電動機新的功率因數$\cos 26^\circ = 0.9$

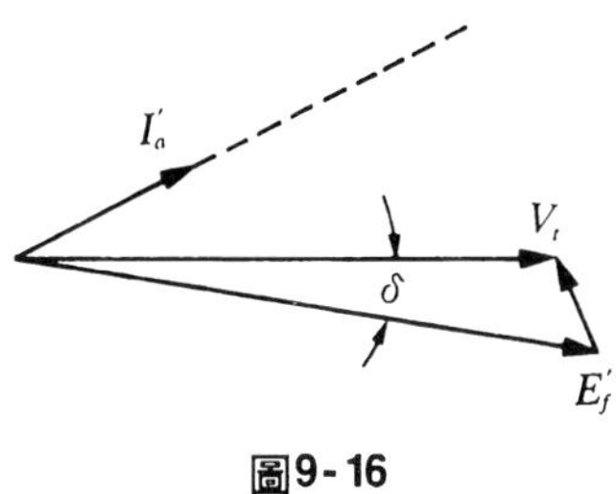

圖9-16

【例 3】有一凸極式同步電機爲1492仟伏安、2300伏、24極、60HZ、三相Y連接其每相之電抗爲X_d=1.8Ω/相、$X_q = 1.3$Ω/相，若全部損失皆忽略不計。

假設同步機係由一無限匯流排供電(即供電系統的電壓、頻率恒定)，並調整此電動機之場電流，使在額定負載時功因爲1。且假設軸負載是逐漸增加，故可以不考慮暫態效應，試求電動機所能夠傳送之最大功率？

【解】

$$\text{每相額定kVA} = \frac{1492}{3} = 497(\text{kVA/相})$$

$$\text{每相額定電壓} V_t = \frac{2300}{\sqrt{3}} = 1328(\text{V})$$

$$\text{每相額定電流} I_a = \frac{497 \times 10^3}{1328} = 374.2(\text{A})$$

此電動機之單線圖及相量圖如圖9-17(a)(b)所示。

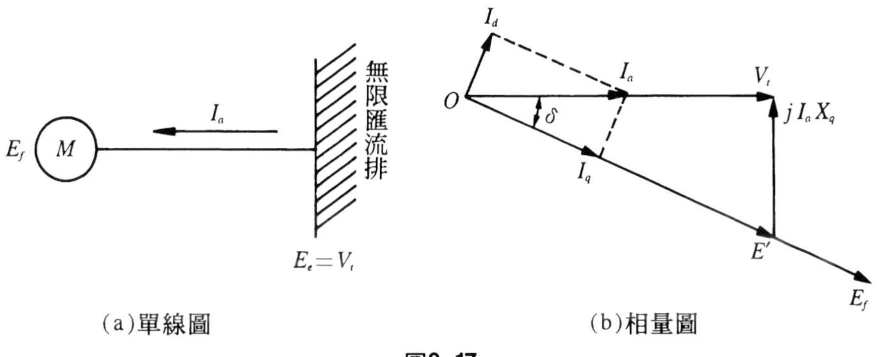

圖9-17

$E' = \vec{V}_t - j\vec{I}_a X_q$

$= 1328\angle 0° - j374.2 \times 1.3 = 1414.3\angle -20.1°$ (V/相)

故 $\delta = 20.1°$，且E_f落後V_t

$I_d = I_a \sin\delta = 374.2 \times \sin 20.1° = 128.6$(A)

$E_f = E' + I_d(X_d - X_q) = 1414.3 + 128.6(1.8 - 1.3)$

$= 1478.6$(V/相)

此電動機之每相功率P為

$$P = \frac{E_f V_t}{X_{dT}} \sin\delta + V_t^2 \frac{X_{dT} - X_{qT}}{2X_{dT} X_{qT}} \sin 2\delta$$

$$= \frac{1478.6 \times 1328}{1.8} \sin\delta + 1328^2 \frac{1.8 - 1.3}{2 \times 1.8 \times 1.3} \sin 2\delta$$

$$= 1091 \sin\delta + 188 \sin 2\delta \ \text{(kW/相)}$$

最大功率發生於$\dfrac{dP}{d\delta} = 0$處

$$\frac{dP}{d\delta} = 1091\cos\delta + 376\cos 2\delta = 0 \cdots\cdots\cdots\cdots(1)$$

$\because \cos 2\delta = 2\cos^2\delta - 1$ 代入(1)得

$752\cos^2\delta + 1091\cos\delta - 376 = 0$

$\therefore \cos\delta = 0.287$

發生最大功率時 $\delta = 73.3°$

所以同步電動機產生最大功率P_{max}為

$P_{max} = 1091\sin 73.3° + 188\sin(2 \times 73.3°) = 1148.5$(kW/相)

$= 3445.5$(kW/三相)

9-5 同步電動機的特性

9-5-1 激磁電勢之效應

由$E_f = 4.44 K_w f N_p \phi$ 及$I_f \propto \phi$ 得知，若不考慮飽和效應 E_f 將正比於

I_f。當端電壓V_t不變時，改變E_f將影響電樞電流I_a的相角，即改變功率因數。其特性分別敘述如下：

(一)正常激磁(Normal-excited)

設功率因數等於1爲正常激磁，如圖9-18(a)所示。

(二)欠激磁(Under-excited)

$E_f \cos\delta < V_t$，此時的場電流較功因爲1時之激磁電流小稱爲欠激磁，如圖9-18(b)所示，電樞電流I_a落後端電壓V_t，即功率因數有落後效應。

(三)過激磁(Over-excited)

$E_f \cos\delta > V_t$，此時的場電流較功因爲1時之激磁電流大稱爲過激磁，如圖9-18(c)所示，電樞電流I_a領先端電壓V_t，即功率因數有領先效應。故可利用同步電動機在過激情況下，改善系統的功率因數。

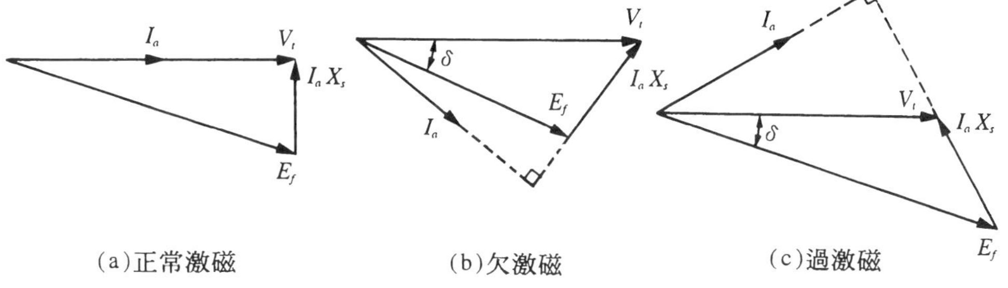

圖9-18　同步電動機各種激磁下之相量圖(忽略電樞電阻r_a)

9-5-2　同步電動機在固定激磁下的負載效應

若忽略電樞電阻r_a，在超前功因下運轉的同步馬達，其相量圖如圖9-18(c)所示。設磁場電流爲定值，則E_f將維持定值，但隨負載的增加，由$P=\dfrac{E_f V_t}{X_s}\sin\delta$得知，$E_f$與$V_t$間的夾角$\delta$將變大，如圖9-19所示，$E_f$將被限制在一固定半徑的圓周上。當負載逐漸增加時，$jI_aX_s$值隨之增加，$\delta$角亦逐漸變大，功因角$\theta$亦由超前變成落後。

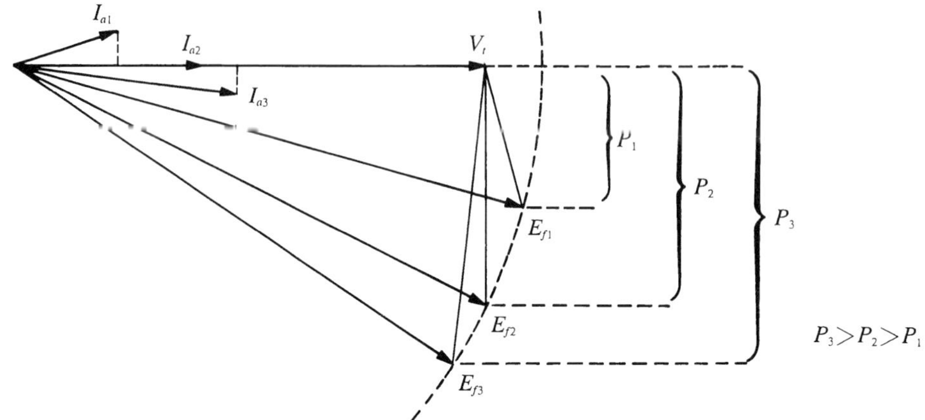

圖9-19　同步電動機在超前功因下操作，隨負載增加的相量圖

9-5-3　同步電動機中磁場電流變化所引起的效應

假設同步電動機在落後功因情況下操作，其相量圖如圖9-18(b)所示，緩慢的將磁場電流 I_f 加大，將使電動機內的激磁電勢 E_f 增加，如圖9-20所示。由於同步機仍運轉於同步速度且軸上負載並沒有改變，故輸出功率不變，由於 V_t 係由外部電源所供應因此維持不變，由公式(9-6)得知，$E_f \sin\delta$ 須保持常數，因此 E_f 必須如圖9-20所示沿著虛線上移動。

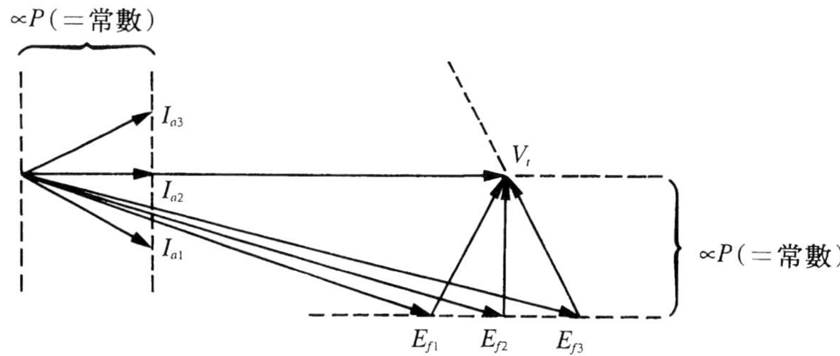

圖9-20　磁場電流增加對同步電動機的影響

9-5-4　同步電動機的V型曲線

同步電動機在端電壓及負載維持不變下，以場電流 I_f 爲橫座標，電樞電流 I_a 爲縱座標，所描繪出的特性曲線像字母V字型，故稱爲V型曲線，如圖9-21所示。

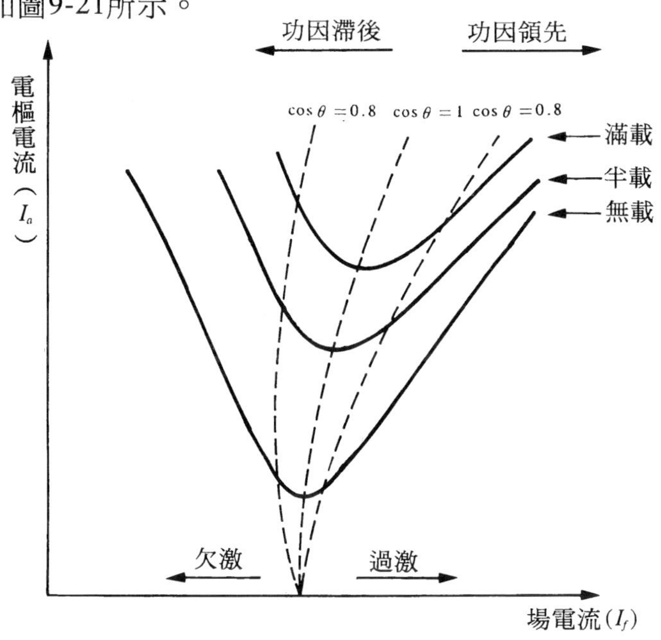

圖9-21　同步電動機的V型曲線

圖9-21所示爲同步電動機之無載、半載、滿載之情形。以半載爲例，在極低之激磁電流時，電樞電流大而相位落後，當激磁電流逐漸增加時，則電樞電流漸減，直到功因爲1.0時，此時電樞電流 I_a 最小，倘激磁電流繼續增加，則電樞電流值變高，電動機之場激磁變爲過激。

(1)同步電動機的激磁電流爲正常激磁時，功率因數爲1.0，電樞電流與端電壓同相位，此時電樞電流最小，呈電阻性，電樞反應爲交磁效應。

(2)同步電動機的激磁電流 I_f 若小於正常激磁電流時稱爲欠激磁，此

時 E_f 小於V_t，同步電動機的電樞電流落後端電壓，呈電感性，其電樞反應具有助磁作用。

(3)同步電動機的激磁電流 I_f 若大於正常激磁電流時稱爲過激磁，此時E_f大於V_t，同步電動機的電樞電流領先端電壓，呈電容性，其電樞反應具有去磁作用。

【例 4】有一工廠接於2300V的三相同步發電機，該工廠負載爲1000 kW，功因0.6滯後，今擬裝同步調相機，將其功率因數調高至0.9，試求

(1)此同步調相機所供應的虛功Q_{sy}？

(2)供應此新負載所需發電機之最小額定容量爲若干？

【解】 設此工廠之功率爲P，功因爲$\cos\theta_1$，欲將其功率因數改善爲$\cos\theta_2$，則同步調相機容量Q_{sy}爲

$$Q_{sy}=\frac{P}{\cos\theta_1}\sin\theta_1-\frac{P}{\cos\theta_2}\sin\theta_2$$

$$\boxed{Q_{sy}=P(\tan\theta_1-\tan\theta_2)} \tag{9-9}$$

(1) $Q_{sy}=1000\left(\frac{\sqrt{1-0.6^2}}{0.6}-\frac{\sqrt{1-0.9^2}}{0.9}\right)=849(\text{kVAR})$

(2) $Q=P\tan\theta=1000\cdot\frac{\sqrt{1-0.9^2}}{0.9}=484.44(\text{kVAR})$

$S=\sqrt{P^2+Q^2}=\sqrt{1000^2+484.44^2}=1111.16(\text{kVA})$

9-6 同步發電機和同步電動機的操作模式

同步發電機與同步電動機在結構上是相同的，只是用途上不同。同步發電機的用途爲將機械功率轉換爲電功率，同步電動機的用途爲將電功率轉換爲機械功率。

一部同步電機可以對供電系統供應或吸收實功率P，也可以供應或吸收虛功率Q。圖9-22所示為同步發電機與電動機的四種操作模式的相量圖。

	$E_f\cos\delta > V_t$ 供應虛功率Q_L	$E_f\cos\delta < V_t$ 吸收虛功率Q_L
發電機 1.供應實功率P 2.E_f超前V_t	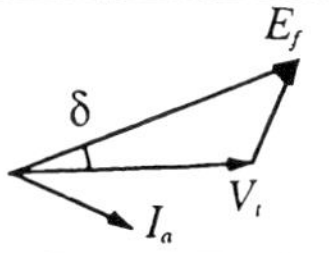 E_f δ V_t I_a	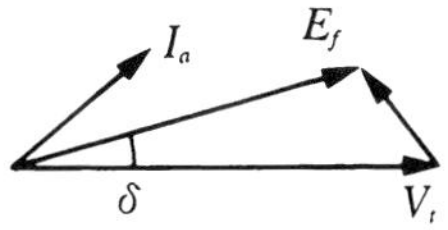 I_a E_f δ V_t
電動機 1.吸收實功率P 2.E_f落後V_t	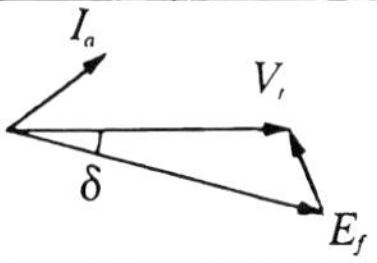 I_a V_t δ E_f	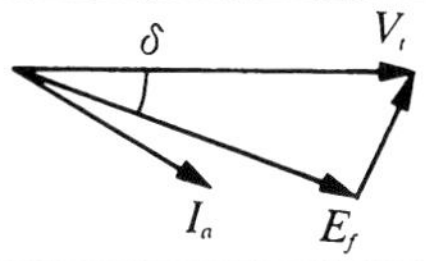 δ V_t I_a E_f

圖9-22　同步發電機和電動機的四種操作模式的相量圖

根據9-22圖可得下面結論

(1)同步發電機E_f超前V_t，同步電動機E_f落後V_t。

(2)無論是發電機或電動機，若$E_f\cos\delta > V_t$，則該同步機供應虛功率Q_L；若$E_f\cos\delta < V_t$，則該同步機吸收虛功率Q_L。

9-7　同步電動機的優缺點及應用

同步電動機具有下列之優點及缺點：

(一)優點：

1. 在固定頻率下，不論負載如何變動，恒以同步速度轉動。
2. 通常可維持功因為1.0運轉，必要時可調整場電流為過激，以吸收領先電流，改善系統的功率因數。
3. 滿載效率高於感應電動機。

(二)缺點：

1.本身無法自行啟動。

2.必須有交、直流兩種電源。

3.負載變動時可能會引起追逐現象，所以不能運用於頻繁起動的負載。

4.轉速控制困難。

5.中型容量以下的同步電機設備費用較高。

同步電動機的應用

(一)改善線路的功率因數

增加同步電動機的激磁使其吸取領先電流，以改善線路的功率因數，可得下列的效應。

1.減少線路的電壓降。

2.增加系統的效率。

3.操作成本降低。

4.供給更多的負載。

(二)穩定受電端的電壓

受電端的電壓變動時可調整同步電動機的激磁電流，以維持恒定的電壓。

(三)擔任機械負載

使用於恒速的場合如空壓機、船舶推動機及發電機的原動機。

(四)作為計時器的動力

同步電動機因具有恒定轉速的特性，故可適用於定時開關、電鐘及計時器等。

摘要

1. 同步電動機的同步速度N_s為

$$N_s=\frac{120f}{P}$$

2. 同步電動機的啓動方式

(1)將激磁機當作電動機啓動法

(2)電動機帶動啓動法

(3)感應型啓動法(即轉子加裝阻尼繞組)

(4)降頻啓動法

3. 電樞反應對發電機及電動機影響如下：

發電機：①過激時供給滯後電流，電樞反應有去磁效應。

②欠激時供給領先電流，電樞反應有增磁效應。

電動機：①過激時吸取領先電流，電樞反應有去磁效應。

②欠激時吸取滯後電流，電樞反應有增磁效應。

4. 同步電機之電壓公式

$$\vec{V}_t=\vec{E}_f\pm\vec{I}_a(r_a+jX_s)$$

註：負號用於發電機，正號用於電動機。

5. 三相圓柱型同步電動機的輸出功率P_M及輸出轉矩T為

$$P_M=3\frac{E_fV_t}{X_s}\sin\delta$$

$$T=\frac{P_M}{\omega_s}=\frac{P_M}{\frac{4}{P}\pi f}$$

6. 三相凸極式同步電動機的輸出功率

$$P_M = 3\frac{E_f V_t}{X_d}\sin\delta + 3V_t^2\frac{X_d - X_q}{2X_d X_q}\sin 2\delta$$

7. 同步電動機的V型曲線，如圖9-21所示。
8. 同步電動機的應用
   ⑴改善線路的功率因數
   ⑵穩定受電端的電壓
   ⑶擔任機械負載
   ⑷作爲計時器的動力
9. 同步電動機裝置阻尼繞組，其功能爲
   ⑴幫助啓動
   ⑵防止追逐效應

習題九

1. 何謂阻尼繞組？其功能爲何？
2. 同步電動機的啓動方法有那些？
3. 同步電動機的優、缺點爲何？
4. 試以相量圖說明當磁場電流變化時，同步電動機的反應爲何？並由此相量圖推導出V型曲線。
5. 試問如何利用同步電動機來改善系統的功率因數？
6. 有一部三相220V、4極、60Hz的同步電動機，其功率因數爲0.8滯後、效率爲0.9，其線電流爲50A，則其輸出轉矩爲若干？
7. 有一部440V、50馬力、8極、60Hz，三相Y接之同步電動機，其每相電樞電阻爲0.2Ω，同步電抗爲2Ω，當電動機運轉於轉矩角δ爲15°電機角，激磁電勢E_f每相爲270V，試計算(a)電樞電流(b)功率因數(c)所產生的馬力數。
8. 同步電動機在額定電壓及頻率下，滿載轉矩角爲25°(電機角)，電樞電阻和漏電抗的效應不計。若場電流一定，則操作狀況分別如下述各項變動時，對轉矩角度有何影響。

⑴頻率降低10%，負載功率不變。

⑵頻率降低10%，負載轉矩不變。

⑶頻率和外加電壓均降低10%，負載功率不變。

⑷頻率和外加電壓均降低10%，負載轉矩不變。

9. ⑴一條輸電線其線路電壓為2200V，供應若干台三相感應電動機，總負載為800HP，負載的平均功率因數為0.8落後，平均效率為0.9，試求線路電流及所需發電機容量？

⑵假設負載中有300HP改由一部同步電動機拖帶，此同步電動機的功率因數為0.85領先，效率為0.95，試求線路電流及所需發電機容量？

10. 有一台三相Y連接之負載，功率因數為0.707落後，從220V線電壓處取用40A的電流；另有一部三相Y連接的同步電動機，同步電抗為1.2Ω，忽略其電樞電阻，若與Y連接負載並聯後向電源取用27kW的功率，同步機的轉矩角為20度電機角，試求⑴同步電動機的無效功率⑵整個電力系統的功率因數？

11. 有一凸極式的同步電動機，其電抗$X_d = 0.8$pu、$X_q = 0.6$pu。若加與一正常電壓且場電流等於零，在不脫步的情況下，試求

⑴該電動機所能輸出功率是額定功率的百分之幾？

⑵在最大功率時的額定電流為多少？

12. 同步電機為2000馬力、2300伏、30極、60Hz、三相Y連接，其每相之電抗為$X_d = 2.0\Omega$/相、$X_q = 1.2\Omega$/相，若全部損失皆忽略不計。假設同步機係由一無限匯流排供電(即供電系統的電壓、頻率恒定)，並調整此電動機之場流，使在額定負載時功因為1。且假設軸負載是逐漸增加，故可以不考慮暫態效應，試求電動機所能

夠傳送之最大功率？

13. 有一部同步電機爲1492仟伏安、2300伏、24極、60Hz、三相Y連接，每相同步電抗爲1.8歐姆，功率因數爲1，若全部的損失皆忽略不計，在下列兩種情形下，若忽略凸極效應，試求電動機所能傳送之最大轉矩？

⑴同步電動機若由一無限匯流排供電(即供電系統的電壓、頻率恒定)，並調整此電動機之場電流，使在額定負載時功率因數爲1。

⑵供電系統改用一部1750仟伏安、2300伏、2極、3600rpm、三相Y連接之渦輪發電機代替。此發電機每相同步電抗爲2.5歐姆，並以額定轉速運轉，調整發電機與電動機之場電流，使在額定負載與額定電壓時之功率因數爲1.0之後，維持兩電機之激磁不變。

14. 有一50馬力、三相、六極、60Hz、Y接的同步電動機，其每相同步電抗爲4Ω，每相額定端電壓爲381V，最大轉矩爲額定轉矩的1.4倍，試求⑴可得最大轉矩時的激磁電壓⑵激磁電壓如上所求，但爲額定轉矩時，轉矩角、電樞電流及功率因數爲若干？

15. 有一部三相100kVA、460V、6極、50Hz、Y接的同步電動機，功率因數0.8落後，同步電抗爲0.8pu，若忽略電動機所有損耗，試求：

⑴電動機的轉速爲若干？

⑵在額定條件下，電動機的輸出功率爲若干？

⑶在額定條件下，電動機的內生電壓 E_f 爲若干？

⑷若⑶部份的數據及場電流保持不變，電機的最大輸出功率爲若干？

16. 有一部24極、40HP、660V、60Hz之三相Y接同步電動機，無載運轉時每相感應電壓，正好等於外加相電壓，且無載時轉子從同步位置落後機械角0.4度，同步電抗每相爲8Ω，電樞電阻爲1Ω，試求：

⑴轉子從同步位置落後的電機角？

⑵跨接於電樞的每相合成電勢？

⑶每相的電樞電流I_a？

⑷電動機從匯流排吸取之功率？

⑸電樞功率損失及所產生之馬力數？

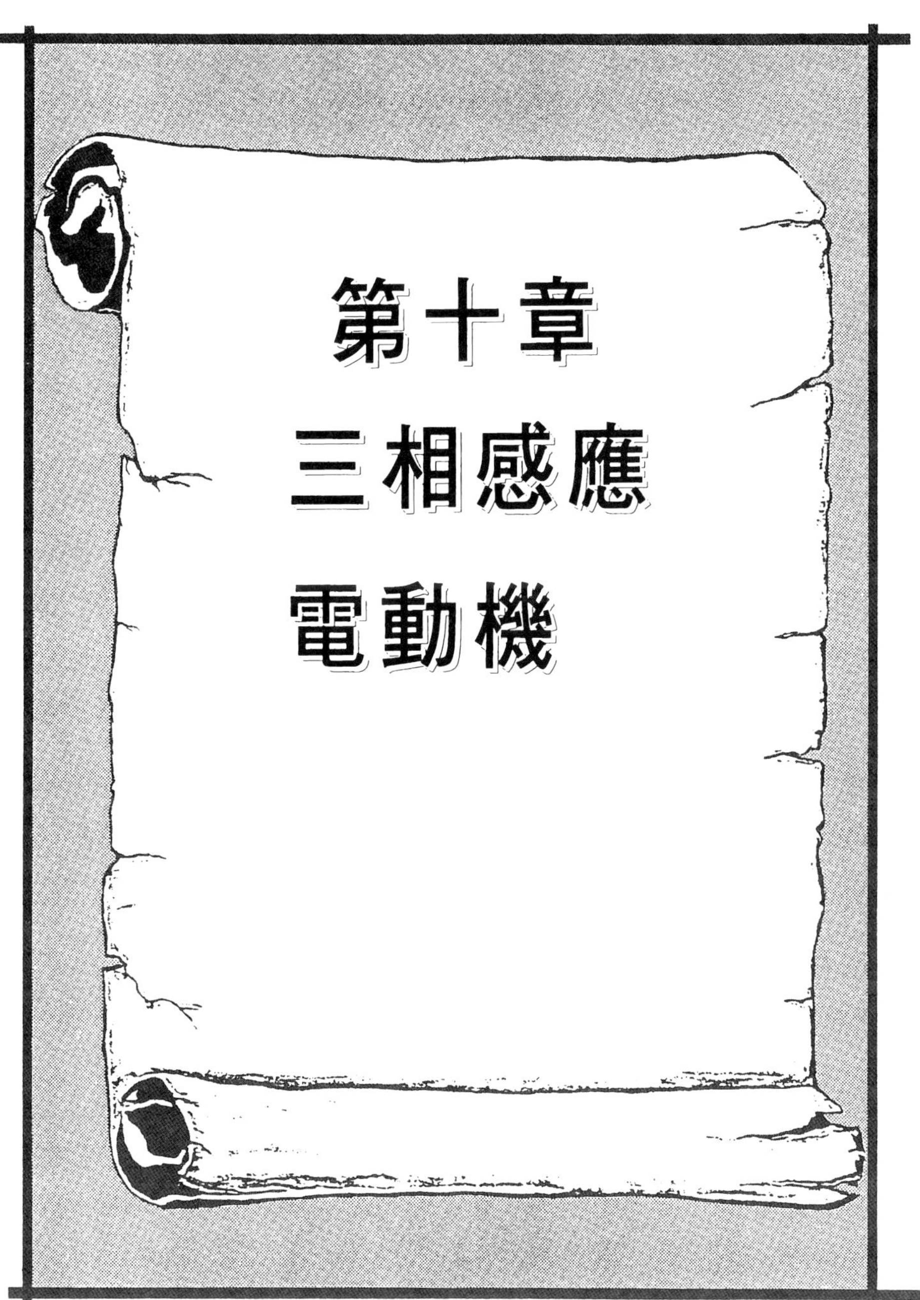

第十章 三相感應電動機

三相感應電動機的構造簡單且堅固，運轉性能佳、速度穩定、維護少、價格便宜且壽命長，所以在工業上使用最廣泛，在一般工廠或大樓占電動機總數的90%以上。

爲便於對三相感應電動機的討論，本章節分爲三相感應電動機之構造、原理、等值電路、功率及轉矩-速度特性曲線、啓動與速度控制等加以說明。

10-1 三相感應電動機的構造

將三相交流電源加於定子繞組，藉由感應的作用將電能送至轉子，唯感應電動機的轉速低於同步速度，因此又稱爲非同步電動機(Asynchronous motor)，其主要的構造可分爲兩個部份即定子(Stator)與轉子(Rotor)，由轉子構造的不同又可分爲鼠籠式感應電動機與繞線式感應電動機。

10-1-1 鼠籠式感應電動機

一完整的鼠籠式感應電動機的構造圖如圖10-1(a)所示，茲簡述定子與轉子的構造如下：

(一)定子：

定子主要由定子外殼、鐵心、繞組與軸承架所組成。

⑴定子外殼(Stator frame)

定子外殼爲電動機的最外圍部份，用以支持定子的鐵心與繞組，其兩側有軸承架以支持軸承。

⑵定子鐵心(Stator core)

由成型的圓型薄鋼板疊置而成，內側有電樞槽，以容納定子繞組。圖10-1(b)所示爲已繞製完成的定子鐵心與繞組。

⑶定子繞組(Stator winding)

小型的電動機採用漆包線，而大型的電動機採用扁銅線等絕緣導線所作成的線圈，與鐵心間須視電壓的高低作充分的絕緣。

(4)軸承架(Bearing bracket)

位於定子外殼的兩側，用以設置軸承以支持轉子。

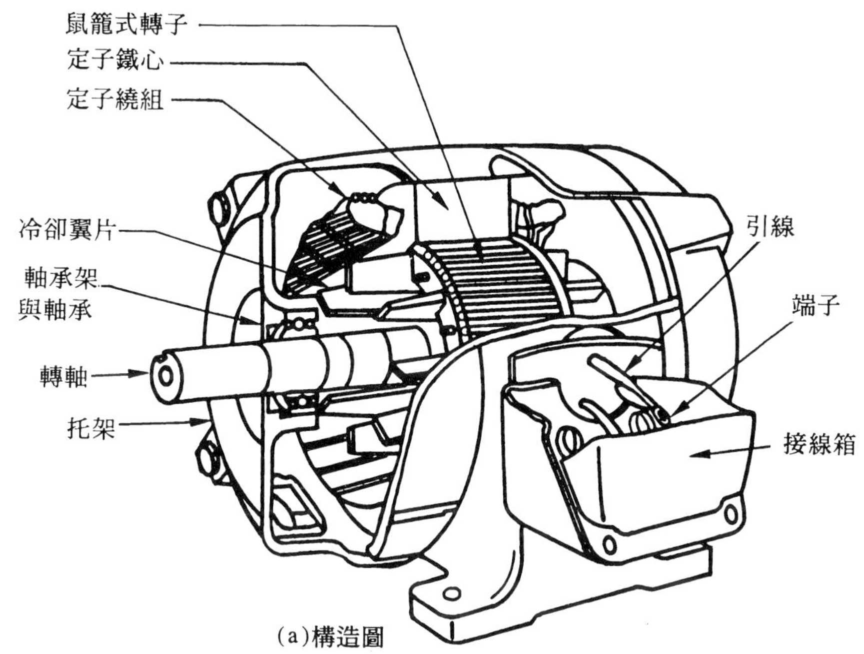

(a)構造圖

(b)定子鐵心與繞組

圖10-1　低壓三相鼠籠式感應電動機

(二)轉子

轉子由轉子鐵心、轉子導體與軸所組成。

⑴轉子鐵心

轉子的鐵心通常由沖製定子鐵心所餘的薄鋼板再加以沖製成型，並將薄片堆疊而成，如圖10-2(a)與(b)所示。其外側有槽以容納轉子導體。

⑵轉子導體

轉子導體通常為銅條或鋁條所製成，其兩端由短路環或端環(End ring)所短路，如圖10-2(c)所示。轉子導體並不與轉軸平行，以減小機械振動，使電動機的噪音減小。

⑶轉軸

轉軸其材質為鋼鐵，用以支持轉子，並傳送機械功率至外部負載，使其轉動，如圖10-2(d)所示。

鼠籠式感應電動機，轉子並沒有接頭可以引出，所以啓動時轉子電路無法插入電阻。此型式的電動機堅固耐用，唯變速困難，僅能用在定速的場合。

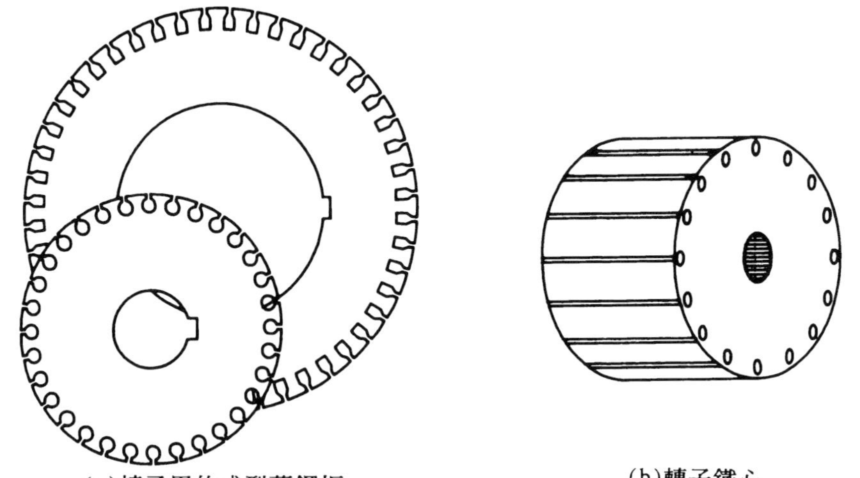

(a)轉子用的成型薄鋼板　(b)轉子鐵心

圖10-2　鼠籠型轉子

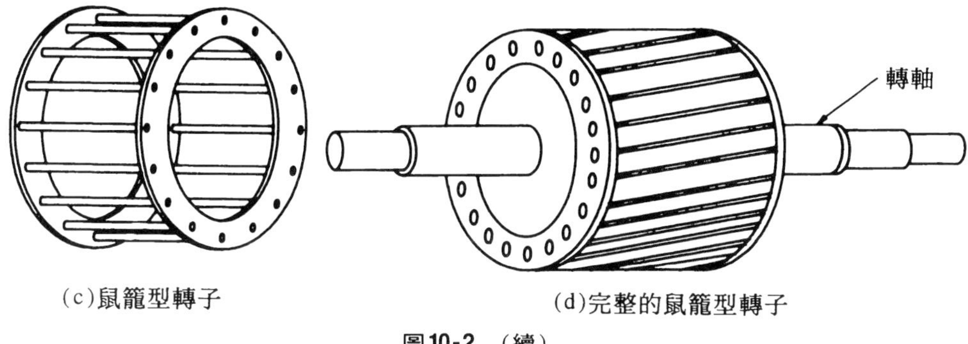

(c)鼠籠型轉子　　(d)完整的鼠籠型轉子

圖10-2　(續)

10-1-2　繞線式感應電動機

繞線式感應電動機的定子構造與鼠籠式感應電動機相同。其轉子的繞組通常採用波繞，以使各相感應電勢不會因軸承磨損而產生不相等的感應電勢，轉軸處另有滑環可由電刷引接至外部電阻。圖10-3(a)所示為繞線式感應電動機之線路圖，低壓小容量繞線式感應電動機的實體圖如圖10-3(b)所示。此式電機可藉由外部電阻限制啓動電流及增大啓動轉矩，正常運轉時可改變外加電阻的大小，以控制電動機的轉速。此種型式的電機尚須有滑環與電刷設備因此使電機複雜化且價格昂貴。

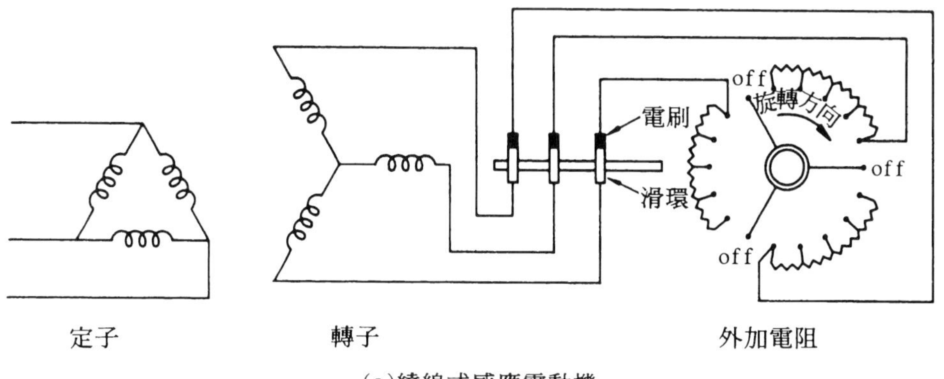

(a)繞線式感應電動機

圖10-3　繞線式感應電動機

(b)繞線式感應電動機的實體圖

圖10-3 (續)

10-2 三相感應電動機的原理

本節首先討論阿拉古圖盤的轉動原理，並將能使圓盤轉動的構思應用於實際的馬達以說明其旋轉原理，最後對轉差率之意義加以定義。

10-2-1 阿拉古圓盤

如圖10-4所示，一鋁製圓盤之中心利用一軸予以貫穿，軸的上下兩端被支持於A、B兩處，以使圓盤旋轉時所產生的摩擦減至最小程度。將一永久磁鐵沿鋁圓盤順時鐘移動，則圓盤可感應一電壓以產生渦流，此電流方向由周緣向軸心流動。當此一電流與永久磁鐵之磁場互相作用時，依佛來銘左手定則知圓盤開始旋轉，其方向爲順時鐘或與永久磁鐵的移動方向一致。若永久磁鐵沿某一方向持續移動，則圓盤可以不斷的旋轉。

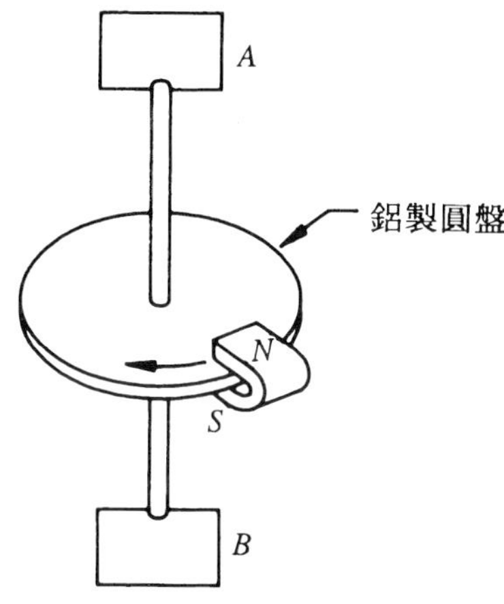

圖10-4　阿拉古圓盤

10-2-2　三相感應電動機的旋轉原理

由阿拉古圓盤知，若能將轉子置於旋轉磁場中，則轉子必可隨旋轉磁場而旋轉，關於旋轉磁場如何產生在第七章已作詳細說明，在此不再加予說明。

三相感應電動機的定子繞組若通以交流平衡三相電源時，則便在定子繞組產生旋轉磁場，其磁勢爲F_s，旋轉速度爲同步速度N_s

$$N_s = \frac{120f}{P} \tag{10-1}$$

上式中　f：加於定子的電源頻率。

P：定部的極數

由於轉部導體與定部旋轉磁場間產生相對運動，所以轉部導體可感應電壓，對於電壓的方向，可依佛來銘右手定則決定之，圖10-5(a)示轉子上半部的導體對定子旋轉磁場的相對運動方向向右，所以感應電壓的方向指向內(⊗)，而轉子下半部的導體對定子旋轉磁場的相對運動方向向左，則其感應電壓的方向指向外(⊙)。轉子導體的兩端接於短路環或受電刷短路，所以轉子導體有電流流通，由於轉子電抗的作用，所以轉子電流落後感應電壓，如圖10-5(b)所示，由轉子電流產生轉子磁場，其磁勢為 F_f。定子磁勢 F_s 與轉子磁勢 F_f 相互作用而產生感應轉矩 τ_{ind}

$$\tau_{ind}=K\,F_s\,F_f\sin\delta_{sf} \tag{10-2}$$

上式中　δ_{sf}：F_s與F_f所夾的最小角度

由圖10-5(b)知轉矩為反時鐘方向，所以轉子可追隨定部旋轉磁場作反時鐘轉動。

氣隙的磁勢F_R可由定子的磁勢F_s與轉子的磁勢F_f依向量加法而得如圖10-5(c)所示。感應電動機的最高轉速是有限制的，倘轉子的速度為同步速度，則轉部導體與定子旋轉磁場間因為沒有相對運動產生，所以此時轉子將不再感應電壓及產生電流，因此沒有感應轉矩的產生。由於機械損之故，感應電動機的速度將會低於同步速度，此轉速雖會接近同步速度但卻永遠無法達到同步速度。

由上述分析三相感應電動機的運轉原理，知其必須先有發電機作用，然後才能產生電動機作用。

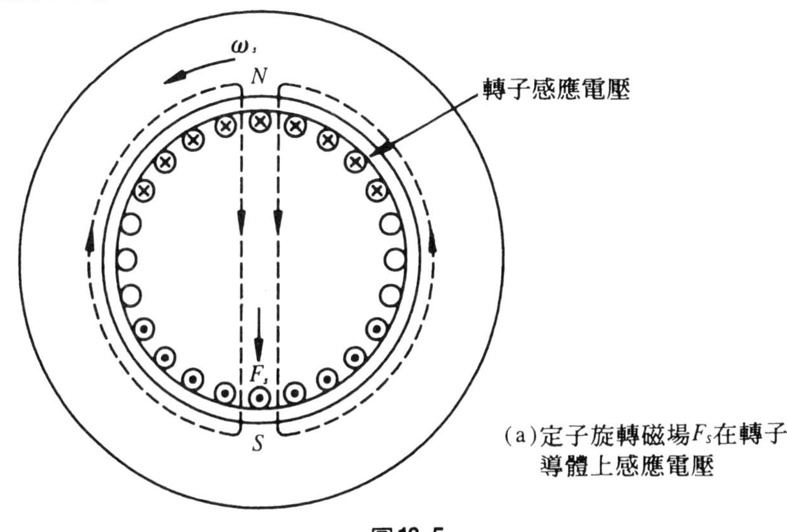

(a)定子旋轉磁場F_s在轉子導體上感應電壓

圖10-5

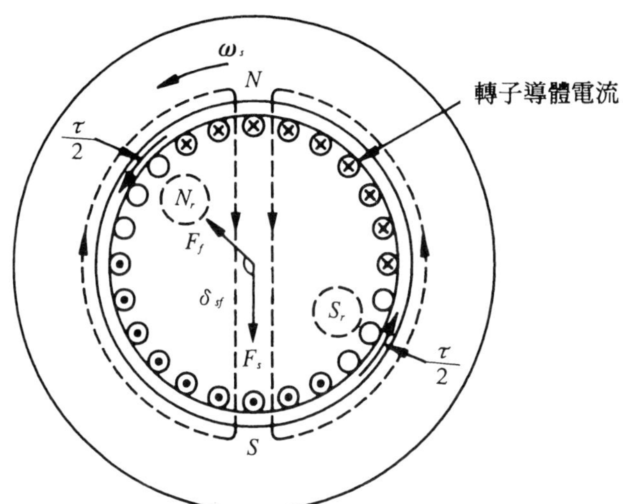

(b)轉子電壓產生轉子電流，此電流落後其電壓並產生轉子磁勢 F_f，由定子磁勢 F_s 與轉子磁勢 F_f 相作用可以產生反時鐘方向的轉矩

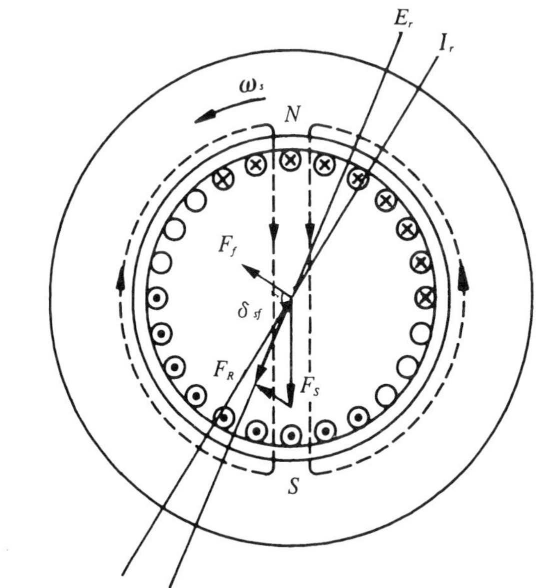

(c)由轉子磁勢 F_f 與定子磁勢 F_s 在氣隙中可合成爲 F_R 的淨磁勢

圖10-5　(續)

10-2-3 轉差率的觀念(The concept of rotor slip)

在感應電動機中，轉子將隨定子的旋轉磁場向同一方向轉動，唯其旋轉速度N_r將永遠無法達到同步速度N_s，否則轉子導體將無法受到旋轉磁場的割切以產生電流，更不能產生轉矩。一般以轉差速度(Slip speed)與轉差率(Slip)來定義轉子與旋轉磁場的相對運動。轉差速度n_{slip}定義為同步速度與轉子速度之差，即

$$n_{slip}=N_s-N_r \tag{10-3}$$

上式中 n_{slip}：轉差速度

N_s：定子旋轉磁場的速度

N_r：轉子的速度

轉差率S定義為

$$S(\%)=\frac{n_{slip}}{N_s}\times 100\%=\frac{N_s-N_r}{N_s}\times 100\% \tag{10-4}$$

對於轉子的速度N_r亦可用同步速度N_s來表示，即

$$N_r=(1-S)N_s \tag{10-5}$$

10-2-4 轉子的頻率 (The electrical frequency of the rotor)

感應電動機亦稱為旋轉變壓器(Rotating transformer)，其運作原理與變壓器類似，由定子(一次側)加壓，在轉子(二次側)可感應電壓，但轉子的頻率不一定與定子的頻率相同。轉子的頻率f_r可以表示為

$$f_r = \frac{P}{120}(N_s - N_r) \tag{10-6}$$

因定子頻率$f=\frac{PN_s}{120}$，所以f_r亦可表示為

$$f_r = Sf \tag{10-7}$$

轉差頻率下轉子電流所產生的磁勢，對於轉子而言，此磁勢的基本波亦以轉差速度旋轉，所以轉子旋轉磁場的速度與定子旋轉磁場的速度相同且皆為同步速度，即轉子旋轉磁場N_{rf}的速度為：

$$N_{rf} = SN_s + N_r = N_s - N_r + N_r = N_s \tag{10-8}$$

【例 1】三相60Hz的感應電動機同步轉速為1200rpm，求

⑴滿載轉速為1140rpm時的轉差率、極數與轉子頻率。

⑵轉子磁場對轉子的轉速。

⑶轉子磁場對定子的轉速。

⑷定子磁場對轉子的轉速。

⑸定子磁場對定子的轉速。

【解】　⑴$S=\frac{N_s-N_r}{N_s}=\frac{1200-1140}{1200}=0.05$

$P=\frac{120f}{N_s}=\frac{120\times 60}{1200}=6$極

$f_r=Sf=0.05\times 60=3\text{Hz}$

⑵轉子磁場對轉子的轉速為

$1200-1140=60\text{rpm}$

(3)轉子磁場對定子的轉速爲1200－0＝1200rpm

(4)定子磁場對轉子的轉速爲1200－1140＝60rpm

(5)定子磁場對定子的轉速爲1200－0＝1200rpm

10-3 三相感應電動機的等值電路

三相感應電機的運轉模式與變壓器類似，即由定子電路(一次側)加壓經由電磁感應可在轉子電路(二次側)感應電壓和電流。感應馬達定子繞組與轉子繞組的有效匝數比對繞線式轉子言可容易求出，對於鼠籠式感應電動機，因轉子並無明顯的繞組，所以有效匝數比較難給予定義，但此兩種不同轉子構造的電動機其定子繞組與轉子繞組間皆有一定匝數比存在。採用一相等效電路能使多相電機的分析簡化，因此本節分爲下述步驟，並以定子和轉子間的電磁耦合爲基礎說明感應電動機的等值電路。

(一)定子繞組的等效電路與轉子靜止時的感應電勢

當定子繞組加入三相平衡電源時，在定子側便產生定子旋轉磁場，由感應作用轉子可產生一電流，此轉了電流所生的旋轉磁場與定子旋轉磁場在氣隙中產生合成旋轉磁場，其情形如圖10-5(c)所示。此氣隙的合成旋轉磁場割切定子繞組，在每相所產生的反電勢E_1爲

$$E_1 = 444 K_{w1} f \phi_R N_1 \tag{10-9}$$

上式中 K_{w1}：定子繞組的繞組因數

ϕ_R：每極氣隙的有效磁通量

N_1 ：定子每相繞組的匝數

f ：電源頻率

定子外加電壓V_1與反電勢E_1的差爲定子電流I_1流經定子繞組電阻R_1與漏磁電抗X_1所引起的電壓降，即

$$\overline{V}_1=\overline{E}_1+\overline{I}_1(R_1+jX_1) \tag{10-10}$$

定子旋轉磁場與轉子旋轉磁場在氣隙中所合成的磁通情形，與變壓器由一次側和二次側的磁勢在鐵心中產生互磁通的作用相似，定子電流I_1可分為兩個分量，其一分量為供應轉子與負載的電流I_2，另一分量電流為供應鐵心損失與產生合成磁通ϕ_R的激磁電流I_0。圖10-6所示為定子的等效電路，激磁導納分支中的G_c為鐵損的電導，B_m則為激磁感納，感應馬達由於轉子與定子間有氣隙，所以激磁電流依電動機容量的不同，其值約為滿載電流的25%～40%間。由於定子繞組與轉子繞組沿氣隙的周圍而分佈，所以其漏磁電抗將較繞組集中於鐵心的變壓器之漏磁電抗為大。

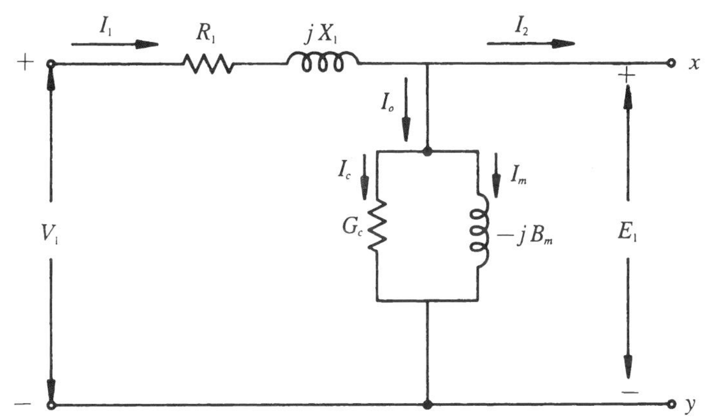

圖10-6　感應電動機定子的等效電路

當轉子係靜止或堵轉時，氣隙中的合成磁通割切轉子繞組，在轉子繞組產生之感應電勢E_{rl}為

$$E_{rl}=4.44\,K_{wr}f\,\phi_R N_r \tag{10-11}$$

上式中　K_{wr}：轉子繞組的繞組因數

　　　　N_r：轉子每相繞組的匝數

對於定子繞組與轉子繞組每相之有效匝數比a可定義如下：

$$a=\frac{E_1}{E_{rl}}=\frac{K_{w1}N_1}{K_{wr}N_r} \qquad (10\text{-}12)$$

(二)轉子的等效電路

當轉子旋轉時與氣隙合成磁通間有一相對速度，所以轉子繞組的感應電勢E_r爲

$$E_r=4.44K_{wr}Sf\,\phi_R N_r=SE_{rl} \qquad (10\text{-}13)$$

轉子每一相的阻抗 Z_r 爲

$$\overline{Z}_r=R_r+jSX_{rl} \qquad (10\text{-}14)$$

上式中　R_r：轉子每相的電阻

　　　　X_{rl}：轉子堵轉或靜止時每相的電抗

轉子一相的等效電路如圖10-7(a)所示，轉子電流I_r爲

$$\boxed{\overline{I}_r=\frac{\overline{E}_r}{\overline{Z}_r}=\frac{S\overline{E}_{rl}}{R_r+jSX_{rl}}} \qquad (10\text{-}15)$$

上式之 $\overline{I}_r$ 亦可改寫爲

$$\boxed{\overline{I}_r=\frac{\overline{E}_{rl}}{\dfrac{R_r}{S}+jX_{rl}}} \qquad (10\text{-}16)$$

依上式可繪出轉子一相的等效電路如圖10-7(b)所示。

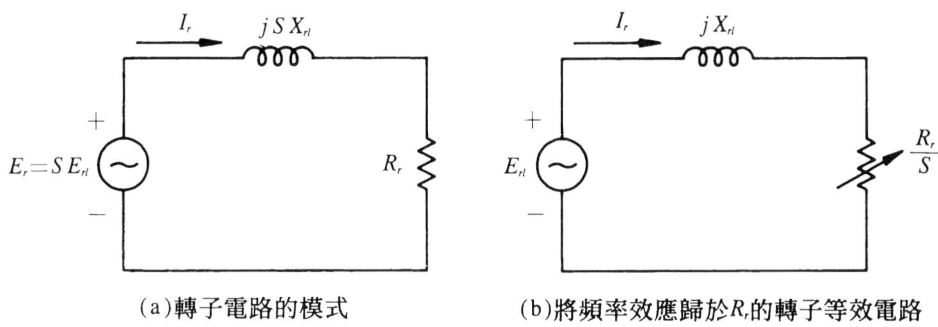

(a)轉子電路的模式　(b)將頻率效應歸於R_r的轉子等效電路

圖10-7

(三)以定子側為參考之轉子等效電路：

將轉子側的每一參數轉換至定子側之情形如同變壓器二次側的參數轉換至一次側，若匝數比a爲$\frac{K_{w1}N_1}{K_{wr}N_r}$則

$$aE_{rl} = E_1 \tag{10-17}$$

$$a^2R_r = R_2 \tag{10-18}$$

$$a^2X_{rl} = X_2 \tag{10-19}$$

$$\frac{I_r}{a} = I_2 \tag{10-20}$$

轉換至定子側之轉子等效電路如圖10-8所示。

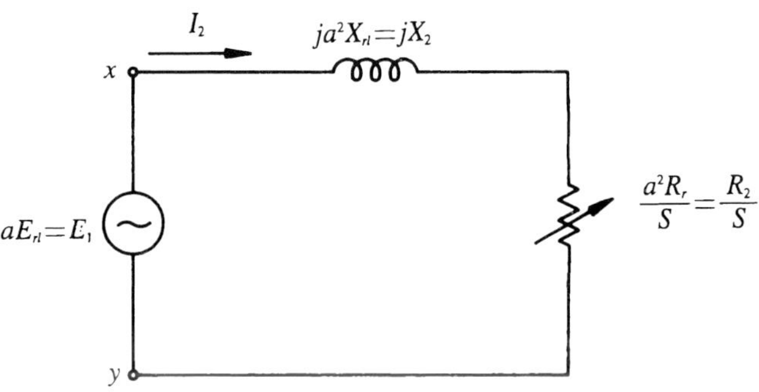

圖10-8　轉換至定子側的轉子等效電路

(四)完整的三相感應電動機等效電路：

由上列所述可將圖10-6與圖10-8相結合，可得一精確的三相感應電動機的一相等效電路，如圖10-9所示。

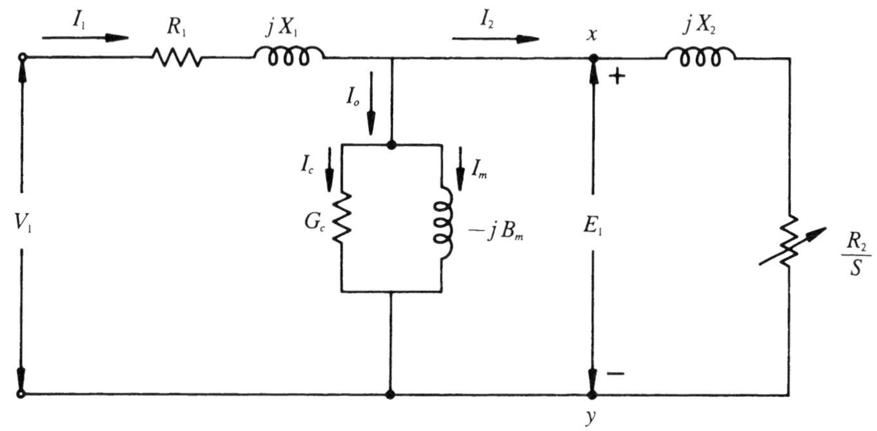

圖10-9 三相感應電動機的精確等效電路

圖中 V_1：加於定子繞組中每相的電壓

E_1：定子繞組每相的反電勢

R_1：定子每相的電阻

X_1：定子每相的漏電抗

I_0：無載電流

I_c：鐵心損失的電流

I_m：激磁電流

G_c：鐵心損失的電導

B_m：激磁感納

I_2：轉換至定子側轉子每相的電流

R_2：轉子繞組電阻轉換至定子側的每相電阻

X_2：轉子繞組靜止時轉換至定子側的每相電抗

圖10-9中的$\frac{R_2}{S}$可以寫為

$$\boxed{\frac{R_2}{S}=R_2+\frac{1-S}{S}R_2} \tag{10-21}$$

上式右邊第一項為等效轉子電阻，第二項為等效機械負載R_L，其值為

$$\boxed{R_L=\frac{1-S}{S}R_2} \tag{10-22}$$

將轉子等效電阻R_2與等效機械負載$\frac{1-S}{S}R_2$分離後之一相精確等效電路如圖10-10所示。

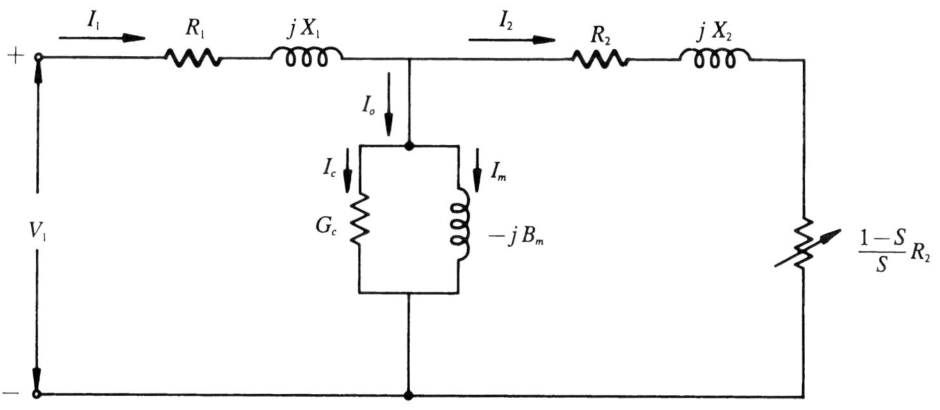

圖10-10　轉子銅損與展生機械功率分開的等效電路

10-4 三相感應電動機的功率和轉矩 (Power and torque in induction motor)

三相感應電動機加入電壓時，在定子的損失有繞組的銅損(定子銅損)$P_{scl}=3\,I_1^2\,R_1$，鐵心有鐵損(磁滯損與渦流損之和)P_{core}，感應馬達的輸入功率P_{in}扣除上述的損失，剩餘的功率經由氣隙傳至轉子，此功率稱為氣隙功率P_{ag}。氣隙功率扣除轉子的銅損$P_{rcl}=3\,I_2^2\,R_2$，所剩的功率被轉換成機械功率P_{conv}，將轉換的機械功率扣除摩擦損及風損$P_{F\&W}$(摩擦損與風損的和又稱為機械損即$P_m=P_{F\&W}$)與雜散損P_{stray}所剩下來的功率 即為電動機的輸出功率P_{out}。上述的功率流程如圖10-11所示。

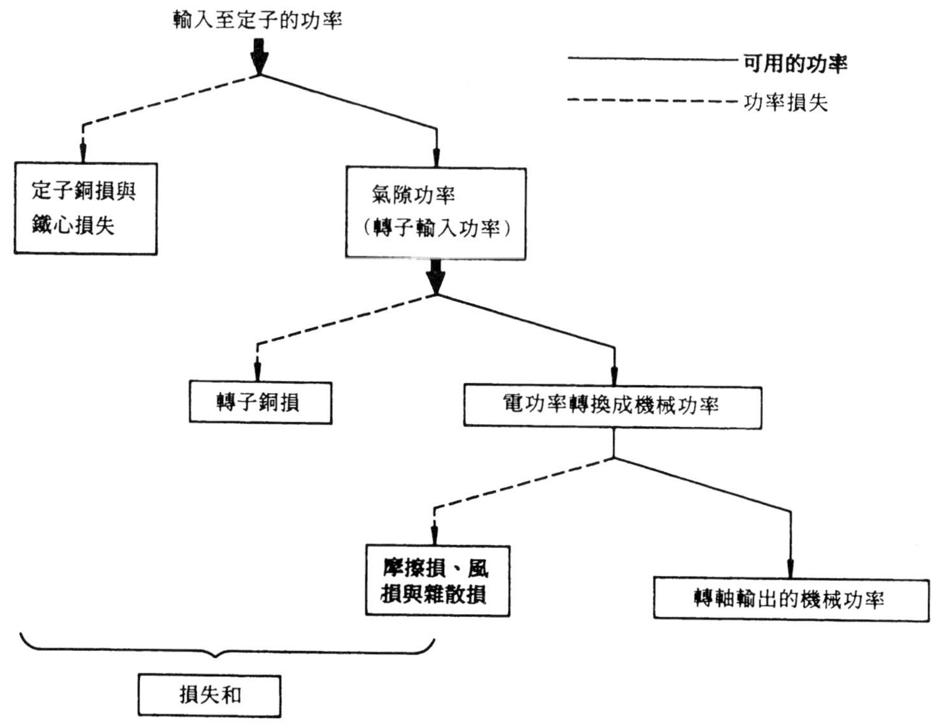

圖10-11 三相感應電動機的功率流程圖

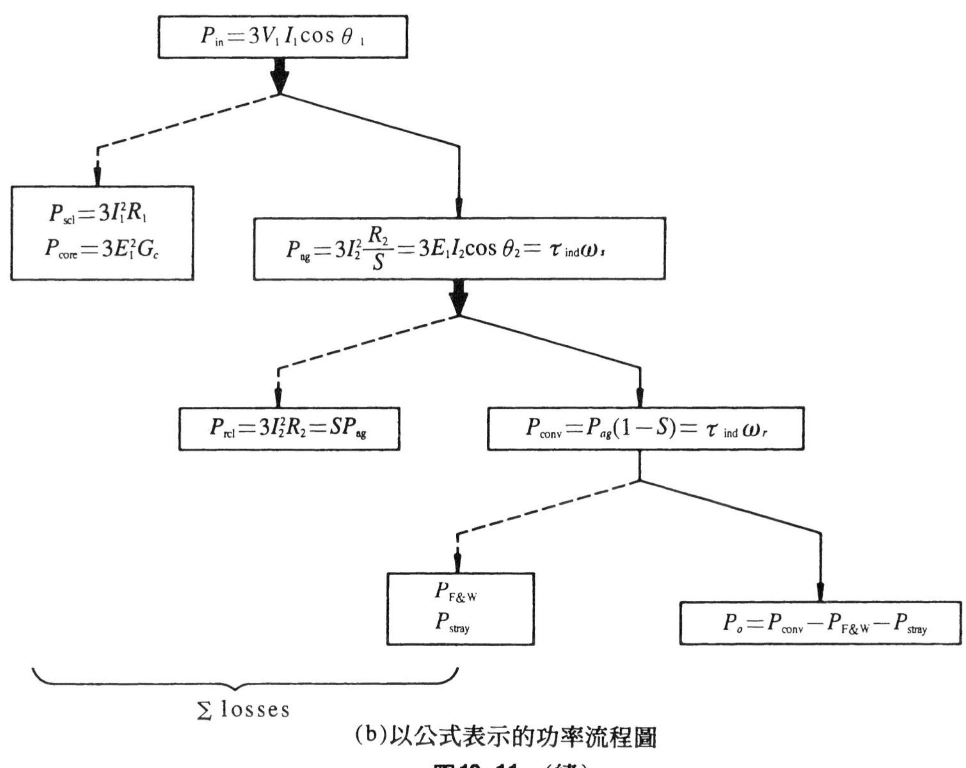

(b)以公式表示的功率流程圖

圖10-11　(續)

通常將鐵心損失、摩擦損、風損與雜散損的和稱爲旋轉損失P_{rot}，即

$$P_{rot}=P_{core}+P_{F\&W}+P_{stray} \tag{10-23}$$

由圖10-9可得由電源端所視之等效阻抗Z_s，其值爲

$$\bar{Z}_s=R_1+jX_1+\cfrac{1}{G_c-jB_m+\cfrac{1}{\cfrac{R_2}{S}+jX_2}} \tag{10-24}$$

定子電流I_1為

$$\bar{I}_1=\frac{\bar{V}_1}{Z_s}$$

定子的銅損P_{scl}為

$$P_{scl}=3\,I_1^2\,R_1 \tag{10-25}$$

鐵心的損失P_{core}為

$$P_{core}=3\,E_1^2\,G_c=\frac{3\,E_1^2}{R_c} \tag{10-26}$$

經由空氣隙傳送至轉子的氣隙功率P_{ag}為

$$\boxed{\begin{aligned}P_{ag}&=P_{in}-P_{scl}-P_{core}\\&=3\,V_1\,I_1\cos\theta_1-3\,I_1^2\,R_1-\frac{3\,E_1^2}{R_c}\\&=3\,I_2^2\frac{R_2}{S}\end{aligned}} \tag{10-27}$$

轉子的銅損P_{rcl}為

$$\boxed{P_{rcl}=3I_2^2\,R_2=S\,P_{ag}} \tag{10-28}$$

轉子的輸入功率P_{ag}扣除轉子的銅損P_{rcl}後轉換成機械功率或稱為展生機械功率(Developed mechanical power)P_{conv}，其值為

$$\boxed{P_{conv}=P_{ag}-P_{rcl}=3\,I_2^2\,\frac{1-S}{S}\,R_2=(1-S)P_{ag}} \tag{10-29}$$

轉子的感應轉矩 τ_{ind} 爲展生機械功率 P_{conv} 除以轉子機械角速度 ω_r 所得的商，即

$$\boxed{\tau_{ind}=\frac{P_{conv}}{\omega_r}=\frac{(1-S)P_{ag}}{(1-S)\,\omega_s}=\frac{P_{ag}}{\omega_s}} \tag{10-30}$$

上式中 ω_s 爲

$$\boxed{\omega_s=\frac{N_s}{60}\times 2\pi} \tag{10-31}$$

轉軸的輸出轉矩 τ_0 爲輸出功率 P_0 除以轉子機械角速度 ω_r 所得之商或爲感應轉矩與摩擦、風損轉矩及雜散轉矩之差，即 τ_0 爲

$$\boxed{\tau_0=\frac{P_0}{\omega_r}=\tau_{ind}-\tau_{F\&W}-\tau_{stray}} \tag{10-32}$$

轉子的效率 η_r 定義爲展生機械功率 P_{conv} 除以氣隙功率 P_{ag} 所得之商，即

$$\begin{aligned}\eta_r(\%)&=\frac{P_{conv}}{P_{ag}}\times 100\%=\frac{I_2^2\left(\frac{1-S}{S}\right)R_2}{I_2^2\frac{R_2}{S}}\times 100\%\\&=(1-\mathrm{S})\times 100\%=\frac{N_r}{N_s}\times 100\%\end{aligned} \tag{10-33}$$

轉子的效率隨轉子的轉速而改變，轉子的速度變慢時，其效率也變的不好。

【例　2】一部三相、4極、60Hz、220伏、△接線、2HP的繞線式感應電

動機，其轉子為Y接，轉子每相之線圈數與定子每相的線圈數之比為1：4。滿載轉速為1740rpm，轉子的電阻為0.193Ω，轉子堵轉時之電抗為0.71Ω，若忽略定子電阻及漏電抗的壓降，試求：

(1)轉子堵轉時轉子每相的電壓。

(2)滿載轉速下轉子每相電流。

(3)滿載時轉子的輸入功率。

(4)滿載時轉子的銅損。

(5)滿載時轉子的輸出功率。

(6)滿載時轉子的輸出轉矩。

【解】 (1)$E_{rl}=\dfrac{1}{a}E_1=\dfrac{1}{4}\times 220=55$ 伏／相

(2)$N_s=\dfrac{120f}{P}=\dfrac{120\times 60}{4}=1800\text{rpm}$

$$S=\frac{N_s-N_r}{N_s}=\frac{1800-1740}{1800}=0.0333$$

$$I_r=\frac{E_{rl}}{\sqrt{\left(\dfrac{R_r}{S}\right)^2+X_{rl}{}^2}}$$

$$=\frac{55}{\sqrt{\left(\dfrac{0.193}{0.0333}\right)^2+0.71^2}}=9.419\text{A}$$

(3)滿載轉子輸入功率P_{ag}

$$P_{ag}=3\times I_r^2\times\frac{R_r}{S}=3\times 9.419^2\times\frac{0.193}{0.0333}=1542.6\text{W}$$

(4)滿載轉子的銅損P_{rcl}

$$P_{rcl}=S\,P_{ag}=0.0333\times 1542.6=51.4\text{W}$$

(5)滿載時轉子的輸出功率P_o

$P_o=(1-S)P_{ag}=(1-0.0333)\times1542.6=1491.2\text{W}$

(6) $T_o=\dfrac{P_o}{\omega_r}=\dfrac{1491.2}{\dfrac{1740}{60}\times2\pi}=8.18$ 牛頓-米

【例　3】一部三相、4極、30HP、220V、60Hz、△連接的感應電動機，滿載時由電源吸取78A的電流，功率因數爲0.87落後，於此條件運轉時電動機的各項損失如下：

定子銅損 $P_{scl}=1040\text{W}$，轉子銅損 $P_{rcl}=1305\text{W}$

定子鐵心損失 $P_{core}=485\text{W}$

機械損(風損與摩擦損) $P_m=540\text{W}$

試求：(1)氣隙功率(2)展生機械功率(3)轉差率(4)感應轉矩(5)輸出轉矩(6)效率。

【解】　(1) $P_{in}=\sqrt{3}V_{1l}I_{1l}\cos\theta=\sqrt{3}\times220\times78\times0.87=25{,}858\text{W}$

$P_{ag}=P_{in}-P_{core}-P_{scl}=25{,}858-485-1040=24{,}333\text{W}$

(2) $P_{conv}=P_{ag}-P_{rcl}=24{,}333-1305=23{,}028\text{W}$

(3) $S=\dfrac{P_{rcl}}{P_{ag}}=\dfrac{1305}{24{,}333}=0.0536$

(4) $N_s=\dfrac{120f}{P}=\dfrac{120\times60}{4}=1800\text{rpm}$

$\omega_s=\dfrac{N_s}{60}\times2\pi=\dfrac{1800}{60}\times2\pi=188.5$ 徑／秒

$\tau_{ind}=\dfrac{P_{ag}}{\omega_s}=\dfrac{24{,}333}{188.5}=129.1$ 牛頓-米

(5) $P_o=P_{conv}-P_m=23028-540=22{,}488\text{W}$

$T_o=\dfrac{P_o}{\omega_r}=\dfrac{P_o}{(1-S)\omega_s}=\dfrac{22{,}488}{(1-0.0536)\times188.5}=126.1$ 牛頓-米

(6) $\eta(\%)=\dfrac{P_o}{P_{in}}\times100\%=\dfrac{22{,}488}{25{,}858}\times100\%$

$=87\%$

【例 4】一部三相、4極、Y接、10HP、220V、60Hz的感應電動機，其參考至定子側的阻抗與旋轉損失如下：

$R_1=0.39\Omega$、$X_1=0.35\Omega$、$X_m=16.0\Omega$

$R_2=0.14\Omega$、$X_2=0.35\Omega$、$P_{rot}=612W$

若電動機在額定電壓與額定頻率下，以3.0%的轉差率運轉，試求馬達的(1)轉速(2)定子電流(3)功率因數(4)展生機械功率與輸出功率(5)感應轉矩與輸出轉矩(6)效率。

【解】 (1)電動機的同步速度N_s為

$$N_s=\frac{120f}{P}=\frac{120\times 60}{4}=1800\text{rpm}$$

電動機轉子的速度N_r為

$$N_r=(1-S)N_s=(1-0.03)\times 1800=1746\text{rpm}$$

(2)
$$\bar{Z}_2=\frac{R_2}{S}+jX_2=\frac{0.14}{0.03}+j0.35$$
$$=4.67+j0.35=4.683\angle 4.29^\circ\ \Omega$$

$$\bar{Z}_f=\frac{1}{\dfrac{1}{jX_m}+\dfrac{1}{\bar{Z}_2}}=\frac{1}{\dfrac{1}{j16}+\dfrac{1}{4.683\angle 4.29^\circ}}$$
$$=\frac{1}{0.21294-j0.07847}$$
$$=4.4065\angle 20.23^\circ=4.135+j1.524\Omega$$

由定子所視之總阻抗$\bar{Z}_s$

$$\bar{Z}_s=(R_1+jX_1)+\bar{Z}_f=(0.39+4.135)+j(0.35+1.524)$$
$$=4.525+j1.874=4.8977\angle 22.5^\circ\ \Omega$$

定子電流$\bar{I}_1$為

$$\bar{I}_1=\frac{\bar{V}_1}{\bar{Z}_s}=\frac{220}{\sqrt{3}\times 4.8977\angle 22.5°}$$

$$=25.93\angle -22.5°\ \text{A}$$

(3)電動機的功因P.F.爲

$$\text{P.F.}=\cos 22.5°=0.9239$$

(4)電動機輸入功率P_{in}爲

$$P_{\text{in}}=\sqrt{3}V_l I_1\cos\theta=\sqrt{3}\times 220\times 25.93\times 0.9239=9128.7\text{W}$$

定子銅損P_{scl}爲

$$P_{\text{scl}}=3I_1^2 R_1=3\times 25.93^2\times 0.39=786.7\text{W}$$

氣隙功率P_{ag}爲

$$P_{\text{ag}}=P_{\text{in}}-P_{\text{scl}}=9128.7-786.7=8342\text{W}$$

展生機械功率P_{conv}爲

$$P_{\text{conv}}=(1-S)P_{\text{ag}}=(1-0.03)\times 8342=8091.7\text{W}$$

電動機的輸出功率P_o爲

$$P_o=P_{\text{conv}}-P_{\text{rot}}=8091.7-612=7479.7\text{W}=10.03\text{HP}$$

(5) $\omega_s=\frac{N_s}{60}\times 2\pi=\frac{1800}{60}\times 2\pi=188.5$ 徑／秒

$\omega_m=(1-S)\omega_s=0.97\times 188.5=182.85$ 徑／秒

電動機感應轉矩τ_{ind}爲

$$\tau_{\text{ind}}=\frac{P_{\text{ag}}}{\omega_s}=\frac{8342}{188.5}=44.25\text{牛頓-米}$$

電動機輸出轉矩τ_o

$$\tau_0=\frac{P_o}{\omega_m}=\frac{7479.7}{182.85}=40.91\text{牛頓-米}$$

(6)電動機效率η_M爲

$$\eta_M(\%)=\frac{P_o}{P_{\text{in}}}\times 100\%=\frac{7479.7}{9128.7}\times 100\%$$

$$=81.94\%$$

10-5 感應電動機的轉矩-速度特性 (Torque-speed characteristics)

圖10-12所示的合成磁勢或淨磁勢F_R是由等效電路中的磁化電流I_m所產生，此磁化電流與反電勢E_1成正比，若將E_1保持固定，則淨磁勢F_R也將保持常數，唯實際的電機中，負載變化時，在定子的R_1與X_1上的電壓降也將產生變動，由於定子的電壓降很小，所以通常將E_1視爲定值即將淨磁勢F_R看爲定值。

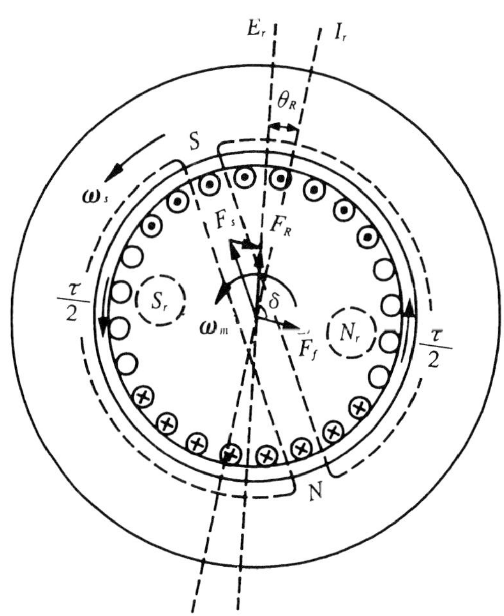

(a)感應電動機在無載時的磁勢

圖10-12

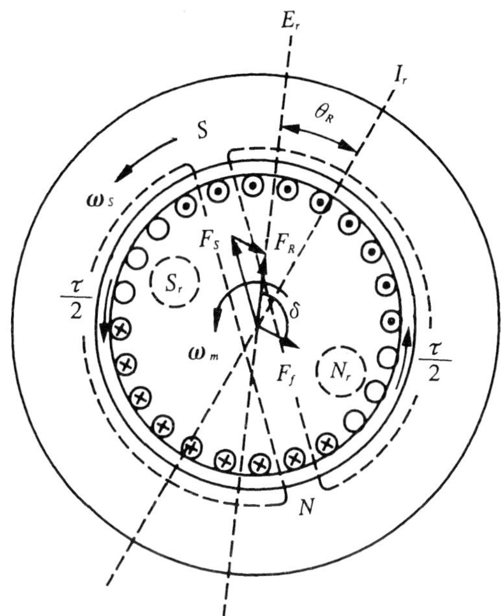

(b)感應電動機加載時的磁勢

圖10-12　(續)

無載時轉子與定子旋轉磁場間的相對速度很小，所以轉子的感應電壓E_r與電流I_r皆很小，且轉子的磁勢F_f以稍大於90°的相角落後淨磁勢F_R，如圖10-12(a)所示。由於定子與轉子間有氣隙，爲維持所需之淨磁勢F_R，感應電動機即使在無載時其定子電流亦須相當大。

維持轉子轉動的感應轉矩方程式爲

$$\tau_{\text{ind}} = K F_R F_f \sin\delta \tag{10-34}$$

上式中　δ：轉子磁勢F_f與淨磁勢F_R所夾的最小角度

感應電動機在無載時轉子的磁勢F_f很小，所以感應轉矩也很小，僅足以克服旋轉損失。電動機加載時，轉子速度變慢或轉差率增加，此時轉子的感應電勢E_r與轉子電流I_r及轉子的頻率f_r增加。由於轉子電抗$X_r = 2\pi S f_s L_{rl}$的增加，因此轉子電流I_r的相角改變，並以更大的角度落後於E_r，而轉子磁勢F_f的相角也隨之改變，圖10-12(b)爲加載時感應電動機的磁勢分佈情形。感應電動機加載時轉子電流I_r增加，其磁勢F_f隨之增加，且δ相角也隨之增大，磁勢F_f的增加會使轉矩增大，而δ的增大反而會使轉矩減小，由於前者的效應大於後者，因此感應電動機的轉矩增加，使電動機供應負載的能力增加。

逐漸的提高負載，當增大的轉子磁勢使轉矩增加的效應與δ角增大對轉矩減小的作用相等時，此時電動機的轉矩最大稱爲崩潰轉矩 (Break down torque)。若感應電動機所加的負載超過崩潰轉矩，電動機的速度將隨之減慢，最後停止轉動。

(10-34)所示之轉矩方程式，其δ角爲轉子的功因角θ_R加90°，即

$$\delta = \theta_R + 90^\circ \tag{10-35}$$

$$\boxed{\sin\delta = \sin(\theta_R + 90^\circ) = \cos\theta_R} \tag{10-36}$$

上式爲轉子的功率因數，θ_R可由下式求出：

$$\theta_R = \tan^{-1}\left(\frac{SX_{rl}}{R_r}\right) \tag{10-37}$$

轉子的功率因數$P.F._R$爲

$$P.F._R = \cos\theta_R \tag{10-38}$$

由上述分析知影響感應電動機轉矩-速度特性曲線的因數有氣隙的淨磁勢F_R，轉子磁勢F_f與轉子的功率因數$P.F._R$，圖10-13所示即爲感應電動機的轉矩-速度特性曲線。

圖10-13所示之感應電動機轉矩-速度特性曲線可以分爲三個區域，各區域的特性如下列所述：

(一)低轉差區(Low slip region)

此區域中，電動機的轉差率與負載近似於線性變化，電動機的轉速也隨負載的增加而近似於線性的減少。在此區域，轉子的頻率極低，轉子的電感抗極小，轉子的功因趨近於單位功因，且轉子的電流隨轉差率作線性的變化。

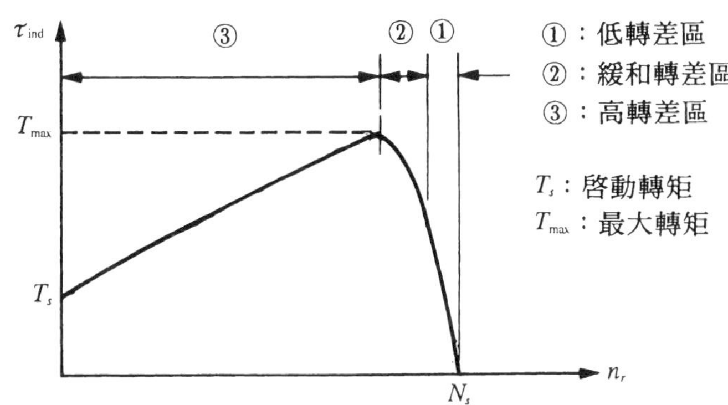

圖10-13　感應電動機的轉矩-速度特性曲線

(二)緩和轉差區(Moderate-slip region)

此區域中，電動機的轉差率變得較大，轉子的頻率亦較高，轉子電流依轉差率而增加的速度非呈線性變化而變得較為緩和，且轉子的功因隨轉差的增加逐漸減少。在負載逐次增加的過程中，若轉子電流增加對轉矩加大的效應恰與轉子功因降低對轉矩減少的作用相抵消時，電動機感應之轉矩為最大，負載若超過最大轉矩則電動機將停止運轉。

(三)高轉差區(High-slip region)

此區域中，電流增加所加大的轉矩小於轉子功因降低所減少的轉矩，因此感應電動機的轉矩隨負載的增加而減少，最後電動機停止轉動。

由上述知感應電動機要正常運轉應在低轉差區與緩和轉差區，感應電動機正常運作於低轉差區。若滿載轉矩小於啓動轉矩時，電動機可以在滿載情況下啓動。

10-6 應用戴維寧定律求轉矩與功率

應用戴維寧定律可以簡化感應電動機之等效電路且可以很容易計算任何轉差率S時的轉矩。由於鐵心等效電阻R_c較激磁電感X_m大的很多，爲易於轉矩方程式的推導，常將R_c忽略。圖10-14所示爲忽略R_c時之等效電路。

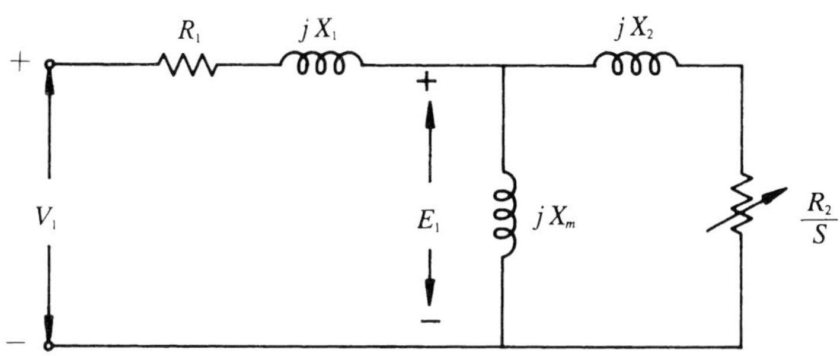

圖10-14 忽略鐵心電阻時之等效電路

圖10-15(a)所示爲應用戴維寧定律求取轉子開路時之電壓，即V_{TH}爲

$$V_{TH}=V_1\times\left|\frac{jX_m}{R_1+j(X_1+X_m)}\right|$$

$$=V_1\times\frac{X_m}{\sqrt{R_1^2+(X_1+X_m)^2}} \tag{10-39}$$

圖10-15(b)所示爲應用戴維寧定律求取電源的阻抗，即Z_{TH}爲

$$\bar{Z}_{TH}=R_{TH}+jX_{TH}=(R_1+jX_1)\,/\!/\,(jX_m)$$

$$=\frac{(R_1+jX_1)(jX_m)}{R_1+j(X_1+X_m)} \tag{10-40}$$

圖10-15(c)為使用戴維寧定律求得之等效電路，可用來求電動機的轉矩。

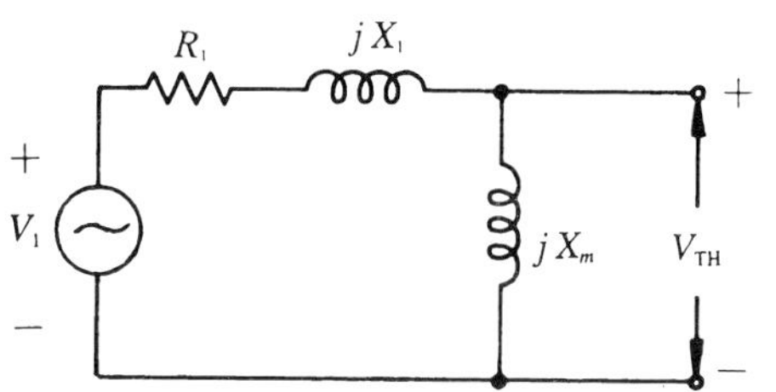

(a)感應電動機輸入電路之戴維寧等效電壓

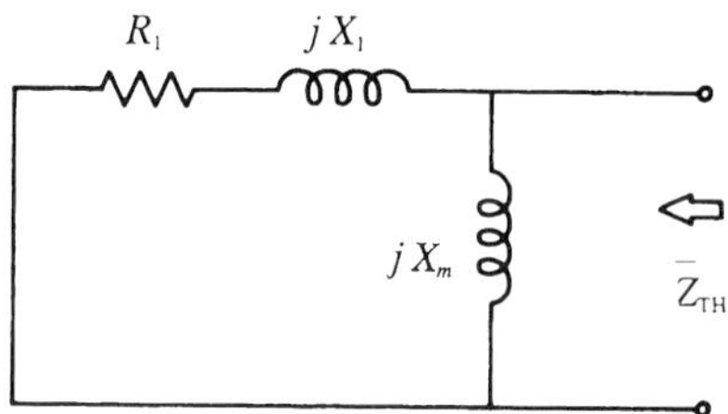

(b)感應電動機輸入電路之等效阻抗

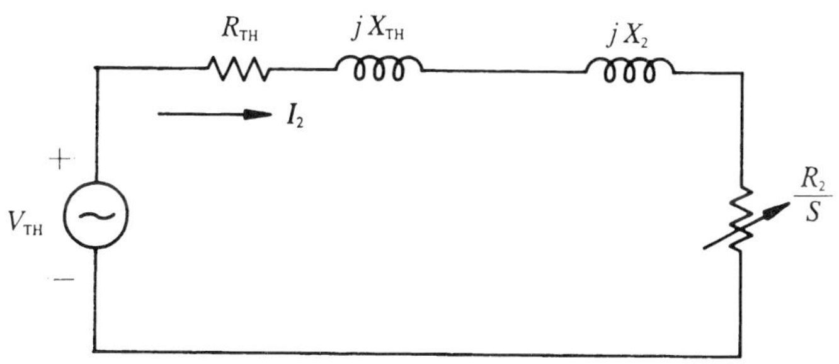

(c)應用戴維寧定律所得感應電動機的等效電路

圖10-15

由圖10-15(c)可得I_2為

$$I_2=\frac{V_{TH}}{\sqrt{\left(R_{TH}+\frac{R_2}{S}\right)^2+(X_{TH}+X_2)^2}} \tag{10-41}$$

輸入至轉子的氣隙功率P_{ag}為

$$P_{ag}=3I_2^2\frac{R_2}{S}$$

$$=\frac{3V_{TH}^2}{\left(R_{TH}+\frac{R_2}{S}\right)^2+(X_{TH}+X_2)^2}\times\frac{R_2}{S} \tag{10-42}$$

$$\tau_{ind}=\frac{P_{ag}}{\omega_s}$$

$$=\frac{3V_{TH}^2}{\omega_s\left[\left(R_{TH}+\frac{R_2}{S}\right)^2+(X_{TH}+X_2)^2\right]}\times\frac{R_2}{S} \tag{10-43}$$

一完整感應電機的轉矩-速度特性曲線如圖10-16所示，可以分爲制動區(Braking region)、電動機區與發電機區。感應電機在各區操作之意義分述如下：

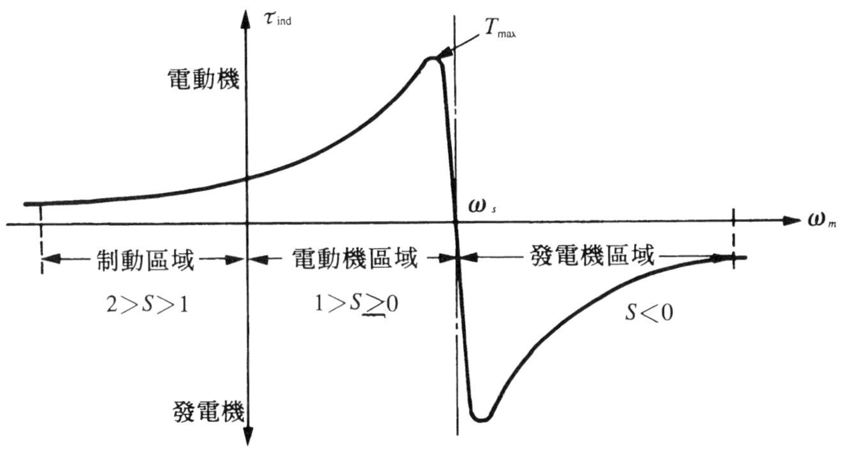

圖10-16 含制動區、電動機區及發電機區的轉矩-速度特性曲線

(一)制動區域：

此區域的轉差率S介於1.0至2.0間，在此區操作的目的係使運轉中的電動機能夠迅速停止。將三相電源的任意二相對調，則定部旋轉磁場的方向與轉子轉動方向相反，因此電動機產生反向轉矩，使電動機迅速停止，但在電動機轉子反轉之前，須將電源切斷，否則電動機會反轉。

(二)電動機區域：

此區域的轉差率S介於1.0至0間，電動機轉子轉動方向依定子旋轉磁場方向而定，速度由零至同步速度之間。

(三)發電機區域：

此區域的轉差率$S<0$，感應機轉子的速度超過同步速度，感應轉矩將反向，此時感應電動機將機械功率變換爲電功率成爲發電機，本章後面將對感應發電機加以說明。

感應電動機的展生機械功率P_{conv}爲

$$P_{conv}=\tau_{ind}\omega_m \tag{10-44}$$

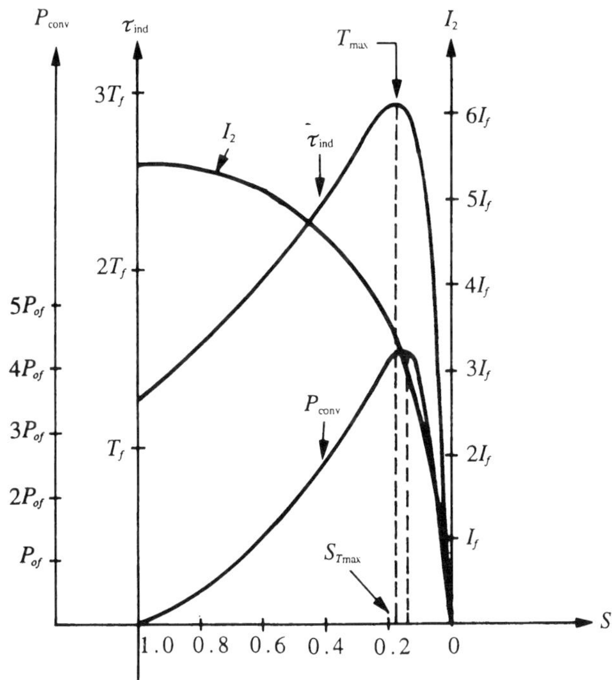

圖10-17　電動機區域運轉時感應轉矩、功率與電流對轉差率的曲線

圖10-17所示爲一部三相、6極、60Hz、10HP的感應電機，在電動機區域操作時其感應轉矩τ_{ind}，展生機械功率P_{conv}與轉換至定子側的轉子電流I_2對轉差率S的曲線圖，其單位分別爲滿載轉矩T_f，滿載輸出功率P_{of}與滿載電流I_f。由圖可看出感應電動機的最大展生功率$P_{conv, max}$與最大感應轉矩T_{max}並非在同一速度下發生的。

感應電動機的感應轉矩爲$\dfrac{P_{ag}}{\omega_s}$，由於ω_s爲定值，因此最大感應轉矩或崩潰轉矩將發生於氣隙功率爲最大時，或$\dfrac{R_2}{S}$吸收最大功率時。將交流電路中所述阻抗匹配原理應用於圖10-15(c)，當$\dfrac{R_2}{S}$的值等於電源阻抗時，$\dfrac{R_2}{S}$所吸收的功率爲最大。電源阻抗Z_s爲

$$\bar{Z}_s = R_{TH} + j(X_{TH} + X_2) \tag{10-45}$$

最大氣隙功率或最大感應轉矩發生於

$$\frac{R_2}{S_{T\max}} = \sqrt{R_{TH}^2 + (X_{TH} + X_2)^2} \tag{10-46}$$

由(10-46)式，可得發生最大感應轉矩時之轉差率$S_{T\max}$爲

$$\boxed{S_{T\max} = \frac{R_2}{\sqrt{R_{TH}^2 + (X_{TH} + X_2)^2}}} \tag{10-47}$$

由(10-47)式代入(10-43)式可得最大感應轉矩T_{max}爲

$$\boxed{T_{max} = \frac{1.5V_{TH}^2}{\omega_s\left[R_{TH} + \sqrt{R_{TH}^2 + (X_{TH} + X_2)^2}\,\right]}} \tag{10-48}$$

由上式可知感應馬達的最大轉矩與電源電壓的平方成正比，與轉子電阻無關，但加大定子電阻及定子或轉子的電抗會使最大感應轉矩降低。

繞線式感應電動機的轉子可經由滑環、電刷與外部電阻相連接，改變外部電阻的值，則其轉矩-速度特性曲線亦會隨之變動。圖10-18所示爲各不同轉子等效電阻r_1、r_2、r_3與r_4時之轉矩-速度特性曲線。

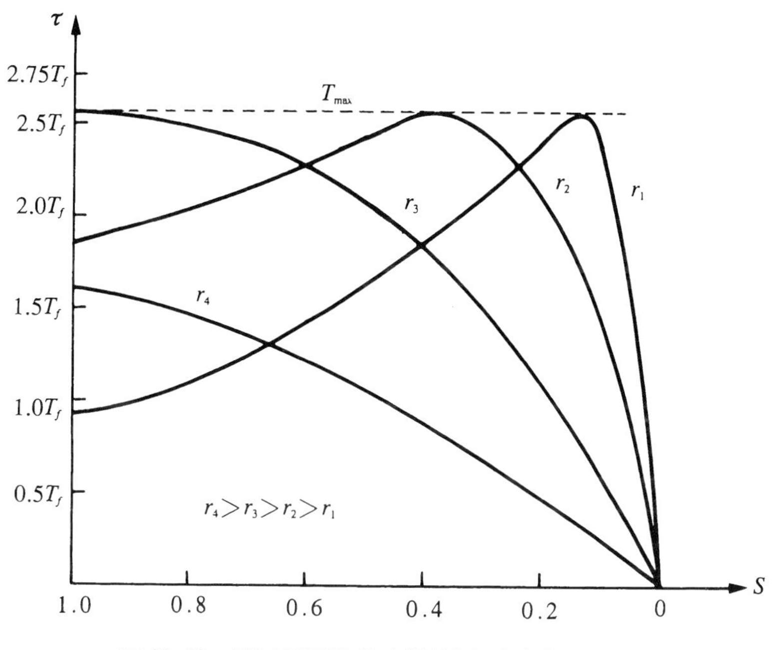

圖10-18　轉子電阻變動時對轉矩-速度曲線之影響

由圖10-18可知，最大轉矩與R_2值的大小無關，轉子電阻的增加，將影響其啓動轉矩($S=1$時的轉矩)。一般繞線型感應電動機，在啓動時，轉子適當的插入外加電阻，可增加其啓動轉矩並限制啓動電流，一旦感應電動機啓動後將插入的啓動電阻逐次切離，使最大轉矩移至同步速度的鄰近，而不影響其正常工作特性。

忽略定子電阻R_1或$\frac{X_{TH}+X_2}{R_{TH}}\gg 1$時在任何轉差$S$時之轉矩$T$與最大轉矩$T_{max}$及其轉差率$S_{Tmax}$的關係爲

$$\boxed{\frac{T}{T_{\max}}=\frac{2}{\dfrac{S_{T\max}}{S}+\dfrac{S}{S_{T\max}}}} \tag{10-49}$$

如果不知道電動機的轉矩-轉速特性曲線，應用(10-49)式和某些電動機參數如啓動轉矩、滿載轉矩、滿載轉差亦能概略畫出其特性。

【例 5】設例題4的感應電動機爲繞線式，試回答下述問題：

(1)試求此感應電動機的最大感應轉矩及此時之電流？

(2)試求此感應電動機的起動感應轉矩及此時之電流？

(3)當轉子電阻加倍時，感應電動機在什麼轉速下產生最大感應轉矩？此情形下的啓動感應轉矩爲何？

【解】

$$V_1=\frac{220}{\sqrt{3}}=127\text{伏}$$

$$V_{TH}=V_1\times\left|\frac{jX_m}{R_1+j(X_1+X_m)}\right|=V_1\times\left|\frac{j16}{0.39+j(0.35+16)}\right|$$

$$=127\times\frac{16}{16.355}=124.24\text{伏}$$

$$\bar{Z}_{TH}=(R_1+jX_1)\,/\!/\,jX_m=\frac{(0.39+j\,0.35)(j\,16)}{0.39+j\,16.35}$$

$$=\frac{8.384\angle 131.9^\circ}{16.35\angle 88.63}=0.5128\angle 43.27^\circ$$

$$=0.3734+j0.351\,\Omega$$

由戴維寧定律求得之感應電動機等效電路如圖10-19所示。

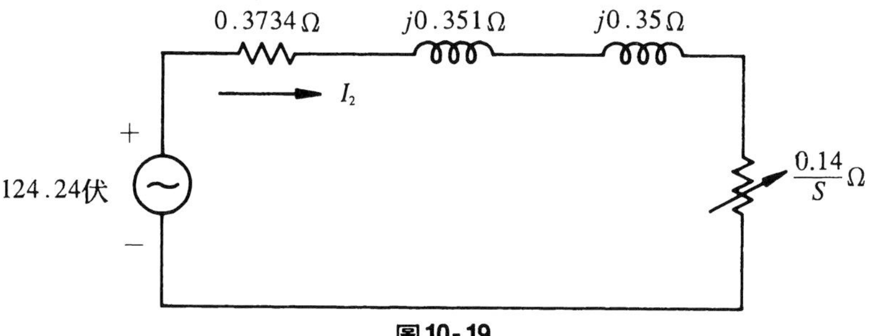

圖10-19

(1)$X'=X_{TH}+X_2=0.351+0.35=0.701\,\Omega$

$$S_{T\max}=\frac{R_2}{\sqrt{R_{TH}^2+(X')^2}}$$

$$=\frac{0.14}{\sqrt{0.3734^2+0.701^2}}=0.1763$$

$$I_{2,T\max}=\frac{V_{TH}}{\sqrt{\left(R_{TH}+\dfrac{R_2}{S_{T\max}}\right)^2+(X')^2}}$$

$$=\frac{124.24}{\sqrt{\left(0.3734+\dfrac{0.14}{0.1763}\right)^2+(0.701)^2}}$$

$$=\frac{124.24}{1.3618}=91.23\text{A}$$

$$P_{ag,\max}=3\times I_{2,T\max}^2\times\frac{R_2}{S_{T\max}}$$

$$=3\times(91.23)^2\times\frac{0.14}{0.1763}=19{,}828\text{W}$$

$$\omega_s=\frac{N_s}{60}\times 2\pi=\frac{1800}{60}\times 2\pi=60\pi\text{ 弳／秒}$$

$$T_{\max}=\frac{P_{ag,\max}}{\omega_s}=\frac{19828}{60\pi}=105.2\text{牛頓-米}$$

最大轉矩$T_{\max}$亦可由下式計算

$$T_{\max}=\frac{1.5V_{TH}^2}{\omega_s[R_{TH}+\sqrt{R_{TH}^2+(X_{TH}+X_2)^2}\,]}$$

$$=\frac{1.5\times(124.24)^2}{60\pi\,[0.3734+\sqrt{0.3734^2+0.701^2}\,]}$$

$$=105.2\text{牛頓-米}$$

(2)感應電動機啓動時之$S=1$，其啓動電流$I_{2,st}$為

$$I_{2,st}=\frac{V_{TH}}{\sqrt{(R_{TH}+R_2)^2+(X')^2}}=\frac{124.24}{\sqrt{(0.3734+0.14)^2+0.701^2}}$$

$$=\frac{124.24}{0.869}=143\text{A}$$

$$P_{ag,st}=3\times(I_{2,st})^2\times R_2=3\times(143)^2\times 0.14=8588.6\text{W}$$

$$T_{st}=\frac{P_{ag,st}}{\omega_s}=\frac{8588.6}{60\pi}=45.56\text{牛頓-米}$$

(3)轉子電阻加倍時其$S_{T\max}$亦須加倍，即

$$S_{T\max}=2\times 0.1763=0.3526$$

此時之速度N_r為

$$N_r=(1-S_{T\max})\times N_s=(1-0.3526)\times 1800=1165.3\text{rpm}$$

轉子電阻加倍時，啓動電流$I_{2,st}$為

$$I_{2,st}=\frac{V_{TH}}{\sqrt{(R_{TH}+2R_2)^2+(X')^2}}=\frac{124.24}{\sqrt{(0.3734+0.28)^2+0.701^2}}$$

$$=129.65\text{A}$$

$$P_{ag,\max}=3\times 129.65^2\times 0.28=14120\text{W}$$

$$T_{st}=\frac{14120}{60\pi}=74.9\text{牛頓-米}$$

由本例題知繞線型感應電動機在啓動時轉子電路若插入電阻可使其啓動電流降低，而啓動轉矩增加。

【例 6】 一部三相、4極、60Hz、220V、△接法、2HP的繞線型感應電動機，其最大轉矩為38牛頓-米，此時之轉差率為0.3，若其定部電阻可忽略不計，試求

(1)滿載轉差率$S_f=0.0333$時之滿載轉矩？

(2)啓動轉矩($S=1$)為多少？

【解】 由$\dfrac{T}{T_{\max}}=\dfrac{2}{\dfrac{S}{S_{T\max}}+\dfrac{S_{T\max}}{S}}$知

$$(1)\ \frac{T_f}{T_{\max}}=\frac{2}{\dfrac{0.0333}{0.3}+\dfrac{0.3}{0.0333}}=0.2193$$

$$T_f = 38 \times 0.2193 = 8.33\text{牛頓-米}$$

$$(2)\ \frac{T_{st}}{T_{max}} = \frac{2}{\frac{0.3}{1} + \frac{1}{0.3}} = 0.55$$

$$T_{st} = 38 \times 0.55 = 20.9\text{牛頓-米}$$

10-7　感應電動機轉矩-速度特性曲線的改變

由上節所述及例題5可知感應電動機若欲提高其啓動轉矩及降低啓動電流，則轉子應有較大的電阻；但設計較高的轉子電阻，將使正常操作時的轉差率也變得較高，由轉子效率 $\eta_r = 1 - S$ 知轉子的效率變低了，如此便降低了感應電動機的效率。轉子電阻較小的感應電動機，雖然有較高的運轉效率，但啓動電流大、且啓動轉矩較小。感應電動機設計時必須面臨高啓動轉矩或良好運轉效率的選擇。

繞線式感應電動機可改變插入其轉子電路的電阻值，所以可順利的解決上述問題，但其價格很昂貴。鼠籠式感應馬達的轉子若加以特殊設計亦可克服上列的問題。本節分爲深槽型、雙鼠籠型及繞線式感應電動機與由NEMA所規範的A、B、C和D級感應電動機等部份，以說明各類型電機之特性與用途。

10-7-1　深槽型、雙鼠籠型及繞線式感應電動機

鼠籠型轉子設計爲深槽型與雙鼠籠型或於繞線型的轉子電路中插入電阻，皆可降低啓動電流增大啓動轉矩。正常運轉時深槽型和雙鼠籠型轉子有良好的運轉特性，對於繞線型轉子，其插入之電阻可由轉子電路移去，所以其運轉效率也很高。

(一)深槽型轉子

圖10-20所示爲深槽型轉子的鼠籠式感應電動機的轉子鐵心及其等效電路圖。愈往底層的漏磁鏈愈大或其漏電感愈大，由電路觀點視

之，導體棒每層爲互相並聯。當感應電動機啓動時或轉差率$S=1.0$時，上層的電抗比下層的電抗低，所以愈上層的電流愈大，亦即電流被迫往上層集中，且上層電流的相位領先下層電流的相位，這種不均勻的電流分佈，使導體棒有效的電阻增加。在正常運轉時，轉子的頻率很低，導體每一層的電抗與電阻相比較其值極小，每一層的阻抗幾乎相同，因此電流均勻的分佈在導體內，使轉子有效電阻的大小近似於直流電阻，即轉子的電阻變小，所以在低轉差運轉時有良好的效率。此深槽型轉子亦被規範爲B級感應電動機。

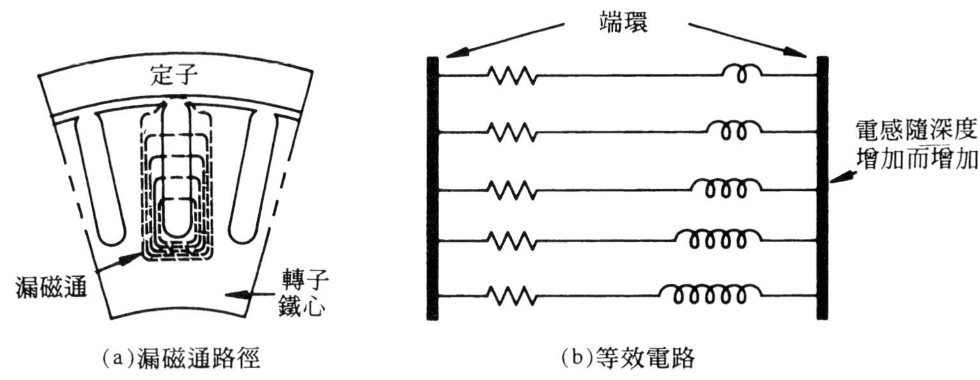

(a)漏磁通路徑　(b)等效電路

圖10-20　深槽型轉子的導體棒和漏磁通

(二)雙鼠籠型轉子

雙鼠籠型轉子包含兩層導體棒，各由端環使其短路。上層導體棒的截面積較小，所以有較大的電阻；下層的導體棒截面積比較大，因而有較小的電阻，槽漏磁通的分佈情形如圖10-21所示，下層導體棒的漏磁通大於上層導體棒的漏磁通。

電動機啓動時，下層導體棒由於高電抗的緣故，因此所流通的電流比上層的導體棒少很多，亦即啓動時轉子的有效電阻接近於上層導體棒的電阻爲高電阻。

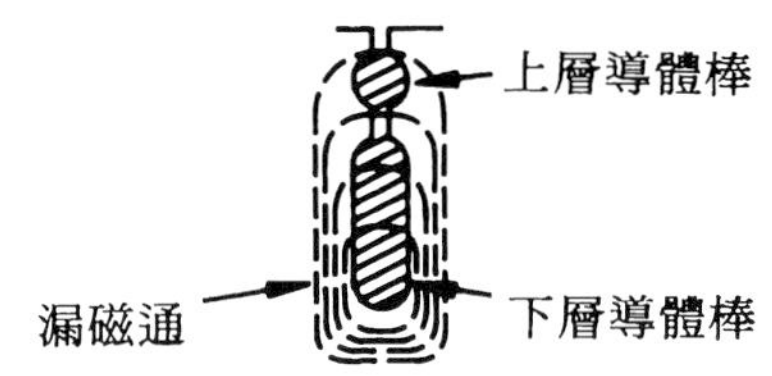

圖10-21　雙鼠籠式轉子的導體和漏磁通

在正常運轉時，轉子的頻率很低，電抗變得相當小，因此轉子電阻接近於上下兩導體棒電阻的並聯值，亦即轉子的電阻變爲較小的電阻，且電動機有良好的效率，此鼠籠式電動機被規範爲C級感應電動機。

(三)繞線型感應電動機

繞線型感應電動機在啓動時轉子電路插入電阻以減低啓動電流並增加啓動轉矩，並逐一的將外加電阻由轉子電路切離使正常運轉時有良好的效率。圖10-22所示爲繞線式感應電動機轉子電路外加電阻時的情形。

一般應用於需要高啓動轉矩或啓動時間較長的場合如起重機、升降機與船舶推進機等或速度需要調整的場合。

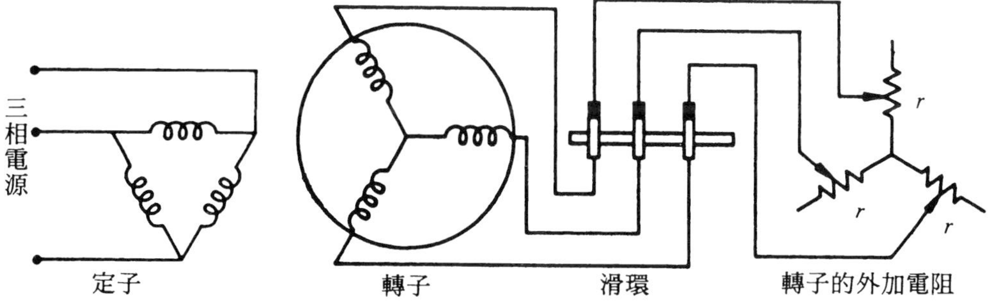

圖10-22　繞線式感應電動機轉子外加電阻

10-7-2　各類鼠籠式轉子的設計與其轉矩特性

根據美國電氣製造協會NEMA(The National Electrical Manufacture

-'s Association)對具不同特性的感應電動機予以分類，可分爲A、B、C及D等級。各級電動機是依轉子的獨特設計而命名。圖10-23所示爲各級電動機轉子的剖面圖。

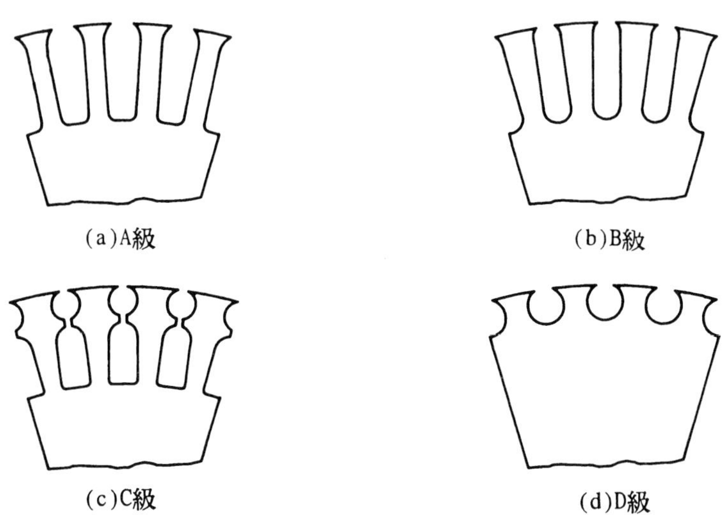

圖10-23 各級感應電動機轉子的剖面圖

A、B、C及D級感應電動機的轉矩-速度特性曲線如圖10-24所示。至於各級電動機的性質與用途說明如下：

(一)A級設計(轉子槽形如圖10-23(a))

A級電動機設計爲正常的啓動轉矩與啓動電流、通常爲低電阻的單鼠籠式轉子，犧牲啓動特性，以得到良好的運轉特性。全壓啓動時之啓動電流約爲滿載電流的5～8倍，啓動轉矩爲滿載轉矩的1.5～2倍，最大轉矩爲滿載轉矩的2～3倍，其滿載轉差率爲2%～5%,適用於7.5HP以下或200HP以上容量的電動機，以作爲風扇、鼓風機或其他機械工具。

(二)B級設計(轉子槽形如圖10-23(b))

B級電動機設計爲低啓動電流、正常的啓動轉矩與低轉差率。其全壓啓動時之啓動電流約爲滿載電流的4.5～5倍，啓動轉矩約等於A級電動機，最大轉矩約爲滿載轉矩的2～2.5倍，滿載轉差率爲3%～6%，其應用場合與A級電動機相似，其容量在7.5HP～200HP之間。

(三)C級設計：(轉子槽形如圖10-23(c))

C級電動機設計爲低啓動電流與高啓動轉矩，轉差率高於A級B級，效率亦較低。全壓之啓動電流爲滿載電流的3.5～5倍，啓動轉矩爲滿載轉矩的2～2.5倍，最大轉矩爲滿載轉矩的1.9～2.25倍且滿載轉差率爲4%～8%，一般應用於壓縮機與輸送機的驅動。

(四)D級設計：(轉子槽形如圖10-23(d))

D級電動機設計爲高啓動轉矩與高轉差率，其轉子爲高電阻的單鼠籠式轉子。全壓時的啓動電流約爲滿載電流的3～8倍，啓動轉矩爲滿載轉矩的2.75～3倍，最大轉矩約爲滿載轉矩的3倍且滿載轉差率爲7%～17%。由於此電機正常運轉時的轉差率最高，因此其效率最低，一般用於高慣性負載或間歇性負載的加速，如鍛造機、剪床與沖床等。

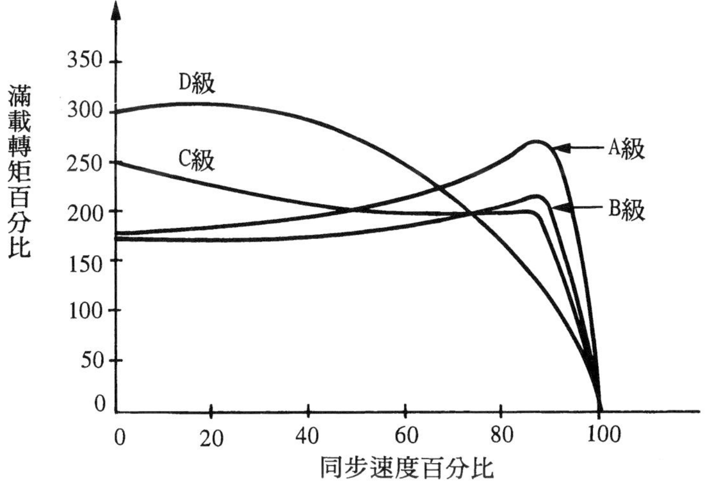

圖10-24　各種不同轉子的轉矩－速度特性曲線

10-8 感應電動機的啓動

感應電動機若將電源直接引入而啓動，此時由於太大的啓動電流將使線路上的瞬間壓降過大，引起電燈閃爍，因此爲維持合理的電壓品質，宜將電動機的啓動電流作一限制。本節可分爲鼠籠式與繞線式感應電動機的啓動方法。

10-8-1 三相鼠籠式感應電動機的啓動方法：

鼠籠式感應電動機無法由轉子加入電阻，對一無階級代號(No code letter)的三相感應電機(國內廠商製造的馬達大多爲此種馬達)，其啓動電流爲滿載電流的5～8倍，常採用的啓動方法如下：

(一)全壓啟動(Line starting)：

通常5HP以下的小型電動機可以直接接於線路而啓動，由於容量小，因此啓動電流對線路電壓的穩定不致有太大的影響，在各種啓動方法中最低廉。其電路圖如圖10-25所示。

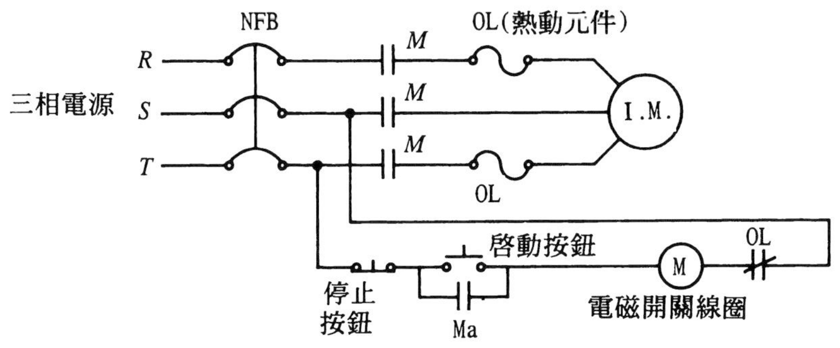

圖10-25 全壓啓動法

(二)Y－△降壓啟動：

圖10-26所示爲手動式的Y－△啓動器，啓動時定子繞組接爲Y接線，啓動完成時改接爲△接線。

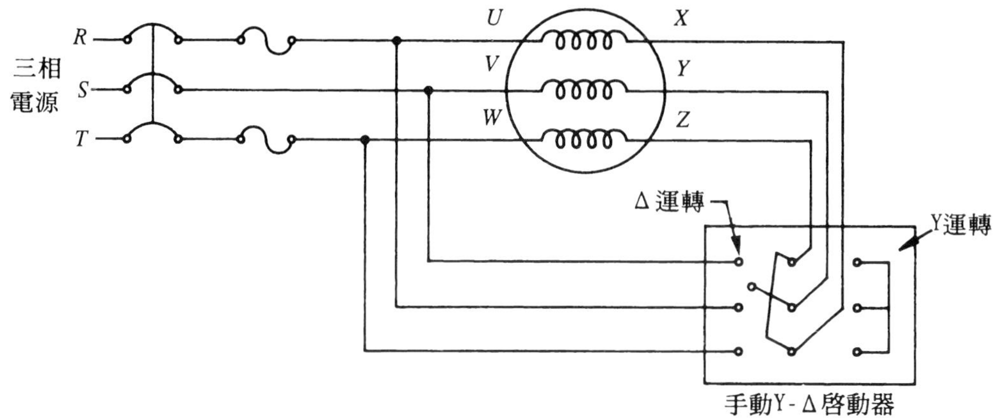

圖10-26　以三極雙投閘刀開關作Y－Δ啓動之接線圖

採用Y－△啓動器作電動機的降壓啓動，則Y型運轉時線路的啓動電流爲△型運轉線路啓動電流的$\frac{1}{3}$倍，即$I_{lY,S}=\frac{1}{3}I_{l\Delta,S}$。由(10-43)式知Y型運轉時電動機的啓動轉矩爲△型運轉時啓動轉矩的$\frac{1}{3}$倍，即$T_{Y,S}=\frac{1}{3}T_{\Delta,S}$。此降壓啓動法的最大優點爲不需加裝電抗、電阻或變壓器，且啓動電流可大幅降低，其缺點爲啓動轉矩也大幅降低。

(三)線路串聯電阻器啟動法：

加電阻於鼠籠式電動機線路上的啓動方法，如同直流電動機於電樞電路加電阻啓動的方式相同，可減少啓動電流，但加於電動機的電壓降低，因此其轉矩亦降低。此種控制法的電路圖如圖10-27(a)所示，外加電阻器會消耗能量，因此效率低，但可得到較圓滑的加速特性與較高的啓動功因。

(四)線路串聯電抗器啟動法：

線路上串聯電抗器的功能與線路串聯電阻器的功能相同，用來降低電動機的電壓以限制啓動電流，啓動時電源系統的功因降低，線路電壓的調整率不良，其電路如圖10-27(b)所示。一般電感器上有50, 65及80%三個抽頭，抽頭置於n%位置時線路的啓動電流爲全壓啓動電流的n%，啓動轉矩爲全壓啓動轉矩的$(n\%)^2$。

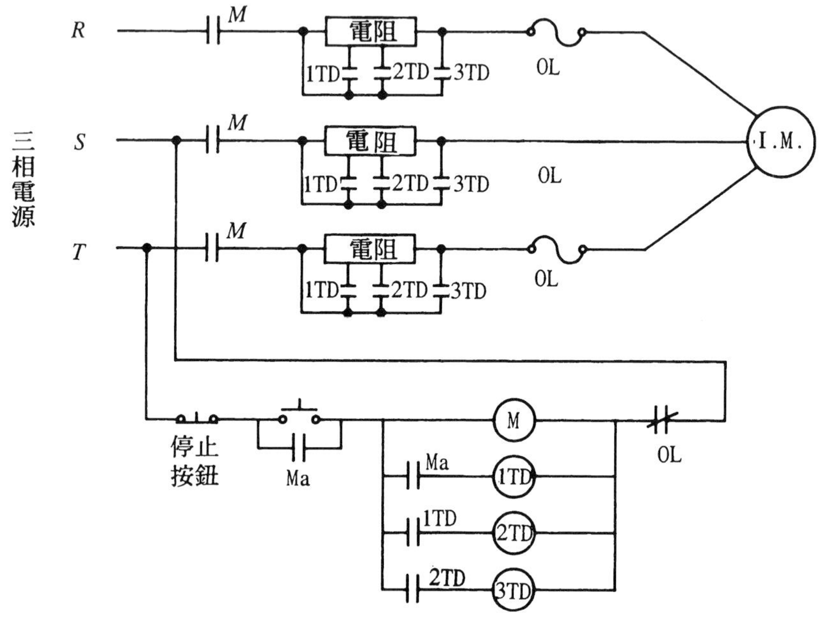

(a)三段式電阻啓動控制器

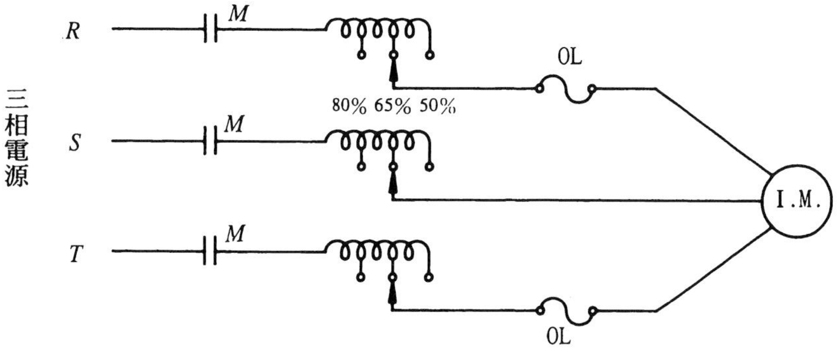

(b)線電抗降壓啓動

圖10-27

(五)補償器降壓啟動法：

應用二具單相自耦變壓器接為V連接，或以三具單相自耦變壓器接成Y接線，如圖10-28所示，用來降低輸入至電動機的電壓，加至電動機的電壓為線路電壓的n%時，電源側的電流與電動機的轉矩均為感應電動機全壓時的$(n\%)^2$。

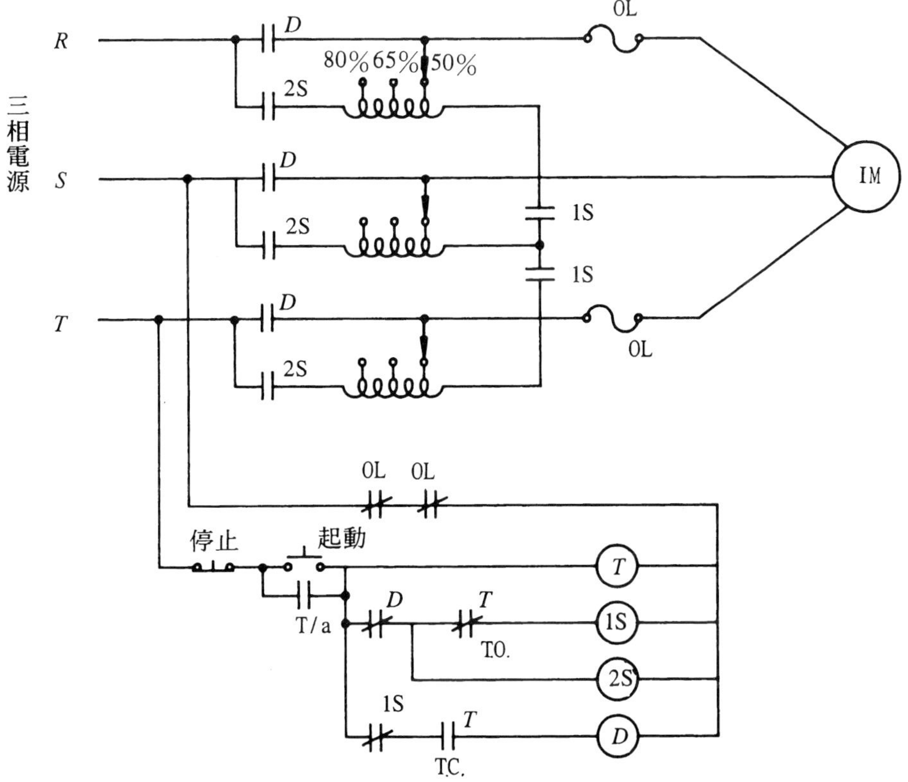

圖10-28　補償器啓動法的接線圖

(六)部份繞組啟動法：

採用部份繞組啓動的電動機每相通常有兩組相同的繞組，如圖10-29所示。二組繞組串聯時運轉於較高的電壓，若並聯時則操作於正常電壓。部份繞組啓動時之啓動電流約為兩組繞組並聯時啓動電流的60%；而啓動轉矩約為兩組繞組並聯時的45%。啓動期間噪音大，且切換時有很大的暫態電流，此啓動法常用於往復式的冷氣機。啓動時M_1之接點閉合，使感應電動機定子的第一組繞組先行運轉，待速度建立後才將M_2接點閉合，使第二組繞組加入運轉。

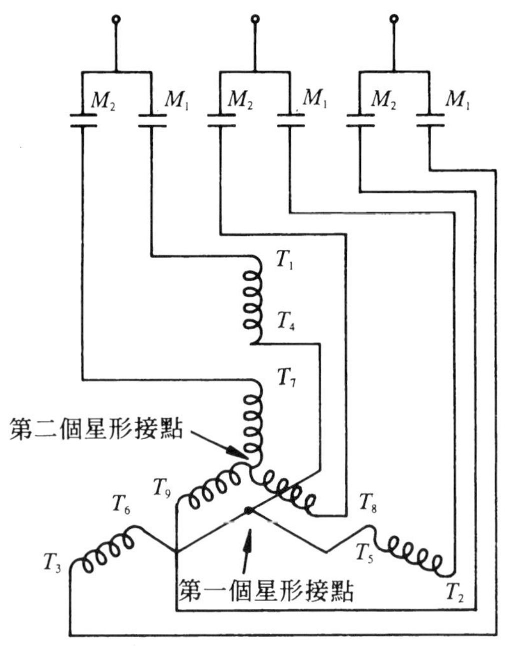

圖10-29 鼠籠式感應電動機的部份繞組啓動

10-8-2 繞線式感應電動機的啓動

繞線式感應電動機可由轉子電路外加電阻器，限制啓動電流，並增加啓動轉矩，圖10-30(a)所示為手動方式的二次電阻啓動法。啓動時將二次電阻置於最大位置，待電動機旋轉後，將啓動器把柄依順時鐘方向旋轉，當把柄旋轉至最右邊位置，表示啓動已完成，圖10-30(b)表示啓動轉矩隨轉差率變動的情形。

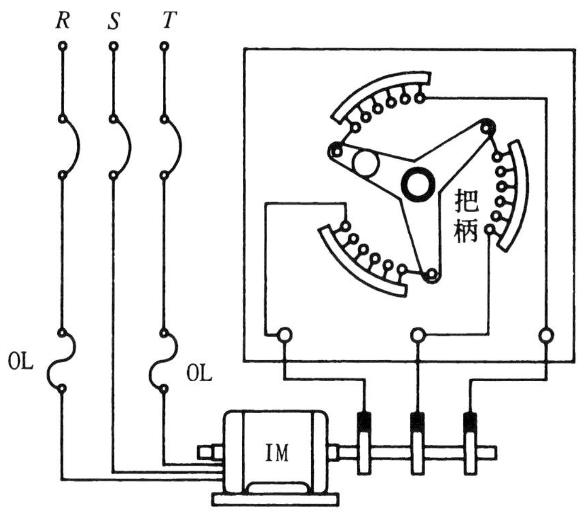

(a)手動式二次電阻啓動法

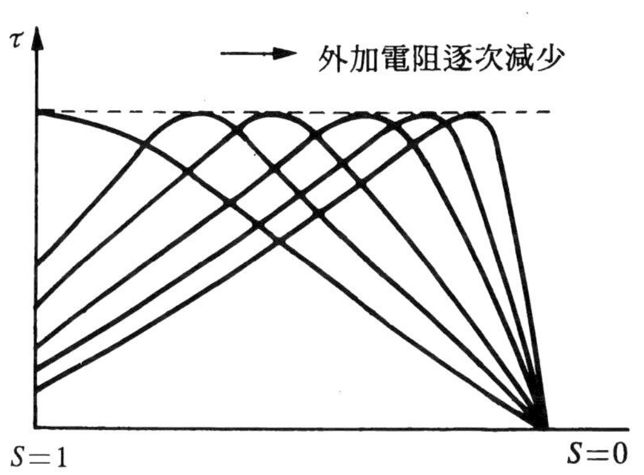

(b)啓動時轉矩對轉差率曲線的變化

圖10-30

在定電源V_1運轉的電動機，其R_1、R_2、X_1及X_2爲定值，因此電動機的轉矩與R_2／S有關。繞線型感應電動機的轉子可以經由滑環、電刷與外部電阻r連接，以定子側爲參考之轉子等效電阻爲R_2+r'，當$R_2+r'=mR_2$時，新轉差率S'爲原轉差率S的m倍，轉矩亦可維持不變，此即所謂轉矩比例推移，可由圖10-18或10-30(b)印證之。由上述的分析可得下列的關係式：

$$\frac{R_2+r'}{S'}=\frac{mR_2}{mS}=\frac{R_2}{S} \tag{10-50}$$

【例 7】 有一三相、4極、60Hz、220伏、10HP的鼠籠式感應電動機，滿載電流與轉矩分別為27安培與45牛頓-米，若全壓啓動時啓動電流為滿載電流的6倍，啓動轉矩為滿載轉矩的1.6倍，試求下述啓動器啓動時之啓動電流與啓動轉矩各為多少？⑴Y－△啓動器⑵線電抗降壓啓動，接頭置於65%處⑶自耦變壓器啓動，接頭置於65%處。

【解】 設全壓啓動時之啓動電流與轉矩分別為I_s'與T_s'則

$I_s'=27\times6=162\text{A}$

$T_s'=45\times1.6=72$牛頓-米

⑴Y－Δ啓動器

$$I_s=\frac{1}{3}I_s'=54\text{A}$$

$$T_s=\frac{1}{3}T_s'=24\text{牛頓-米}$$

⑵線電抗壓降啓動

$I_s=(n\%)I_s'=0.65\times162=105.3\text{A}$

$T_s=(n\%)^2T_s'=0.65^2\times72=30.4$牛頓-米

⑶自耦變壓器啓動

$I_s=(n\%)^2I_s'=0.65^2\times162=68.4\text{A}$

$T_s=(n\%)^2T_s'=0.65^2\times72=30.4$牛頓-米

【例 8】 有三相感應電動機，轉子電阻為R_r，產生最大轉矩的轉差率為0.25，現欲使啓動時得到最大轉矩，則轉子應外接多少電阻？

【解】 $$\frac{R_r+r}{1}=\frac{R_r}{S_{T\max}}$$

$$R_r + r = \frac{R_r}{0.25}$$

$$r = 3R_r$$

即轉子應外接$3R_r$的電阻。

10-9　三相感應電動機的速度控制

感應電動機轉子的速度N_r爲

$$N_r = (1-S)N_s = (1-S)\frac{120f}{P}$$

上式中　S：轉差率

f：電源頻率

P：極數

依上式知感應電動機的轉速與定子的極數P成反比，和電源的頻率f成正比。對於三相感應電動機的速度控制有下述的方法：

⑴定子方面的控速方法：

①改變外加電壓

②改變極數

③改變外加頻率

⑵轉子方面的控速方法：

①轉子電路中加電阻。

②轉子電路中加電勢。

③兩部電動機作串接運用。

10-9-1　定子方面的控速

(一)改變外加電壓

感應電動機的轉矩與外加電壓的平方成正比，當外加電壓改變時其轉矩-速度特性曲線亦隨之改變。若負載的轉矩-速度特性，如圖10-31所示，則電壓由V_1降至V_2時，其速度會由n_1降到n_2。這種控速方法適用於驅動電扇的小型鼠籠式電動機，但不適用於定負載轉矩的速度控制。

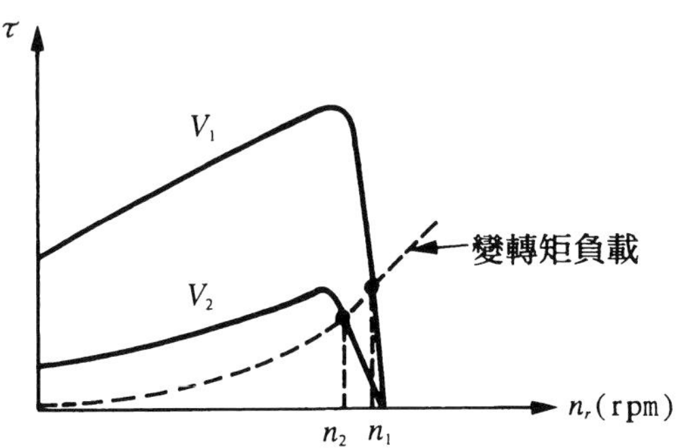

圖10-31 改變線電壓控制電動機速度

(二)改變極數：

電動機的同步速度與極數P成反比，因此改變極數可以改變電動機的速度，圖10-32(a)所示為一4極電機，改變定子繞組的接線即可變為一8極電機，如圖10-32(b)所示。

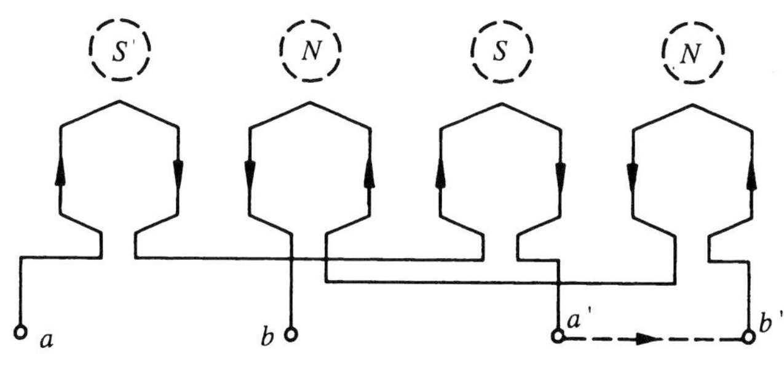

(a)4極接線

圖10-32 改變定子的極數

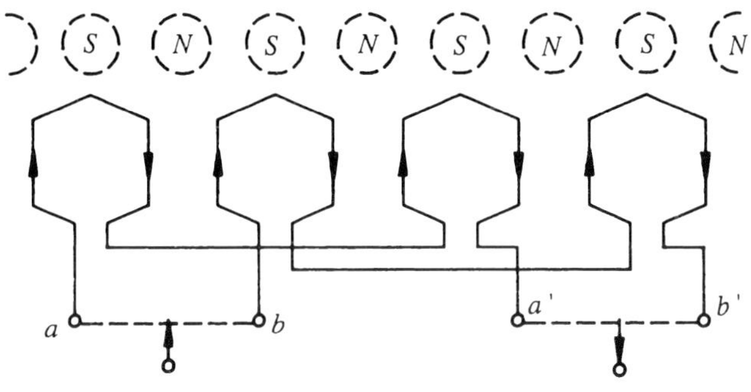

(b)8極接線

圖10-32　(續)

上述改變定子極數的方法稱為因生極法(Method of consequent pole)，可使定子的極數作1：2的改變。依據美國電機製造協會的標準，有下述之三種變速電動機：

(1)定轉矩電動機：

高、低兩種速度下的最大轉矩大約相同，以應用在定轉矩的場合為主。

(2)定馬力電動機：

低轉速時最大轉矩約為高轉速的兩倍，使用於工具機或絞盤等須要定馬力的場合。

(3)變轉矩電動機：

電動機的轉矩與轉速成正比，使用的場合如旋轉式壓縮機和風扇等。

上述各種電動機的接線圖與轉矩-速度特性曲線如圖10-33所示。

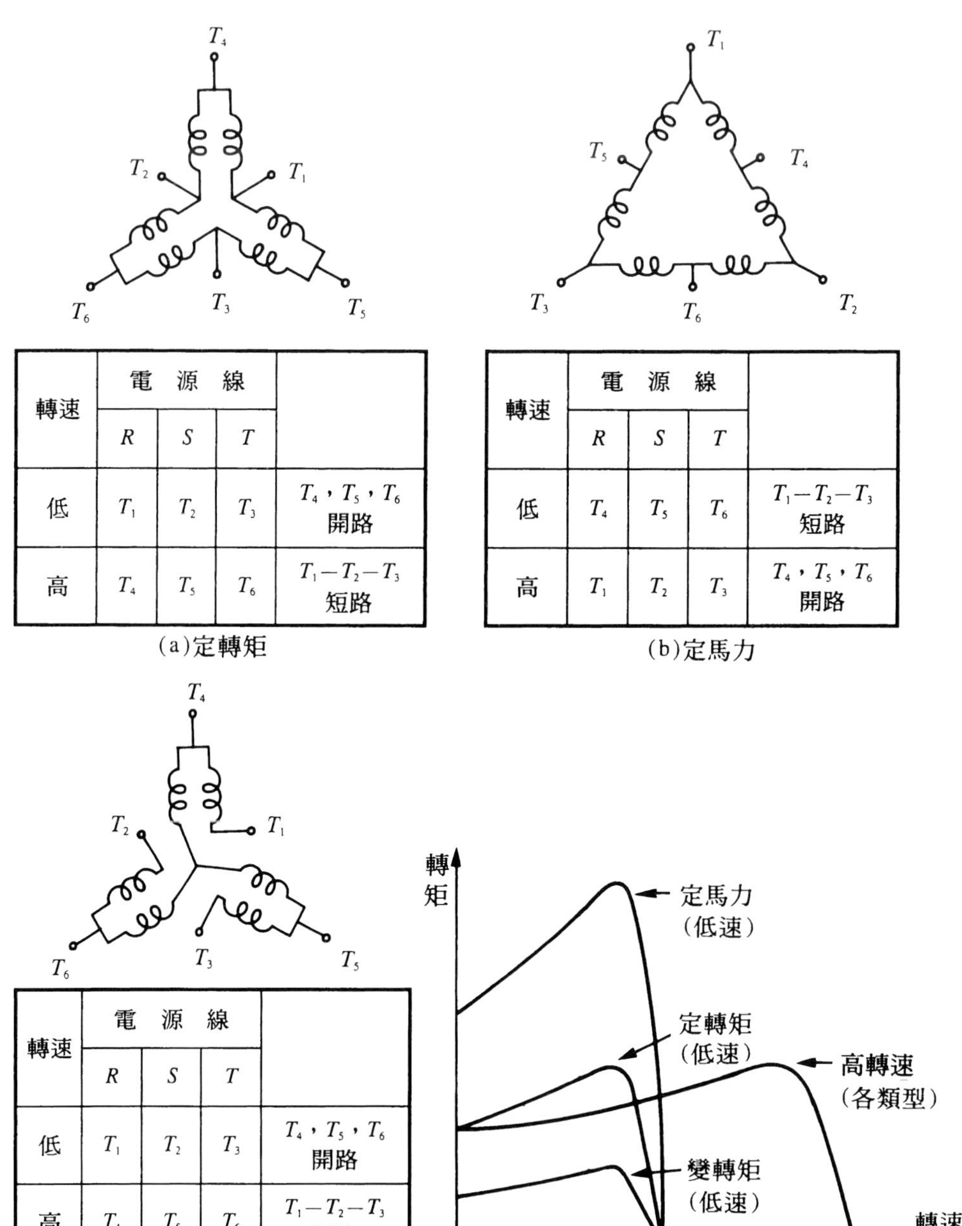

轉速	電源線			
	R	S	T	
低	T_1	T_2	T_3	T_4，T_5，T_6 開路
高	T_4	T_5	T_6	$T_1-T_2-T_3$ 短路

(a)定轉矩

轉速	電源線			
	R	S	T	
低	T_4	T_5	T_6	$T_1-T_2-T_3$ 短路
高	T_1	T_2	T_3	T_4，T_5，T_6 開路

(b)定馬力

轉速	電源線			
	R	S	T	
低	T_1	T_2	T_3	T_4，T_5，T_6 開路
高	T_4	T_5	T_6	$T_1-T_2-T_3$ 短路

(c)變轉矩

(d)轉矩-速度特性曲線

圖 10-33

(三)改變頻率

加入電動機定子電源頻率改變時，轉子的速度可作改變。爲了防止電動機的磁化電流過大，外加電壓須隨頻率作線性的變化，當頻率降低時，外加電壓也須隨著降低，否則磁化電流過大，使電動機的鐵心趨於飽和。

改變頻率時，電壓必須隨之改變，若控制 $\frac{V}{f}$ 成一定的比例，則磁通可維持定值，可得恒定轉矩的速度控制特性。此種方法的轉矩-速度特性曲線如圖10-34所示。

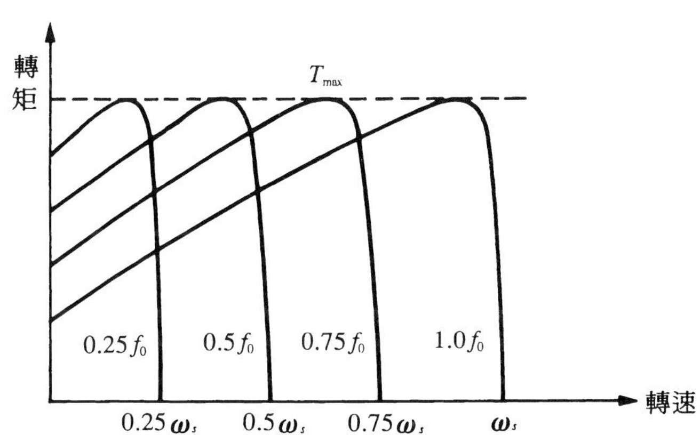

圖10-34　可變頻率控制下，感應電動機理想的轉矩-速度曲線

變頻控制最主要的缺點爲須要可改變頻率的電源，此問題目前因固態變頻電動機驅動裝置的發展而獲得解決。

10-9-2　轉子方面的控速

轉子方面的控速僅適用於繞線式感應電動機，其方法如下列所述

(一)轉子外加電阻以控制速度

在一定的負載轉矩下，電動機的轉差率與轉子電路的總電阻成正

比，因此調節轉子的外加電阻，可以使電動機的速度變化於較寬的範圍，如圖10-35所示對定負載轉矩T_L，電動機的速度可在S_a至S_b轉差率間轉動。轉子等效電阻較大者其速度變動亦較大，由圖中可知對負載轉矩變動△T時，轉子外加電阻爲r之轉差率變動值爲△S_a，若爲$5r$則轉差率變動值爲△S_b，因此這種方法對負載變化時的速率調整不佳。

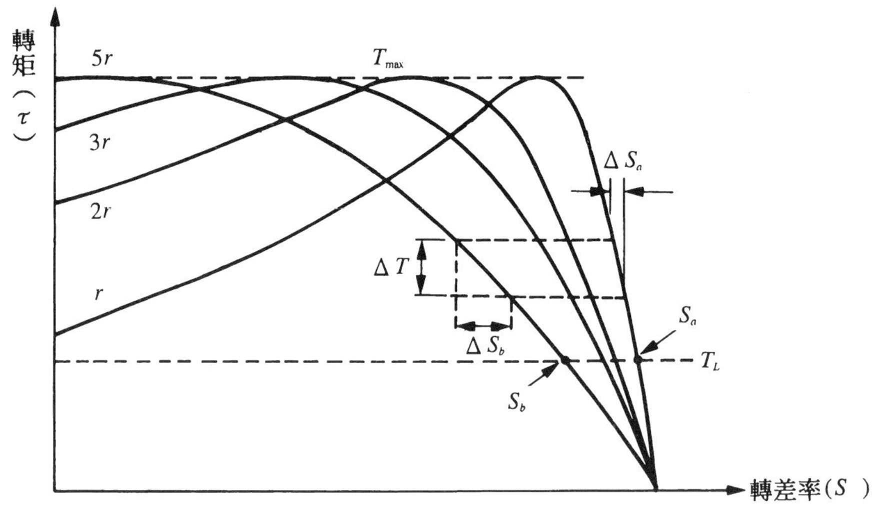

圖10-35　變化轉子外加電阻以控制電動機速度

(二)轉子加電壓以控制速度

轉子可以外加電壓，但須爲轉差頻率(Slip frequency)，此時不但可以控制電動機的轉速，且能改善功率因數。

加入一與轉子電勢相反的電壓，等於減少轉子外加的總電壓或與加大轉子電阻的效應相同，因此電動機的速度將降低；反之加入一與轉子電勢相同的電壓，等於加大轉子外加的總電壓或與減少轉子電阻的效應相同，此時電動機的轉速提高，甚至超過同步速度。

此種控速方法無功率損耗，所以不致於降低電動機的效率，由於轉差率S爲一變動值，因此外加電壓的頻率必須能相應的變動。

(三)兩機串聯控速法

兩機作串聯控速，如圖10-36所示，M_1機須為繞線式感應電動機，M_2機可為繞線式感應電動機或鼠籠式感應電動機，兩機的機械軸互相連接，在電路上亦為串聯連接。電源的頻率為f_1加於M_1機的定子繞組，M_1機轉子的輸出電壓(頻率為S_1f_1)加於M_2機的定子繞組，M_2機轉子的輸出電壓(頻率為S_2f_2)加於Y型連接的電阻。

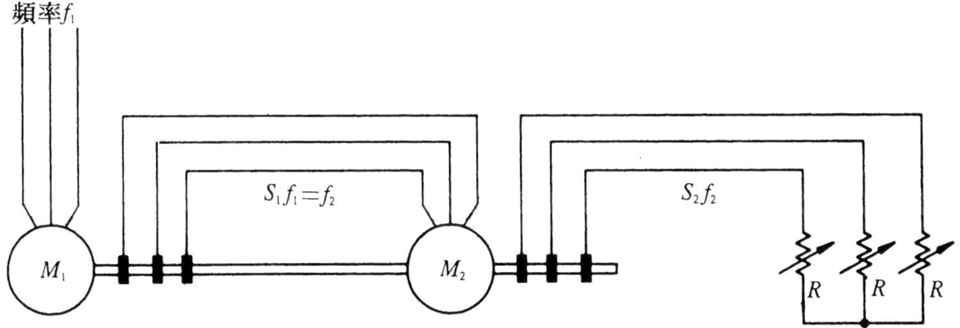

圖10-36　兩機串聯控速法

兩機串聯控速，依運轉情形的不同，可得到下述的同步速度：

(1)M_1機單獨使用時的同步速度N_{s1}為

$$N_{s1}=\frac{120f_1}{P_1}$$

(2)M_2機單獨使用時的同步速度N_{s2}為

$$N_{s2}=\frac{120f_2}{P_2}$$

(3)兩機串聯運用且定子磁場的旋轉方向相同，則串聯機組將合成一同步速度N_{s3}為

$$N_{s3}=\frac{120f_1}{P_1+P_2} \tag{10-51}$$

⑷兩機串聯運用且定子磁場的旋轉方向相反，則串聯機組合成的同步速度N_{s4}爲

$$N_{s4}=\frac{120f_1}{P_1-P_2} \tag{10-52}$$

【例 9】 一部6極、60Hz繞線式感應電動機，滿載時的轉速1152rpm，轉子每相的電阻爲2Ω，今欲將滿載轉速改爲960rpm，試求所需加入的外部電阻爲多少？

【解】

$$N_s=\frac{120\times60}{6}=1200\text{rpm}$$

$$S_f=\frac{1200-1152}{1200}=0.04$$

$$S=\frac{1200-960}{1200}=0.2$$

設轉子的外加電阻爲r，由轉矩的比例推移，可得如下式的關係：

$$\frac{R_r+r}{S}=\frac{R_r}{S_f}$$

$$\frac{2+r}{0.2}=\frac{2}{0.04}$$

$$r=8\,\Omega$$

【例10】 二部感應電動機的極數分別爲20及4，今欲接成串聯運用，電源頻率爲60Hz，求：

⑴只用20極單機時的同步速度。

⑵只用 4 極單機時的同步速度。

⑶二機做相助串聯運用時的同步速度。

⑷二機做相差串聯運用時的同步速度。

【解】 (1)只用20極單機時的同步速度N_{s1}爲

$$N_{s1}=\frac{120f}{P_1}=\frac{120\times 60}{20}=360\text{rpm}$$

(2)只用4極單機時的同步速度N_{s2}爲

$$N_{s2}=\frac{120f}{P_2}=\frac{120\times 60}{4}=1800\text{rpm}$$

(3)二機做相助串聯(定子磁場爲同相)運用時的同步速度N_{s3}爲

$$N_{s3}=\frac{120f}{P_1+P_2}=\frac{120\times 60}{20+4}=300\text{rpm}$$

(4)二機做相差串聯(定子磁場爲反相)運用時的同步速度N_{s4}爲

$$N_{s4}=\frac{120f}{P_1-P_2}=\frac{120\times 60}{20-4}=450\text{rpm}$$

10-10　三相感應電動機的試驗

三相感應電動機的試驗主要有無載試驗(No load test)、堵轉試驗(Locked-rotor test)與直流電阻量測，所得的數據，可用來求感應電動機的參數、無載旋轉損耗及探討電動機的性能。各項試驗的情形將如下逐一說明。

10-10-1　無載試驗

三相感應電動機的無載試驗提供激磁電流和無載損失的資料。無載試驗時，以額定電壓接於定子繞組上，並讓電動機不加載旋轉，此時電動機唯一的負載爲風損與摩擦，所以展生功率P_{conv}完全消耗於機械損。

無載試驗的接線圖如圖10-37(a)所示；無載時電動機的轉差率很小，且機械負載$\dfrac{(1-S_{nl})R_2}{S_{nl}} \gg (R_2+jX_2)$，因此圖10-37(b)所示的一相電路可簡化爲圖10-37(c)。

無載時定子的銅損$P_{scl,nl}$可寫爲

$$P_{scl,nl}=3\,I_{nl}^2\,R_1 \tag{10-53}$$

額定電壓、頻率下的總旋轉損耗，通常爲定值，所以此值可視爲無載時的旋轉損耗，即電動機的旋轉損耗P_{rot}爲

$$P_{rcl}=P_{core}+P_{F\&W}+P_{stray}=P_{in}-P_{scl,nl} \tag{10-54}$$

感應電動機在無載運轉時的等效電路近似於圖10-37(c)。由於感應電動機氣隙所形成的高磁阻，所以要一很大的磁化電流才可建立電動機所需的磁場，即X_m與$R_{F\&W\&C}$比較起來就顯得很小，且$R_1 \ll (X_1+X_m)$，因此無載試驗的輸入電壓大部份均降在電感性元件，即

$$\boxed{Z_{nl}=\frac{V_{nl}}{\sqrt{3}\,I_{nl}}\approx X_1+X_m} \tag{10-55}$$

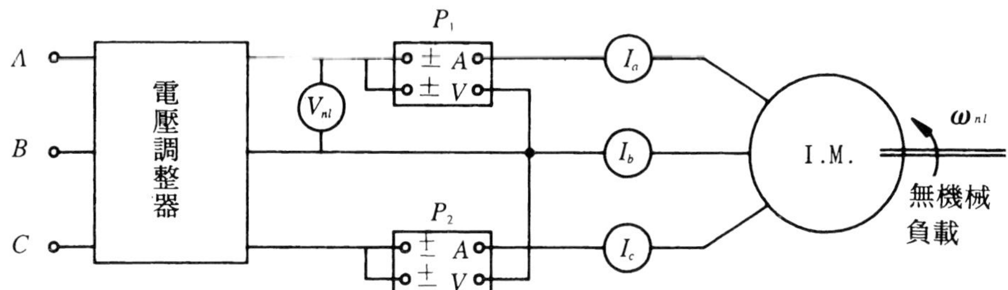

V_{nl}：電動機額定電壓；$P_{nl}=P_1+P_2$；$I_{nl}=\frac{1}{3}(I_a+I_b+I_c)$

(a)三相感應電動機的無載試驗接線圖

圖10-37

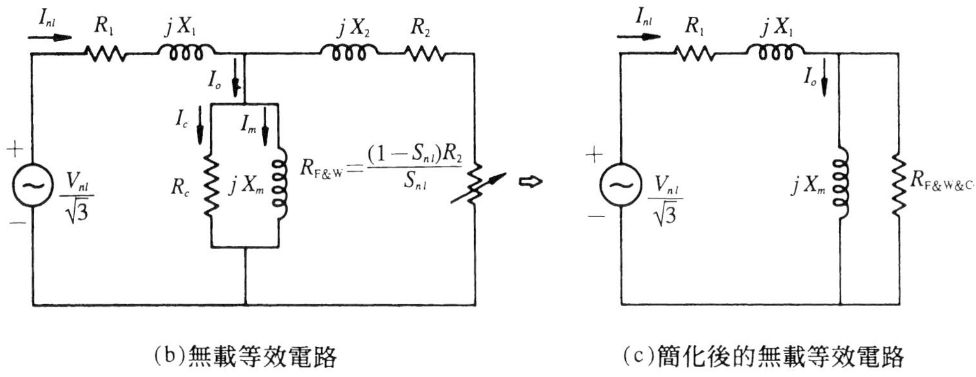

(b)無載等效電路　　(c)簡化後的無載等效電路

圖10-37 （續）

10-10-2　直流電壓降法測量定子電阻

如圖10-38所示，加一直流電壓至感應電動機的定子，並測量其輸入電壓與電流，由於使用直流電源，因此轉子內沒有感應電壓，也沒有電流。對直流電源轉子電路不會造成電壓降，定子的電抗對直流電而言其壓降爲零，因此限制輸入電流是定子繞組的電阻。依輸入至定子的直流電壓與電流便可以測出定子的電阻R_1，即

$$R_1=\frac{V_{dc}}{2I_{dc}} \tag{10-56}$$

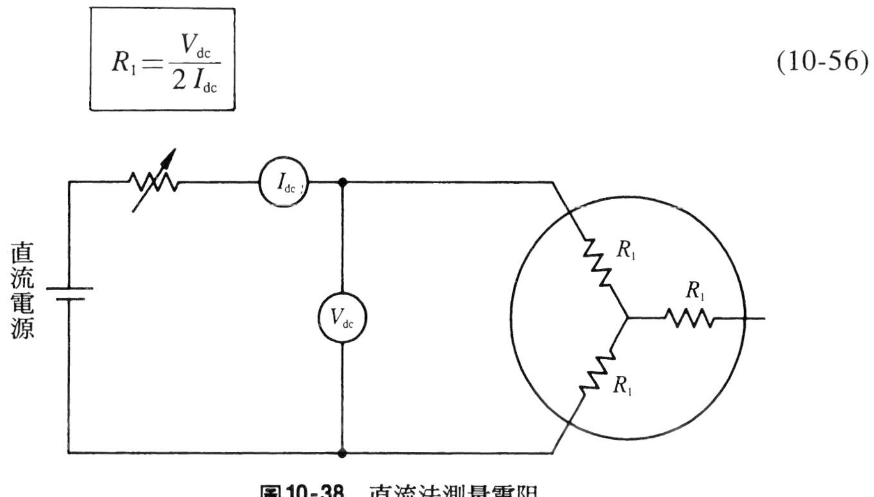

圖10-38　直流法測量電阻

10-10-3 堵轉試驗

感應電動機的堵轉試驗相對於變壓器的短路試驗，其接線圖如圖10-39(a)所示。調整輸入電壓使輸入電流為額定值，並記錄電壓、電流與功率的測量值。由於堵轉試驗時轉子靜止不動($S=1$)，即$\frac{R_2}{S}=R_2$，所以堵轉試驗時的近似電路如圖10-39(b)所示，又轉子電路的阻抗R_2+jX_2遠小於磁化電抗jX_m，因此圖10-39(b)的電路圖可再簡化為圖10-39(c)。

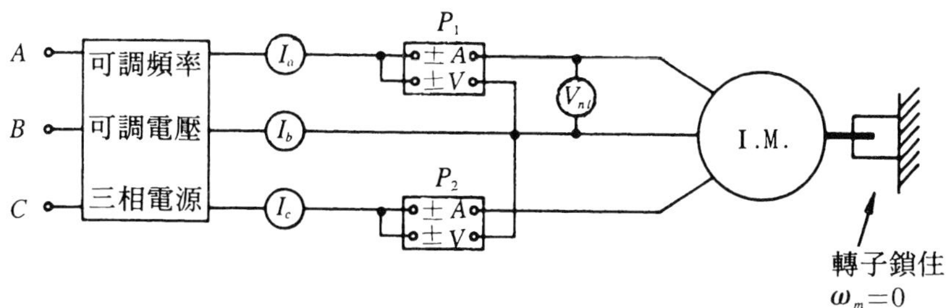

$$f_s=f_r=f_{test}\text{；}P_{rl}=P_1+P_2\text{；}I_{rl}=\frac{1}{3}(I_a+I_b+I_c)\cong I_{1,rated}$$

(a)感應電動機堵轉時的接線圖

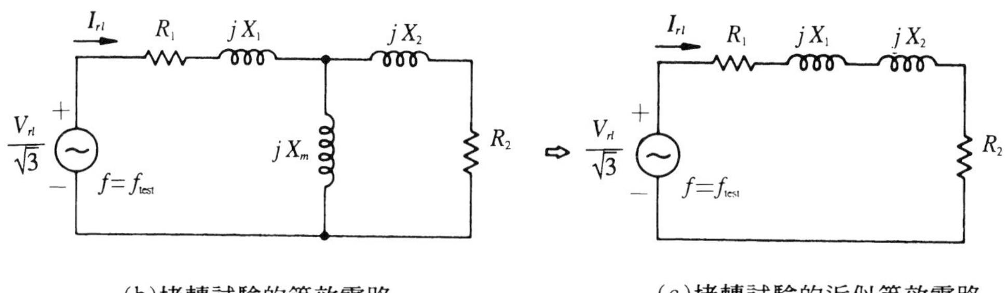

(b)堵轉試驗的等效電路　　(c)堵轉試驗的近似等效電路

圖10-39

由於正常操作時，定子的頻率爲電源頻率50Hz或60Hz，因此起動時轉子和定子有相同的頻率，唯正常操作時，電動機的轉差率爲 2％～5％，亦即轉子的頻率爲1～3Hz，所以正常的電源頻率將使轉子無法表示眞實的運轉情況。爲了模擬等效於正常運轉情形的轉子熱效應，有一折衷的方法就是採用額定頻率25％或較小的頻率電源來做堵轉試驗。對於A級與D級感應電動機其轉子電阻爲固定所以可以接受，但B級與C級電動機，由於轉子頻率爲轉子電阻的函數因此有較大的測量誤差。

由圖10-39(c)的電路圖，可得電動機堵轉時的總阻抗Z_{rl}，其值爲

$$Z_{rl}=\frac{V_{rl}}{\sqrt{3}I_{rl}} \tag{10-57}$$

堵轉電阻R_{rl}爲

$$\boxed{R_{rl}=R_1+R_2=\frac{P_{rl}}{3I_{rl}^2}} \tag{10-58}$$

堵轉電抗X_{rl}'爲

$$\boxed{X_{rl}'=\sqrt{Z_{rl}^2-R_{rl}^2}} \tag{10-59}$$

上式中X_{rl}'是對應於測試頻率的定子與轉子電抗的和。

轉子的電阻R_2可由下式求出，即

$$\boxed{R_2=R_{rl}-R_1} \tag{10-60}$$

由於X_{rl}'係在f_{test}的頻率所測得之值，因此額定頻率f_{rated}時的值X_{rl}爲

$$X_{rl}=\frac{f_{\text{rated}}}{f_{\text{test}}}X_{rl}'=X_1+X_2 \tag{10-61}$$

定子繞組的電抗X_1與轉子的電抗X_2與X_{rl}之關係可由表10-1的經驗表格得知：

表10-1　各種電抗 X_1 和 X_2 比例的經驗表格

馬達種類	X_1 和 X_2 所佔的比例	
	X_1	X_2
A	0.5	0.5
B	0.4	0.6
C	0.3	0.7
D	0.5	0.5
繞線式	0.5	0.5

【例11】 一部三相220伏、4極、Y接、60Hz、7.5HP、A級的感應電動機，其額定電流為23A，此電動機各項試驗的數據如下：

直流試驗：$V_{dc}=15$伏，$I_{dc}=25\text{A}$

無載試驗：$V_T=220$伏，$f=60\text{Hz}$

$I_A=7.62\text{A}$，$P_{\text{in}}=460\text{W}$

$I_B=7.82\text{A}$

$I_C=7.72\text{A}$

堵轉試驗：$V_T=22$伏，$f_{\text{test}}=15\text{Hz}$

$I_A=23.1\text{A}$，$P_{\text{in}}=793.5\text{W}$

$I_B=22.9\text{A}$

$I_C=23\text{A}$

試回答下列問題：

⑴試求此電動機的無載旋轉損失並繪單相等效電路。

⑵最大轉矩及最大轉矩時的轉差率。

⑶啓動電流及啓動轉矩。

【解】　⑴依據直流試驗，定子電阻R_1爲

$$R_1=\frac{V_{dc}}{2I_{dc}}=\frac{15}{2\times 25}=0.3\,\Omega$$

由無載試驗可得

$$I_{nl}=\frac{7.62+7.82+7.72}{3}=7.72\text{A}$$

$$V_{nl}=\frac{220}{\sqrt{3}}=127\text{伏}$$

$$Z_{nl}\approx X_1+X_m=\frac{V_{nl}}{I_{nl}}=\frac{127}{7.72}=16.45\,\Omega$$

無載時定子的損失$P_{scl,nl}$爲

$$P_{scl,nl}=3I_{nl}^2R_1=3\times 7.72^2\times 0.3=53.64\text{W}$$

無載旋轉損失P_{rot}爲

$$P_{rot}=P_{in,nl}-P_{scl,nl}=460-53.64=406.4\text{W}$$

根據堵轉試驗

$$I_{rl}=\frac{23.1+22.9+23}{3}=23\text{A}$$

$$Z_{rl}=\frac{V_{rl}}{I_{l,rl}}=\frac{22}{\sqrt{3}\times 23}=0.552\,\Omega$$

$$R_{rl}=R_1+R_2=\frac{P_{rl}}{3I_{rl}^2}=\frac{793.5}{3\times 23^2}=0.5\,\Omega$$

$$R_2=R_{rl}-R_1=0.5-0.3=0.2\,\Omega$$

15Hz頻率時之電抗X_{LR}'爲

$$X_{LR}'=\sqrt{Z_{rl}^2-R_{rl}^2}=\sqrt{0.552^2-0.5^2}=0.234\,\Omega$$

換算爲60Hz之頻率時之電抗X_{LR}爲

$$X_{LR}=\frac{60}{15}\times 0.234=0.936\,\Omega$$

A型感應電動機之X_1與X_2相等，即

$$X_1=X_2=\frac{0.936}{2}=0.468\,\Omega$$

$$X_m=16.45-0.468\cong 16\,\Omega$$

圖10-40(a)所示爲本例感應電動機一相的等效電路。

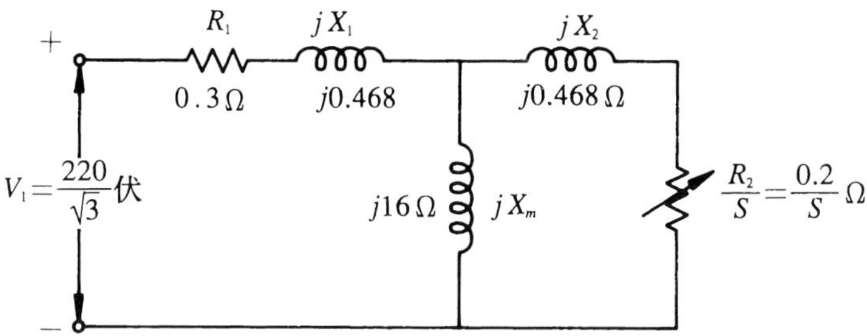

圖10-40 (a)本例感應電動機一相的等效電路

(2)由轉子電路向電源端視入之戴維寧等效電路爲

$$V_{TH}=\frac{220}{\sqrt{3}}\times\left|\frac{j16}{0.3+j16.468}\right|=123.4\text{伏}$$

$$\bar{Z}_{TH}=(0.3+j0.468)\,/\!/\,(j16)=0.539\angle 58.37^\circ$$
$$=0.283+j0.459\,\Omega$$

因此圖10-40(a)可重繪成圖10-40(b)。

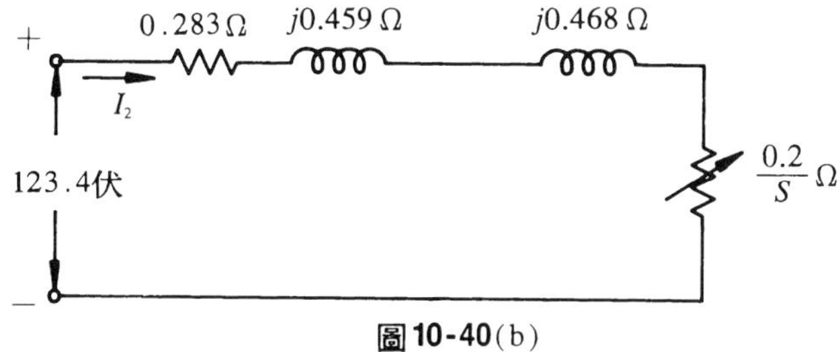

圖10-40(b)

$$S_{T\max}=\frac{R_2}{\sqrt{R_{\mathrm{TH}}^2+(X_{\mathrm{TH}}+X_2)^2}}=\frac{0.2}{\sqrt{0.283^2+(0.459+0.468)^2}}$$

$$=0.206$$

$$I_{2,T\max}=\frac{123.4}{\sqrt{\left(0.283+\frac{0.2}{0.206}\right)^2+(0.459+0.468)^2}}$$

$$=79.14\text{A}$$

$$P_{ag,T\max}=3\times 79.14^2\times\frac{0.2}{0.206}=18{,}242.2\text{W}$$

$$\omega_s=\frac{1800}{60}\times 2\pi=60\pi$$

$$T_{\max}=\frac{18242.2}{60\pi}=96.8\text{牛頓-米}$$

(3)啓動電流 I_{st} 爲

$$I_{\mathrm{st}}=\frac{123.4}{\sqrt{(0.283+0.2)^2+(0.459+0.468)^2}}=118.1\text{A}$$

$$P_{\mathrm{ag,st}}=3\times 118.1^2\times 0.2=8368.6\text{W}$$

$$T_{\mathrm{st}}=\frac{8368.6}{60\pi}=44.4\text{牛頓-米}$$

10-11　機械損與鐵損的分離

感應電動機的無載旋轉損失包括機械損與鐵損，要將機械損與鐵損予以分離，可由下述步驟得之：

(1)三相感應電動機的定子加以額定頻率但電壓可以改變的交流電源，且電動機不加任何負載，使其空轉。電動機的輸入電壓由較小的值逐次的往上增加，一直至略大於額定電壓爲止。

(2)若輸入電壓爲 V_{nl} 時的輸入功率爲 P_{nl}，無載時的定子銅損爲 $P_{\mathrm{scl},nl}$ 則無載旋轉損 P_{rot} 爲

$$P_{\text{rot}}=P_{nl}-P_{\text{scl},nl}=P_{nl}-3I_{nl}^2R_1 \tag{10-62}$$

式中I_{nl}：電壓爲V_{nl}時的無載電流。

(3)以外加電壓V_{nl}'爲橫軸，相對應的P_{nl}'及P_{rot}'爲縱軸可繪製曲線如圖10-41所示。

(4)依無載旋轉損曲線的傾向延長至縱軸($V_{nl}'=0$)，則此曲線與縱軸的相交於m，則om的值相當於機械損P_m，由m作一與橫軸平行的直線，如此即可將任意電壓V_{nl}下的鐵損與機械損分離，即$P_{\text{core}}=P_{\text{rot}}-P_m$。

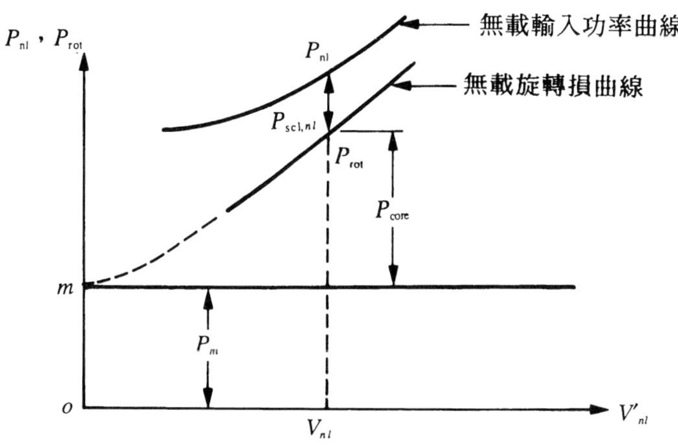

圖10-41　機械損與鐵損的分離

10-12　感應發電機(The induction generator)

當三相感應電動機轉子被拖動運轉，轉子的旋轉方向與同步旋轉磁場的方向一致，且轉子的速度高於同步速度時，則此時的轉差率變爲負值，轉子的電壓極性反向，因此轉子電流也反向，所產生的轉矩與旋轉方向相反。感應電動機此時的運作爲發電機且向定子端輸送功率，故稱此感應機爲感應發電機。其轉矩-速度曲線在圖10-16之發電機區域。

圖10-42(a)與(b)表示感應電動機與感應發電機的原理圖。兩者在許多方面是相同的，等效電路也是一樣，但能量的傳送方向相反。感應發電機與同步發電機比較，其最大的優點爲結構和運轉十分簡單，且不需要獨立的磁場繞組，亦不須以固定的轉速驅動，只要轉子的轉速比同步速度高，就可作爲發電機運轉。感應發電機爲小功率發電站與大電力系統間的相互聯結提供了一最經濟的方式，所以他的應用逐漸廣泛，如使用於風力、地熱或熱量回收系統。

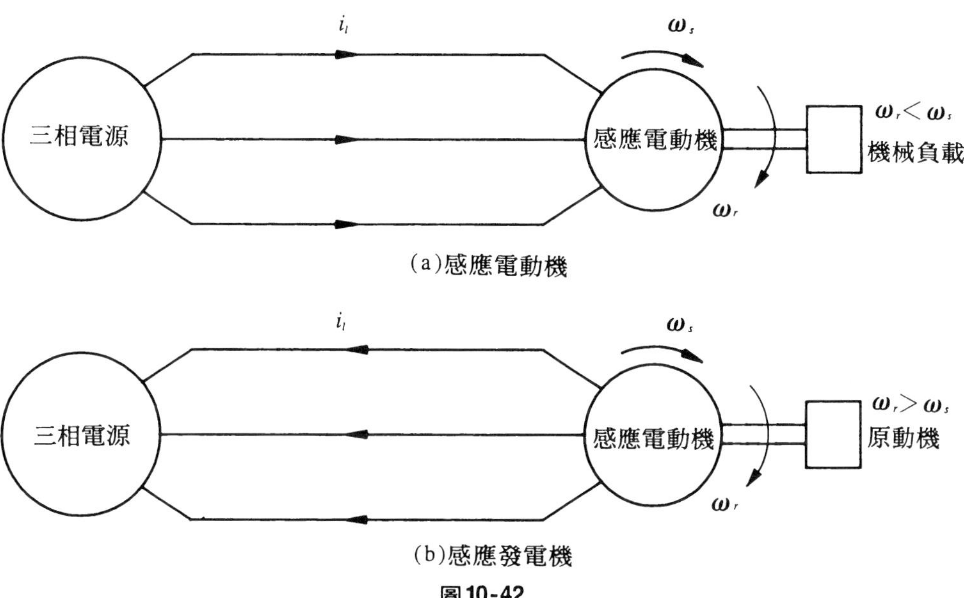

(a)感應電動機

(b)感應發電機

圖10-42

感應發電機無法自行激磁，激磁所需的無效功率(電感性)，需由所聯接的配電網路供應，使用電容器組與發電機並聯，倘電容器組的額定容量適當，就可補償感應發電機所吸取的激磁功率。驅動感應發電機的原動機裝有轉速控制器以限制空載時轉速不超過安全範圍，此因發電機的負載被切斷時發電機的感應轉矩減少，若原動機不減速將造成過速運轉。

對一單獨運作的感應發電機，如圖10-43(a)所示，感應發電機的磁化電流I_m由電容器組所供應，且為發電機端電壓的函數。感應發電機的無載端電壓為發電機磁化曲線與電容器組負載線的交點如圖10-43(b)所示。其電壓建立的過程頗似直流分激式發電機。

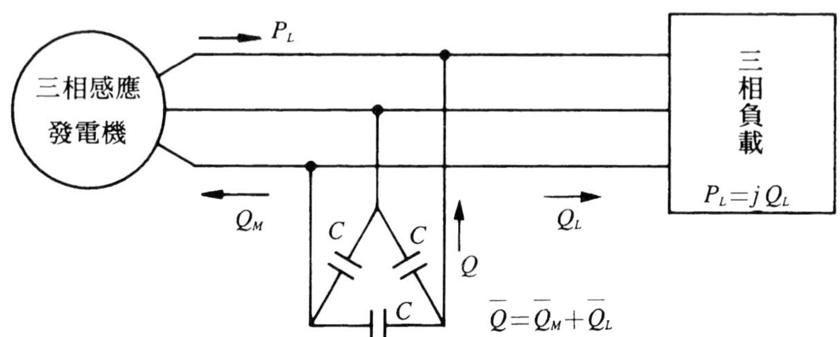

(a)應用電容器組供應激磁虛功率而單獨運作的感應發電機

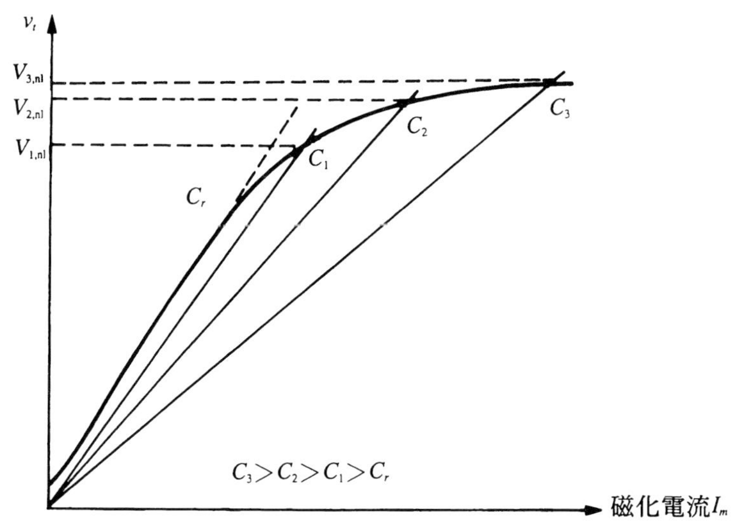

(b)磁化曲線和電容器組負載線的交點為感應發電機的無載端電壓

圖10-43

【**例12**】以一部三相感應電動機來驅動一部起重機，圖10-44(a)及(b)分別為電動機的等效電路與單線圖，負載下降時，此負載使電動機加速並使轉速超過同步速度，即此時電動機作爲發電機運轉，若下降時電動機控制爲1900rpm，試求(1)線電流(2)此機所接受的實功與虛功性質爲何？其數值又各爲多少？

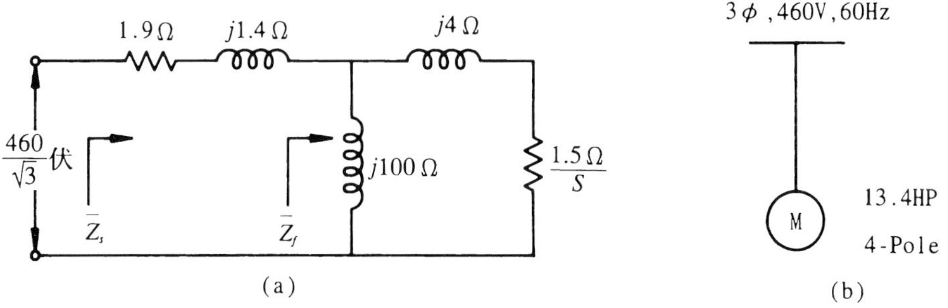

圖10-44

【解】

$$N_s=\frac{120f}{P}=\frac{120\times60}{4}=1800\text{rpm}$$

$$S=\frac{N_s-N_r}{N_s}=\frac{1800-1900}{1800}=-0.0556$$

$$\bar{Z}_f=(j100)\,/\!/\left(\frac{1.5}{-0.0556}+j4\right)=(j100)\,/\!/\,(-26.98+j4)$$

$$=\frac{100\angle 90^\circ\times27.275\angle 171.57^\circ}{-26.98+j104}=25.38\angle 157^\circ\ \Omega$$

$$=-23.36+j9.92\,\Omega$$

$$\bar{Z}_s=(1.9-23.36)+j(1.4+9.92)=-21.46+j11.32\,\Omega$$

$$=24.26\angle 152.2^\circ\ \Omega$$

(1)線電流I_l爲

$$I_l=\frac{460}{\sqrt{3}\times24.26\angle 152.2^\circ}=10.947\angle -152.2^\circ\ \text{A}$$

(2)電動機吸收之視在功率$\bar{S}$爲

$$\bar{S}=\sqrt{3}V_lI_l^*=\sqrt{3}\times460\times10.947\angle 152.2^\circ$$

$$=8722\angle 152.2^\circ=-7715+j4068\ \text{VA}$$

電動機由電源吸收一7715W的實功率或此時電動機運作爲發電機，由該機向電源送回7715W的實功率。電動機向電源吸取4068VAR的電感性功率。

10-13 感應變頻機 (Induction frequency changers)

一部三相繞線式的感應電機可由其轉子的電刷取得三相電壓，該電壓的大小及頻率可變且可供應給外部的負載，即稱爲感應變頻機。圖10-45(a)示一部感應變頻機供應電力至負載的情形，定子由電力系統供電，轉子由一可變速度的原動機來驅動，轉子的電壓與頻率可寫爲

$$f_r = Sf_s \tag{10-63}$$

$$E_r = SE_{rl} \tag{10-64}$$

轉差率S大於1時，轉子的頻率高於電源頻率，轉子的電壓也可能高於電源電壓。若不考慮感應電動機的損失，則感應電動機的輸入功率P_e與可變速的原動機之輸入功率P_m的和，即爲負載所吸收的功率P_L，各功率間的關係如下：

$$P_L = P_e + P_m \tag{10-65}$$

由感應電動機的等效電路可得

$$P_e = \frac{P_L}{S} \tag{10-66}$$

$$P_m = \frac{S-1}{S} P_L \tag{10-67}$$

圖10-45(b)示各功率與轉差率間的關係。

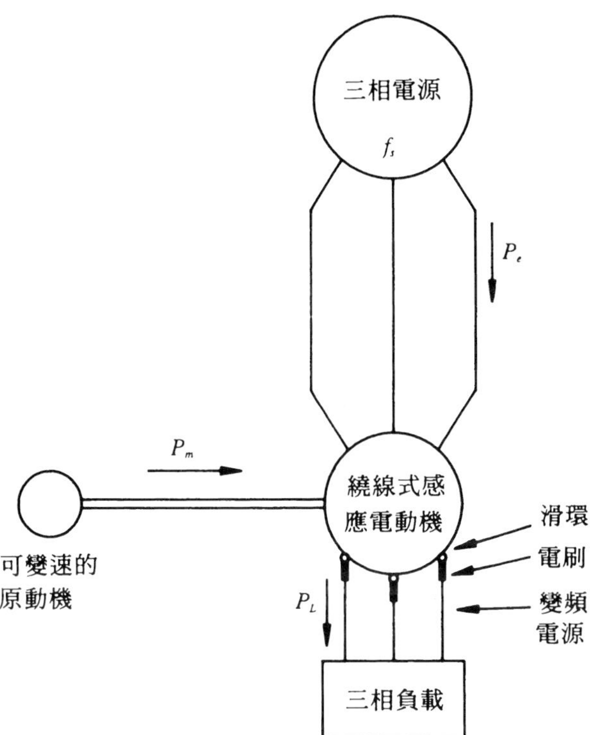

(a)感應變頻機與功率流程圖

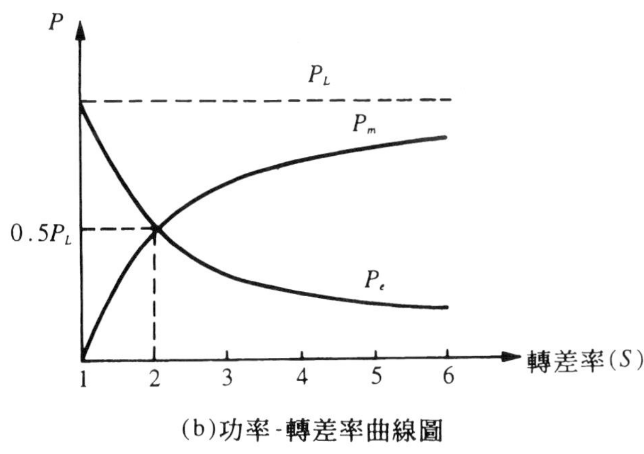

(b)功率-轉差率曲線圖

圖10-45

【例13】有一部6極的繞線式感應電動機在60Hz電源下操作，被一部轉速可變的原動機驅動而變成一部變頻機，試回答下述各問題：

⑴原動機以反向1200rpm操作，轉子將產生何種頻率？

⑵原動機以同向300rpm操作，轉子將產生何種頻率？

⑶若轉子欲得240Hz頻率，則原動機的轉速與轉向爲何？

【解】 $N_s=\dfrac{120f}{P}=\dfrac{120\times 60}{6}=1200\text{rpm}$

⑴ $S=\dfrac{N_s-N_r}{N_s}=\dfrac{1200+1200}{1200}=2$

$f_r=Sf_s=2\times 60=120\text{Hz}$

⑵ $S=\dfrac{1200-300}{1200}=0.75$

$f_r=0.75\times 60=45\text{Hz}$

⑶ $S=\dfrac{f_r}{f_s}=\dfrac{240}{60}=4$

$N_r=(1-S)\,N_s=(1-4)\times 1200=-3600\text{rpm}$

(負號示轉子旋轉方向與定子旋轉磁場方向相反)。

摘　要

1. 感應電動機的構造主要爲定子與轉子。依轉子構造的不同可分爲鼠籠式感應電動機與繞線式感應電動機。
2. 三相感應電動機的定子通以三相的平衡電流，在定子產生旋轉磁勢，其磁勢爲定值且爲每相最大磁勢的1.5倍，旋轉速度或稱同步速度　$N_s=\dfrac{120f}{P}$
3. 轉差率 $S(\%)=\dfrac{N_s-N_r}{N_s}\times 100\%$

   轉子旋轉速度 $N_r=(1-S)N_s$

設加於定子的電源頻率為f_s，則轉子頻率f_r為

$$f_r = Sf_s$$

4. 三相感應電動機的功率流程圖

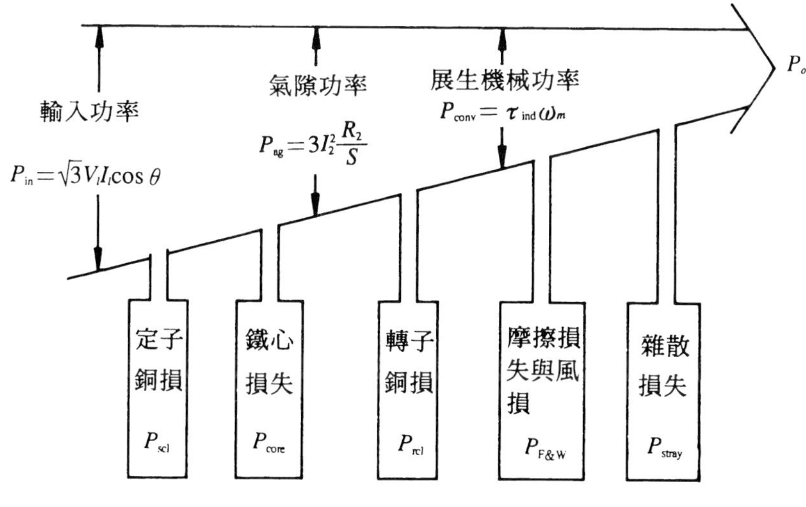

5. 感應電動機的轉矩-速度特性曲線可以分為低轉差區、緩和轉差區與高轉差區。感應電動機正常運作於低轉差區，滿載轉矩若低於起動轉矩時，電動機可以在滿載下啓動。

6. 感應電動機操作於制動區域時，轉差率S介於1.0與2.0間，電動機產生反向轉矩，使電動機迅速停止。

7. 感應電動機操作於發電機區域時，轉差率$S < 0$，轉子的轉速超過同步速度，感應轉矩將反向，此時感應電動機將機械功率轉換成電功率變為發電機。

8. 三相感應電動機的最大轉矩T_{max}與最大轉矩時之轉差率$S_{T\max}$分別為

$$T_{\max}=\frac{1.5V_{\mathrm{TH}}^2}{\omega_s[R_{\mathrm{TH}}+\sqrt{R_{\mathrm{TH}}^2+(X_{\mathrm{TH}}+X_2)^2}]}$$

$$S_{T\max}=\frac{R_2}{\sqrt{R_{\mathrm{TH}}^2+(X_{\mathrm{TH}}+X_2)^2}}$$

9. 忽略定子電阻R_1或$(X_{\mathrm{TH}}+X_2)/R_{\mathrm{TH}} \gg 1$時，任何轉差率$S$的轉矩$T$與最大轉矩$T_{\max}$及其轉差率$S_{T\max}$間的關係為

$$\frac{T}{T_{\max}}=\frac{2}{\dfrac{S_{T\max}}{S}+\dfrac{S}{S_{T\max}}}$$

10. 為了獲得較佳的啓動特性與良好的運轉性能，感應電動機的轉子被設計為深槽型或雙鼠籠式。美國電機製造協會對不同特性的感應電動機予以分類，可分為A、B、C及D等級。

11. 三相感應電動機的啓動方法有：(1)全壓啓動(2)線路串聯電阻器啓動法(3)線路串聯電抗器啓動法(4)Y－△降壓啓動法(5)補償器降壓啓動法(6)部份繞組啓動法。

12. 三相感應電動機的速度控制方法：

(1)定子方面的控速：

①改變外加電壓②改變極數③改變頻率

(2)轉子方面的控速(僅適用於繞線式感應電動機)：

①轉子外加電阻②轉子外加電壓③二機串聯控速

13. 三相感應電動機的試驗主要有無載試驗與堵轉試驗。其目的為測定電動機的無載旋轉損失及定子、轉子與鐵心的參數。另有直流壓降法以測量定子的電阻。

14. 感應發電機轉子的旋轉方向與同步旋轉磁場的方向一致，且速度高於同步速度。所需之激磁功率可由並聯電容器組供應或由相互聯結的電力系統供應。

15. 感應變頻機其定子由電力系統供電，轉子由一可變速度的原動機所驅動，由轉部的滑環與電刷輸出一可變頻率的三相電源至負載。

習題十

1. 試述三相感應電動機的轉動原理。
2. 何謂感應電動機的轉差速度與轉差率？
3. 感應電動機爲何不能以同步轉速運轉？
4. 試述感應電動機操作於制動區域之目的，此時之轉差率爲何？
5. 試述深槽型轉子感應電動機的原理？美國電機製造協會中的那一種設計等級可用來製造此種轉子？
6. 試述雙鼠籠型轉子感應電動機的原理？美國電機製造協會中的那種設計等級可用來製造此種轉子？
7. 試述三相感應電動機的啓動方法有那些？
8. 試述三相感應電動機的速度控制方法有那些？
9. 試述感應電動機的無載試驗，此試驗中可以得到那些資料？
10. 試述感應電動機的堵轉試驗，此試驗中可以得到那些資料？
11. 如何由試驗將感應電動機的機械損與鐵損分離？
12. 感應發電機使用在那些場合？
13. 如何將感應電動機當作變頻機使用？
14. 一部三相220伏、4極、60Hz、20HP的三相感應電動機，在0.85落後功因的情況下吸取53A的電流，定子銅損880W，鐵損793W，轉子銅損308W，摩擦損與風損265W，忽略雜散損失，試求：(1)氣隙功率P_{ag}(2)展生機械功率P_{conv}(3)輸出功率P_o(4)此電動機的效率。
15. 一部三相20HP、440伏、60Hz、4極的感應電動機，其定部繞組爲Y連接，參考至定子側的各參數如下：$R_1=0.3\,\Omega$、$X_1=0.63\,\Omega$

、$X_2=0.63\,\Omega$、$R_2=0.36\,\Omega$、$X_m=27.5\,\Omega$，設滿載時定子旋轉磁場與轉子的相對速度爲63rpm，此時的旋轉損失爲1276W，試求：

⑴定子電流及功率因數。

⑵氣隙功率及感應轉矩。

⑶輸出轉矩。

16、 例題15的感應電動機爲繞線式，試回答下述的問題：

⑴試求此電動機在什麼速度下產生最大轉矩？

⑵電動機的最大轉矩爲多少？

17、 例題16的繞線式感應電動機，其啓動轉矩與電流分別爲多少？當轉子電阻加倍時其啓動電流與轉矩又分別爲多少？

18、 一部三相220伏、20HP、4極、60Hz、Y接的三相感應電動機，滿載轉差率爲5%，試回答下述問題：

⑴電動機的同步速率爲若干？

⑵額定負載時，電動機轉子的轉速爲若干？

⑶額定負載時，電動機轉子的頻率爲若干？

⑷額定負載時，電動機轉軸轉矩爲若干？

19、 若定子電阻$R_1=0$試證：

$$\frac{T}{T_{\max}}=\frac{2}{\dfrac{S}{S_{T\max}}+\dfrac{S_{T\max}}{S}}$$

20、 一部三相220伏、30HP、60Hz的4極感應電動機，滿載電流爲78 A，滿載轉矩爲132牛頓-米，若全壓啓動時啓動電流爲滿載電流的6倍，啓動轉矩爲滿載轉矩的1.8倍，若以下述啓動方法啓動時電動機的啓動電流與啓動轉矩應分別爲多少？⑴全壓啓動⑵採用Y－△啓動器啓動⑶線電抗降壓啓動，接頭置於65%處⑷自耦變壓器啓動，接頭置於65%處。

21、一部6極、60Hz三相繞線式感應電動機，滿載轉速為1152rpm，轉子每相的電阻為2Ω，今將轉速改為960rpm，試求轉子應加多少外部電阻。

22、二部感應電動機的極數分別為16及4，現欲接成串聯運用，電源頻率為60Hz，試求：

(1)僅用16極單機時的同步速度。

(2)僅用4極單機時的同步速度。

(3)二機做相助串聯運用時的同步速度。

(4)二機做相差串聯運用時的同步速度。

23、一部三相220伏、4極、Y接、60Hz、10HP、A級的感應電動機，額定電流為26A，此電動機的各項試驗數據如下：

直流試驗：$V_{dc}=23.4$伏，$I_{dc}=30$A

無載試驗：$V_T=220$伏，$f=60$Hz

$I_A=7.9$A，$P_1=-635$W

$I_B=7.8$A，$P_2=1056$W

$I_C=7.6$A

堵轉試驗：$V_T=25.1$伏，$f_{test}=15$Hz

$I_A=26.4$A，$P_1=437$W

$I_B=25.9$A，$P_2=638$W

$I_C=25.7$A

試求：(1)電動機的無載旋轉損失。

(2)繪出此電動機的等效電路。

24. 有一部三相四極的繞線式感應電動機當成變頻機使用，若供應於定子的頻率為60Hz，試問轉子的轉速及方向應為何，此變頻機才能輸出80Hz的電力？

25. 一部8極的感應變頻機，由60Hz的電源供應，若欲於轉子有120

kW，頻率為180Hz的輸出，則感應機之輸入功率與原動機的輸入功率各為多少？

第十一章
兩相及單相
電動機

電力公司大多以單相三線式110伏／220伏的電壓供應住宅區用電，其原因為各種電器機具以小型電動機來帶動即可，如冷氣機、真空吸塵器、冰箱與洗衣機等。為便於討論單相感應電動機，本章先討論兩相感應電動機，然後依其原理應用於單相感應電動機的等值電路。關於旋轉磁場的產生、旋轉原理、等效電路的推導與轉矩-速度特性本章將詳細提出說明。

11-1 兩相電動機

產業中機器的主要動力來源為三相感應馬達，至於兩相感應電動機由於兩相電源取得不易，因此幾乎沒有使用在工廠或大樓中。兩相控制用電動機與兩相感應電動機有相類似構造，常用於儀表伺服機構或需要斷續運轉及改變轉向的控制系統。由於兩相感應電動機不平衡運轉的雙旋轉磁場概念有助於單相感應電動機等效電路與兩相伺服電動機控制的說明，因此本節分為兩相感應電動機的平衡運轉、不平衡運轉與兩相控制用電動機等部份。

11-1-1 兩相感應電動機的平衡運轉

圖11-1所示為一部兩相感應電動機，在定子上有二個互相垂直的繞組，分別為主繞組m及輔助繞組a，轉動的原理則與三相感應電動機相似，即定子加入一平衡的二相電壓時在定子產生旋轉磁場，轉子因而感應出轉子電壓並有電流流通，由轉子磁場與定子磁場的相互作用就可產生轉矩。

對圖11-1(a)之兩相感應電動機加入一兩相平衡電流i_m與i_a，即

$$i_m = I_{\max}\cos(\omega_s t - 90^\circ) \tag{11-1}$$

$$i_a = I_{\max}\cos\omega_s t \tag{11-2}$$

上式中　ω_s：電源的角頻率(徑／秒)

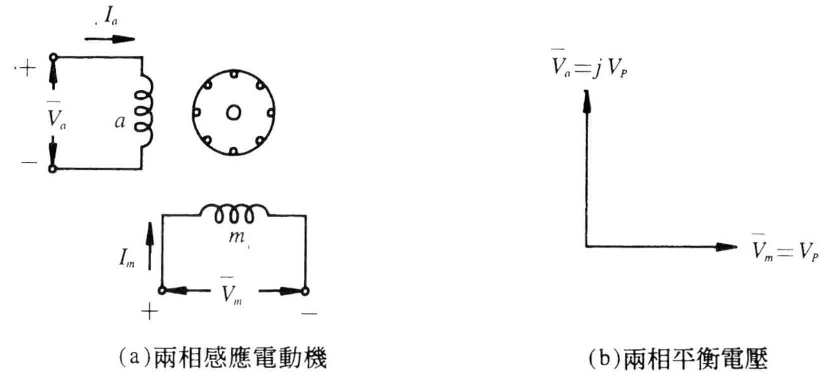

圖11-1　兩相感應電動機與兩相平衡電壓

各相所產生磁勢如圖11-2所示，輔助繞組的磁勢F_a與主繞組的磁勢F_m在空間上有90°電機角的相位差，其值分別如下：

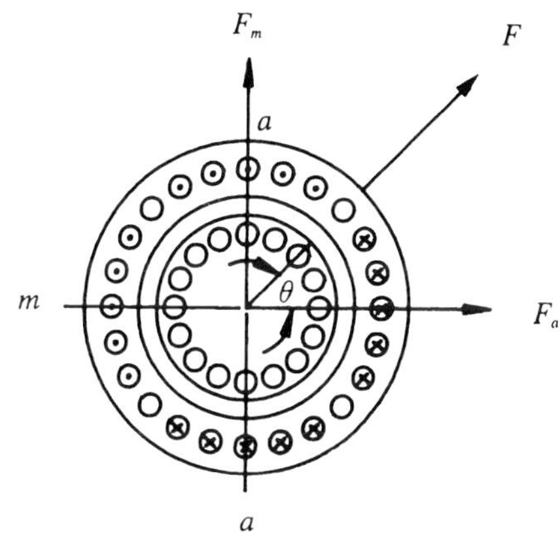

圖11-2　兩相二極感應電機的磁動勢

$$F_m = N_m I_{\max}\cos(\omega_s t - 90^\circ) = F_{\max}\sin\omega_s t \tag{11-3}$$

$$F_a = N_a I_{\max}\cos\omega_s t = F_{\max}\cos\omega_s t \tag{11-4}$$

式中N_m與N_a分別為主繞組與輔助繞組的匝數。

設合成磁勢F與水平軸成θ角度的方向上，其值應為F_m與F_a在該方向的投影和，即

$$
\begin{aligned}
F &= F_a \cos\theta + F_m \cos(90^\circ - \theta) \\
&= F_{max} \cos\omega_s t \cos\theta + F_{max} \sin\omega_s t \sin\theta \\
&= F_{max} \cos(\omega_s t - \theta)
\end{aligned} \tag{11-5}
$$

兩相感應電機與三相感應電動機相似，其合成磁勢 F 爲位置角 θ 的餘弦函數，振幅的大小爲 F_{max}(三相感應電動機爲 $\frac{3}{2}F_{max}$)，空間的相角爲 $\omega_s t$ 的線性函數。合成磁勢波形能以 ω_s 之均勻角速度，環繞氣隙旋轉，因此亦可稱爲旋轉磁勢。

對圖11-2之兩相二極電動機磁勢波的角速度 $\omega_m = \omega_s$(徑／秒)或 $60f_s$ 轉／分，對 P 極電機旋轉的速度爲

$$\omega_m = \frac{2}{P}\omega_s \tag{11-6}$$

$$N_s = \frac{120f}{P} \tag{11-7}$$

兩相感應電動機等效電路與三相感應電動機求等效電路的方法相同。圖11-3(a)所示即爲兩相感應電動機一相之等值電路，其轉矩一速度特性曲線亦類似於三相感應電動機，如圖11-3(b)所示。

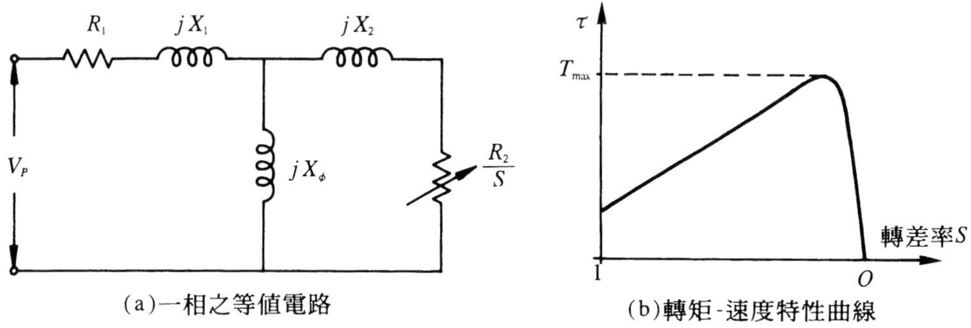

(a)一相之等值電路　(b)轉矩-速度特性曲線

圖11-3　兩相感應電動機

11-1-2　兩相感應電動機的不平衡運轉

若一不平衡兩相電壓加於兩相感應電動機時，可以由對稱分量的理論將各繞組的電壓以正序(Postive　sequence)分量與負序(Negative sequence)分量的電壓和表示，即主繞組的電壓$\overline{V}_m$與輔助繞組的電壓$\overline{V}_a$可以表示爲

$$\overline{V}_m=\overline{V}_{mf}+\overline{V}_{mb} \tag{11-8}$$

$$\overline{V}_a=\overline{V}_{af}+\overline{V}_{ab} \tag{11-9}$$

式中下標f示正序，b示負序。

由二相電機的定義可得輔助繞組電壓對稱分量與主繞組電壓對稱分量的關係爲

$$\overline{V}_{af}=j\overline{V}_{mf} \tag{11-10}$$

$$\overline{V}_{ab}=-j\overline{V}_{mb} \tag{11-11}$$

由(11-9)式至(11-11)式得

$$\overline{V}_a=j(\overline{V}_{mf}-\overline{V}_{mb}) \tag{11-12}$$

電壓對稱分量V_{mf}、V_{mb}與主繞組電壓V_m及輔助繞組電壓V_a 的關係，依(11-8)式及(11-12)式可得結果如下：

$$\boxed{\overline{V}_{mf}=\frac{1}{2}(\overline{V}_m-j\overline{V}_a)} \tag{11-13}$$

$$\boxed{\overline{V}_{mb}=\frac{1}{2}(\overline{V}_m+j\overline{V}_a)} \tag{11-14}$$

從上述的討論，對一兩相感應電動機運轉於不平衡電壓的情形，可由圖11-4(a)所示。圖11-4(b)所示爲兩相不平衡電壓及其對稱分量。對於各別的對稱分量而言，感應電動機在平衡兩相操作之下。正序電壓(V_{mf}與$j\,V_{mf}$)產生的旋轉磁場轉向與轉子轉動方向同方向，稱爲正序旋轉磁場；負序電壓(V_{mb}與$-j\,V_{mb}$)產生的旋轉磁場方向與轉子轉動方向相反，稱爲負序旋轉磁場。

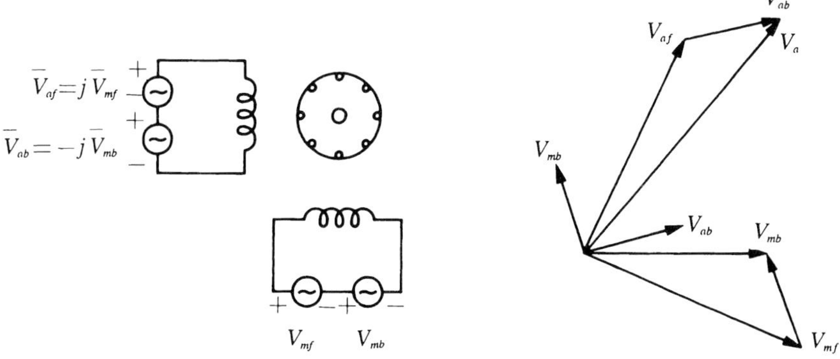

(a)兩相感應電動機加不平衡電壓之等效圖　　(b)兩相不平衡電壓及其對稱分量

圖11-4

兩相感應電動機對正序旋轉磁場的轉差率S爲

$$S=\frac{N_s-N_r}{N_s} \tag{11-15}$$

負序旋轉磁場的轉向與正序旋轉磁場的轉向相反，因此感應電動機對負序旋轉磁場昀轉差率S_b爲

$$S_b=\frac{N_s+N_r}{N_s}=\frac{N_s(2-S)}{N_s}=2-S \tag{11-16}$$

正序與負序電壓對感應電動機的等值電路，分別表示於圖11-5(a)與圖11-5(b)。

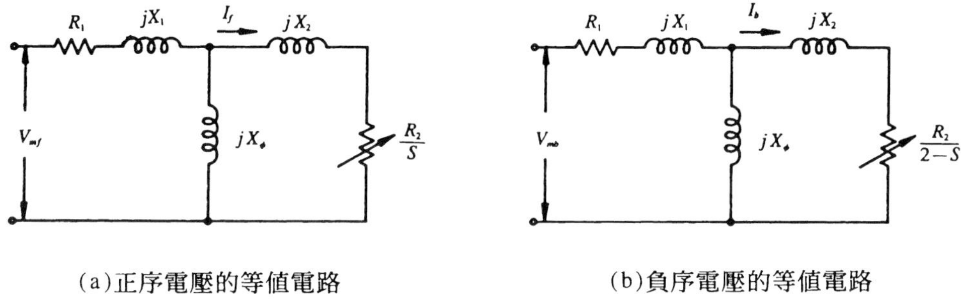

圖11-5

正向氣隙功率$P_{ag,f}$爲

$$\boxed{P_{ag,f}=2I_f^2\frac{R_2}{S}} \tag{11-17}$$

正向轉矩T_f爲

$$T_f=2\frac{I_f^2 R_2}{S\,\omega_s} \tag{11-18}$$

負向氣隙功率$P_{ag,b}$爲

$$\boxed{P_{ag,b}=2I_b^2\frac{R_2}{2-S}} \tag{11-19}$$

反向轉矩T_b爲

$$T_b = 2\frac{I_b^2 R_2}{(2-S)\,\omega_s} \tag{11-20}$$

電動機的轉矩T爲正序轉矩與負序轉矩的差值，即

$$T = T_f - T_b \tag{11-21}$$

電動機的展生功率P_{conv}爲

$$\boxed{\begin{aligned} P_{\text{conv}} &= 2R_2\left(I_f^2\frac{1-S}{S} - I_b^2\frac{1-S}{2-S}\right) \\ &= (1-S)(P_{\text{ag},f} - P_{\text{ag},b}) \end{aligned}} \tag{11-22}$$

11-1-3 兩相控制用電動機

兩相控制用電動機常用於閉迴路的自動控制系統，轉子爲鼠籠式，且其半徑對長度的比率較小，以減少轉動慣量，使加速特性更好。

圖11-6(a)所示爲兩相控制用電動機，加在主繞組(參考繞組)的電壓爲恒定的，加至輔助繞組(控制繞組)的電壓則可以改變，但二繞組的頻率必須相同。由於轉子的電阻通常很大，所以其轉矩-速度特性曲線趨於理想，其理想的轉矩-速度特性曲線如圖11-6(b)所示。

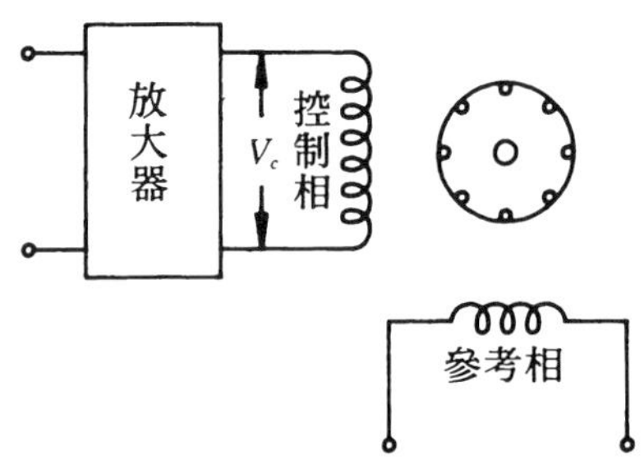

(a)兩相控制用電動機

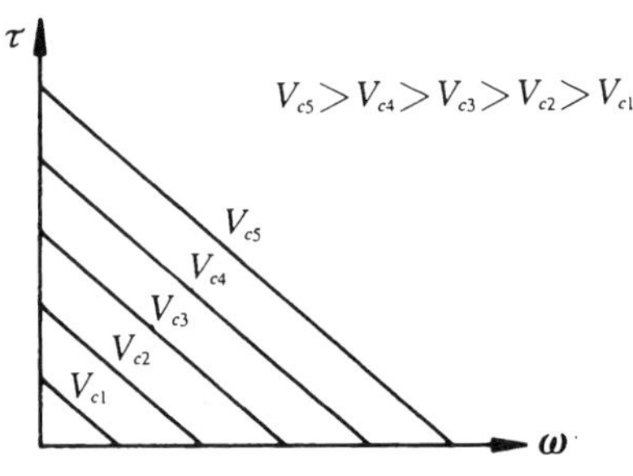

(b)理想的轉矩-速度曲線

圖11-6

電動機的轉矩-速度方程式由圖11-6(b)可寫為

$$\tau = -K_n \omega + K_c V_c \tag{11-23}$$

式中　K_n：直線斜率

K_c：常數

設控制電壓$V_c = V_c'$，且 $\omega = 0$時之轉矩為T'，則K_c值可由下式求之：

$$K_c = \frac{T'}{V_c'} \tag{11-24}$$

電動機之轉矩 τ 與轉動慣量(J)、摩擦力(B)、負載轉矩(T_L)與角速度(ω)間之關係如下：

$$\tau = J\frac{d\omega}{dt} + B\omega + T_L \tag{11-25}$$

【例 1】 有一部兩相、220V、4極、60Hz、1.5HP的鼠籠式感應電動機，參考至定子側之等效電路常數如下：

$R_1 = 3.4\,\Omega$ 、$R_2 = 2.4\,\Omega$ 、$X_1 = X_2 = 3.2\,\Omega$ 、$X_\phi = 110\,\Omega$

若滿載時的旋轉損耗為184瓦，滿載的轉差為4%，試求滿載時此機之感應轉矩、輸出轉矩與效率。

【解】

$$\bar{Z}_f = \left(\frac{R_2}{S} + jX_2\right) /\!/ (jX_\phi) = \left(\frac{2.4}{0.04} + j3.2\right) /\!/ (j110)$$

$$= \frac{(60 + j3.2)(j110)}{60 + j113.2} = 51.59\angle 30.98^\circ$$

$$= 44.23 + j26.56\,\Omega$$

$$\bar{Z}_s = (R_1 + jX_1) + \bar{Z}_f = (44.23 + 3.4) + j(3.2 + 26.56)$$

$$= 47.63 + j29.76 = 56.16\angle 32^\circ\ \Omega$$

定子每相的電流

$$\bar{I}_1 = \frac{220}{56.16\angle 32^\circ} = 3.917\angle -32^\circ\ \text{A}$$

氣隙功率P_{ag}為

$$P_{ag}=2I_1^2R_f=2\times 3.917^2\times 44.23=1357.2\text{W}$$

$$N_s=\frac{120f}{P}=\frac{120\times 60}{4}=1800\text{rpm}$$

$$\omega_s=\frac{1800}{60}\times 2\pi=60\pi \text{ 徑／秒}$$

感應轉矩τ_{ind}為

$$\tau_{ind}=\frac{P_{ag}}{\omega_s}=\frac{1357.2}{60\pi}=7.2\text{牛頓-米}$$

轉軸之輸出功率P_o為

$$P_o=(1-S)P_{ag}-P_{rot}$$

$$=(1-0.04)\times 1357.2-184=1119\text{瓦}$$

輸出轉矩T_o為

$$T_o=\frac{P_o}{\omega_m}=\frac{1119}{(1-0.04)\times 60\pi}=6.18\text{牛頓-米}$$

輸入功率P_{in}為

$$P_{in}=2V_PI_1\cos\theta=2\times 220\times 3.917\times\cos 32^\circ$$

$$=1462\text{瓦}$$

滿載效率η_{fl}為

$$\eta_{fl}(\%)=\frac{P_o}{P_{in}}\times 100\%=\frac{1119}{1462}\times 100\%$$

$$=76.53\%$$

【例 2】在例題1中若加至主繞組的電壓為$200\angle 0^\circ$伏，加至輔助繞組的電壓為$200\angle 60^\circ$伏，試求轉差率$S=0.04$時，電動機的淨輸出轉矩為何？

【解】 由例題1知正序電壓所視電動機之阻抗Z_{sf}為

$$\bar{Z}_{sf}=47.63+j29.76=56.16\angle 32^\circ\ \Omega$$

$$Z_b=\left(\frac{R_2}{2-S}+jX_2\right)/\!/(jX_\phi)=\left(\frac{2.4}{1.96}+j3.2\right)/\!/(j110)$$

$$=\frac{(1.224+j3.2)(j110)}{1.224+j113.2}=3.329\underline{/69.69°}$$

$$=1.16+j3.12\,\Omega$$

負序電壓所視電動機之阻抗Z_{sb}為

$$Z_{sb}=(R_1+jX_1)+\bar{Z}_b=(3.4+1.16)+j(3.2+3.12)$$

$$=4.56+j6.32=7.79\underline{/54.2°}\ \Omega$$

正序電壓V_{mf}與負序電壓V_{mb}分別為

$$V_{mf}=\frac{1}{2}(V_m-jV_a)=\frac{1}{2}(200-j200\underline{/60°})$$

$$=\frac{1}{2}(200-200\underline{/150°})$$

$$=186.6-j50=193.18\underline{/-15°}\text{ 伏}$$

$$V_{mb}=\frac{1}{2}(V_m+jV_a)=\frac{1}{2}(200+j200\underline{/60°})$$

$$=\frac{1}{2}(200+200\underline{/150°})$$

$$=13.4+j50=51.76\underline{/75°}\text{ 伏}$$

$$\bar{I}_{sf}=\frac{\bar{V}_{mf}}{\bar{Z}_{sf}}=\frac{193.18\underline{/-15°}}{56.16\underline{/32°}}=3.44\underline{/-47°}\text{ A}$$

$$P_{\text{ag},f}=2I_{sf}^2R_f=2\times(3.44)^2\times 44.23=1046.8\text{ W}$$

$$\bar{I}_{sb}=\frac{\bar{V}_{mb}}{\bar{Z}_{sb}}=\frac{51.76\underline{/75°}}{7.79\underline{/54.2°}}=6.64\underline{/20.8°}\text{ A}$$

$$P_{ag,b}=2I_{sb}^2R_b=2\times(6.64)^2\times 1.16=102.3\text{ W}$$

$$P_o=(1-S)(P_{\text{ag},f}-P_{\text{ag},b})-P_{\text{rot}}$$

$$=(1-0.04)(1046.8-102.3)-184$$

$$=722.7\text{ W}$$

$$T=\frac{P_o}{(1-S)\,\omega_s}=\frac{722.7}{(1-0.04)\times 60\,\pi}=4.0 \text{ 牛頓-米}$$

【例 3】有一部60Hz、120V兩相控制用電動機，其轉矩-速度特性曲線如圖11-7(a)所示，電動機及負載的轉動慣量爲0.06公斤-米^2，若加於控制繞組爲110伏的步階電壓，試求角速度與輸入電壓間之系統方塊圖及角速度隨時間變化情形。

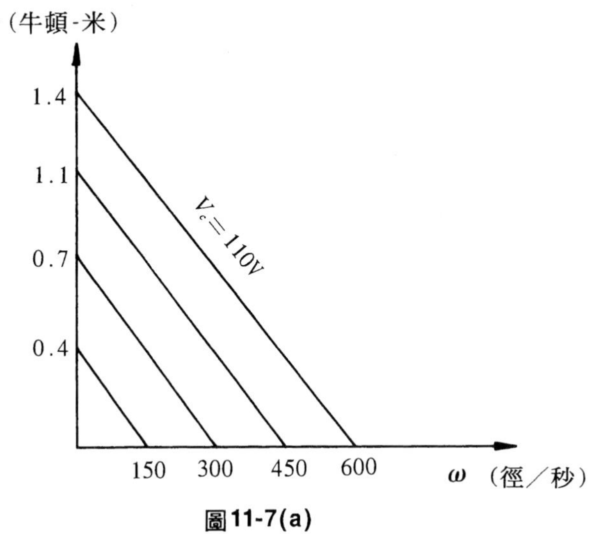

圖11-7(a)

【解】 $$\tau=-K_n\,\omega+K_c\,V_c$$

式中 $$K_n=\frac{1.4}{600}=0.00233$$

$$K_c=\frac{1.4}{110}=0.01273$$

$$\tau=-K_n\,\omega+K_c\,V_c=J\frac{d\,\omega}{dt}$$

$$K_c\,V_c(s)=K_n\,\Omega(s)+SJ\,\Omega(s)$$

由上式可繪方塊圖如圖11-7(b)所示。

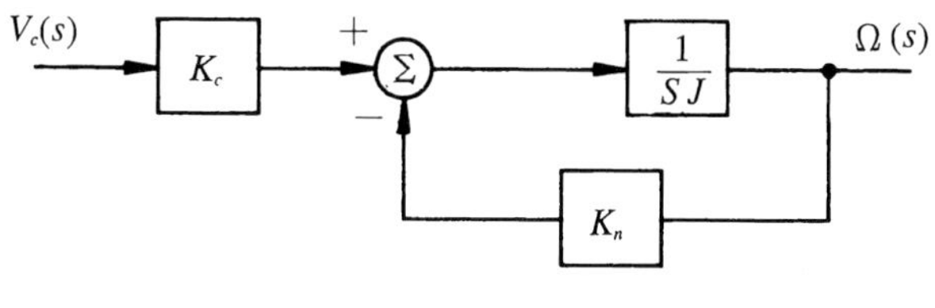

圖11-7(b)

$$\Omega(s)=\frac{K_c V_c(s)}{K_n+SJ}=\frac{0.01273}{(0.06S+0.00233)}\times\frac{110}{S}$$

$$=\frac{23.3383}{S(S+0.03889)}=\frac{600}{S}-\frac{600}{S+0.03889}$$

$$\therefore \omega(t)=600(1-e^{-0.03889t})\text{ 徑／秒}$$

11-2　單相感應電動機

單相感應電動機與同容量的三相感應電動機比較有體積大、效率與功率因數低、成本高及噪音振動大等缺點，唯單相電源取用方便因此家用電器中大多爲單相感應電動機。本節就單相感應電動機的雙旋轉磁場理論與等效電路加以討論。

11-2-1　雙旋轉磁場理論

圖11-8所示爲一部僅有主繞組的單相感應電動機，若通過主繞組的電流i_m爲時間的餘弦函數，即$i_m=I_{max}\cos\omega_s t$，則主繞組的磁勢$F_m$爲

$$F_m=N_m I_{max}\cos\omega_s t=F_{max}\cos\omega_s t \tag{11-26}$$

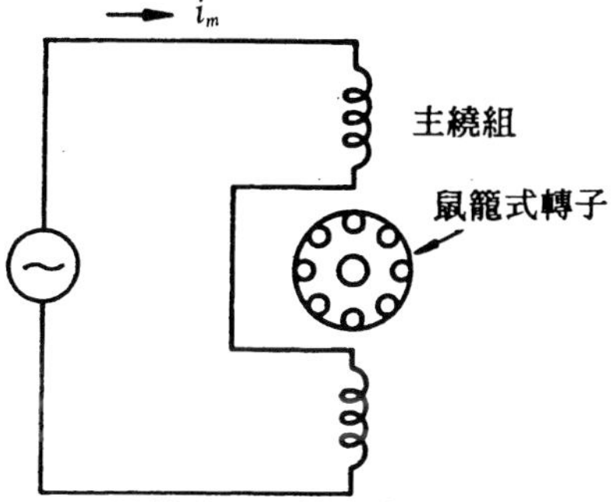

圖11-8　單相感應電動機

由(11-26)式知單相感應電機僅能在主繞組產生大小及極性隨時間而變動的磁勢，而無法產生一移動的磁勢，所以單相感應電動機的磁勢波性質為一駐波。

與主繞組磁勢軸成 θ 處的磁場磁勢F為

$$F = F_m \cos\theta = F_{max}\cos\omega_s t\cos\theta$$
$$= \frac{1}{2}F_{max}\cos(\omega_s t+\theta)+\frac{1}{2}F_{max}\cos(\omega_s t-\theta) \tag{11-27}$$

由上式可知單相感應電動機的磁勢可以分解為兩個大小相同但轉向相反的旋轉磁勢波。正序旋轉磁勢波F_f為

$$\boxed{F_f = \frac{1}{2}F_{max}\cos(\omega_s t-\theta)} \tag{11-28}$$

負序旋轉磁勢波F_b為

$$\boxed{F_b = \frac{1}{2}F_{max}\cos(\omega_s t+\theta)} \tag{11-29}$$

正序與負序旋轉磁場各使轉子感應電流發生轉矩，正序旋轉磁場F_f產生正向轉矩使轉子以正轉方向旋轉，同時負序旋轉磁場 F_b 產生反向轉矩使轉子以反轉方向旋轉，在轉子靜止時或$S=1$時，正向轉矩與反向轉矩大小相等而方向相反，兩轉矩恰好抵消，因此單相感應電動機沒有啓動轉矩。當轉子的轉速趨近於同步速度時，能對定子電流加以限制主要為正序旋轉磁場所等效的正序阻抗，因此提供給負序旋轉磁場的電流便很小，加以負序轉子磁勢落後於定子負序磁勢幾乎為180°，所以在同步速度時由負序旋轉磁場所產生的轉矩便很小。圖11-9所示為單相感應電動機的轉矩-速度特性曲線。

由(11-28)式及(11-29)式可知正序與負序旋轉磁場每週相交二次，電動機所產生的轉矩將有兩倍於定子頻率的脈動轉矩，此將會增加電動機的振動，因此對容量相同之三相與單相感應電動機言，單相感應馬達將有較大之噪音。

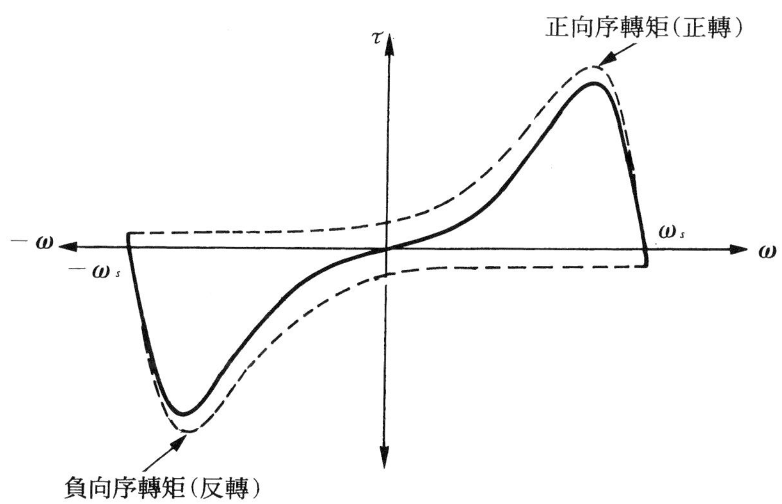

圖11-9　單相感應電動機的轉矩-速度特性曲線

11-2-2　單相感應電動機的等效電路

單相感應電動機靜止時，定子繞組通以交流電源時，與變壓器二次繞組短路的情況相同，此時的等效電路如圖11-10所示。R_1與X_1爲定子繞組的電阻及漏電抗，X_ϕ爲激磁電抗，R_2及X_2爲轉子靜止時參考至定子側的轉子電阻與漏電抗，V_m爲定子側的外加電壓，I_1爲定子側的電流，E_m爲反電勢。

當一部兩相感應電動機通以非平衡的兩相電壓時，依對稱分量法(圖11-4(a))可得其運轉等效圖如圖11-11所示。

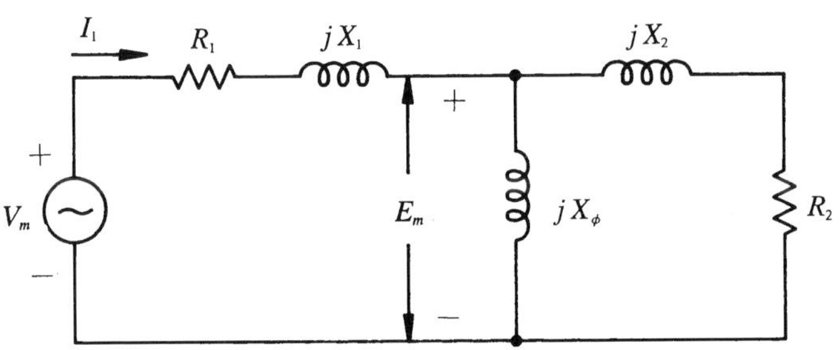

圖11-10 單相感應電動機靜止時的等效電路

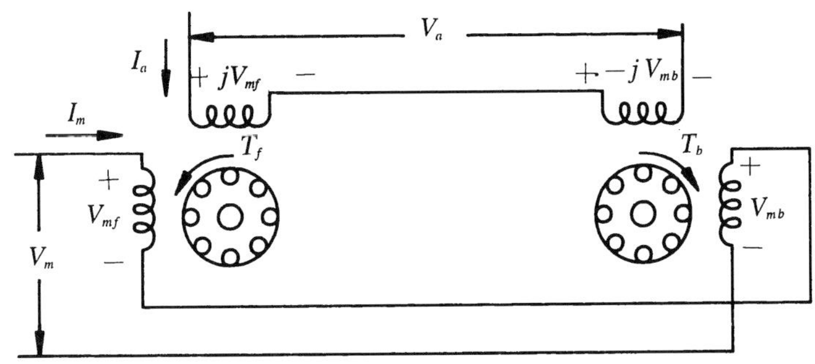

圖11-11 非平衡兩相電動機運轉等效圖

正、負序電壓、電流及其等值電路，依前節分析可重繪為圖11-12(a)與(b)。

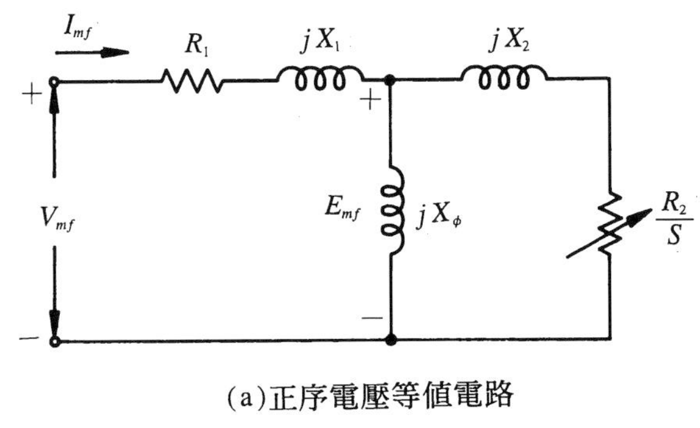

(a)正序電壓等值電路

圖11-12

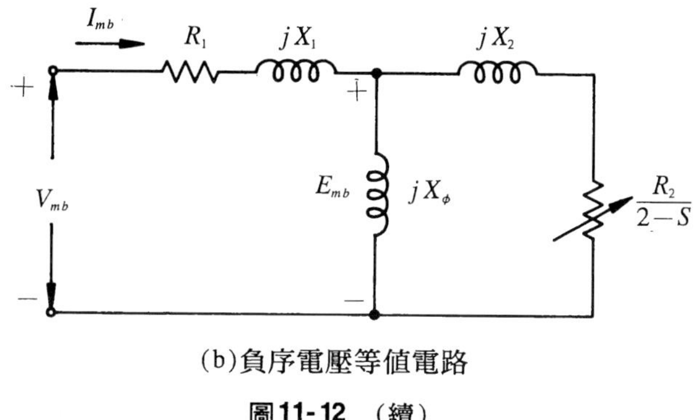

(b)負序電壓等值電路

圖11-12　(續)

由對稱分量法可將圖11-11之輔助繞組電流I_a與主繞組電壓V_m分別表示為：

$$\bar{I}_a = j(I_{mf} - I_{mb}) \tag{11-30}$$

$$\bar{V}_m = \bar{V}_{mf} + \bar{V}_{mb} \tag{11-31}$$

兩相電動機非平衡運轉，若將輔助繞組由電路切離，則此時的運轉情形與單相感應電機於運轉時僅有主繞組的情形相似。由於$I_a = 0$，因此(11-30)式的$I_{mf} = I_{mb}$，或圖11-12(a)與(b)所示之正、負序的電流相同，因$\bar{V}_m = \bar{V}_{mf} + \bar{V}_{mb}$，所以對於一部單相感應電動機在任何轉差率$S$運轉時的電路可由圖11-12(a)與圖11-12(b)予以串接所等效，其情形如圖11-13所示。

由圖11-13可得下列的電壓與電流方程式

$$\bar{V}_m = \bar{I}_{mf}(R_1 + jX_1) + \bar{I}_{mf}\bar{Z}_f + \bar{I}_{mb}(R_1 + jX_1) + \bar{I}_{mb}\bar{Z}_b \tag{11-32}$$

$$\bar{I}_{mf} = \bar{I}_{mb} = \frac{1}{2}\bar{I}_m \tag{11-33}$$

由(11-31)至(11-33)式可得輸入電壓V_m、輸入電流I_m與Z_f及Z_b間之關係為：

$$\overline{V}_m=\overline{I}_m[(R_1+jX_1)+0.5\,\overline{Z}_f+0.5\,\overline{Z}_b] \tag{11-34}$$

由(11-34)式，圖11-13之單相感應電動機等效電路可重繪成圖11-14。

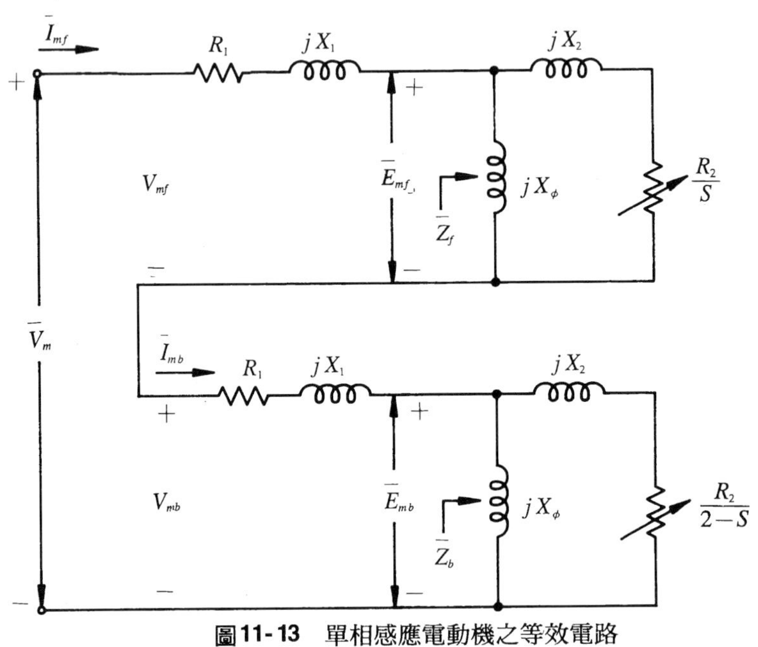

圖11-13 單相感應電動機之等效電路

圖11-14 單相感應電動機的等效電路

依圖11-14可得：

由定子經由氣隙傳遞給轉子的正向氣隙功率$P_{ag,f}$爲

$$P_{ag,f}=I_f^2\times\frac{0.5\,R_2}{S} \tag{11-35}$$

由定子經由氣隙傳遞給轉子的負向氣隙功率$P_{ag,b}$爲

$$P_{ag,b}=I_b^2\times\frac{0.5\,R_2}{2-S} \tag{11-36}$$

單相感應電動機的總氣隙功率P_{ag}爲

$$P_{ag}=P_{ag,f}-P_{ag,b} \tag{11-37}$$

因此感應轉矩 τ_{ind}爲

$$\tau_{ind}=\frac{P_{ag}}{\omega_s}=\frac{P_{ag,f}-P_{ag,b}}{\omega_s} \tag{11-38}$$

正序旋轉磁場在轉子所造成的銅損$P_{rcu,f}$

$$P_{rcu,f}=I_f^2\times(0.5\,R_2)=S\,P_{ag,f} \tag{11-39}$$

負序旋轉磁場在轉子所造成的銅損$P_{rcu,b}$爲

$$P_{rcu,b}=I_b^2\times(0.5\,R_2)=(2-S)P_{ag,b} \tag{11-40}$$

轉子的銅損P_{rcu}爲

$$P_{rcu}=P_{rcu,f}+P_{rcu,b}=0.5\,R_2(I_f^2+I_b^2) \tag{11-41}$$

單相感應電動機中由電功率轉換成機械形式的功率或稱展生機械功率

P_{conv}為

$$P_{conv}=(1-S)P_{ag}=(1-S)\tau_{ind}\,\omega_s \tag{11-42}$$

若將鐵心損失歸於旋轉損失中，則展生機械功率扣除旋轉損後方為電動機轉軸的輸出功率P_o

$$P_o=P_{conv}-P_{core}-P_m-P_{stray}=P_{conv}-P_{rot} \tag{11-43}$$

依上述之討論，可繪單相感應電動機的功率流程圖如圖11-15所示。

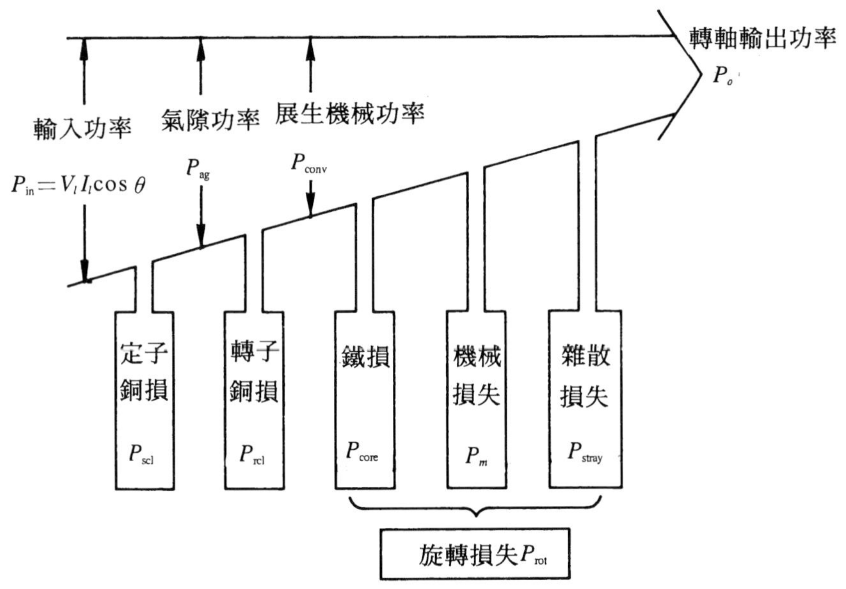

圖11-15 單相感應電動機的功率流程

【例 4】 有一部$\frac{1}{4}$HP、110伏、60Hz、4極的單相感應電動機，滿載轉速運轉時的旋轉損失為10W，參考至定子側的等效電路常數如下：$R_1=1.3\Omega$、$R_2=3.3\Omega$、$X_1=2.5\Omega$、$X_2=2.2\Omega$、$X_\phi=48\Omega$

，轉差率爲4%，試求⑴定子側的功率因數⑵定子側的線路電流⑶感應轉矩⑷轉軸輸出轉矩⑸效率。

【解】

$$\bar{Z}_f=\left(\frac{R_2}{S}+jX_2\right)/\!/(jX_\phi)=\left(\frac{3.3}{0.04}+j2.2\right)/\!/(j48)$$

$$=\frac{(82.5+j2.2)\times(j48)}{82.5+j50.2}=41.02\angle 60.21^\circ$$

$$=20.38+j35.6\,\Omega$$

$$\bar{Z}_b=\left(\frac{R_2}{2-S}+jX_2\right)/\!/(jX_\phi)=\left(\frac{3.3}{1.96}+j2.2\right)/\!/(j48)$$

$$=\frac{(1.684+j2.2)\times(j48)}{1.684+j50.2}=2.65\angle 54.49^\circ$$

$$=1.54+j2.16\,\Omega$$

由定子所視入阻抗Z_{ms}爲

$$\bar{Z}_{ms}=(R_1+jX_1)+0.5(\bar{Z}_f+\bar{Z}_b)$$

$$=(1.3+j2.5)+0.5[(20.38+1.54)+j(35.6+2.16)]$$

$$=12.26+j21.38=24.65\angle 60.2^\circ\ \Omega$$

⑴定子側的功率因數P.F.爲

$$\text{P.F.}=\cos 60.2^\circ=0.5$$

⑵定子側的線路電流I_l爲

$$I_l=\frac{110}{24.65}=4.46\text{A}$$

⑶正向氣隙功率$P_{ag,f}$

$$P_{ag,f}=0.5I_l^2R_f=0.5\times(4.46)^2\times 20.38=202.7\text{W}$$

反向氣隙功率$P_{ag,b}$

$$P_{ag,b}=0.5I_l^2R_b=0.5\times(4.46)^2\times 1.54=15.3\text{W}$$

$$P_{ag}=P_{ag,f}-P_{ag,b}=202.7-15.3=187.4\text{W}$$

$$\omega_s=\frac{1800}{60}\times 2\pi=60\pi$$

$$\tau_{\text{ind}}=\frac{P_{ag}}{\omega_s}=\frac{187.4}{60\pi}=0.99\text{牛頓-米}$$

(4)轉軸輸出功率P_o為

$$P_o=(1-S)P_{\text{ag}}-P_{\text{rot}}$$
$$=(1-0.04)\times187.4-10$$
$$=169.9\text{W}$$

$$\tau_o=\frac{P_o}{\omega_m}=\frac{169.9}{(1-0.04)\times60\pi}$$
$$=0.94\text{牛頓-米}$$

(5)$P_{\text{in}}=V_l I_l\cos\theta$

$$=110\times4.46\times0.5$$
$$=245.3\text{W}$$

$$\eta=\frac{P_o}{P_{\text{in}}}=\frac{169.9}{245.3}=0.693$$

11-3 單相感應電動機的起動方法

單相感應電動機無法自行起動，所以必須裝設輔助繞組。電動機的價格適常取決於起動方式，主要的起動方式有下述的三種：

(一)分相繞組起動

(二)電容起動

(三)蔽極式起動

上述方法之目的是要使電動機中的兩個旋轉磁場在幅度上不同，如此電動機便可以順著某一個方向起動。

11-3-1 分相式感應電動機

分相式感應電動機有兩組繞組：一為主繞組，另一為輔助繞組或稱為起動繞組與離心開關串聯，如圖11-16所示。

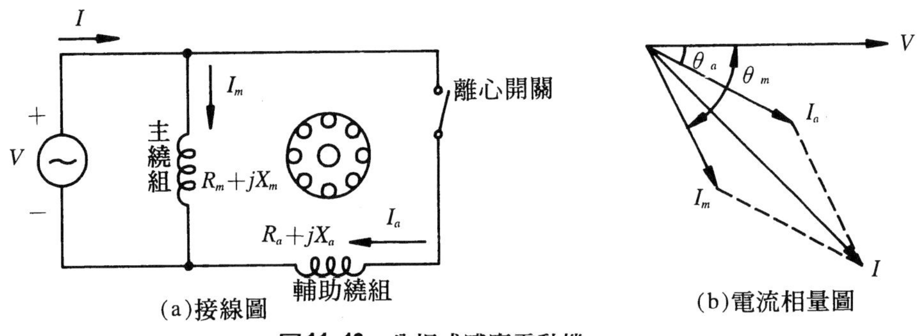

圖11-16 分相式感應電動機

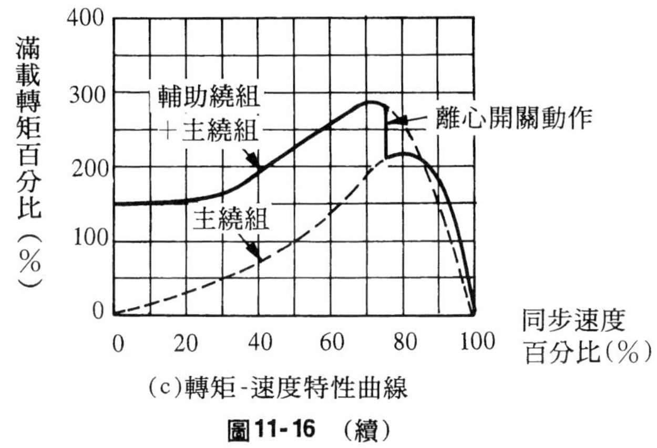

(c)轉矩-速度特性曲線

圖11-16　(續)

輔助繞組與主繞組在空間上相隔90°角，輔助繞組置於定子的上層，使用較細的導線繞線，電阻大而漏電感小；主繞組置於定子的下槽，使用線徑較粗的導線繞線，電阻小而漏電感大。電動機加入交流電源，由於 $\frac{X_a}{R_a}<\frac{X_m}{R_m}$，因此流經輔助繞組電流 I_a 的時相領前主繞組的電流 I_m 如圖11-16(b)所示。啓動時產生不平衡的二相電流而產生旋轉磁場使轉子轉動，當轉子轉動的速度達同步速度的75%左右時，離心開關(Contrifugal switch)動作，將啓動繞組切離電源，其轉矩—速度特性曲線如圖11-16(c)所示。

分相式感應電動機構造簡單，啓動電流大，具有適當的啓動轉矩，通常使用於不需要大啓動轉矩的場合如風扇、鼓風機及離心式抽水機等。其容量約為 $\frac{1}{30}$ HP至 $\frac{1}{3}$ HP間，且價格十分便宜。

11-3-2　電容分相式感應電動機

電容分相式電動機的構造與分相式電動機相似，但在輔助繞組串聯一電容器，所以運轉效率、啓動特性與功因均優於分相式電動機。可分為下述的三種型式：

(一)電容啟動分相式電動機：

圖11-17(a)所示為電容啓動分相式感應電動機的實體構造圖。圖11-17(b)所示為其接線圖，輔助繞組與電容C串聯連接後經離心開關S與主繞組並聯，適當設計電容器C的值可使輔助繞組電流I_a領前主繞組電流I_m的相位90°，如圖11-17(c)所示。由於兩繞組的電流相位差90°，因此可使電動機如一平衡的兩相電動機而啓動。圖11-17(d)所示為電動機的轉矩-速度特性曲線。

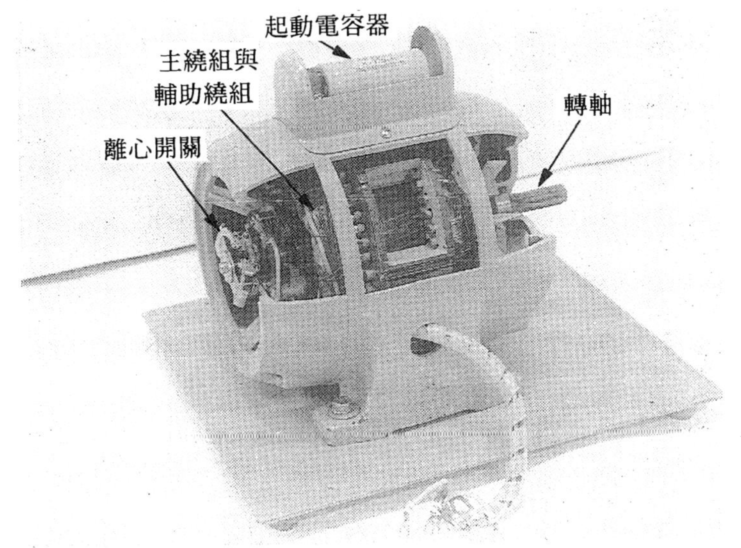

(a)實體構造圖

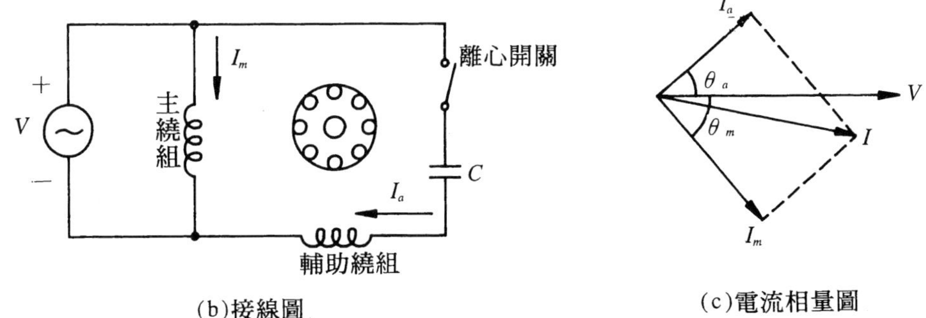

(b)接線圖 (c)電流相量圖

圖11-17 電容起動式感應電動機

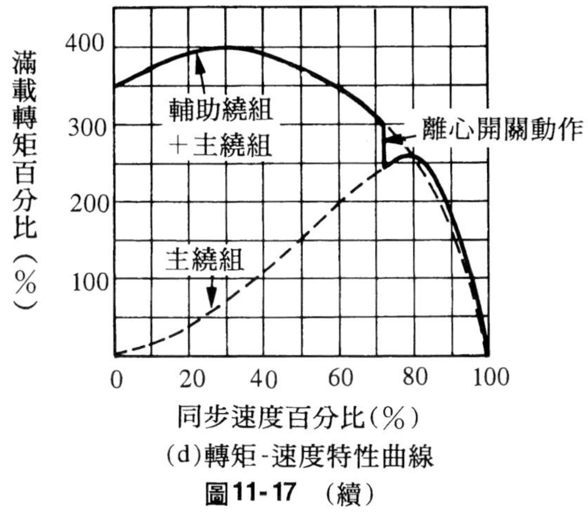

(d)轉矩-速度特性曲線

圖11-17　(續)

(二)永久分相電容式電動機

此種型式的電動機輔助繞組與電容器串聯後直接並聯於主繞組，其接線圖如圖11-18(a)所示，可以設計於正常負載下為平衡兩相運轉，因此具有功率因數佳、效率高、安靜與噪音小的功能。電容器須長時間運轉，所以須選擇昂貴且能連續運轉的油浸電容器。圖11-18(b)示其轉矩-速度特性曲線。永久分相電容式電動機適用於作排氣與吸氣風扇及鼓風機等。

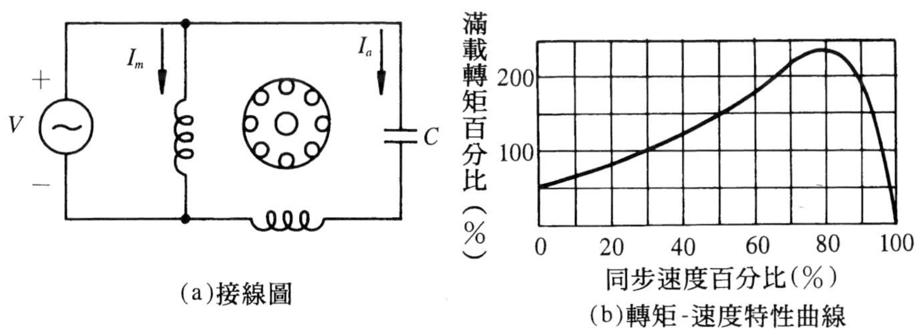

(a)接線圖

(b)轉矩-速度特性曲線

圖11-18　永久分相電容式電動機

(三)雙值電容式電動機

永久分相電容式電動機有一很大的缺點，那就是他的啓動轉矩很低，雙值電容式具備了永久分相電容式高功因與靜音運轉的特性與電容啓動式電動機高啓動轉矩的優點。圖11-19(a)爲雙值電容器電動機的接線圖，使用了兩個電容器，其中的一個爲高容量的交流電解式電容器C_1用以提供高啓動轉矩，運轉特性爲間歇性，因此轉速達到同步速度的75％利用一個離心開關將他從電路上切離。另一低容量的浸油式電容器C_2則專供運轉使電動機有良好的運轉特性，其轉矩-速度特性曲線如圖11-19(b)所示。

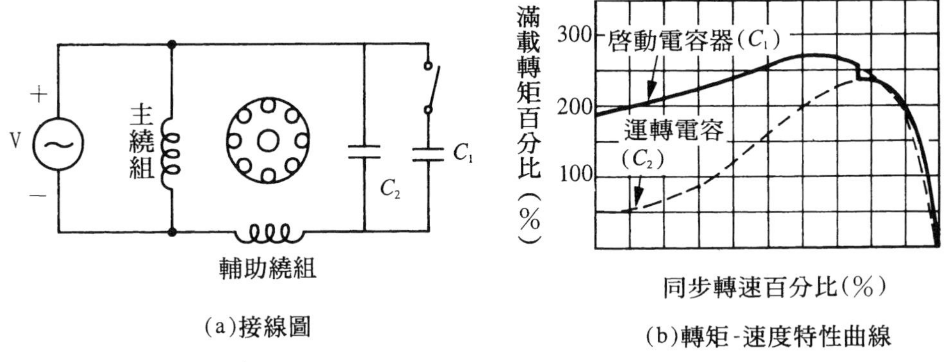

圖11-19 雙值電容式電動機

雙值電容式電動機具有低的啓動電流、運轉電流與適當的啓動轉矩常用於家用冷氣機上。

(四)蔽極式電動機

蔽極式電動機又稱爲蔭極式電動機，如圖11-20(a)所示，在主磁極上開一小槽並套以低電阻的短路線圈稱爲蔽極線圈，作爲蔽磁極，交流電源加於主繞組時，在磁極有交變的磁通，此交變的磁通使蔽極線圈感應電勢，蔽極線圈的感應電流係反對蔽極處的磁通發生變化，因此蔽極處的磁通較主磁極未遮蔽處的磁通滯後，而產生移動的磁場，即磁通由未遮蔽部份向蔽極處移動，而使轉子旋轉。磁場移動的情形如圖11-20(b)所示，其轉矩-速度特性曲線如圖11-20(c)所示。

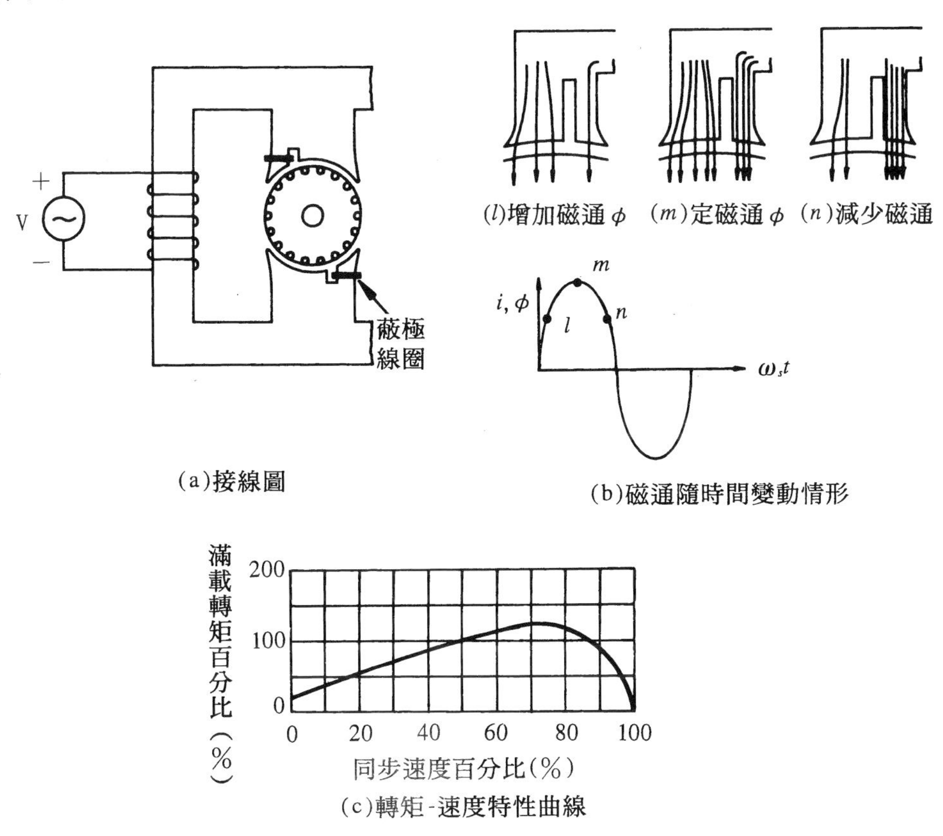

圖11-20　蔽極式感應電動機

蔽極式感應電動機的啓動轉矩低、轉差率高、運轉特性不佳，唯構造簡單、堅固、維護容易與價格便宜，普遍用於啓動轉矩小的場合，如小型電風扇、烘烤器與風扇等。

【例　5】 有一部$\frac{1}{4}$馬力、110伏、60Hz分相式啓動的電動機，啓動時輔助繞組的電流為$8.57\angle -35^\circ$A，主繞組的電流為$18.83\angle -56^\circ$A，試求：

⑴啓動時總線路電流與功率因數各爲多少？

⑵主繞組電流欲與輔助電流相差90°則啓動電容應爲多少 μf？

⑶求⑵時的啓動總線路電流與功率因數各爲多少？

【解】 ⑴啓動時總線路電流 I_{ls} 爲

$$\bar{I}_{ls}=\bar{I}_{a,s}+\bar{I}_{m,s}=8.57\angle-35^\circ+18.83\angle-56^\circ$$
$$=7.02-j4.92+10.53-j15.61$$
$$=17.55-j20.53=27\angle-49.47^\circ\ \text{A}$$

啓動功率因數P.F.s爲

$$\text{P.F.s}=\cos 49.47^\circ=0.65$$

⑵ $$\bar{Z}_a=\frac{\bar{V}}{\bar{I}_a}=\frac{110\angle 0^\circ}{8.57\angle-35^\circ}=12.84\angle 35^\circ$$
$$=10.52+j7.36\,\Omega$$

$$\bar{Z}_m=\frac{\bar{V}}{\bar{I}_m}=\frac{110\angle 0^\circ}{18.83\angle-56^\circ}=5.84\angle 56^\circ$$

主繞組的阻抗角爲56°，輔助繞組串聯電容器後之阻抗角 θ_a 爲

$$\theta_a=56^\circ-90^\circ=-34^\circ$$

所需電容器的容抗 X_c 爲

$$\tan^{-1}\frac{X_a-X_c}{R_a}=\tan^{-1}\frac{7.36-X_c}{10.52}=-34^\circ$$

$$\frac{7.36-X_c}{10.52}=-0.6745$$

$$X_c=14.46\,\Omega$$

$$C=\frac{1}{\omega X_c}=\frac{1}{2\pi\times 60\times 14.46}=183.4\times 10^{-6}f=183.4\,\mu f$$

$$(3)\bar{I}_a=\frac{110}{10.52-j(14.46-7.36)}=\frac{110}{10.52-j7.1}=\frac{110}{12.69\angle -34^\circ}$$

$$=8.67\angle 34^\circ\ \text{A}$$

$$\bar{I}_{ls}=18.83\angle -56^\circ+8.67\angle 34^\circ$$

$$=10.53-j15.61+7.19+j4.85$$

$$=17.72-j10.76=20.73\angle -31.27^\circ\ \text{A}$$

啓動功因P.F.s為

$$\text{P.F.s}=\cos 31.27^\circ=0.855$$

由本例中可知電容啓動分相式電動機與分相式電動機比較有較低的啓動電流與較好的啓動功因。

11-4　單相交流串激電動機

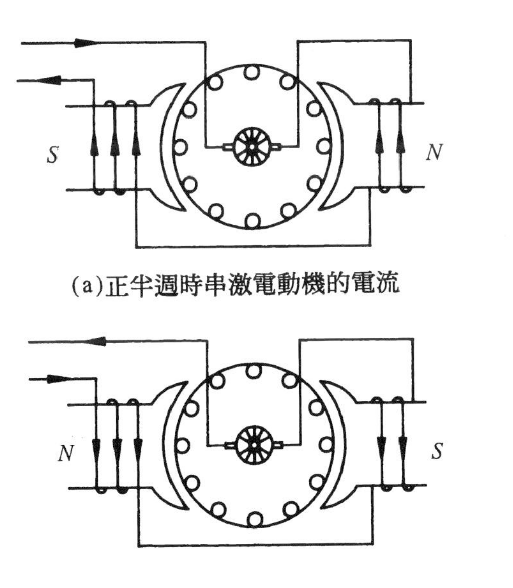

(a)正半週時串激電動機的電流

(b)負半週時串激電動機的電流

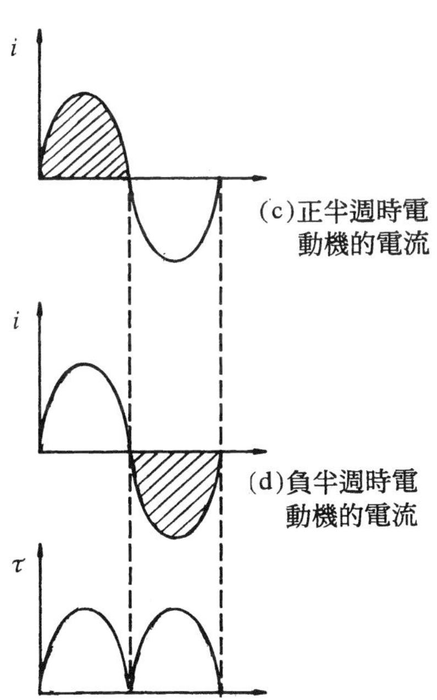

(c)正半週時電動機的電流

(d)負半週時電動機的電流

(e)電動機在正、負半週時的轉矩

圖11-21

單相交流串激式電動機在構造上與直流串激電動機的構造相類似。圖11-21所示爲直流串激式電動機加一交流電源在正半週與負半週皆可產生正向轉矩，因此可產生一穩定的轉矩，成爲一部單相交流串激電動機，小型單相交流串激式電動機常使用於家用的果汁機和縫紉機，而大型的單相交流串激式電動機主要用於電車，串激式電動機可適用於交流或直流電源者，稱爲萬用電動機(Universal motor)。

將一直流串激電動機分別加入直流電源與交流電源時之反電勢分別如圖11-22與圖11-23所示。電動機輸入交流電源時除了磁場繞組電阻R_f與電樞電阻R_a的電壓降外，尙有磁場感抗X_f及電樞感抗X_a的壓降，所以反電勢E_g較直流電機爲小，因此在相同的轉矩下，交流運轉的速度小於直流運轉時的速度。直流串激電動機在直流與交流運轉時的轉矩—速度特性曲線如圖11-24所示。直流串激電動機加交流運轉除了運轉性能遜於加直流運轉，且壓降增大、鐵損增大、功因變大與效率降低。

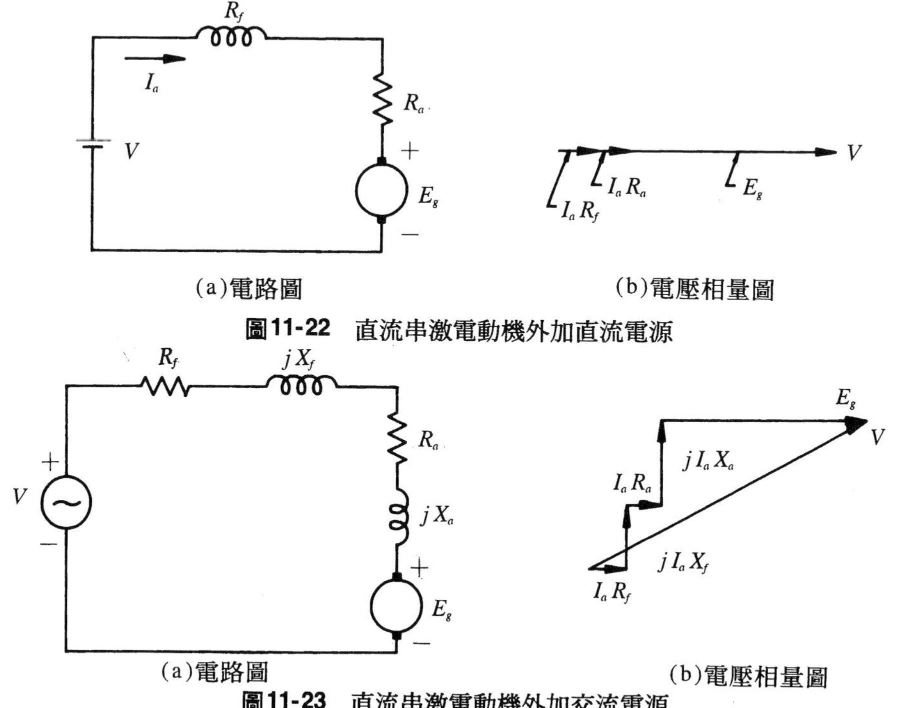

(a)電路圖　　(b)電壓相量圖

圖11-22　直流串激電動機外加直流電源

(a)電路圖　　(b)電壓相量圖

圖11-23　直流串激電動機外加交流電源

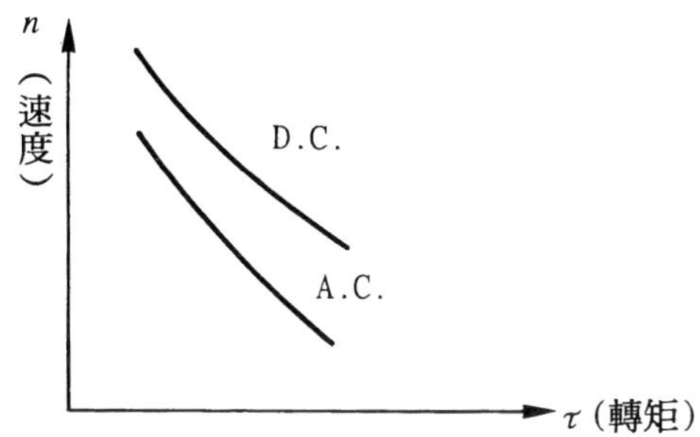

圖11-24　串激電動機的轉矩-速度特性曲線

直流串激電動機，雖可使用於交流，但其運轉性能不佳、效率差、功因變低，且電刷與換向片間產生很大的火花，所以應經由下述的若干修改，才可增進其運轉性能。

(1)爲了減少鐵損及避免過熱現象，通常採用疊置的鋼片製造定子的軛鐵與磁極。

(2)降低磁場繞組的匝數，以減少 X_f 的值，使磁場的電抗壓降減少及提高功率因數。

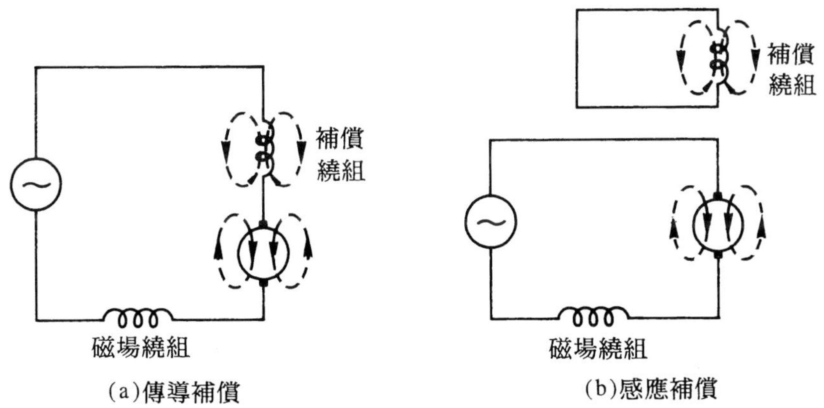

圖11-25　補償方法

(3)磁場繞組匝數減少時，則每極的磁通量亦降低，而使電動機轉速提高及轉矩降低。若要得到與直流相當之轉矩，就需增加電樞繞組的匝數，唯此時電樞電抗 X_a 增大，電抗壓降增大、功因變差換向不良及速率調整率不良。欲改善此缺點可如圖11-25(a)所示在定子裝設補償繞組由傳導方式來消除電樞反應，或如圖11-25(b)由感應的方式抵消電樞反應。

經由修改後之串激電動機運轉於交流與直流時的轉矩-速度特性曲線如圖11-26所示，交流運轉時較之未修改前，有較佳的速率調整率且轉矩-速度曲線頗似直流機。

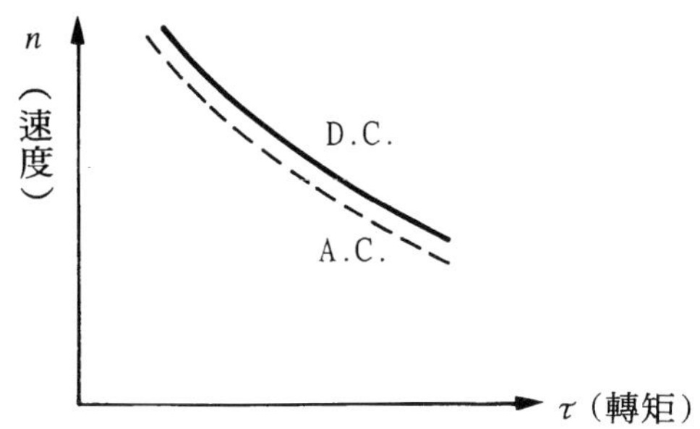

圖11-26 修改後串激電動機的轉矩-速度特性曲線

11-5 推斥式電動機

推斥式電動機可分為⑴推斥式換向電動機⑵推斥啟動式感應電動機⑶推斥感應式電動機。茲將各型機種的構造與特性說明如下：

11-5-1 推斥式換向電動機 (Repulsion Commutator motor)

推斥式換向電動機的轉子如直流電機的電樞，有換向器和電刷，其電刷通常為短路，且刷軸可以移動的。定子繞組通以交流電源產生變動的磁場，定子與轉子間並無直接連接，轉子係依感應的方式接受功率。

圖11-27(a)所示，刷軸與極軸平行，在兩電刷間有最大的電樞電

流，在每一磁極下，電刷左半部與右半部導體內的電流大小相等但方向相反，所產生的轉矩相等而相反，總轉矩為零，電樞無法轉動。移動電刷使刷軸與極軸垂直，即電刷位於幾何中性面上，如圖11-27(b)所示，兩電刷間的合成電勢為零，因此沒有電樞電流在短接的導體中流通，所以沒有轉矩發生。

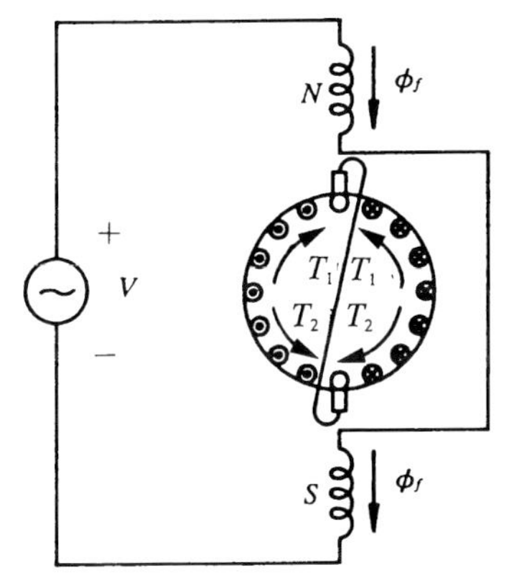

(a)推斥式電動機刷軸與極軸平行，無轉矩產生

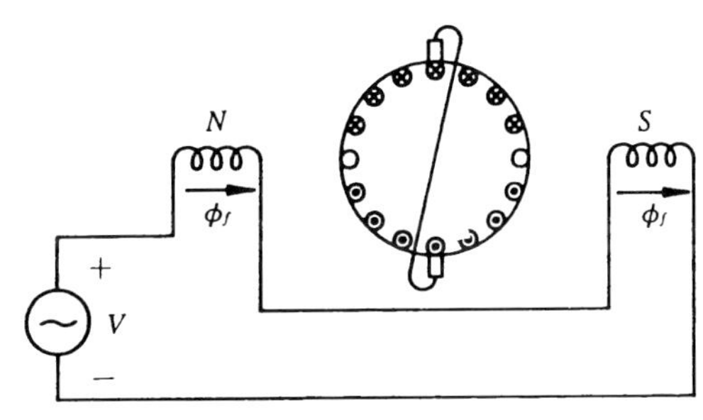

(b)推斥式電動機刷軸與極軸互相垂直，無轉矩產生

圖11-27

將刷軸由極軸處依順時鐘方向移動 α 角度，如圖11-28(a)所示；定子繞組磁通 ϕ_f 分為變壓器磁通 $\phi_f \cos\alpha$ 和轉矩磁通 $\phi_f \sin\alpha$ 與電樞電流的方向分別示於圖11-28(b)所示。變壓器磁通 $\phi_f \cos\alpha$ 係依變壓器原理，在轉子導體中產生電流，由轉矩磁通 $\phi_f \sin\alpha$ 與轉子電流相互作用，使轉子產生轉矩而啓動。轉子的電流依定子繞組的磁通而定，且與定子繞組電流成正比，電動機的轉矩，依定子繞組的磁通和轉子電流乘積而定，因此與線路電流或定子電流的平方成正比，故其特性不像感應電動機，而像交流串激電動機。

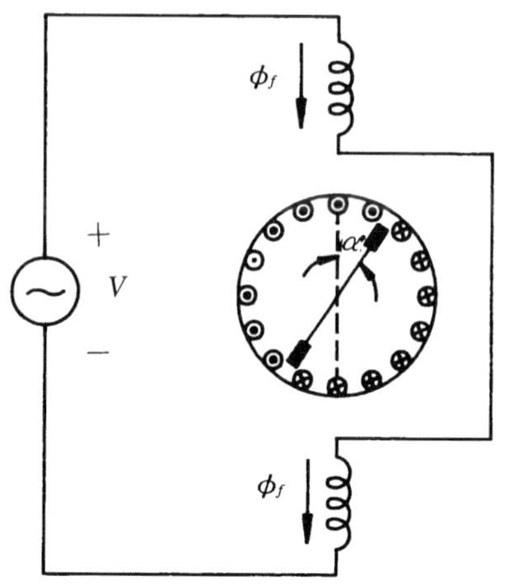

(a)刷軸與極軸成 α 角度

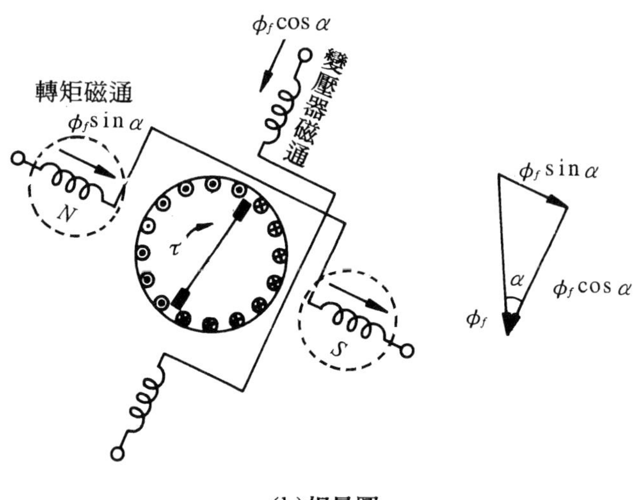

(b)相量圖

圖11-28　推斥式電動機轉矩產生情形

電刷移動的位置將影響電動機的轉矩，最大轉矩發生於刷軸與極軸位置成20°～30°電工角度處，且電動機的轉向與刷軸移動方向相同。推斥式換向電動機的轉矩-速度特性曲線如圖11-29所示，其在輕載時運轉速度高出同步轉速甚多，而重載下轉速又極低於同步轉速。

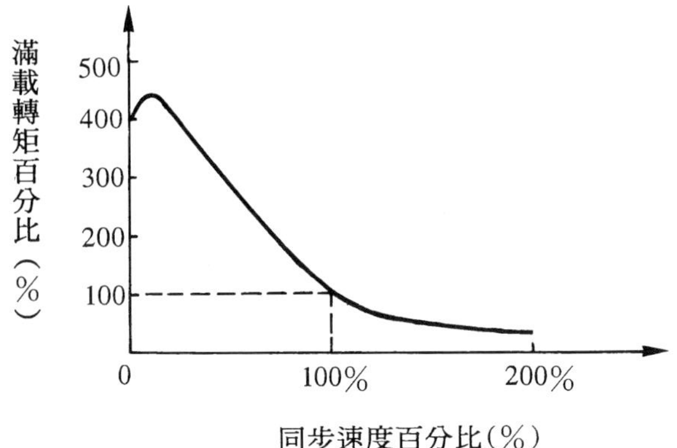

圖11-29　推斥式換向電動機的轉矩-速度特性曲線

11-5-2　推斥啓動式感應電動機 (Reuplsion-start induction motor)

此種型式的電動機有定子繞組，轉子爲繞線式除有換向器和電刷外，尙有離心短路設備。將電刷設置於最大轉矩的位置，先以推斥式電動機的型式啓動，當負載被加速至同步轉速的75%時，離心短路設備把轉子繞組短路，使電動機變成感應電動機運轉。其轉矩-速度特性曲線如圖11-30所示，有大啓動轉矩和恒速的特性。

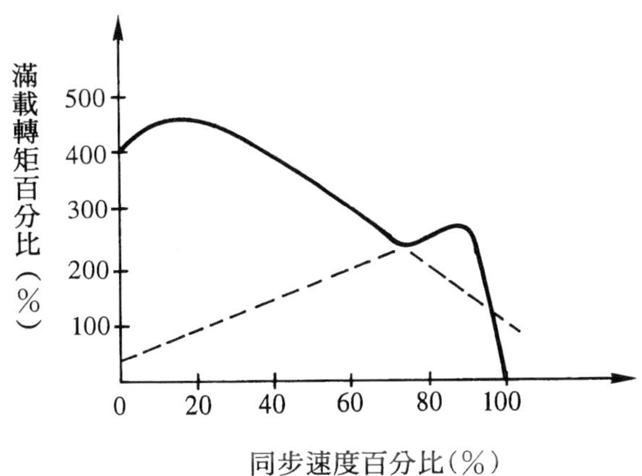

圖11-30　推斥啓動式感應電動機

11-5-3 推斥感應式電動機

推斥感應式電動機的轉子有推斥繞組外，尙有一鼠籠型繞組，運轉時推斥繞組與鼠籠型繞組始終結合作用，啓動時像推斥式電動機，加速後又像感應電動機。由於此型式電機不須離心短路設備所以故障率減少，具有高啓動轉矩與良好的速率調整，其轉矩-速率特性曲線如圖11-31所示。

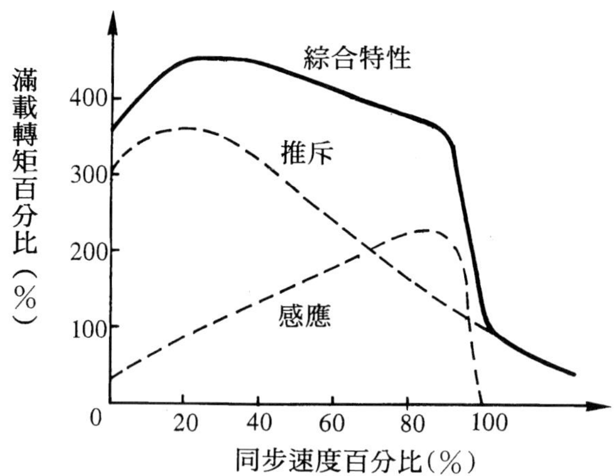

圖11-31 推斥感應式電動機的轉矩-速度特性曲線

摘　要

1. 兩相感應電動機其合成磁勢 F 振幅的大小爲F_{max}，旋轉速度 ω_m爲同步角速度，即

$$\omega_m = \frac{2}{P}\omega_s$$

式中　ω_s爲電源的角速度

2. 兩相電動機加入不平衡兩相電壓時由對稱分量理論，可分爲正序

電壓V_{mf}與負序電壓V_{mb}，其值各為：

$$\bar{V}_{mf}=\frac{1}{2}(\bar{V}_m-j\bar{V}_a)$$

$$\bar{V}_{mb}=\frac{1}{2}(\bar{V}_m+j\bar{V}_a)$$

3. 感應電動機對正序旋轉磁場的轉差率為S，對於負序旋轉磁場的轉差率為S_b，其值各為：

$$S=\frac{N_s-N_r}{N_s}$$

$$S_b=\frac{N_s+N_r}{N_s}=2-S$$

4. 兩相電動機加入不平衡兩相電壓時，其正向氣隙功率$P_{ag,f}$、負向氣隙功率$P_{ag,b}$、展生功率P_{conv}及感應轉矩T_{ind}各為：

$$P_{ag,f}=2I_f^2\frac{R_2}{S}$$

$$P_{ag,b}=2I_b^2\frac{R_2}{2-S}$$

$$P_{conv}=(1-S)(P_{ag,f}-P_{ag,b})$$

$$T_{ind}=\frac{P_{ag,f}-P_{ag,b}}{\omega_s}$$

5. 兩相控制用電動機常用於閉迴路的自動控制系統，其轉矩-速度方程式可寫為

$$\tau=-K_n\omega+K_cV_c$$

式中　K_n：直線斜率

　　　V_c：控制相的外加控制電壓

6. 單相交流電源加至定子繞組時，產生大小相同但轉動方向相反的二個旋轉磁場，即

$$F_f = \frac{1}{2} F_{\max} \cos(\omega_s t - \theta)$$

$$F_b = \frac{1}{2} F_{\max} \cos(\omega_s t + \theta)$$

7. 單相感應電動機的正向氣隙功率$P_{ag,f}$、負向氣隙功率$P_{ag,b}$與感應轉矩 τ_{ind}各為：

$$P_{ag,f} = 0.5 I_f^2 \frac{R_2}{S}$$

$$P_{ag,b} = 0.5 I_b^2 \frac{R_2}{2-S}$$

$$\tau_{ind} = \frac{P_{ag,f} - P_{ag,b}}{\omega_s}$$

8. 單相感應電動機的功率流程圖：

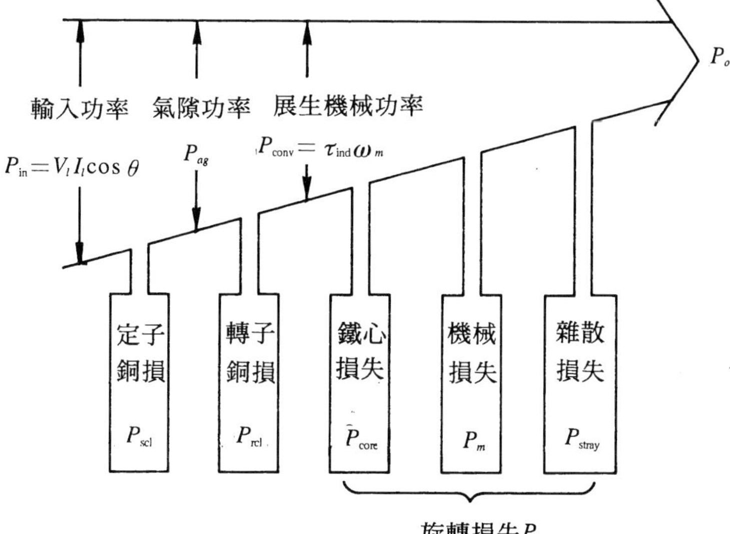

9. 單相電動機之分類：

(1)單相感應電動機

①分相式電動機

②電容式電動機

③蔽極式電動機

(2)單相整流子電動機

①串激式電動機

②推斥式電動機

習題十一

1. 試述單相感應電動機無法自行啓動的原因？
2. 分相式電動機其啓動原理爲何？輔助繞組(啓動繞組)爲何必須串接離心開關？
3. 試述蔽極式電動機如何產生啓動轉矩。
4. 試述電容啓動分相式電動機的啓動原理。
5. 欲使直流串激式電動機能夠在交流電源下運轉，應作何種修改。
6. 何謂萬用電動機？
7. 試述推斥式換向電動機的轉動原理，其轉向如何決定？
8. 家庭用的電唱機、果汁機、洗衣機、吊扇與桌扇應採用何種形式的單相感應電動機？
9. 有一部5HP、230V、4極、60Hz之兩相鼠籠式感應電動機，以定子側爲參考的等效電路常數爲$R_1=0.52\,\Omega$、$X_1=2.5\,\Omega$、$R_2=0.96\,\Omega$、$X_2=3.0\,\Omega$、$X_\phi=70\,\Omega$，其滿載轉差率爲0.05，旋轉損失爲586W，試求滿載時之(1)氣隙功率(2)轉子銅損(3)展生功率(4)感應轉矩(5)輸出轉矩。
10. 試求第9題之二相鼠籠式感應電動機在最大感應轉矩時之轉差率

、轉速及最大感應轉矩爲多少？

11、第9題中，若加至主繞組的電壓爲230$\angle 0°$伏，加至輔助繞組的電壓爲230$\angle 75°$伏，試求(1)正序電壓V_{mf}與負序電壓V_{mb}各爲多少？(2)轉差率爲0.05時之輸出轉矩又爲多少？

12、有一部60Hz、120伏的兩相控制用電動機，其轉矩-速度特性曲線如圖11-32所示，電動機及負載的轉動慣量爲0.055公斤-米^2，若加於控制繞組的電壓爲110伏的步階電壓，試求角速度隨時間變化情形。

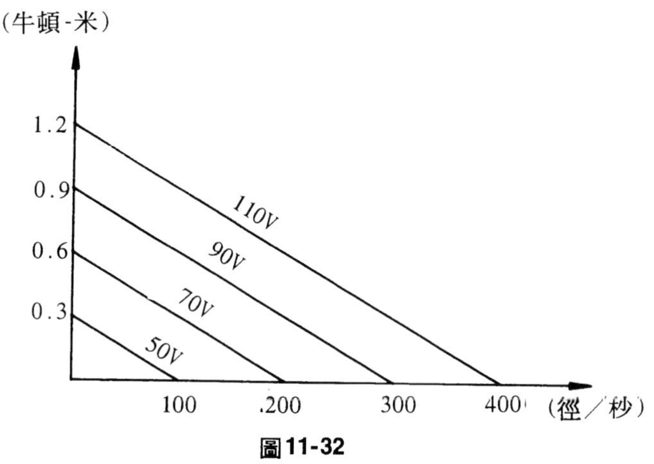

圖11-32

13、一部2/3HP、115伏、60Hz、4極電容式啓動之感應電動機，以定子側爲參考的等效電路常數爲$R_1 = 1.6\,\Omega$、$X_1 = 2.2\,\Omega$、$R_2 = 1.4\,\Omega$、$X_2 = 1.2\,\Omega$、$X_\phi = 42\,\Omega$，旋轉損失爲27W，此電動機於額定電壓和頻率下運轉，且轉差率爲5%，試回答下述問題：(1)轉子每分鐘的轉速(2)定子電流(3)電源的功因(4)輸入功率(5)氣隙功率(6)展生功率(7)感應轉矩(8)輸出功率(9)輸出轉矩(10)效率。

14、一部1/4HP、115V、60Hz、6極的分相式感應電動機，參考至定子側的等效電路常數爲 $R_1 = 1.8\,\Omega$、$X_1 = 2.4\,\Omega$、$R_2 = 3\,\Omega$、$X_2 = 2.4\,\Omega$、$X_\phi = 57\,\Omega$，轉子加速到267rpm時，離心開關故障而開啓

，此時僅靠主繞組能產生多少感應轉矩？設旋轉損失爲45W，則此電動機將繼續加速或減慢速度？

參考資料

1. Stephen J. Chapman "Electric Machinery Fundamentals"
2. A.E.Fitzgerald; Charles Kingsley, Jr.; Stephen D. Umans " Electric Machinery"
3. George Mcpherson Robert D.Laramore "An Introduction To Electrical Machines And Transformers"
4. Vincent Del Toro "Basic Electric Machines"
5. Dino Zorbas "Electric Machines Principles, Applications, And Control Schematics"
6. Irving.I.Kosow "Electric Machinery And Transformers"
7. 胡阿火編著"電機機械" 全華出版社
8. 劉群章、許源裕編著"電機機械" 中央出版社
9. 林義讓編著"電機機械" 文笙出版社
10. 呂理雄編著"電機機械" 雲陽出版社

國家圖書館出版品預行編目資料

電機機械 /邱天基, 陳國堂編著. -- 三版. -- 臺北縣土城市 : 全華圖書, 2008.05

面 ； 公分

ISBN 978-957-21-6402-0(平裝)

1.CST: 電機工程

448.2 97008640

電機機械

作者 / 邱天基、陳國堂

發行人 / 陳本源

執行編輯 / 江昱玟

出版者 / 全華圖書股份有限公司

郵政帳號 / 0100836-1 號

圖書編號 / 0250402

三版十二刷 / 2024 年 10 月

定價 / 新台幣 420 元

ISBN / 978-957-21-6402-0(平裝)

全華圖書 / www.chwa.com.tw

全華網路書店 Open Tech / www.opentech.com.tw

若您對本書有任何問題，歡迎來信指導 book@chwa.com.tw

臺北總公司(北區營業處)
地址：23671 新北市土城區忠義路 21 號
電話：(02) 2262-5666
傳真：(02) 6637-3695、6637-3696

南區營業處
地址：80769 高雄市三民區應安街 12 號
電話：(07) 381-1377
傳真：(07) 862-5562

中區營業處
地址：40256 臺中市南區樹義一巷 26 號
電話：(04) 2261-8485
傳真：(04) 3600-9806(高中職)
(04) 3601-8600(大專)

（請由此線剪下）

讀者回函卡

掃 QRcode 線上填寫 ▶▶▶

姓名：＿＿＿＿ 生日：西元＿＿＿＿年＿＿＿月＿＿＿日 性別：□男 □女

電話：（ ）＿＿＿＿ 手機：＿＿＿＿

e-mail：（必填）＿＿＿＿

註：數字零，請用 Φ 表示，數字 1 與英文 L 請另註明並書寫端正，謝謝。

通訊處：□□□□□＿＿＿＿

學歷：□高中・職 □專科 □大學 □碩士 □博士

職業：□工程師 □教師 □學生 □軍・公 □其他

學校／公司：＿＿＿＿ 科系／部門：＿＿＿＿

・需求書類：

□ A. 電子 □ B. 電機 □ C. 資訊 □ D. 機械 □ E. 汽車 □ F. 工管 □ G. 土木 □ H. 化工

□ I. 設計 □ J. 商管 □ K. 日文 □ L. 美容 □ M. 休閒 □ N. 餐飲 □ O. 其他

・本次購買圖書為：＿＿＿＿ 書號：＿＿＿＿

・您對本書的評價：

封面設計：□非常滿意 □滿意 □尚可 □需改善，請說明＿＿＿＿

內容表達：□非常滿意 □滿意 □尚可 □需改善，請說明＿＿＿＿

版面編排：□非常滿意 □滿意 □尚可 □需改善，請說明＿＿＿＿

印刷品質：□非常滿意 □滿意 □尚可 □需改善，請說明＿＿＿＿

書籍定價：□非常滿意 □滿意 □尚可 □需改善，請說明＿＿＿＿

整體評價：請說明＿＿＿＿

・您在何處購買本書？

□書局 □網路書店 □書展 □團購 □其他＿＿＿＿

・您購買本書的原因？（可複選）

□個人需要 □公司採購 □親友推薦 □老師指定用書 □其他＿＿＿＿

・您希望全華以何種方式提供出版訊息及特惠活動？

□電子報 □ DM □廣告（媒體名稱＿＿＿＿）

・您是否上過全華網路書店？（www.opentech.com.tw）

□是 □否 您的建議＿＿＿＿

・您希望全華出版哪方面書籍？＿＿＿＿

・您希望全華加強哪些服務？＿＿＿＿

感謝您提供寶貴意見，全華將秉持服務的熱忱，出版更多好書，以饗讀者。

填寫日期： / /

2020.09 修訂

親愛的讀者：

感謝您對全華圖書的支持與愛護，雖然我們很慎重的處理每一本書，但恐仍有疏漏之處，若您發現本書有任何錯誤，請填寫於勘誤表內寄回，我們將於再版時修正，您的批評與指教是我們進步的原動力，謝謝！

全華圖書 敬上

勘誤表

書 號		書 名		作 者	
頁 數	行 數	錯誤或不當之詞句		建議修改之詞句	

我有話要說：（其它之批評與建議，如封面、編排、內容、印刷品質等・・・）